华中科技大学材料学科前沿特色课程系列教材

先进陶瓷工艺学

主　编　张海波　谭　划　姜胜林

华中科技大学出版社
中国·武汉

内 容 简 介

先进陶瓷又称特种陶瓷、精细陶瓷、高技术陶瓷等，是一种无机非金属材料，在航空航天、机械、冶金、电子以及化工等领域具有广泛应用。本书共10章，主要包括先进陶瓷的基础知识、制备工艺、具体应用以及测试技术四个方面的内容。其中，先进陶瓷的成型与烧结工艺，复合陶瓷、多孔陶瓷以及热学陶瓷等的制备工艺与应用是本书的重点内容。

本书可作为高等院校和科研院所的材料、物理、化学、机械、航空航天等学院的相关专业的本科生及研究生的教材或专业参考书，也可供在国防工业、航空航天、机械、电子、化工、生物医疗等领域从事先进陶瓷研究、开发和生产的技术人员参考。

图书在版编目(CIP)数据

先进陶瓷工艺学/张海波，谭划，姜胜林主编. —武汉：华中科技大学出版社，2023.9
ISBN 978-7-5680-9870-0

Ⅰ.①先… Ⅱ.①张… ②谭… ③姜… Ⅲ.①陶瓷-工艺学 Ⅳ.①TQ174.6

中国国家版本馆CIP数据核字(2023)第174111号

先进陶瓷工艺学
Xianjin Taoci Gongyixue

张海波 谭 划 姜胜林 主编

策划编辑：张少奇
责任编辑：李梦阳
封面设计：原色设计
责任校对：王亚钦
责任监印：周治超
出版发行：华中科技大学出版社(中国·武汉) 电话：(027)81321913
武汉市东湖新技术开发区华工科技园 邮编：430223
录 排：武汉三月禾传播有限公司
印 刷：武汉市洪林印务有限公司
开 本：787mm×1092mm 1/16
印 张：16.75
字 数：425千字
版 次：2023年9月第1版第1次印刷
定 价：49.80元

前　言

陶瓷技术是人类文明的重要组成部分，其历史可以追溯到古代，已有数千年。先进陶瓷工艺学是一门涵盖了陶瓷材料科学、工程学和工艺学等多个学科的综合性学科。陶瓷材料因其独特性质，如高温稳定性、耐磨性、耐蚀性、电绝缘性等而成为各种工程领域中的重要材料。近年来，先进陶瓷材料及其工艺和应用迅速发展，在航空航天、医疗、军事、能源等领域得到了广泛应用。这些领域对高性能、多功能、环保和安全等方面的需求日益增加，陶瓷工艺学受到了广泛关注。因此，编写一本有关先进陶瓷工艺学的教材是十分必要的。本书旨在为学生提供一个系统的和详细的陶瓷工艺学知识体系，以便他们了解陶瓷工艺的最新发展，学会应用先进技术开展陶瓷研究和开发工作。

陶瓷工艺学的研究内容包括：陶瓷材料的制备、加工和表征；陶瓷材料的性能评价和控制；陶瓷工艺装备的研发和应用；陶瓷工艺工程的设计与优化等。陶瓷工艺学是一门理论与实践相结合的学科，既需要对陶瓷工艺的基本原理进行深入的研究，也要运用科学的方法对陶瓷工艺进行改进和优化。

本书针对初学者而编写，旨在帮助学生了解先进陶瓷工艺学的基本原理和方法，培养学生分析和解决实际问题的能力。本书内容分为四个部分：先进陶瓷材料基础知识（第 1、2 章）、先进陶瓷制备工艺（第 3、4、5 章）、先进陶瓷的具体应用（第 6、7、8、9 章）和先进陶瓷测试技术（第 10 章）。其中，先进陶瓷材料基础知识部分介绍了陶瓷材料的基本性质和分类以及陶瓷晶体结构的基本知识，先进陶瓷制备工艺部分介绍了陶瓷粉体制备方法、陶瓷成型及烧结工艺与技术，先进陶瓷的具体应用部分介绍了复合陶瓷、多孔陶瓷、热学陶瓷及电学陶瓷的基础知识、制备工艺及应用等，先进陶瓷测试技术部分介绍了常用陶瓷性能测试和评价方法。本书重点关注先进陶瓷制备工艺以及典型先进陶瓷应用基础知识。

本书由张海波、谭划主笔并负责统稿和定稿，姜胜林负责修改，课题组的几位研究生参与了部分章节的编写。其中，刘凯参与第 2 章、第 3 章的编写，韩胜强参与第 4 章的编写，魏甜参与第 6 章的编写，王传民、罗江海参与第 8 章的编写，吴天琼、黄帅康、周鑫翊、游迪参与第 9 章的编写，程连参与第 10 章的编写，在此对他们表示感谢！本书的编写得益于作者所在课题组长期在先进陶瓷领域的研究和教学工作，并参考了国内外许多文献资料。在此，向本书所引用的参考文献的原作者表示谢意。

除了课文内容，本书还附有思考题，以帮助学生理解和掌握先进陶瓷工艺学。本书还附有参考文献，供学生进一步深入了解先进陶瓷工艺学的相关知识。学习先进陶瓷工艺学不仅有助于提高学生的专业素养，还是培养学生创新精神和实践能力的重要途径。我们希望本书能为学生的学习和未来的发展提供有益的指导。同时，也希望本书能够对从事陶瓷相关工作的工程师在学习先进陶瓷工艺学方面起到重要的推动作用，并为他们从事的陶瓷工艺研究与开发工作奠定坚实基础。

由于编者水平有限，本书难免存在不当之处，敬请广大读者批评指正。

编　者

2023 年 2 月于喻园

目　　录

第1章 概　　述

陶瓷是一种古老的材料，是人类在改造自然的过程中获得的第一种经化学变化而成的产物。它比金属材料出现的更早，是人类文明的象征之一，其可定义为“无机非金属材料”。随着科学技术水平的提高，历史上关于陶瓷的概念也在不断演化。目前，陶瓷材料大致可以分为两类，即传统陶瓷和先进陶瓷。

传统陶瓷主要以天然硅酸盐矿物为原料，如瓷石、黏土、长石、石英砂等，经粉碎、塑形、烧结等工艺得到成品。传统陶瓷多用于日常生活、艺术和建筑等方面。相应地，先进陶瓷是现代发展起来的各种陶瓷的总称。先进陶瓷主要采用人工精制合成原料，其原料已从黏土等传统原料拓宽到化工原料、合成矿物乃至非硅酸盐、非氧化物原料。其组成由人工配比决定，而其性质的优劣由原料的纯度与成型和烧结工艺决定。先进陶瓷一般具有特殊性质和功能，除了高强度、高硬度、耐蚀性以外，还在力、热、磁、电、光、声、生物工程等领域具有独特应用。先进陶瓷又称“特种陶瓷”“工业陶瓷”“工程陶瓷”“现代陶瓷”“精细陶瓷”“高技术陶瓷”“高性能陶瓷”等。

与传统陶瓷相比，先进陶瓷的粉体制备、成型、烧结等工艺更注重稳定化和精细化，以控制材料的显微结构，从而使其性能优异。先进陶瓷工艺的流程包括粉体制备、粉体修饰、坯体成型、坯体烧结及机械加工等。其中，坯体成型是指用配备好的坯料，通过不同的成型方法制成具有一定形状和尺寸的密度高且均匀的坯体，而成型技术则是决定陶瓷产品性能好坏的关键。

1.1 陶瓷材料的定义

在经典材料科学中，材料被分为五类：金属、聚合物、陶瓷、半导体和复合材料。前三种材料主要基于原子间键合的性质，第四种材料基于材料的导电性，最后一种材料基于材料的结构。陶瓷通常与“混合”键联系在一起——共价键、离子键，有时是金属键的组合。它们由相互连接的原子组成，没有离散的分子。这一特征将陶瓷与分子固体如碘晶体（由离散的 I_2 分子组成）和石蜡（由长链烷烃分子组成）区别开来。它也不包括冰，冰是由离散的H_2O分子组成的。大多数陶瓷是金属或类金属和非金属的化合物，最常见的有氧化物、氮化物和碳化物。然而，我们也把金刚石和石墨归为陶瓷。从根本上说，这些形式的碳是无机的，因为其并非来自活性组织。

最被广泛接受的陶瓷的定义是由 Kingery 等人给出的：“陶瓷是非金属、无机固体。”因此，所有无机半导体都是陶瓷。根据定义，一种材料在熔化时就不再是陶瓷。在另一个极端，如果一些陶瓷被冷却得足够冷，它们就会变成超导体。所有所谓的高温超导体（HTSC）（在液氮温度下失去所有电阻的导体）都是陶瓷。更棘手的是用于窗户和光纤的玻璃。玻璃符合固体的标准定义——它有自己固定的形状,但通常是过冷的液体。当它在高温下经历黏性变形时,这种性质变得明显。玻璃显然是一种特殊的陶瓷。某些玻璃结晶可以被制成类似康宁陶瓷的玻璃陶瓷。这个过程被称为“陶瓷化”玻璃,也就是把它变成陶瓷。我们支持 Kingery 等人的定义,但也不得不面对一些困惑,因此,我们根据陶瓷不是什么来定义它们。

(1) 我们不能说“陶瓷是脆的”,因为部分陶瓷可以发生超塑性变形,而有些金属可能更脆。一根橡胶管也会在 77K 的低温下被锤子砸碎。

(2) 我们不能说“陶瓷是绝缘体”,除非我们在非半导体材料的带隙 E_g 上给出一个值。

(3) 我们不能说“陶瓷是热的不良导体”,因为金刚石在所有已知材料中具有最高的导热率。

1.2 陶瓷材料的发展史

陶瓷一词来源于希腊语 keramos,意思是“陶工的黏土”或“陶器”。“keramos”起源于一个梵语术语,意思是“燃烧”。所以早期的希腊人用“keramos”来描述通过加热含黏土的材料获得的产品。陶瓷是陶器和瓷器的总称。中国人早在新石器时代就发明了陶器。根据文物发掘和考古研究的计算,我国陶瓷历史可以追溯到约一万年前;在 5000 年前,烧制陶器的温度已达 950 ℃,窑炉内可保持还原气氛。到了汉代,各地已经建立了制陶工场,大量生产陶器,原始陶器的品种也大大增加。汉代的绿釉陶器是以铜化合物为着色剂的低温铅釉制品。原始瓷器则是以铁为着色剂的青釉器,是青瓷的前身。东汉末年,浙江地区陶瓷工艺发展较快,已开始制作瓷胎致密、釉层较厚而光润美观的青瓷,此为我国陶瓷史上的一个重要转折点。晋代出现“瓷”字,这表明人们已认识到陶与瓷的区别。到了唐代,陶瓷制造业有了更大发展,瓷器的使用已经非常普遍,以越窑青瓷和邢窑为鼎盛时期。唐三彩也很有名。自宋代以来,各地的窑业继承了唐代的传统,并取得了巨大的发展。从明代开始,江西景德镇成为我国瓷业的中心,至今仍是我国瓷器制造的重要地区之一。我国是世界上最早利用高岭土的国家,“高岭土”一词来源于江西景德镇高岭村产的一种可以制瓷的白色黏土。

长期以来,陶瓷一词涵盖了由黏土烧制而成的各种产品,如砖、耐火材料、卫生洁具和餐具。1822 年,硅质耐火材料首次被制造出来。尽管它们不含黏土,但传统的陶瓷制作工艺——塑型、干燥和烧制——被用来制作它们。因此,陶瓷一词在保留其对由黏土制成的产品的原始意义的同时,开始包括通过相同的制造过程制成的其他产品。陶瓷领域(比材料本身更广泛)可以定义为制作和使用含有陶瓷成分的固体物品的艺术和科学。这一定义包括原料的提纯、化合物的研究和生产、组分的形成,以及结构、组成和性质的研究。

20 世纪以来,特别是第二次世界大战之后,随着人类对宇宙的不断探索、原子能工业的兴起和电子工业的迅速发展,对陶瓷材料的性质、品种和质量等方面提出了越来越高的要求。这促使陶瓷材料发展成为一系列具有特殊功能的无机非金属材料,如氧化物陶瓷、压电陶瓷、金属陶瓷等各种高温和功能陶瓷。陶瓷研究进入了第二个阶段——先进陶瓷阶段。当前,随着现代高新技术的发展,先进陶瓷已逐步成为新材料的重要组成部分,成为许多高技术领域发展的关键材料，备受工业发达国家的关注，其发展在很大程度上也影响着其他工业的发展。由于先进陶瓷具有特定的精细结构和一系列优良性能，如高强度、高硬度、耐磨性、耐蚀性、耐高温、导电性、绝缘、磁性、透明性、压电性、铁电性、超导性、生物相容性等，被广泛应用于国防、化工、冶金、电子、机械、航空、航天、生物医学等领域。先进陶瓷的发展成为国民经济新的增长点，其研究、应用、开发状况是体现一个国家国民经济综合实力的重要标志之一。

1.3　陶瓷材料的基本性能

陶瓷材料通常具有某些特定的性质，不过这有可能会误导陶瓷材料的定义，下面将具体介绍陶瓷材料的基本性能。

(1) 脆性。这可能来自个人经历，比如不小心弄掉了玻璃烧杯或盘子。大多数陶瓷易碎的原因是混合的离子-共价键将组成原子结合在一起。在高温(高于玻璃化温度)下，玻璃不再表现出脆性，而表现为黏性液体。这就是玻璃很容易形成复杂形状的原因。所以可以说，大多数陶瓷在室温下是很脆的，但在高温下就不一定了。

(2) 导电性和导热性。陶瓷材料中的价电子被束缚在化学键中，而不像在金属中那样是自由的。在金属中，自由电子决定了金属的许多电学和热学性质。金刚石被归类为陶瓷，在所有已知材料中具有最高的导热率，其传导机制是由声子引起的，而不是电子。陶瓷也可以有很高的导电性：①氧化物陶瓷 ReO_3，在室温下具有与 Cu 相似的导电性；②混合氧化物陶瓷$YBa_2Cu_3O_7$是一种高温超导材料，在 92 K 以下电阻率为零。这是两个与传统观念相矛盾的例子。

(3) 抗压强度。陶瓷的抗压强度大于拉伸强度，而金属的拉伸强度和抗压强度相当。当我们将陶瓷组件用于承重时，这种差异非常重要。必须考虑陶瓷内部的应力分布，以确保它们是压缩的。一个重要的例子是混凝土桥梁的设计。混凝土必须保持受压状态。陶瓷通常具有较低的韧性，但将其与复合材料结合可以显著改善这一性能。

(4) 化学惰性。大多数陶瓷在严酷的化学和热环境中都是稳定的。派热克斯(Pyrex)玻璃广泛应用于化学实验室就是因为它能抵抗许多腐蚀性化学物质，在高温下非常稳定(1100 K下不发生软化)，同时其由于具有较低的热膨胀系数(33×10^{-7}/℃)可以抵抗热冲击。

(5) 透明性。许多陶瓷是透明的，因为其带隙很大，如蓝宝石手表表盘和光纤等。而金属只有非常薄(通常小于 0.1 μm)时，才对可见光是透明的。

尽管总是有可能找到至少一种陶瓷表现出非典型行为，但我们在这里提到的性能在很多情况下与金属和聚合物的性能不同。

1.4　典型陶瓷材料及其应用

根据 1.1 节给出的定义，可以看出陶瓷材料种类非常丰富，其应用也多种多样，从砖和瓦片到电子和磁性元件。这些应用都利用了陶瓷材料某些特殊的性能。表 1-1 列出了其中的一些性能以及具体陶瓷和应用的例子。

表 1-1 典型陶瓷材料性能和应用

性能	例子	应用
电性能	$Bi_2Ru_2O_7$	厚膜电阻器中的导电成分
	掺杂 ZrO_2	固体氧化物燃料电池中的电介质
	铟锡氧化物(ITO)	透明电极
	SiC	电阻加热炉元件
	$YBaCuO_7$	超导量子干涉装置(SQUID)
	SnO_2	玻璃熔化炉用电极
介电性能	α-Al_2O_3	火花塞绝缘子
	$PbZr_{0.5}Ti_{0.5}O_3$(PZT)	压电元件
	SiO_2	炉砖
	$(Ba,Sr)TiO_3$	动态随机存取储存器
	铌镁酸铅(PMN)	芯片电容器
磁性能	γ-Fe_2O_3	录音磁带
	$Mn_{0.4}Zn_{0.6}Fe_2O_4$	变压器铁芯
	$BaFe_{12}O_{19}$	扬声器中的永磁体
	$Y_{2.66}Gd_{0.34}Fe_{4.22}Al_{0.68}Mn_{0.09}O_{12}$	雷达移相器
光学性能	掺杂 SiO_2	光纤
	α-Al_2O_3	路灯中的透明封套
	掺杂 $ZrSiO_4$	彩色陶瓷
	掺杂(Zn,Cd)S	电子显微镜用荧光屏
	$Pb_{1-x}La_x(Zr_zTi_{1-z})_{1-x/4}O_3$(PLZT)	薄膜光学开关
	铌掺杂 $Y_3Al_5O_{12}$	固体激光
力学性能	TiN	耐磨涂料
	SiC	磨料磨具抛光
	金刚石	切割工具
	Si_3N_4	引擎组件
	Al_2O_3	髋关节植入物
热学性能	SiO_2	航天飞机隔热瓦
	Al_2O_3 和 AlN	集成电路封装
	锂-铝硅酸盐玻璃陶瓷	望远镜镜面支架
	Pyrex 玻璃	实验室玻璃器皿

陶瓷通常分为传统陶瓷和先进陶瓷。传统陶瓷包括许多日常生活用品，如瓷砖、马桶(白色器皿)和陶器。先进陶瓷包括较新的材料，如激光主机材料、压电陶瓷、动态随机存储器(DRAM)陶瓷等，通常是小批量生产，价格较高。传统陶瓷通常以黏土和二氧化硅为基料。有时人们倾向于将传统陶瓷与低技术等同起来，然而，先进的制造技术也经常被使用。先进陶瓷也被称为"特殊""技术"或"工程"陶瓷。它们具有优异的力学性能、耐蚀性/抗氧化、电学性能、光学性能和磁性。传统的黏土陶瓷已经使用了25000多年，而先进陶瓷是在过去的100年里逐渐发展起来的。先进陶瓷通常指的是以高纯度、超细人工合成或精选的无机化合物为原料，具有精确的化学组成、精密的制造加工技术和结构设计以及优异特性的陶瓷。

先进陶瓷与传统陶瓷的区别主要表现在以下四个方面。一是原料不同，传统陶瓷以天然矿物为原料，主要是天然硅酸盐矿物，如瓷石、黏土、长石、石英砂等。先进陶瓷以人工精制合成原料为主，从黏土等传统原料扩大到化工原料、合成矿物，甚至是非硅酸盐、非氧化物原料，常见的有氧化铝陶瓷、氧化锆陶瓷、氮化硅陶瓷等。二是成分不同，传统陶瓷的组成由黏土的成分决定，所以不同产地和炉窑的陶瓷有不同的质地。先进陶瓷的原料是化合物，成分由人工配比决定，其性质的优劣由原料的纯度和工艺决定。三是加工工艺不同，传统陶瓷经粉碎、磨细、调和、塑形、干燥、煅烧等传统工艺制作而成。以注浆、可塑成型为主，烧结温度一般在1600 K以下，燃料以煤油气为主，无须精确控温，一般不需要加工。先进陶瓷采用精密控制的先进工艺烧结而成，多用等静压、注射成型、真空烧结、热压、反应烧结等先进手段，需要切割、打孔、研磨和抛光等加工工艺。四是性能不同，传统陶瓷以外观效果为主，比如陶瓷摆件。先进陶瓷以内在质量为主，表现出特定的物理化学性能，具有不同的特殊性质和功能，如高强度、高硬度、耐蚀性、导电性、绝缘。

另外，先进陶瓷按照性能的不同又可分为结构陶瓷和功能陶瓷。结构陶瓷是指主要利用其力学性能、热及部分化学功能的先进高科技陶瓷产品，如果陶瓷能在高温下应用则称其为高温结构陶瓷。这类陶瓷在高温下具有强度高、硬度大、抗氧化、耐腐蚀、耐磨损、耐烧蚀等优点，是空间、军事、原子能以及化工设备等领域中的重要材料。工业上使用的结构陶瓷有很多种，比如陶瓷管套、陶瓷中心棒、陶瓷辊、锂电池陶瓷泵、陶瓷环、陶瓷板片、石油化工陶瓷、军工陶瓷等。功能陶瓷是指主要应用其非力学性能的先进陶瓷材料及产品，这类材料都具有一种或多种功能，如电学、磁学、光学、化学以及生物等功能，有的有耦合功能，如压电、压磁、热电、电光、声光、磁光等功能。

1.5　陶瓷材料未来发展及关键问题

虽然玻璃主导着全球陶瓷市场，但先进陶瓷近年来呈现极快的增长趋势。要保持这种趋势和扩大应用范围，有许多关键问题需要解决。

结构陶瓷包括氮化硅(Si_3N_4)、碳化硅(SiC)、氧化锆(ZrO_2)、碳化硼(B_4C)、氧化铝(Al_2O_3)等，广泛应用于切削工具、磨损部件、热交换器和发动机部件等领域，具有高硬度、低密度、高机械强度、抗蠕变、耐腐蚀等特点。为了扩大结构陶瓷的应用范围，以下三个关键问题需要解决：

(1) 降低最终产品的成本；

(2) 提高可靠性；

(3) 提高可重复性。

电子陶瓷包括钛酸钡($BaTiO_3$)、氧化锌(ZnO)、锆钛酸铅[$Pb(Zr_xTi_{1-x})O_3$]、氮化铝(AlN)等,广泛应用于电容器、电介质、压敏电阻器、集成电路的微电子机械系统(MEMS)、基片和封装等领域。这类材料面临着以下三个挑战:

(1) 与现有半导体技术的整合;

(2) 加工工艺的改善;

(3) 与其他材料兼容性的提升。

生物陶瓷是直接应用于人体的材料,这些材料的活泼性从几乎惰性到生物活性再到可吸收不等。几乎惰性的生物陶瓷包括氧化铝(Al_2O_3)和氧化锆(ZrO_2)。生物活性陶瓷包括羟基磷灰石和一些特殊的玻璃和玻璃陶瓷。可吸收生物陶瓷包括磷酸三钙,它可以在体内溶解。目前,有三个问题决定着生物陶瓷的未来发展:

(1) 将力学性能与人体组织相匹配;

(2) 提升可靠性;

(3) 改善制备方法。

陶瓷涂层和薄膜通常用于修饰材料表面性质,例如,沉积在生物惰性植入物表面的生物活性涂层。也可能出于经济原因,在成本较低的基材上涂上一层昂贵的材料,例如,在切削工具表面涂一层金刚石涂层。此外,在某些情况下,只是因为涂层或薄膜这种形式的材料性能更好,例如,高温超导薄膜的输运特性与散装材料的相比有较大提高。目前,陶瓷涂层和薄膜有以下问题需要解决:

(1) 理解薄膜的沉积和生长;

(2) 改善薄膜/基体附着力;

(3) 提高可重复性。

复合材料可以使用陶瓷作为基体相和增强相。组合的目的是结合每个组元在某方面的优势。在金属陶瓷复合材料中,主要目标之一是通过晶须或纤维的增强来提升断裂韧性。例如,当陶瓷是增强相时,金属基复合材料的结果通常是强度增大,抗蠕变性增强,以及耐磨性更高。目前,陶瓷复合材料必须解决以下三个问题:

(1) 降低加工成本;

(2) 开发兼容的材料组合(例如,热膨胀系数的匹配);

(3) 理解界面。

纳米陶瓷的发展可以说比较成熟,也可以说仍处于发展的早期阶段。纳米陶瓷广泛应用于化妆品,如防晒霜等。而且,其在催化领域中的许多应用都至关重要。近年来,纳米陶瓷也在燃料电池、涂料等领域中发展出了大量新应用。纳米陶瓷在未来发展中主要面临以下三个挑战:

(1) 如何制备;

(2) 集成到设备中;

(3) 确保不会对社会产生负面影响。

当今,先进陶瓷的发展不再局限于传统技术,而更多的是与现代信息技术、自动化技术、不同材料结合而形成新的技术科学(机器学习、计算材料科学、功能-结构一体化、增材制造技术以及快速烧结技术等),先进陶瓷发展的新时代即将到来。

思考题

(1) 陶瓷的定义是什么？

(2) 先进陶瓷与传统陶瓷的区别是什么？

(3) 什么是功能陶瓷？什么是结构陶瓷？

(4) 陶瓷有哪些性能特点？

(5) 陶瓷有哪些典型的应用？

参考文献

[1] NORTON F H. Elements of ceramics[M]. 2nd ed. Dallas:Addison-Wesley Longman, 1974.

[2] KINGERY W D,BOWEN H K,UHLMANN D R. Introduction to ceramics[M]. 2nd ed. New York:John Wiley & Sons,1976.

[3] 金志浩. 工程陶瓷材料[M]. 北京:机械工业出版社,1986.

[4] 李标荣. 电子陶瓷工艺原理[M]. 武汉:华中工学院出版社,1986.

[5] 李世普. 特种陶瓷工艺学[M]. 武汉:武汉工业大学出版社,1990.

[6] 刘康时. 陶瓷工艺原理[M]. 广州:华南理工大学出版社,1990.

[7] LEE W E,RAINFORTH W M. Ceramic microstructures:property control by processing[M]. New York:Springer Science + Business Media,1994.

[8] CHIANG Y,BIRNIE D P,KINGERY W D. Physical ceramics:principles for ceramic science and engineering[M]. New York:Wiley,1996.

[9] RUNQUIST E A. The laboratory companion:a practical guide to materials,equipment,and technique(Coyne,G. S.)[J]. Journal of Chemical Education,1999,76(5):614.

[10] YAWS C L. Chemical properties handbook:physical,thermodynamic,environmental,transport,safety,and health related properties for organic chemicals[M]. New York:McGraw-Hill Education,1999.

[11] 李家驹. 陶瓷工艺学[M]. 北京:中国轻工业出版社,2001.

[12] 周玉. 陶瓷材料学[M]. 2 版. 北京:科学出版社,2004.

[13] RICHERSON D W. The magic of ceramics[M]. New York:John Wiley & Sons,2012.

[14] 张锐,王海龙,许红亮. 陶瓷工艺学[M]. 2 版. 北京:化学工业出版社,2013.

[15] RICHERSON D W,LEE W E. Modern ceramic engineering:properties,processing,and use in design[M]. 4th ed. Boca Raton:CRC Press,2018.

第 2 章　先进陶瓷制备基础

2.1　陶瓷的晶体结构

2.1.1　晶体学基础知识

1. 空间点阵与晶胞

晶体是由原子(或离子、分子)在三维空间中周期性排列形成的。在理想模型中,可以把晶体内的这些质点抽象成规则排列的几何点,称之为阵点。这些阵点在空间呈周期性排列并具有完全相同的周围环境,这些阵点的排列称为空间点阵。为了研究不同点阵的排列规律,可以利用周期性,从无限大的空间点阵中选择一个最小的平行六面体作为周期性的基本单元,称之为晶胞,空间点阵与晶胞如图 2-1 所示。晶胞可以通过平行六面体的棱边长 a、b、c 和夹角 α、β、γ 描述。在三维空间中对晶胞进行平移操作,可以还原整个空间点阵。

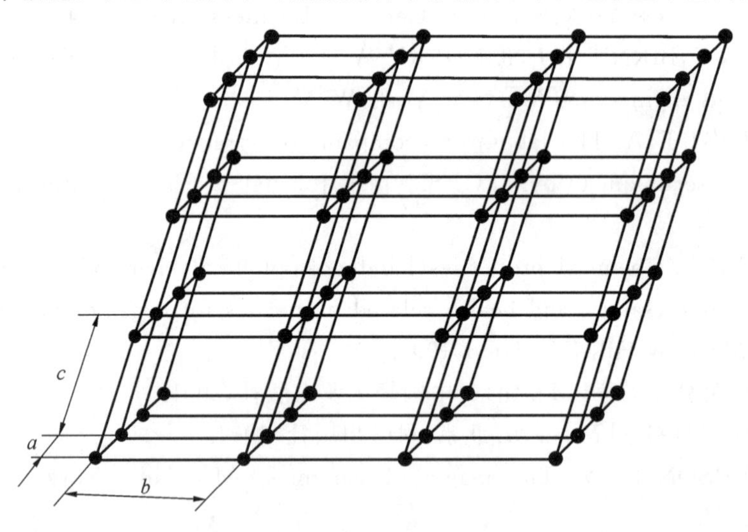

图 2-1　空间点阵与晶胞

2. 布拉维格子

实际中的晶体结构有无数种,但是如果将晶体结构中不同的原子、离子抽象成几何点,剩下的空间点阵只有有限种。布拉维用数学方法推导出空间点阵只有 14 种,如表 2-1 所示,这些点阵也称为布拉维点阵。这 14 种点阵也可归入七种晶系,分别是立方(cubic)晶系、四方(tetragonal)晶系、正交/斜方(orthorhombic)晶系、菱方/三方(rhombohedral)晶系、六方(hexagonal)晶系、单斜(monoclinic)晶系和三斜(triclinic)晶系。

表 2-1　布拉维点阵与晶系

晶系	棱边长度关系	夹角关系	布拉维点阵	晶胞示意图
三斜	$a \neq b \neq c$	$\alpha \neq \beta \neq \gamma$	简单三斜	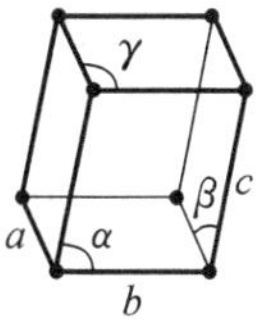
单斜	$a \neq b \neq c$	$\alpha = \beta = 90^\circ \neq \gamma$	简单单斜 底心单斜	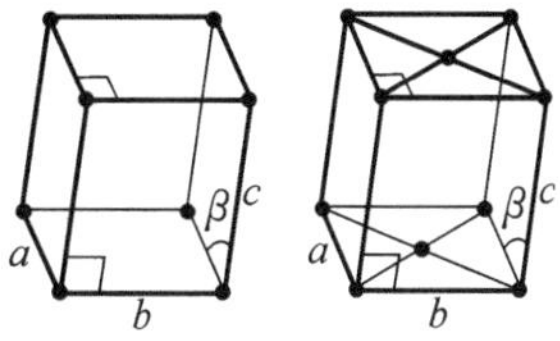
正交/斜方	$a \neq b \neq c$	$\alpha = \beta = \gamma = 90^\circ$	简单正交 底心正交 体心正交 面心正交	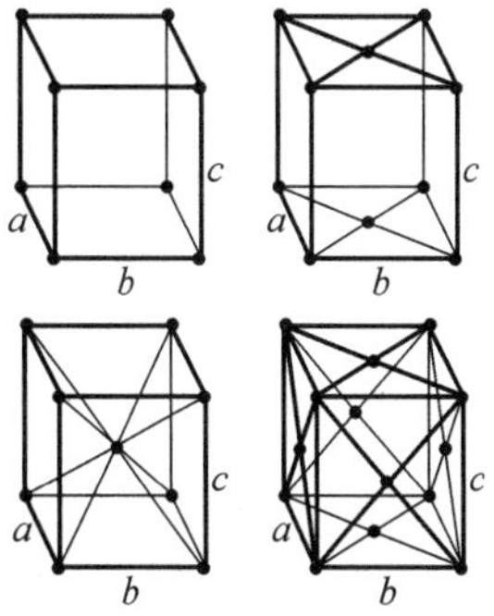
六方	$a_1 = a_2 = a_3 \neq c$	$\alpha = \beta = 90^\circ$ $\gamma = 120^\circ$	简单六方	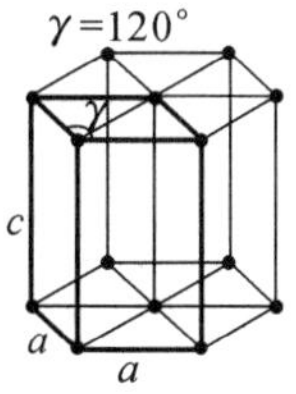 $\gamma=120^\circ$
菱方/三方	$a = b = c$	$\alpha = \beta = \gamma \neq 90^\circ$	简单菱方	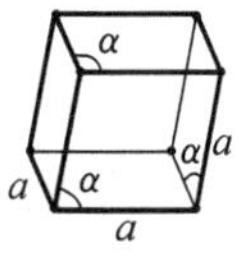
四方	$a = b \neq c$	$\alpha = \beta = \gamma = 90^\circ$	简单四方 体心四方	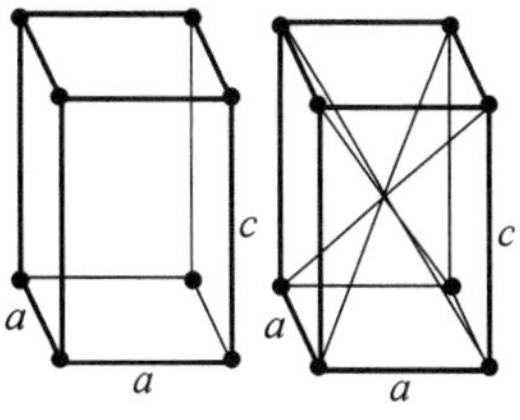
立方	$a = b = c$	$\alpha = \beta = \gamma = 90^\circ$	简单立方 体心立方 面心立方	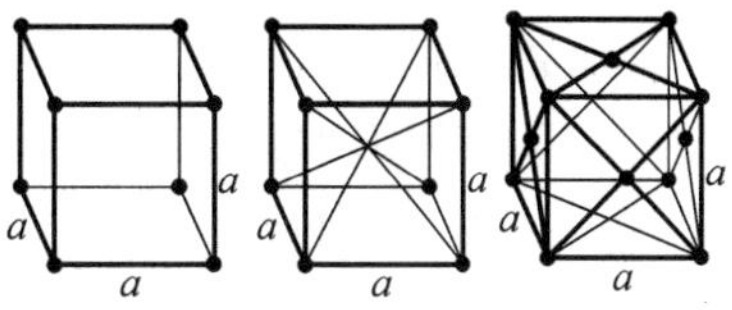

3. 晶向指数和晶面指数

1) 晶向指数

为了具体描述晶体中原子的位置、原子列的方向、原子构成的平面，通常使用密勒指数来进行标定。任何阵点的位置 $\boldsymbol{r}$ 可以用平行六面体的棱边向量的基矢 $\boldsymbol{a}$、$\boldsymbol{b}$、$\boldsymbol{c}$ 来表示：$\boldsymbol{r}=u\boldsymbol{a}+v\boldsymbol{b}+w\boldsymbol{c}$，矢量 $\boldsymbol{r}$ 可以表示方向，故可用该方向上距离原点最近的阵点的坐标(u,v,w)来表示晶向，并约化为最小整数，用$[uvw]$表示，称之为晶向指数。晶向指数的点阵矢量图如图 2-2 所示。若某一数值为负，则在相应坐标上方加一负号，如$[1\bar{1}0]$、$[1\bar{1}1]$等。

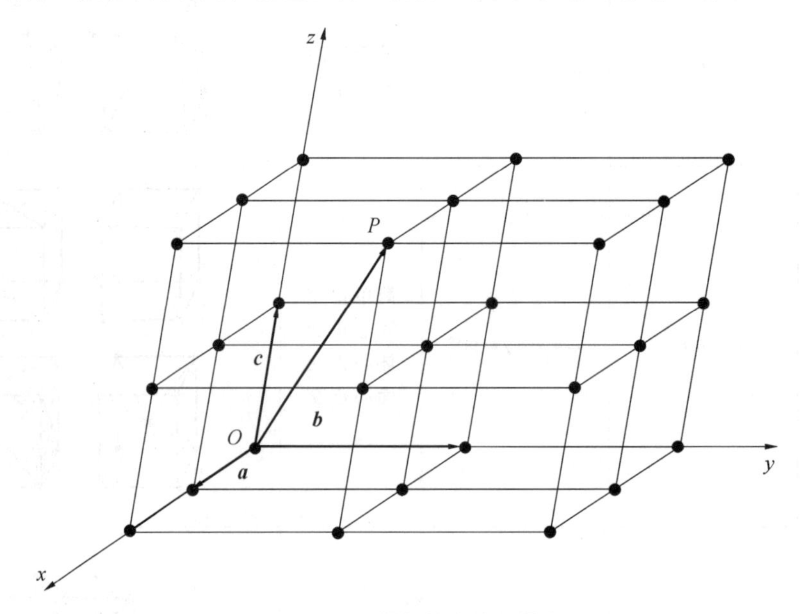

图 2-2　晶向指数的点阵矢量图

需要注意的是，根据晶体结构的对称性，一些不同的晶向描述的是相同的方向，称之为晶面族，用$\langle uvw \rangle$表示。例如，立方晶系中的$[001]$、$[010]$、$[100]$、$[00\bar{1}]$、$[0\bar{1}0]$、$[\bar{1}00]$表示的是相同的晶向，可用$\langle 001 \rangle$表示。但是在四方晶系中，$[001]$和$[100]$不是等价的方向。

2) 晶面指数

晶面的标定方法如下：以 $\boldsymbol{a}$、$\boldsymbol{b}$、$\boldsymbol{c}$ 为基矢确定坐标轴，晶面与三个晶轴的交点分别为 $p\boldsymbol{a}$、$q\boldsymbol{b}$、$r\boldsymbol{c}$，取截距系数的倒数比$(1/p):(1/q):(1/r)=h:k:l$，并且化为最小整数比，则用(hkl)来标定晶面，称之为晶面指数。若某一数值为负，则在相应坐标上方加一负号，若晶面平行于某一轴，即对应的截距为∞，则其倒数为 0。晶面指数的表示方法如图 2-3 所示。

晶面指数代表着相互平行的面，而且在特定的晶体结构中，一些面上的原子排列完全相同，只是平面的空间位向不同，都可以归为同一晶面族，用$\{hkl\}$表示。

确定晶面后，可以计算最邻近的两个晶面的间距，称为晶面间距。一般来说，晶面指数(hkl)越大，晶面间距越小。

3) 六方晶系指数

六方晶系同样可以采用三轴坐标系标定，但是这种标定方式不能显示六方晶系的对称性，所以通常使用四轴 a_1、a_2、a_3、c 来标定，a_1、a_2、a_3 轴相互成 120°，c 轴垂直于 a_1、a_2、a_3 轴。对于某一晶面，晶向指数的确定步骤如上文所述，用$[uvtw]$表示，这里 $u+v=-t$。六方晶系的晶面指数如图 2-4 所示。

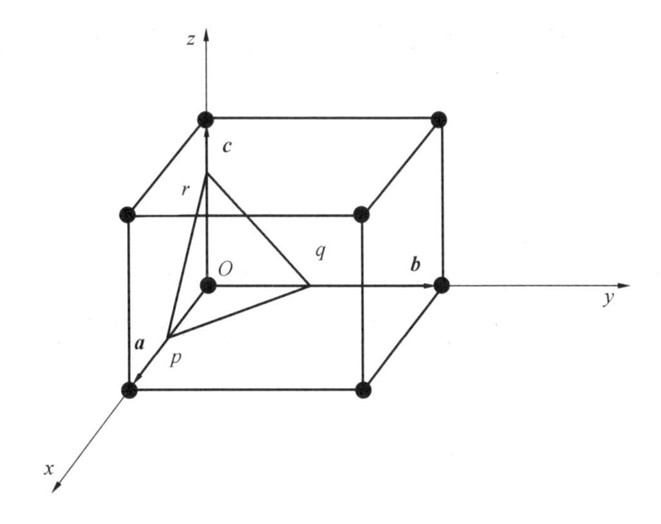

图 2-3　晶面指数的表示方法

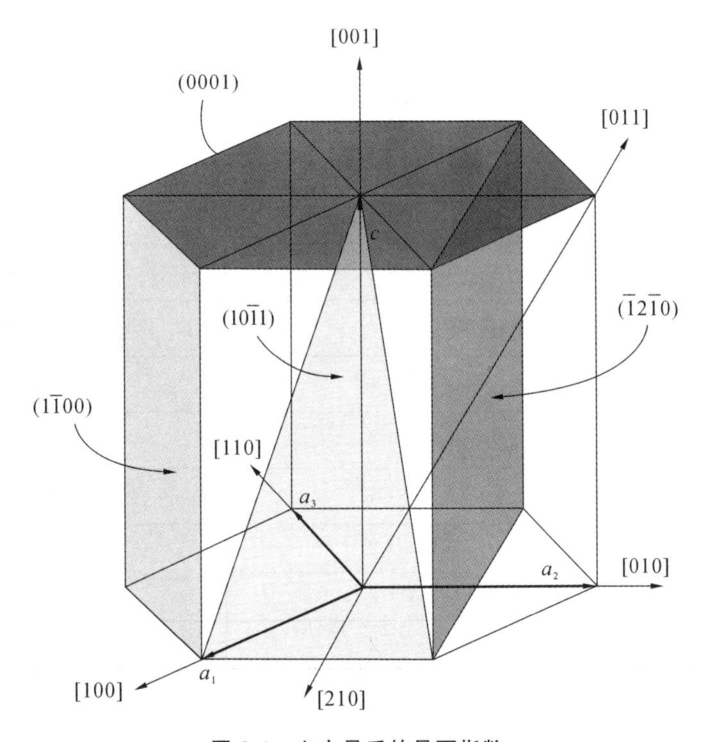

图 2-4　六方晶系的晶面指数

2.1.2　陶瓷的晶体类型

1. 离子型

离子晶体的结合键是离子键。离子晶体具有硬度高、强度大、熔沸点高、热膨胀系数小、脆性大、绝缘性能好等特点。在正离子周围会形成一个负离子配位多面体，离子晶体可以被视为由配位多面体按照一定的方式连接而成。离子晶体的结构与正、负离子半径大小及其比值有关。正、负离子的配位数主要由它们的半径比决定。表 2-2 给出了离子晶体的配位数和半径比的一般对应关系。表 2-3 给出了离子晶体的组成、配位数和相应的结构模型。

表 2-2　离子晶体的配位数和半径比的一般对应关系

配位数	半径比	配位数	半径比
3	0.55 以上	8	0.732 以上
4	0.225 以上	12	1.000 以上
6	0.414 以上		

表 2-3　离子晶体的组成、配位数和相应的结构模型

组成	配位数	结构模型
MX	4∶4	闪锌矿型
MX	4∶4	纤锌矿型
MX	6∶6	NaCl
MX	8∶8	CsCl
MX_2	4∶2	β-方石英型
MX_2	6∶3	金红石型
MX_2	8∶4	萤石型
M_2X	4∶8	反萤石型
M_2X	2∶4	赤铜矿型
M_2X_3	6∶4	刚玉型
M_2X_3	6∶4	稀土类 C 型
M_2X_3	7∶4	稀土类 A 型
M_2X_5	6∶2	Nb_2O_3
	6∶3	
MX_3	6∶2	ReO_3

2. 共价型

共价晶体的结合键是共价键，共价键具有饱和性和方向性。与离子晶体类似，共价晶体具有强度高、硬度高、脆性大、熔沸点高、挥发性低、导电性差、结构稳定等特点。共价晶体的共同特点是配位数服从 8-N 法则，N 为原子的价电子数，也就是说每个原子有 8-N 个最邻近的原子，形成共用电子对。因此共价键具有饱和性。一些典型的共价晶体的结构有金刚石型、ZnS 型、SiO_2 型三种。

一般来说，组成陶瓷材料的化学键既包含离子键又包含共价键。相对含量由正、负离子间的电负性之差来表示。电负性之差越大，离子键比例越大。

3. 硅酸盐型

地球的地壳大部分都由硅和氧两种元素组成。硅和氧形成的矿物称为硅酸盐。硅酸盐的成分、结构都较为复杂。硅酸盐的基本结构单元是硅和氧组成的硅氧四面体，Si^{4+} 处于由四个氧离子形成的四面体的中心。硅氧四面体的不同连接、排列方式形成骨架，一些正、负离子插入其间以平衡电价。根据硅氧四面体之间的不同连接方式，硅酸盐晶体的结构类型可以分为岛状、组群状、链状、层状和架状。表 2-4 列出了硅酸盐晶体的不同结构类型和实例。

表 2-4 硅酸盐晶体的不同结构类型和实例

结构类型	$[SiO_4]^{4-}$ 共用 O^{2-} 数	形状	络阴离子	实例
岛状	0	四面体	$[SiO_4]^{4-}$	镁橄榄石 $Mg_2[SiO_4]$
组群状	1	双四面体	$[Si_2O_7]^{6-}$	硅钙石 $Ca_3[Si_2O_7]$
	2	三节环	$[Si_3O_9]^{6-}$	蓝锥矿 $BaTi[Si_3O_9]$
		四节环	$[Si_4O_{12}]^{8-}$	斧石 $Ca_2Al_2(Fe,Mn)BO_3[Si_4O_{12}](OH)$
		六节环	$[Si_6O_{18}]^{12-}$	绿宝石 $Be_3Al_2[Si_6O_{18}]$
链状	2	单链	$[Si_2O_6]^{4-}$	透辉石 $CaMg[Si_2O_6]$
	2.3	双链	$[Si_4O_{11}]^{6-}$	透闪石 $Ca_2Mg_5[Si_4O_{11}]_2(OH)_2$
层状	3	平面层	$[Si_4O_{10}]^{4-}$	滑石 $Mg_3[Si_4O_{10}](OH)_2$
架状	4	骨架	$[SiO_2]$	石英 SiO_2
			$[(Al_xSi_{4-x})O_8]^{x-}$	钠长石 $Na[AlSi_3O_8]$

岛状硅酸盐晶体结构中，硅氧四面体之间没有直接连接，为孤岛状，阳离子填充在间隙，来连接氧负离子。组群状硅酸盐晶体由孤立的有限硅氧四面体群和其间的阳离子组成，包含由共用氧离子形成的双四面体 $[Si_2O_7]^{6-}$、三节环 $[Si_3O_9]^{6-}$、四节环 $[Si_4O_{12}]^{8-}$、六节环 $[Si_6O_{18}]^{12-}$ 等。链状硅酸盐晶体结构又可分为单链和双链两种类型。硅氧四面体通过桥氧离子相连，在一维方向延伸成链状，链与链之间通过其他阳离子按一定的配位关系连接起来。层状硅酸盐晶体结构中的硅氧四面体通过三个共同氧在二维平面内延伸成一个硅氧四面体层。

2.1.3 陶瓷中典型的晶体结构

1. NaCl 型结构

NaCl 属于立方晶系、面心立方点阵，$a=0.563$ nm。NaCl 型结构可以看作是 Na^+ 和 Cl^- 各自形成面心立方点阵后相互穿插而成的。Na^+ 位于由 6 个 Cl^- 构成的八面体的中心，反之，Cl^- 也位于由 Na^+ 构成的八面体的中心，因此，Na^+ 和 Cl^- 的配位数都为 6。NaCl 晶体结构如图 2-5 所示。同样属于 NaCl 型结构的化合物有 MgO、CaO、BaO、TiN、TiC、VC 等。

2. 金刚石型结构

金刚石属于立方晶系、面心立方点阵，$a=0.356$ nm。每个 C 原子位于由周围 4 个 C 原子形成的四面体中心，故配位数为 4。金刚石晶体结构如图 2-6 所示。晶胞中 4 个 C 原子位

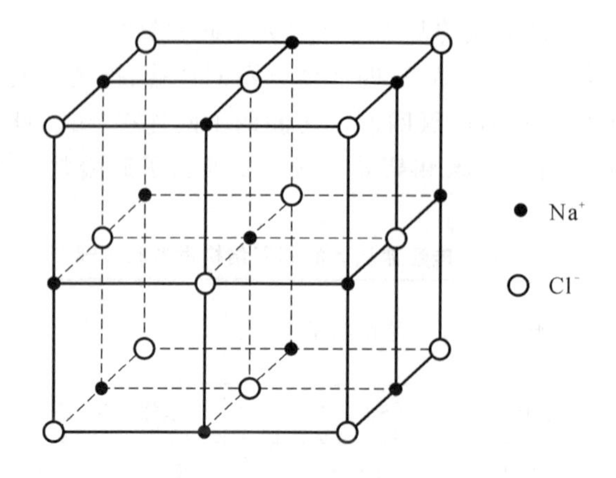

图 2-5 NaCl 晶体结构

于面心立方点阵位置，另外 4 个 C 原子位于 4 个四面体间隙，故一个晶胞内含有 8 个 C 原子。金刚石型结构也可以看是由两个面心立方点阵沿对角线相对位移 1/4 穿插而成。具有金刚石型结构的还有 α-Sn、Si、Ge。SiC 与金刚石的结构类似，只是金刚石中位于四面体间隙的 4 个 C 被 Si 取代。

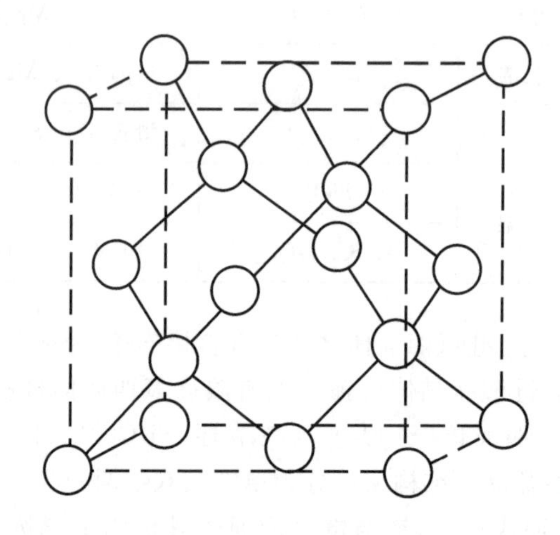

图 2-6 金刚石晶体结构

3. 闪锌矿型结构

闪锌矿型(β-ZnS)结构也称立方 ZnS 型结构，属于立方晶系、面心立方点阵。闪锌矿晶体结构如图 2-7 所示。其晶体结构与金刚石型结构类似，4 个 O^{2-} 位于面心立方点阵位置，4 个 Zn^{2+} 位于由 4 个 O^{2-} 形成的四面体间隙，O^{2-} 和 Zn^{2+} 的配位数均为 4。Be 和 Cd 的硫化物、硒化物、碲化物及 CuCl 也属于此类型结构。

4. 纤锌矿型结构

纤锌矿型结构也称六方 ZnS 型结构，属于六方晶系。纤锌矿晶体结构如图 2-8 所示。从图中可以看出，每个晶胞内包含 4 个离子，其坐标分别为：S^{2-}，0 0 0；2/3 1/3 1/2；Zn^{2+}，0 0 7/8；2/3 1/3 3/8。这个结构可以看成由 S^{2-} 构成的密排六方结构，而 Zn^{2+} 占据一半的四面体间隙，构成[ZnS_4]四面体，配位数为 4。属于这种结构类型的有 ZnO、ZnSe、AgI、BeO 等。

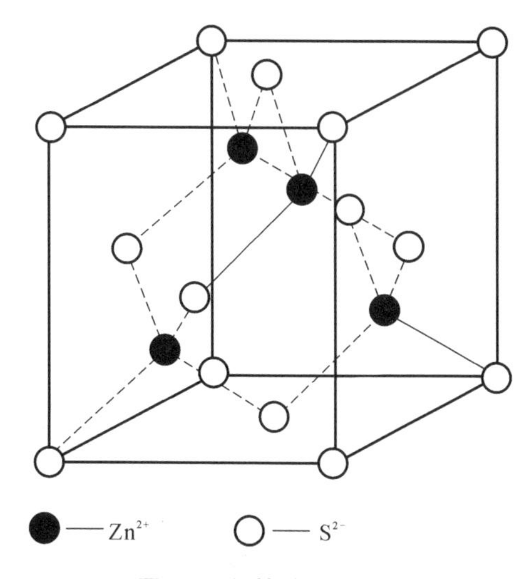

图 2-7　闪锌矿晶体结构

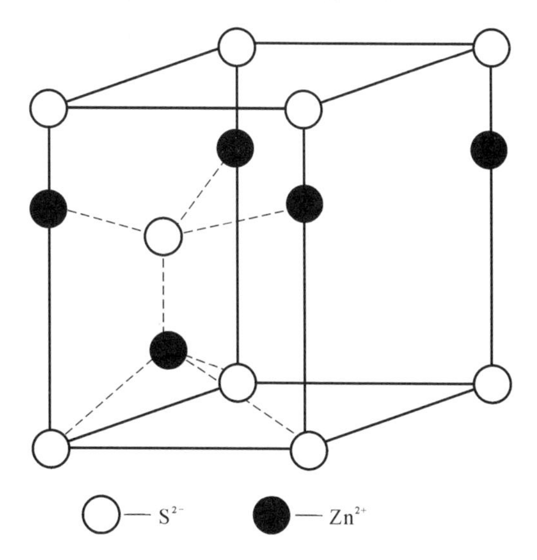

图 2-8　纤锌矿晶体结构

5. 金红石型结构

金红石型结构属于四方晶系，TiO_2 为金红石型结构的典型代表。金红石晶体结构如图 2-9 所示。每个晶胞有 2 个 Ti^{4+} 和 4 个 O^{2-}，配位数为 6∶3，每个 O^{2-} 同时与 3 个 Ti^{4+} 结合，即每三个［TiO_6］八面体共用一个 O^{2-}。属于这类结构的还有 GeO_2、PbO_2、SnO_2、MnO_2 等。

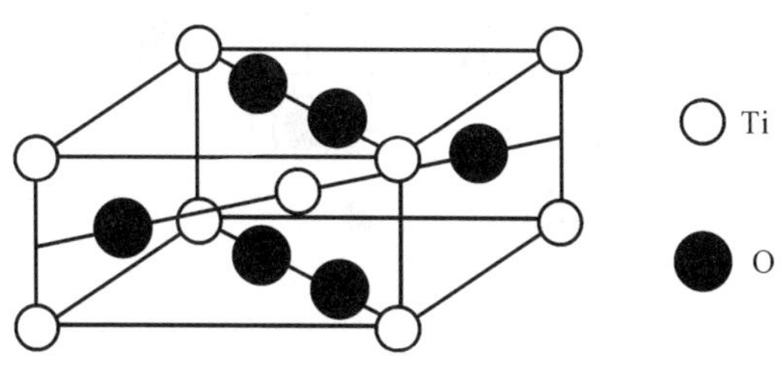

图 2-9　金红石晶体结构

6. 尖晶石型结构

尖晶石型结构通式为 AB_2O_4，A 为二价阳离子，B 为三价阳离子，属于立方晶系、面心立方点阵，最重要的尖晶石化合物为 $MgAl_2O_4$。尖晶石晶体结构如图 2-10 所示。每个晶胞有 32 个 O^{2-}、16 个 B^{3+} 和 8 个 A^{2+}。尖晶石结构分为正型、反型和混合型三种。正型尖晶石结构中 O^{2-} 呈面心立方密排结构，A^{2+} 配位数为 4，占据 1/8 的氧四面体中心；B^{3+} 配位数为 6，占据 1/2 的氧八面体中心。可以用(A)[B]$_2O_4$ 表示，其中()和[]分别代表四面体和八面体间隙。属于正型尖晶石结构的有 $MgAl_2O_4$、Mn_3O_4、$ZnFe_2O_4$、$FeCr_2O_4$ 等。反型尖晶石结构可以用(B)[$A_{1/2}B_{1/2}$]$_2O_4$ 表示，即一半的 B^{3+} 位于四面体中心，A^{2+} 和另一半的 B^{3+} 占据八面体中心。属于反型尖晶石结构的有 Fe_3O_4、$CoFe_2O_4$、$NiFe_2O_4$ 等。一般地，混合型尖晶石结构可以写作($A_{1-x}B_x$)[$A_{x/2}B_{1-x/2}$]$_2O_4$，系数 x 为 0(正型)至 1(反型)之间的数，x 为 2/3 时，阳离子完全随机分布。

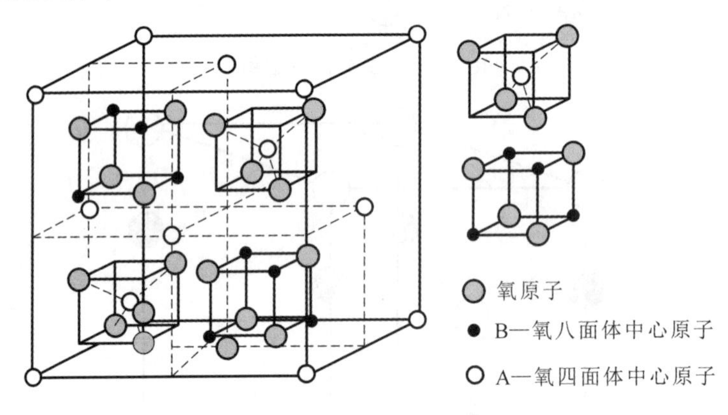

图 2-10 尖晶石晶体结构

1) 钙钛矿型结构

钙钛矿($CaTiO_3$)型结构，理想情况下为立方晶系，晶体结构如图 2-11 所示。Ca^{2+} 位于立方体顶点，O^{2-} 位于立方体 6 个面的面心位置，Ti^{4+} 位于体心位置。每个 Ti^{4+} 周围有 6 个 O^{2-}，配位数为 6，形成[TiO_6]八面体，每个 Ca^{2+} 周围有 12 个 O^{2-}，配位数为 12。属于钙钛矿型结构的还有 $BaTiO_3$、$SrTiO_3$、$PbTiO_3$、$CaZrO_3$、$PbZrO_3$、$SrZrO_3$、$SrSnO_3$ 等。

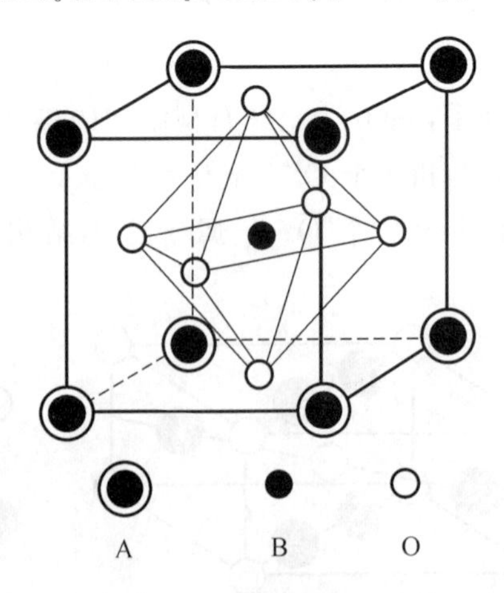

图 2-11 钙钛矿型晶体结构

2）方解石型结构

方解石型结构属于菱方晶系、R3C 空间群，如图 2-12 所示。每个晶胞有 4 个 Ca^{2+} 和 4 个$[CO_3]^{2-}$络合离子。每个 Ca^{2+} 被 6 个$[CO_3]^{2-}$所包围，Ca^{2+} 的配位数为 6；络合离子$[CO_3]^{2-}$中 3 个 O^{2-} 作等边三角形排列。C^{4+} 在三角形中心位置，C、O 之间由共价键结合；而 Ca^{2+} 和$[CO_3]^{2-}$由离子键结合。$[CO_3]^{2-}$在结构中的排布均垂直于三次轴。

属于方解石型结构的还有 $MgCO_3$（菱镁矿）、$CaCO_3 \cdot MgCO_3$（白云石）等。

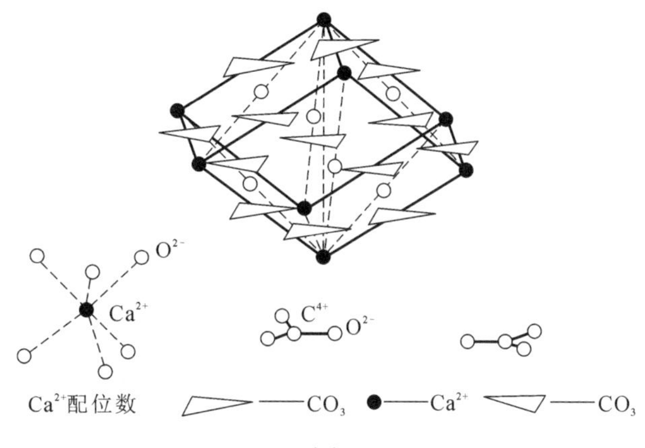

图 2-12　方解石型结构

2.1.4　同质异晶体、异质同晶体与固溶体

同质异晶指同一化合物具有不同的晶型。许多重要的陶瓷材料都有不同的同质异晶体。例如，二氧化锆（ZrO_2）在室温下的稳定晶型是单斜的，在 1000 ℃左右向四方晶型转变。这种转变伴随很大的体积变化，使得由纯二氧化锆制得的陶瓷体碎裂。虽然六方晶系的 α-氧化铝在所有温度下都是热力学稳定的 Al_2O_3 晶型，但是在某些情况下也能形成立方晶型的 γ-氧化铝。二氧化硅是具有特别多同质异晶体的陶瓷材料。同质异晶体结构的转变可以分为两大类，分别是位移型转变和重建型转变。位移型转变结构上变化不大，只需要结构发生畸变而不需要破坏化学键，其特点是转变发生得很快。重建型转变不能简单地通过原子位移来达到，必须破坏原子间键合，这一类转变通常比较迟缓。二氧化硅晶型转变如图2-13所示。

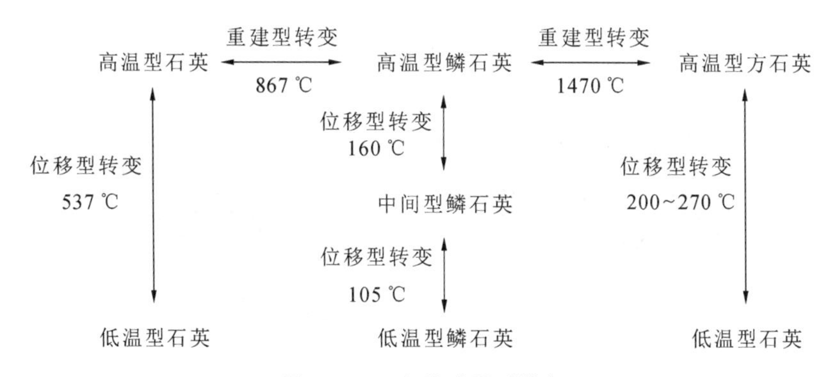

图 2-13　二氧化硅晶型转变

化学组成相似或相近，在相同的热力学条件下，形成的晶体具有相同的结构，这种现象称为异质同晶现象。如氯化钾、氧化镁晶体都是氯化钠型晶体，它们可以称为异质同晶体。

固溶体是以某一组元为溶剂，在其晶体点阵中溶入其他组元原子（溶质原子）所形成的均匀混合的固态溶体，它保持着溶剂的晶体结构类型。根据溶质原子在溶剂点阵中所处的位置不同，固溶体可分为置换固溶体和间隙固溶体两类。当溶质原子溶入溶剂中形成固溶体时，溶质原子占据溶剂点阵的阵点，或者说溶质原子置换了溶剂点阵的部分溶剂原子，这种固溶体就称为置换固溶体。一般地，溶质和溶剂要能够形成固溶体，需要具有类似地晶体结构、原子尺寸、电负性、化合价。当溶质原子半径很小时，其可能进入溶剂晶体间隙而形成间隙固溶体。溶质原子的进入会引起溶剂点阵畸变，因此溶解度一般较小。

2.2 陶瓷中的缺陷

2.2.1 点缺陷、线缺陷与面缺陷

在实际工作与应用中，我们遇到的绝大部分陶瓷都不是理想的晶体，而具有或多或少的缺陷。通常把晶体点阵结构中周期性势场的畸变称为晶体的结构缺陷。缺陷的主要表现形式为：点缺陷、线缺陷与面缺陷等。其形成原因有：热缺陷、杂质缺陷、非化学计量缺陷等。

缺陷对材料的性能有较大影响。比如原子缺陷，包括正常位的原子被它者置换、填隙原子、原子空位、线缺陷等；电子缺陷，包括电子空穴、自由电子等。这些缺陷决定了陶瓷在制备和使用过程中的性能，如电导率、光学特性、烧结性能、力学性能等。缺陷的存在，使晶体表现出各种各样的性质。因此，研究和了解陶瓷的缺陷及其对陶瓷性能的影响是一个极其重要的基础问题。

1. 点缺陷

点缺陷通常出现在原子空位或原子所占据的间隙位置，掺杂原子也属于点缺陷。点缺陷尺寸处于原子大小的数量级上，即三维方向上缺陷的尺寸都很小。点缺陷具体类型有空位、间隙质点、错位原子或离子、杂质质点等。

在离子型晶体中代表性的点缺陷有肖特基缺陷（Schottky defect）和弗仑克尔缺陷（Frenkel defect）。当一个原子从正常位进入填隙位产生缺陷对——空位和填隙时，即形成弗仑克尔缺陷，如图 2-14(a)所示。当阴离子和阳离子同时离开原正常位，产生空位对时即形成肖特基缺陷，见图 2-14(b)。肖特基缺陷一般仅产生于离子化合物中，而且为了使晶体保持电中性，空位需以化学计量比形成。例如，在 NaCl 和 MgO 中，一次产生一个肖特基对；而在 TiO_2 中，肖特基缺陷由 3 个缺陷（一个 Ti 空位和两个 O 空位）组成。

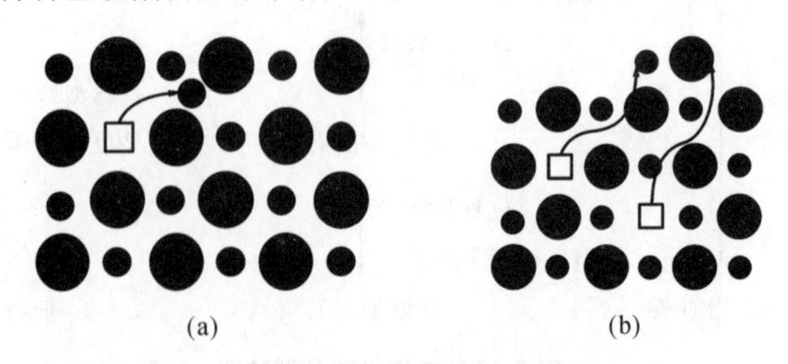

图 2-14 弗仑克尔缺陷与肖特基缺陷

(a)弗仑克尔缺陷；(b)肖特基缺陷

为了表达陶瓷材料中可能存在的各种缺陷，就需要用一套适当的符号系统来描述陶瓷中的点缺陷。目前，普遍使用的方法是 Kröger-Vink 符号法。在此表示法中，缺陷被分为三部分来描述。主体符号表明缺陷是空位"V"还是离子；下标则表明缺陷所占的位置，是主晶格的正常原子位还是填隙位"i"；上标则表明缺陷相对于理想晶格的有效电荷，"·"代表有效正电荷，"′"代表负电荷，"x"代表中性。

例如："$Zn_i^{\cdot\cdot}$"表示 Zn^{2+} 占据填隙位，并且多了两个正电荷；"V_{Na}'"表示在原来的正常 Na 位置上形成一个空位，并且相对于理想晶格带一个负电荷；"$Ca_{Na}^{\cdot}$"表示 Ca^{2+} 替代了钠位置，并多了一个正电荷。

晶体中的点缺陷是在热平衡状态下存在的，其缺陷数量通常用浓度描述。最常用的是单位体积缺陷数目（如数目/cm^3 或者数目·cm^{-3}）。点缺陷的热平衡浓度可通过统计力学方法计算得到。也可以将缺陷的产生过程看作一种化学反应过程，因而点缺陷浓度可运用质量作用定律导出。两种方法的结果一致，不过后一种方法比较简单，其结果虽为近似，却很有价值。

对于简单的二元氧化物 MO，点缺陷的热平衡浓度为

$$n_S \approx N\exp\left(-\frac{\Delta H_S}{2kT}\right) \tag{2-1}$$

$$n_F \approx (NN')^{1/2}\exp\left(-\frac{\Delta H_F}{2kT}\right) \tag{2-2}$$

式中：n_S 和 n_F 分别为肖特基缺陷和弗仑克尔缺陷的浓度；ΔH_S、ΔH_F 为两种缺陷的生成能；N 为晶体中阳离子或阴离子的浓度；N' 为可能的间隙位置数。由上式可见，点缺陷的浓度是由形成缺陷所需的能量、温度所决定的。

2. 线缺陷

线缺陷是指在一维方向上偏离理想晶体中的周期性、规则性排列所产生的缺陷，其特征是在两个方向上尺寸很小，而在另外一个方向上延伸较长，也称一维缺陷，如各类位错。较为典型的位错是刃型位错和螺型位错两种。

刃型位错如图 2-15 所示。此时在同一长度内上半部晶体比下半部多出一个刀刃型的半晶面 *EFGH*。在外切力的作用下，上下两部分晶格可在交界面产生一个原子间距的相对位移。

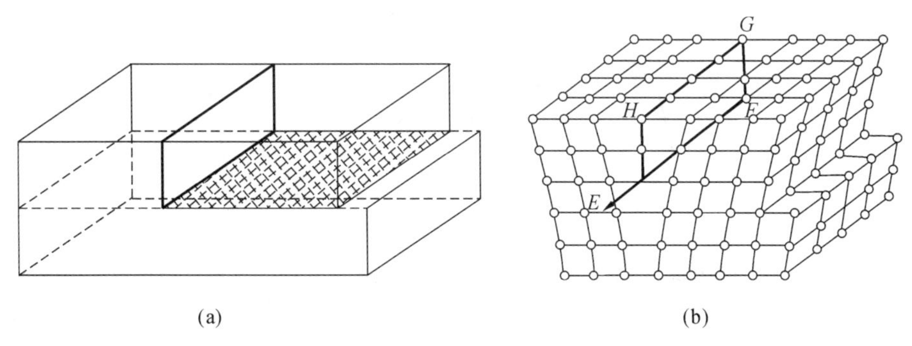

图 2-15　刃型位错

螺型位错如图 2-16 所示。晶体左右两部分以 *BC* 为界，沿 *AD* 方向发生相对滑移，垂直 *BC* 的一层晶面不在同一平面而形成螺旋梯形。滑移部分与无滑移部分之间的分界称为位错线。

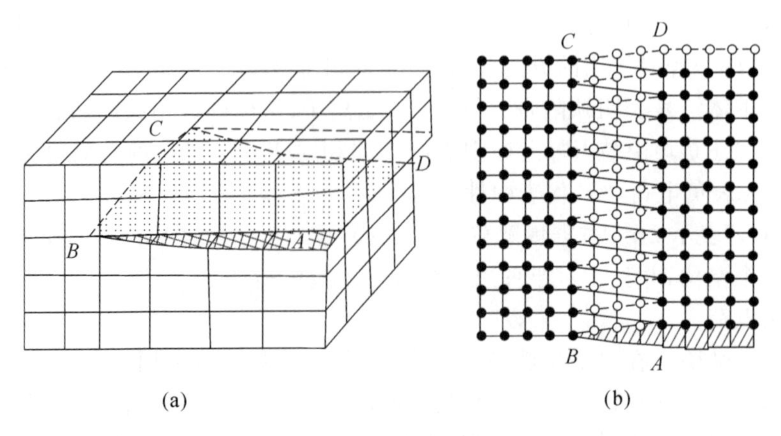

图 2-16　螺型位错

在位错中，滑移方向与位错线垂直的位错为刃型位错，用符号“┬”或“┴”表示。位错线与滑移方向平行的位错为螺型位错。除了这两种基本位错类型外，还有一种形式更为普遍的位错，其滑移方向矢量既不平行又不垂直于位错线，而是与位错线相交成任意角度，这种位错叫混合位错。

3. 面缺陷

面缺陷又称为二维缺陷，是指在二维方向上偏离理想晶体中的周期性、规则性排列而产生的缺陷，即缺陷尺寸在二维方向上延伸，在第三维方向上很小，如晶界、表面、堆积层错、镶嵌结构等。

这里具体介绍下晶界，大多数晶体物质是由许多晶粒组成的，属于同一固相但位向不同的晶粒之间的界面称为晶界，它是一种内界面。而每个晶粒有时又由若干位向稍有差异的亚晶粒所组成，相邻亚晶粒间的界面称为亚晶界。根据相邻晶粒之间位向差 θ(如图 2-17 所示)的大小不同，晶界可分为两类：(1)小角度晶界——相邻晶粒的位向差小于 10°的晶界，亚晶界均属于小角度晶界，一般小于 2°；(2)大角度晶界——相邻晶粒的位向差大于 10°的晶界，多晶体中 90%以上的晶界属于此类。无论是小角度晶界还是大角度晶界，其中的原子或多或少地偏离了平衡位置。因而晶界一般处于较高的能量状态，高出的那部分能量称为晶界能，或称晶界自由能。

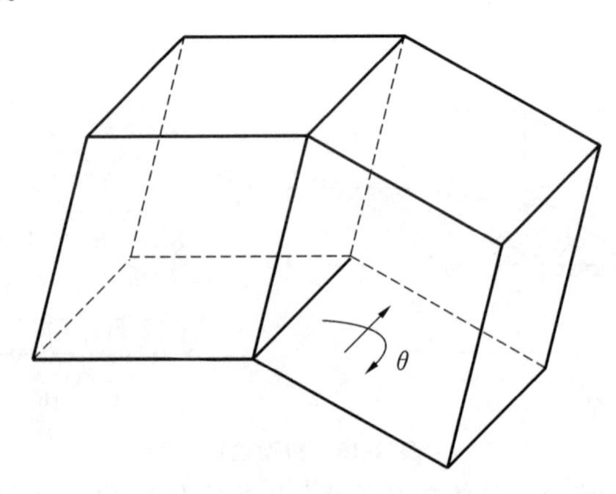

图 2-17　相邻晶粒之间位向差 θ 示意图

2.2.2 氧化物陶瓷中的缺陷

大多数陶瓷为氧化物陶瓷，因此有必要对氧化物陶瓷的缺陷有所了解。氧化物陶瓷的缺陷与金属、合金或半导体中的缺陷有所不同。首先，氧化物的熔点一般很高，所以在 1500 ℃以下其内部的本征点缺陷浓度通常可以忽略不计；其次，氧化物可能会与环境发生氧交换，因而可以通过在氧环境下进行热处理来控制缺陷浓度与化学计量；最后，氧化物具有高的电离度，因此大部分点缺陷含有有效电荷。本小节将按结构的类型来讨论氧化物陶瓷中的缺陷。

1. 石盐结构型氧化物

石盐结构，即 NaCl 型结构。对陶瓷来说，有两类石盐结构型氧化物。一类是离子化合物，其性质最接近碱的卤化物的碱土金属氧化物，如 MgO、CaO 和 SrO。它们通常保持化学配比，因而其缺陷行为与电子缺陷关系不大。另一类是过渡金属氧化物，如 NO、CoO、MnO 和 FeO。这些氧化物陶瓷趋向于形成非化学计量比，因而必须考虑其电子缺陷。

研究表明，石盐结构型晶体中的本征缺陷为 Schottky 缺陷。计算机模拟的结果表明，对于所有的石盐结构型氧化物，其 Schottky 缺陷的形成能远远低于阳离子或阴离子 Frenkel 缺陷的形成能。以 MgO 为例，计算得到其一个 Schottky 缺陷形成能为 7 eV，而一个 Frenkel 缺陷形成能为 12～15 eV。

如果在 MgO 中加入三价的杂质(如 Fe^{3+} 和 Al^{3+})，为保持电中性，会形成 Mg 空位，它会增大 Mg 的自扩散系数，同时，它也是电导的基本电荷载体。因此，MgO 中 Mg 的自扩散和电导率将强烈受到外界的控制，如不同价态的阳离子杂质。Mg 空位是其主导性缺陷。

对于过渡金属氧化物，其主要缺陷不是来自杂质而是来自非化学计量。研究较多的是非化学计量程度小的 NO 和 CoO。对于这两种氧化物，其金属的自扩散系数均远远大于氧的自扩散系数。阳离子扩散基于阳离子-空位模型。

2. 萤石结构型氧化物

萤石(fluorite)，又称氟石，是一种矿物，其主要成分是氟化钙(CaF_2)，其晶体结构如图 2-18 所示。这种结构的氧化物陶瓷主要有三种：CeO_2、ThO_2 和 UO_2。其中 CeO_2 被研究得较多，它在低氢压下可以形成非化学计量，在空气或氧气环境下则接近化学计量。因此，其缺陷结构由掺杂决定。

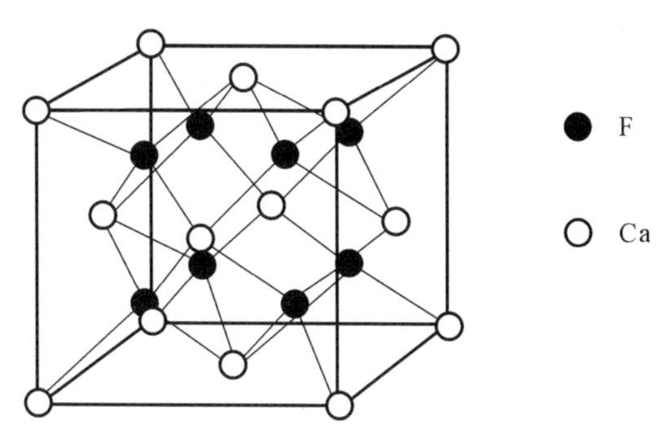

图 2-18　萤石晶体结构

与石盐结构型氧化物不同，萤石结构型氧化物的本征缺陷主要是阴离子 Frenkel 缺陷，

当 CeO_2 中掺入二价氧化物(RO)或三价氧化物(R_2O_3)时,将通过引入氧空位来补偿电荷。以掺入三价氧化物为例,其有效电荷为-1,因此得到 $2R_M' + V_O^{\cdot\cdot}$,也就是说每两个掺杂离子对应一个氧空位。引入的氧空位极易移动,构成了对传输行为起主导作用的点缺陷。因而,在这些氧化物中,氧扩散快,而阳离子扩散慢。另一方面,氧空位作为主要载体控制了其离子电导。

3. 钙钛矿结构型氧化物

钙钛矿型化合物结构通式为 ABO_3。钙钛矿晶体结构如图 2-19 所示。氧化物陶瓷大多具有钙钛矿型结构,如 $BaTiO_3$、$SrTO_3$ 和 $KTaO_3$。与前述例子相同,因为本征缺陷形成能高,所以杂质和掺杂在缺陷结构中起着重要的作用,尤其重要的是受主掺杂(低离子电荷的阳离子),例如,Al^{3+} 和过渡金属离子占据 ABO_3 化合物的 B 位置。

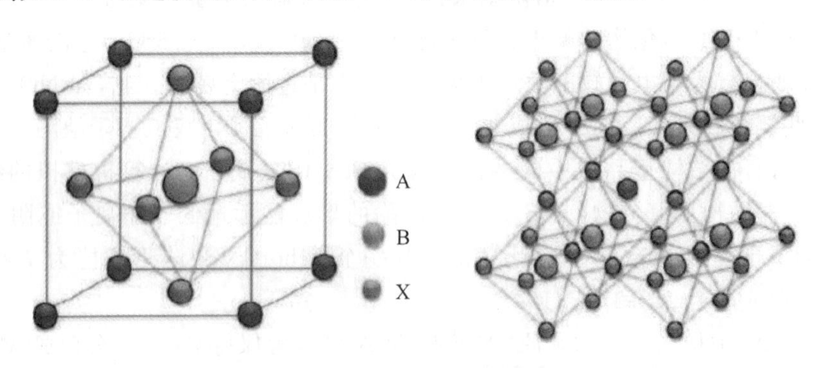

图 2-19　钙钛矿晶体结构

以 $SrTiO_3$ 为例,由于 Al^{3+} 的离子尺寸小,可以优先取代 Ti^{4+},形成受主 Al_{Ti}',主要补偿缺陷则是氧空位 $V_O^{\cdot\cdot}$,且有$[V_O^{\cdot\cdot}]=1/2[Al_{Ti}']$。在高氧分压时,受主杂质的作用是一个很好的例子,对氧化反应,要引入 O_i''或者 V_{Sr}''和 V_{Ti}''这样的缺陷。这些缺陷都有很高的形成能,因此不可能形成。然而,与受主杂质有关的 $V_O^{\cdot\cdot}$ 的出现,提供了一个更容易的机理:

$$1/2O_2(g) + V_O^{\cdot\cdot} O_O + 2H^{\cdot} \tag{2-3}$$

式(2-3)使得受杂质的 $V_O^{\cdot\cdot}$ 补偿转变成空位变得可能。还有一种可能的转变是通过与水蒸气的反应:

$$H_2O(g) + V_O^{\cdot\cdot} O_O + 2H_i^{\cdot} \tag{2-4}$$

在这里,$V_O^{\cdot\cdot}$ 补偿被转变成填隙质子。按照这一方式,$KTaO_3$、$SrCeO_3$ 和 $BaCeO_3$ 等钙钛矿结构型氧化物已经被转变成高温质子导体。但是,如前所述,只有在受主杂质存在并提供氧空位时,反应(2-4)才会发生。

2.2.3　陶瓷中的氧缺陷

在高温下制备陶瓷,一般会产生氧缺陷,这对陶瓷材料的性能有着较大影响。例如,氧化锆陶瓷中的氧空位,会影响其相变过程和结构稳定性。而氮化铝陶瓷中的氧缺陷会影响其导电率。下面对这两种陶瓷材料进行详细介绍。

1. 氧化锆陶瓷中的氧空位

氧化锆存在三种稳定的结构形式:单斜相、立方相和四方相。氧化锆的单斜相在

1170 ℃下是稳定的，超过该温度转变成四方相，然后在 2370 ℃转变成立方相，直到 2680 ℃时熔化。对于立方结构的氧化锆，每一个锆离子与 8 个氧离子配位，形成 $Zr\text{-}O_8$ 结构，四方结构也是 $Zr\text{-}O_8$ 配位，而单斜结构则是 $Zr\text{-}O_7$ 配位。因而，纯氧化锆在由四方相到单斜相的转变过程中，必然经过配位的转变。

若在氧化锆中引入定量的低价阳离子（如 Mg^{2+}、Ca^{2+}、Y^{3+} 等），实际上是形成氧空位，则可使氧化锆的高温相保留至室温。Ruh 通过对 $ZrO_2\text{-}Y_2O_3$ 相图的研究，得到如下结论：

（1）当 Y_2O_3 含量大于 7.5 mol%，即氧空位浓度大于 7.5 mol%时，锆-氧关系为 $Zr_{0.85}Y_{0.15}O_{1.85}V_{O0.15}^{\cdot\cdot}$，它在室温下可以完全形成立方相；

（2）当 Y_2O_3 含量为 1.5 mol%～7.5 mol%，即氧空位浓度为 1.5 mol%～7.5 mol%时，锆-氧关系为 $Zr_{0.97}Y_{0.03}O_{1.97}\square_{0.03}$～$Zr_{0.85}Y_{0.15}O_{1.85}V_{O0.15}^{\cdot\cdot}$，此时四方结构可保留至室温；

（3）当 Y_2O_3 含量小于 1.5 mol%，即氧空位浓度小于 1.5 mol%时，锆-氧关系为 $Zr_{0.97}Y_{0.03}O_{1.97}V_{O0.03}^{\cdot\cdot}$，此时，室温下仅能得到单斜相。

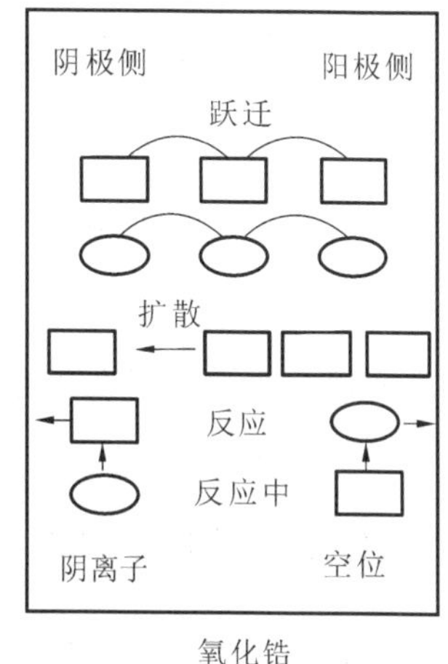

图 2-20　氧化锆中氧空位在电场作用下的行为示意图

因此，提高氧空位浓度可以使氧化锆的高温相在低温下保留下来。而且，氧空位浓度的升高还可以使相变点降低，从而拓宽高温相区。路新瀛等人通过电场诱发氧化锆相变装置来研究氧空位对氧化锆相结构稳定性及氧化锆低温相变的影响。主要原理是利用电场使氧化锆中的氧空位浓度或分布发生变化，通过研究氧空位浓度变化与相结构变化之间的关系，确定氧空位对相结构和相变过程的影响。图 2-20 是氧化锆中氧空位在电场作用下的行为示意图。综合分析表明，氧空位浓度变化不仅影响氧化锆相结构的稳定性，还影响氧化锆的低温相变过程，对于含有一定氧空位的亚稳四方相氧化锆，氧空位浓度的增大与减小都会进一步降低其结构稳定性，使之向单斜相转变更加容易。

2. 氮化铝陶瓷中的氧缺陷

氮化铝具有高的导热率（固有导热率为 320 $W \cdot m^{-1} \cdot K^{-1}$）、较低的介电常数和与硅匹配的热膨胀系数，因而适于作为绝缘基片和高功率、高速微电子应用的封装材料。与目前常用的氧化铝基片相比，氮化铝基片的导热率是其 8～10 倍。但是，由于氮化铝晶格中可能存在氧缺陷等因素，到目前为止，实际上所获得的较高水平的导热率远远低于固有导热率。因此，研究氮化铝晶格中的氧缺陷行为，对获取高导热率的氮化铝极为重要。

氧原子极易固溶到氮化铝中，在 2000 ℃时，最大固溶量可以达到 1.35 mol%，结果是形成铝空位，这些铝空位会散射声子，从而大大限制了平均自由程，进而降低导热率。Harris 的研究表明，氮化铝晶格中由于固溶氧含量不同，存在着三种缺陷形式：固溶氧含量较低时（小于 0.75 原子百分数），氧将取代氮的位置，形成铝空位；固溶氧含量较高时（大于 0.75 原子百分数），将形成缔合缺陷，铝和氧原子形成八面体配位；固溶氧含量非常高时（远远超过 0.75 原子百分数），将形成延展缺陷，如反畴界、堆垛层错和多型体等。

2.3 陶瓷中的扩散

2.3.1 扩散定律

当固体中存在着成分差异时，原子将从浓度高处向浓度低处扩散。菲克第一定律表明：原子的扩散通量与质量浓度梯度成正比，即 $J=-D\dfrac{\mathrm{d}\rho}{\mathrm{d}x}$，式中，$J$ 为扩散通量，表示单位时间内通过垂直于扩散方向 x 的单位面积的扩散物质质量，其单位为 $\mathrm{kg/(m^2\cdot s)}$；D 为扩散系数，其单位为 $\mathrm{m^2/s}$；而 ρ 是扩散物质的质量浓度，其单位为 $\mathrm{kg/m^3}$。式中的负号表示物质的扩散方向与质量浓度梯度方向相反，表示物质从高的质量浓度区向低的质量浓度区方向迁移。菲克第一定律描述了一种稳态扩散，即质量浓度不随时间而变化。

若扩散物质的浓度随位置、时间而变化，就需要使用菲克第二定律：

$$\frac{\partial\rho}{\partial t}=\frac{\partial}{\partial x}\left(D\frac{\partial\rho}{\partial x}\right) \tag{2-5}$$

如果假定 D 与浓度无关，式(2-5)可简化为

$$\frac{\partial\rho}{\partial t}=D\frac{\partial^2\rho}{\partial x^2} \tag{2-6}$$

菲克第二定律可以在菲克第一定律的基础上，根据物料平衡而导出。绝大多数扩散过程属于非稳态扩散。

2.3.2 扩散机制

以上扩散定律是从宏观角度对扩散现象的描述，下面将从微观角度说明不同的扩散机制。一些可能的扩散机制如图 2-21 所示。

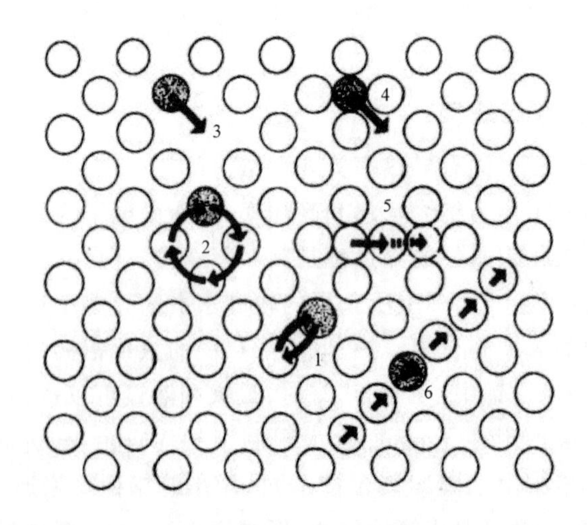

图 2-21 扩散机制

1—直接交换；2—环形交换；3—空位；4—间隙；5—推填；6—挤列

1. 交换机制

相邻原子直接交换需要克服很大的势垒，只能在一些非晶态合金中出现。环形换位机

制需要的势垒较小，但是需要原子之间有大量的协同运动，似乎也不容易实现。目前，没有实验结果支持金属和合金中的这种交换机制。

2. 间隙机制

在间隙扩散中，溶质原子可以从一个间隙位置跳动到相邻间隙位置，但是需要把相邻的原子挤开，使晶格发生畸变，这部分畸变能便是溶质原子跳动时所必须克服的势垒。H、N、O、C等小原子都是以间隙机制在金属中扩散的。当大原子通过间隙扩散时需要克服很高的势垒，为此，有人提出了推填机制，即一个填隙原子可以把它近邻的、在晶格结点上的原子"推"到附近的间隙中，而自己则"填"到被推出去的原子的原来位置上。此外，也有人提出"挤列"机制。若一个间隙原子挤入体心立方晶体对角线(即原子密排方向)上，使若干原子偏离其平衡位置，形成一个集体，此集体称为"挤列"，原子可沿此对角线方向移动而扩散。

3. 空位机制

晶体中存在着空位，在一定温度下有一定的平衡空位浓度，温度越高，则平衡空位浓度越大。这些空位的存在使原子迁移更容易，故大多数情况下，原子扩散是借助空位机制进行的。

4. 晶界及表面扩散

对于多晶材料，扩散可以通过三种途径进行，分别是晶内扩散(或称体扩散)、晶界扩散、表面扩散，并分别用D_L、D_B、D_S表示三者的扩散系数。一般规律是$D_L<D_B<D_S$，即表面扩散要快于晶界扩散，而晶界扩散要快于体扩散。这是因为晶界、表面及位错等都可视为晶体中的缺陷，缺陷产生的畸变使原子迁移相较于完整晶体内更容易，导致这些缺陷中的扩散速率大于完整晶体内的扩散速率。同样地，当存在位错时，在位错周围存在着点阵畸变，原子的扩散沿位错管道进行时扩散激活能较小，因此位错可以加速扩散。

2.4 陶瓷的相图与相变

相图(phase diagram)是用来描述系统中相的状态、温度、压力及成分之间关系的图解。其可以表征在特定条件下系统中相的状态与温度、成分之间的关系。认识相图，有助于了解在陶瓷制备过程中相的变化，从而更好地提高陶瓷制品的性能。

2.4.1 陶瓷的热力学基础

1. 相平衡

在热力学中，把所研究的原子、分子等集体称为系统或体系。组成一个体系的基本单元，如单质(元素)和化合物等，称为组元。而体系中具有相同物理化学性质的，且与其他部分以界面分开的均匀部分称为相。通常将m个组元都是独立的体系称为n元系，组元数为1的体系称为单元系。本节将首先介绍与相图有关的概念，再讨论相图的特点和相平衡。

相平衡(phase equilibrium)是指多相系统中各相变化达到的极限状态。此时在宏观上已经没有任何物质的传递，但在微观上仍有方向相反的物质在相界传递，且速度相等，故传递的净速度为零。主要研究的两相系统的平衡有气液平衡、气固平衡、汽液平衡、汽固平衡、液液平衡、液固平衡和固固平衡等。

2. 自由度

自由度是指在平衡系统中可能影响系统平衡状态的变量中独立可变的因素，如温度、压力、相的成分、电场、磁场、重力场等。说其独立可变，是因为这些因素在一定范围内任意改变不会引起旧相的消失或新相的生成，即不改变原系统中共存相的数目和种类。自由度是指在平衡系统中那些独立可变的因素的最大数目。

3. 相律

在热力学平衡状态下，由于受平衡条件的制约，系统内的相数有一定限制。该限制使系统的自由度 f 和组元数目 c、相的数目 p 以及对系统平衡状态能产生影响的外界因素的数目 n 之间满足确定关系。

1876 年，吉布斯以严谨的热力学为工具，推导得到了相律，又称吉布斯相律，其数学表达式为

$$f = c - p + n \tag{2-7}$$

n 为外界因素的数目，如温度、压力、电场、重力场等。一般情况下只考虑温度和压力对系统平衡状态的影响，所以相律可写为

$$f = c - p + 2 \tag{2-8}$$

不含气相或气相可以忽略的系统，称为凝聚系统，如金属材料、无机非金属材料和聚合物系统。通常范围内的压力对凝聚系统中相的平衡影响很小，一般忽略不计。所以，相律亦可表示为

$$f = c - p + 1 \tag{2-9}$$

相律是一种基本的自然规律，它对分析和研究相有重要的作用。在应用相律时，应注意相律只适用于热力学平衡状态，自由度不可为负值，因为在非平衡状态下才可能出现负值，而在平衡状态下不可能为负值，另外相的数目必须大于或等于 1，因为在系统中至少要有一个相存在，否则将不构成系统。同时，相律只能表示体系中组元和相的数目，不能指明组元和相的类型和含量。

2.4.2 相图

相图是研究相及相变的重要工具，根据其组元数目的不同，可分为一元相图、二元相图、多元相图。相图可以用温度-成分坐标系来表示，其相图可通过实验建立或计算得到。

1. 一元相图

在一元系统中 $c=1$，根据相律 $f=c-p+n$。一元系统相律可写为

$$f = 3 - p \tag{2-10}$$

由式(2-10)可看出，单相状态时 $f=2$，这两个自由度即温度、压力。两相状态时 $f=1$，表明温度或压力只有一个可以独立变化。三相状态时 $f=0$，温度、压力均不能变动，对于一元系统，最多可有三相平衡共存，不可能出现四相或五相平衡共存。

图 2-22 为单组元物质的 T-p 图。图中共有四个单相区，即气相、液相、晶相(Ⅰ)、晶相(Ⅱ)。单相区内 T 和 p 均可独立变化。图中曲线 aS_1、S_1S_2、S_2b、S_2E、S_1D 为两相平衡共存

线，在曲线上只有一个可以独立变动。曲线 aS_1、S_1S_2 为气相-固相共存线，此线上升华与凝结动态平衡。曲线 S_2b 为气相-液相共存线，线上液相蒸发与气相液化动态平衡，称为蒸气压曲线。曲线 S_2E 为液相-晶相（Ⅰ）共存线。曲线 S_1D 为固相的多晶转变线，在此线上晶相（Ⅰ）与晶相（Ⅱ）可以相互转换。曲线的交点为三相共存点，S_1 点为气相、晶相（Ⅰ）、晶相（Ⅱ）平衡共存；S_2 点为气相、晶相、液相三相共存，S_1、S_2 点亦称三相点，在此点上 $p=3$，因而 $f=0$，即温度、压力都是固定的，不会改变。

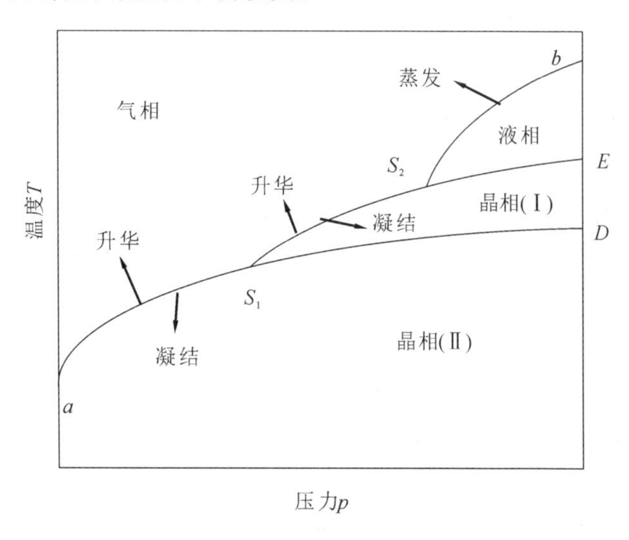

图 2-22　单组元物质的 *T-p* 图

陶瓷的材料大多具有多晶转变，这种转变与温度和压力有关。多晶转变引起的体积突变会使晶体产生强烈的收缩或膨胀，在结构中造成很大的应力，致使陶瓷材料在加热或冷却过程中开裂。为避免这种情况，可以在陶瓷材料中加入一些添加剂，使之产生一定的液相量，从而缓冲体积变化产生的应力。

2. 二元相图

二组分体系中 $c=2$，体系的自由度为 $f=2-p+2=4-p$，故其平衡相数最多为 $p=4$，体系的自由度最大为 3，最多可有 3 个强度性质独立变化。很明显，这三个强度性质应是温度、压力和某一相的组成。因而，相律可指导我们用 T、p、$x(y)$ 构成的三维空间来描述体系所处的平衡状态。

最常见的二元相图有固态完全互溶型、固态完全不互溶型相图。固态完全互溶的二组分体系，是指二组分在固态完全互溶生成固溶体，在液态也完全互溶的体系。此类体系的温度与组成之间的关系，既可以用相图表示，又可以用热力学的关系式表示，其相图如图 2-23 所示。图中 $T_{f,A}^*$、$T_{f,B}^*$ 分别为纯 A 和纯 B 的凝固点。A 和 B 在液相中的组成（摩尔分数）分别用 x_A 和 x_B 表示，在固相中的组成（摩尔分数）分别用 x'_A 和 x'_B 表示。体系凝固点与液相组成之间的关系线 $T=f(x_B)$，称为液相线；凝固点与固相组成之间的关系线 $T=f(x'_B)$，称为固相线。

固态完全不互溶并具有低共熔点的二组分液-固平衡体系，即具有低共熔点的 A、B 二组分体系，在固态时完全不互溶，在液态时完全互溶，其相图如图 2-24 所示。

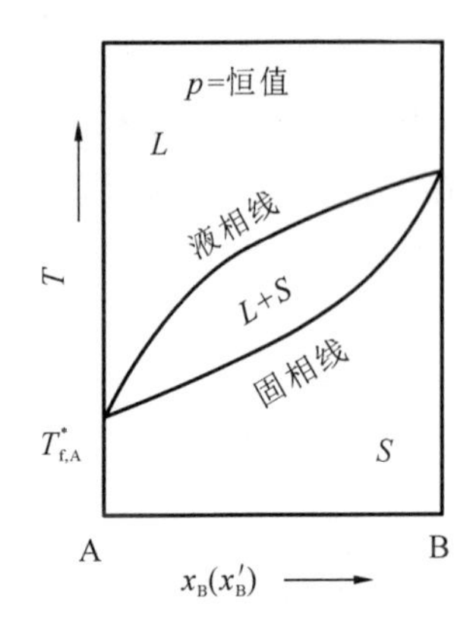

图 2-23　固态、液态完全互溶的二组分体系相图

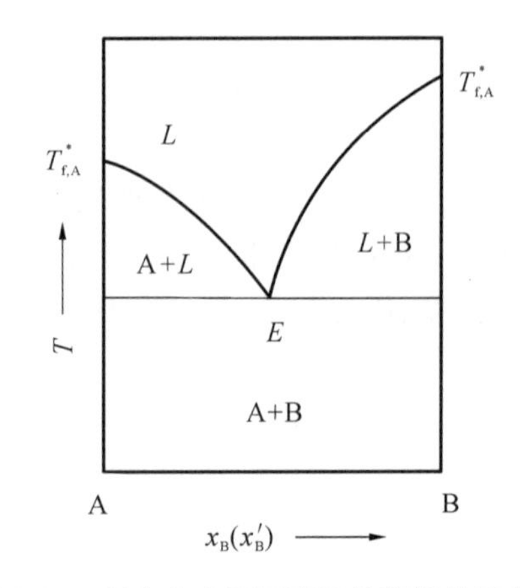

图 2-24　固态完全不互溶且具有低共熔点的二组分体系相图

3. 三元相图

对于三组分体系，$c=3$，根据相律，体系的自由度为 $f=3-p+2=5-p$。由此可知，体系最多可存在的平衡相数 $p=5$，体系中最大的自由度为 $f=4$，此时可有 4 个强度性质（温度、压力和三个组分中任意两个组分的浓度）独立变动，这需要四维空间来描述体系的平衡状态，显然这是很复杂的。实际中都是在指定压力下，研究温度和两个组分浓度间的关系的，即在一个附加的压力限制条件下进行讨论，所以此时自由度为 $f=4-1=3$。该式也适用于三组分凝聚体系的平衡。这样就可以用一个三维空间来描述体系的平衡了，即以温度为纵坐标，以三组分浓度为底构成的立体图。若温度一定，则可用平面浓度坐标来表示三组分体系的组成，这就是浓度三角形。

现以 SiO_2-Al_2O_3-FeO 系为例说明，其三元相图见图 2-25。SiO_2、Al_2O_3、FeO 三种化合物作为基本（或终端）组元构成三角形的三个顶点，所有的二元中间化合物都出现在三角形的三条边上。系统中还有一个铁堇青石（$2FeO \cdot 2Al_2O_3 \cdot 5SiO_2$）出现在三角形的内部，它的成分可通过过该点作三角形三条边的平行线来确定。某些化合物在它的标志旁给出了温度，这个温度是该化合物的熔点。

4. 相图与相变的应用

相图与相变在先进陶瓷材料制备过程中发挥着重要的作用。根据已有的相图与相变知识，我们可以选用正确的方法制备出性能优异的陶瓷材料。例如，通过分析 ZrO_2 相图发现它有三种晶型，即单斜、四方和立方。单斜 ZrO_2 加热到约 1200 ℃时转变为四方 ZrO_2。该相变速度很快，并伴随 7%～9%的体积收缩，在冷却过程中发生相同量体积膨胀。ZrO_2 由于其单斜与四方之间的晶型转变伴随显著的体积变化，造成 ZrO_2 制品在烧成过程中容易开裂，无法单独使用。生产上需采取稳定措施。

通常是在 ZrO_2 中加入适量的 CaO 或 Y_2O_3，在 1500 ℃以上四方 ZrO_2 可以与这些稳定剂形成固溶体。在冷却过程中，这种固溶体不会发生晶型转变，没有体积效应，因而可以避免制品的开裂。另外，在常温下通过应力诱导，应用 ZrO_2 由四方相转变为单斜相的马氏体相变过程，可进行无机材料的相变增韧。

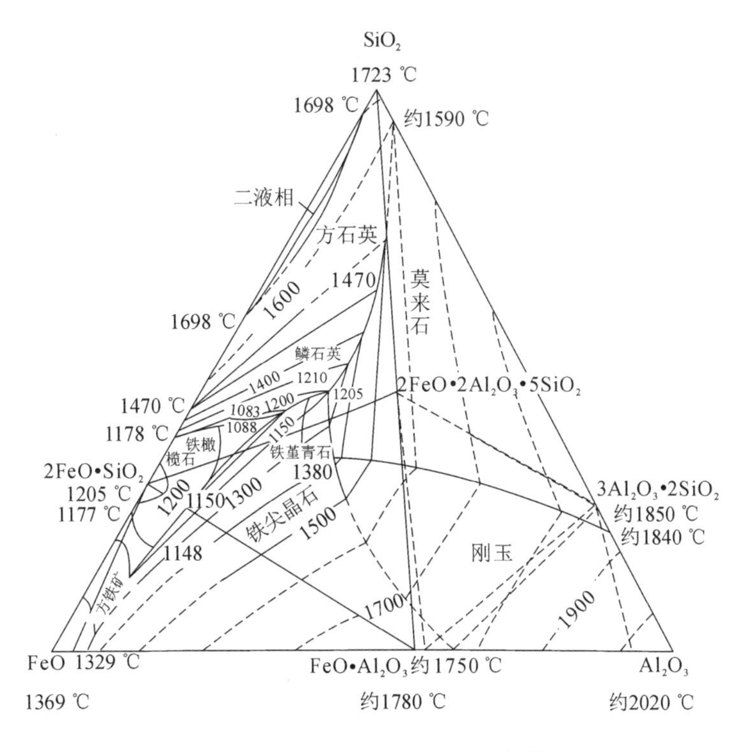

图 2-25　SiO_2-Al_2O_3-FeO 三元相图

2.4.3　相变

相变是物质从一个相转变为另一个相的过程，在相变前后相的化学组成不变，因而相变是物理过程而不是化学过程。下面简单介绍固态相变的特点，并对相变进行分类。

1. 固态相变的特点

相变的驱动力为新相和母相之间的自由能差异，大多数固态相变包含生核和长大两个过程，并遵循凝固过程的一般规律。但固态相变的新相和母相均是固体，因此其又具有不同于凝固的一系列特点。

1）相界面

固态相变时新相与母相的相界面是两种晶体之间的界面。按结构的不同，其可分为共格界面、半共格（部分共格）界面和非共格界面三种，界面能与界面结构有关。

2）应变能

固态相变时新相与母相因体积不同而产生应变能。应变能和界面能均是相变的阻力，因此固态相变形成核时需要较大的相变驱动力。应变能依共格界面、半共格界面和非共格界面的顺序而递增。

3）取向关系

固态相变时为了降低新相与母相之间的界面能，新相的某些低指数晶面和晶向与母相的某些低指数晶面和晶向平行。界面结构为共格或半共格时，新相与母相之间必须存在一定的晶体学取向关系。但对于存在一定晶体学取向关系的新相和母相，界面却不一定共格或半共格。

4）晶体缺陷

晶态固体中的空位、位错、晶界等缺陷周围因点阵畸变而储存一定的畸变能。新相极易在这些位置非均匀形核。它们对晶核的长大过程也有一定影响。晶体缺陷对固态相变有促进作用。

2. 相变的分类

相变种类和方式较多，特征各不相同，常见的分类方法有按热力学分类、按原子迁移情况分类、按相变方式分类等。

1）按热力学分类

根据相变前后热力学函数的变化特征，相变可分为一级相变和二级相变。一级相变有体积和熵的突变，表明相变伴随着体积的膨胀或收缩、潜热的放出或吸收。大多数相变均为一级相变，如晶体的熔化、升华等。二级相变无相变潜热，没有体积的不连续变化。材料的压缩系数、热膨胀系数及比定压热容均有突变。一般合金的磁性转变、有序-无序转变中的多数为二级相变。

2）按原子迁移情况分类

按照相变过程中原子迁移情况，固态相变可分为扩散型相变和非扩散型相变。依靠原子（或离子）的扩散来进行的相变称为扩散型相变。当温度足够高且原子（或离子）活动能力足够强时，扩散型相变才能发生。这类相变较多，如晶型转变、有序-无序转变等。在非扩散型相变中，原子（或离子）仅做有规则的迁移使点阵发生改组。其主要有马氏体相变，这类相变在原子（或离子）已不能扩散的低温下进行。固态相变不一定都属于单纯的扩散型或非扩散型相变。例如贝氏体相变过程中既有原子的扩散，又具有非扩散型相变的特征。

3）按相变方式分类

通过形核、长大两个阶段进行的相变称为有核相变，新相与母相之间有明显的界面隔开，由程度大但范围小的浓度起伏开始发生相变，并形成新核。大部分固态相变均属于此类相变。通过扩散偏聚方式进行的相变称为无核相变，此相变由程度小但范围大的浓度起伏为开端，连续长大形成新相，此时，成分由高浓度区连续过渡到低浓度区，二者之间没有清晰的相界面。

2.5 陶瓷的显微组织

陶瓷显微结构又称陶瓷组织结构，可以用显微镜来观察陶瓷内部的组织结构。一般常用岩相显微镜或电子显微镜来观察。陶瓷内部一般包括：多种晶相的存在形式和分布；气孔的尺寸、形状和位置；各种杂质、缺陷和微裂纹的存在形式和分布；晶界的特征等。所有这些综合起来，便形成陶瓷体的亚微结构。一般来说，陶瓷多晶体主要由晶相、晶界、玻璃相、气孔相等组成。

研究显微结构时，通常被测物放大数百倍至数千倍观察，观察的细度达到微米数量级；在研究陶瓷微观结构时，放大倍数可达数百万倍，分析细度可达 10^{-10} m，故显微结构又称半微观结构。对于电子陶瓷来说，这种半微观结构的观察、分析与研究是绘制相图的重要手段之一，还可对陶瓷的各种特性分析提供科学依据，它对改进配方、优选工艺、合理组织陶瓷生产起到了指导作用。

2.5.1　单相陶瓷的显微结构

陶瓷材料的显微结构一般由晶相、晶界、玻璃相、气孔相等构成。其中晶相与玻璃相含量最高，气孔相含量最低。图 2-26 是烧结后 PZT 陶瓷断面的显微结构示意图。

陶瓷显微结构中由晶体构成的部分称为晶相。我们知道，晶体是由原子、离子或分子按周期性有规律的空间排列而形成的固体。晶相是决定陶瓷材料或制品性能的主导物相。另外，陶瓷材料有时又是由多种晶相构成的。这时，其中的主晶相便成了决定该陶瓷材料性能的主导物相。

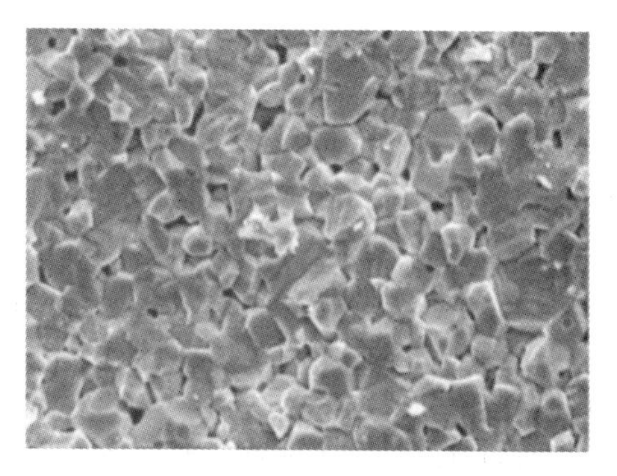

图 2-26　烧结后 PZT 陶瓷断面的显微结构示意图

例如，刚玉陶瓷具有强度高、耐高温和耐化学侵蚀等优良的性能，这是因为其中的主晶相-刚玉（Al_2O_3）是一种结构紧密、离子键强度很大的晶体。PZT 压电陶瓷则以锆钛酸铅为主晶相，这种晶体具有钙钛矿型结构，具有自发极化的特点，所以 PZT 陶瓷具有优良的压电性能。

晶界，是晶粒之间的边界或者界面。陶瓷材料在烧结过程中，形成了许多结晶中心，中心长大成为晶粒，晶粒相遇形成晶界。晶界上会形成各种晶格缺陷。这种晶格缺陷也就是我们前面所说的位错。位错在宏观上是缺陷，但在微观上其是有一定宽度的管道，它可以终止在晶体表面或晶界上，但不能终止在晶体内部。位错的存在使晶体结构发生畸变，活化了晶格，并影响晶体的性能。

根据晶界取向差的大小，晶界可以分为小角度晶界（小于 10°）和大角度晶界（大于 10°）。一般来说，陶瓷晶界的形成是复杂的，影响的因素也很多。晶界的形状及性质对陶瓷的物理化学性能及电性能都有很大的影响。晶界的存在对烧结产物瓷体的电性能、机电耦合、光和声的传播等有显著影响。比如对光波和声波的传播产生反射或散射，从而使材料的应用受到限制。再如微声技术中采用压电陶瓷作为基片时，由于严重的晶界散射，使其应用频率限制到几十兆赫兹不能再高。

玻璃相是一种低熔物，在达到烧成温度之前便熔化。玻璃相在陶瓷显微结构的形成过程中，起着重要作用。这些作用包括：促进高温下的物相反应过程；填充气孔，促使瓷坯致密化；在瓷坯中起黏结作用，将分散的晶粒胶结在一起，本身成为连续相；在适当条件下抑制晶体长大并防止晶型转变；有利于杂质、添加物、气孔等的重新分布。

与晶相相比，玻璃相的机械强度较低，热稳定性较差，熔融温度较低。另外，由于玻璃相结构较疏松，因此常在结构空隙中充填一些金属离子，这样在外电场的作用下很容易产生松弛极化，使陶瓷材料的绝缘性能降低、介质损耗增大。

气孔也是陶瓷制品显微结构中的一个重要组成部分，对制品的性质有着重要影响。气孔相由气体组成，它们可能存在于玻璃相中，也可能存在于晶界处，或者被包裹于晶粒内部。在烧结后，一般陶瓷内总会有 5%～10%的残余气孔。这些气孔因二次重结晶而残留在晶粒中间，由于它们离晶界较远、扩散途径长，难以排除。

由于对陶瓷制品的质量性能不同，气孔存在的利弊也有差异。对于电介质陶瓷（如陶瓷电容器）来说，气孔的存在会增大陶瓷的介质损耗并降低其击穿强度。对于透明陶瓷而言，一定大小的气孔又是入射光的散射中心，气孔的存在会降低制品的透光率。但对于绝热或隔热材料而言，材料中存在较大体积分数且孔径分布均匀的气孔是有利的。过滤用的陶瓷制品，以及湿敏、气敏陶瓷材料，也希望有一定的体积分数的贯通性气孔。但是，无论何种制品，大量气孔的存在都会对制品的强度产生不利影响。

2.5.2　多相复合陶瓷的显微结构

多相复合陶瓷的显微结构是靠烧结或热处理过程中的固态相变而产生的，或者是在液相凝固过程中自然形成的。多相组织的获得一般有以下几种途径：(1)将高温相部分保留至室温，形成部分稳定化复相组织；(2)在双相区进行烧结或热处理使其分离为双相组织，随后再快速冷却将其保留到室温；(3)高温单相固溶处理后降温至双相区时效。

以纤维增韧陶瓷材料为例，短纤维(晶须)增韧复合材料，既有颗粒增韧复合材料那样简单的制备工艺，又在一定程度上保留了长纤维复合材料性能上的特点，因而近年来发展很快。其中以晶须作为增韧体的复合材料即晶须增韧陶瓷基复合材料的研究倍受重视。

SiC 晶须(SiCw)是使用最普遍的增韧体。目前被广泛研究的材料有 SiCw/ZrO_2、SiC/Al_2O_3 等。添加 SiCw 能有效提升氧化锆陶瓷的力学性能，特别是抗蠕变性能，晶须可以分布在晶界上起到钉扎的作用，阻碍晶界的移动。图 2-27(a)和(b)所示为碳化硅晶须增强氧化锆陶瓷的微观结构图，可以看到，有部分碳化硅晶须与基体发生反应生成了二氧化硅。图 2-27(c)和(d)所示为原位观测的碳化硅晶须增强氧化铝陶瓷在断裂过程中的组织变化。碳化硅晶须起到了很好的阻碍裂纹扩展以及桥接基体的作用。

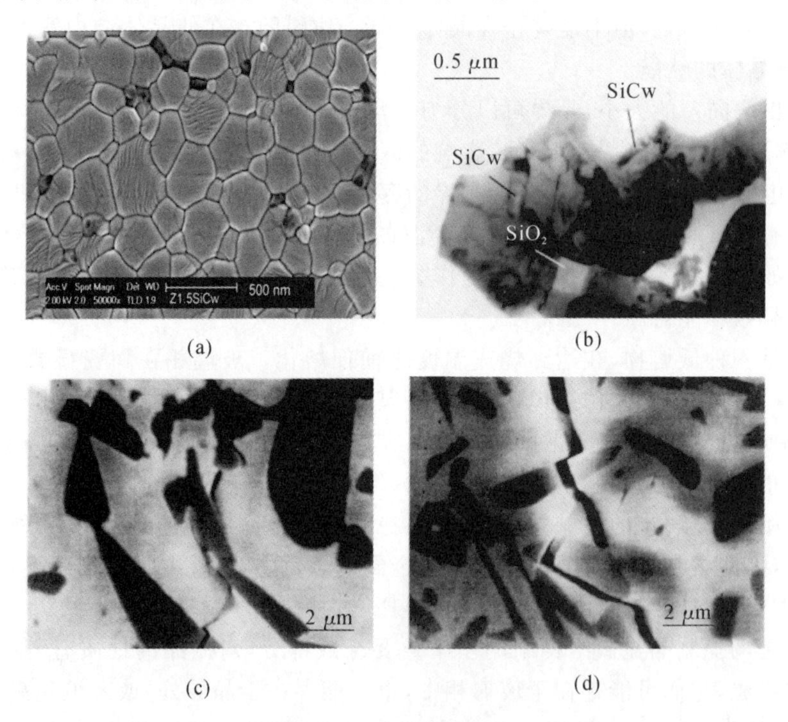

图 2-27　SiC 晶须增韧体

(a)、(b)碳化硅晶须增强氧化锆陶瓷微观结构图；(c)、(d)碳化硅晶须增强氧化铝陶瓷断裂形貌图

思考题

(1) 按照几何形态,晶体结构缺陷类型有哪些?

(2) 肖特基缺陷与弗仑克尔缺陷有什么异同?

(3) 石墨与高岭石的结构和性能有何区别?

(4) 硅和铝的原子量很接近,但是氧化硅和氧化铝的密度相差很大,为什么?

(5) 氧化锆陶瓷中氧空位的形成机理是什么? 会产生怎样的影响?

(6) 怎样才能形成无限固溶体?

参 考 文 献

[1] NABARRO F R N. Theory of crystal dislocations[M]. New York:Dover Pubns,1987.

[2] KRYLOV N V. Controlled diffusion Processes[M]. Heidelberg:Springer-Verlag,1980.

[3] 闵乃本.晶体生长的物理基础[M].南京:南京大学出版社,2019.

[4] 张克从.近代晶体学基础:上册[M].北京:科学出版社,1987.

[5] 肖定全,王民.晶体物理学[M].成都:四川大学出版社,1989.

[6] 李树棠.晶体X射线衍射学基础[M].北京:冶金工业出版社,1990.

[7] 张建中,杨传铮.晶体的射线衍射基础[M].南京:南京大学出版社,1992.

[8] 李文超,文洪杰,杜雪岩.新型耐火材料理论基础——近代陶瓷复合材料的物理化学设计[M].北京:地质出版社,2001.

[9] MARKOV I V. Crystal growth for beginners:fundamentals of nucleation,crystal growth and epitaxy[M]. 2nd ed. Singapore:World Scientific,2003.

[10] 尹衍升,李嘉.氧化锆陶瓷及其复合材料[M].北京:化学工业出版社,2004.

[11] 张钧林,严彪,王德平,等.材料科学基础[M].北京:化学工业出版社,2006.

[12] 潘金生,仝健民,田民波.材料科学基础(修订版)[M].北京:清华大学出版社,2011.

[13] 刘阳,曾令可,刘明泉.非氧化物陶瓷及其应用[M].北京:化学工业出版社,2011.

[14] SMOLLER J. Shock waves and reaction—diffusion equations[M]. New York:Springer-Verlag,1983.

[15] 罗绍华,赵玉成,桂阳海.材料科学基础:无机非金属材料分册[M].哈尔滨:哈尔滨工业大学出版社,2015.

第3章　先进陶瓷粉体制备技术

先进陶瓷的性能在一定程度上是由其显微结构决定的，而显微结构的优劣取决于制备工艺过程。先进陶瓷的制备工艺包括粉体制备、成型和烧结三个主要环节。随着陶瓷材料及相关产业的发展，作为工业原料的粉体制备技术应用范围也在不断拓展。先进陶瓷粉体的制备方法有很多，按其制备的原理通常分为化学合成法和物理粉碎法。化学合成法是指通过化学反应，离子、原子等经过晶核形成和长大而得到粉体。化学合成法所制备的超细粉体具有粒径小、粒度分布窄、粒形好和纯度高等优点，缺点是产量低、成本高和工艺复杂。物理粉碎法是指通过机械力的作用使物料粉碎，优点是产量大、成本低、工艺简单，适于大批量工业生产，而且在粉碎过程中有机械化学效应产生，可使粉体活性提高。

3.1　粉体的物理性能及表征

粉体是指离散状态下固体颗粒集合体的形态。但是粉体又具有流体的属性：没有具体的形状，可以流动飞扬等。正是粉体在加工、处理、使用方面表现出独特的性质和现象，尽管在物理学上没有明确界定，我们认为“粉体”是物质存在状态的第4种形态（流体和固体之间的过渡状态）。粉体的构成应该满足以下3个条件：(1)微观的基本单元是小固体颗粒；(2)宏观上是大量的颗粒的集合体；(3)颗粒之间有相互作用。因此，粉体的物性包括颗粒的物性和颗粒集合物（团聚体）的物性两方面。对大多数的材料而言，其性能主要取决于其组成与结构，但是对粉体材料来说，由于其构成的特殊性，也是决定粉体材料性能的重要因素。

理想的先进陶瓷粉体应满足以下要求：粒径小于1 μm；颗粒形状为球体或接近球体；气孔分布均匀；无粒度分布或粒度分布窄；无团聚或软团聚；化学组成均匀性好。在实际中，很难完全达到所有要求，因此不同陶瓷材料对其粉体的性能要求也应该有所侧重。

3.1.1　粉体粒度、粒度分布分析

1. 颗粒的概念

1）一次颗粒(primary particle)

粉体在本质结构不发生变化的情况下分散或细化，没有堆积、絮联等的最小单元，具有不可渗透的特点，称为一次颗粒。

2）团聚体(agglomerate)

团聚体是指一次颗粒通过表面力吸引或化学键键合形成的颗粒，是很多一次颗粒的集合体。颗粒团聚的原因有：(1)分子间的范德华引力；(2)颗粒间的静电引力；(3)吸附水分的毛细管力；(4)颗粒间的磁引力；(5)颗粒间表面不平滑引起的机械纠缠力。由以上原因形成的团聚体称为软团聚体，由化学键键合的团聚体称为硬团聚体。团聚体示意图与微观结构图如图3-1所示。

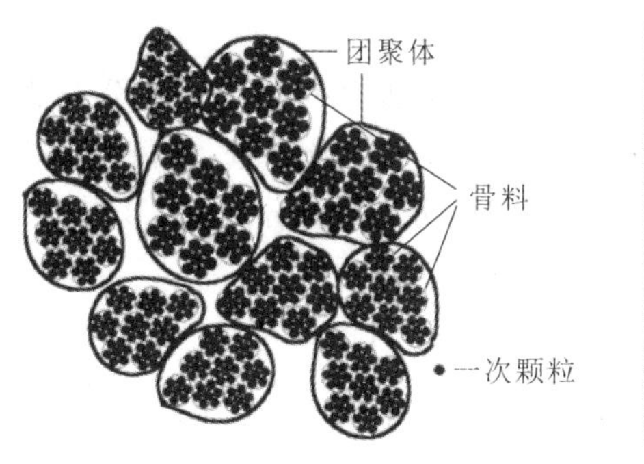

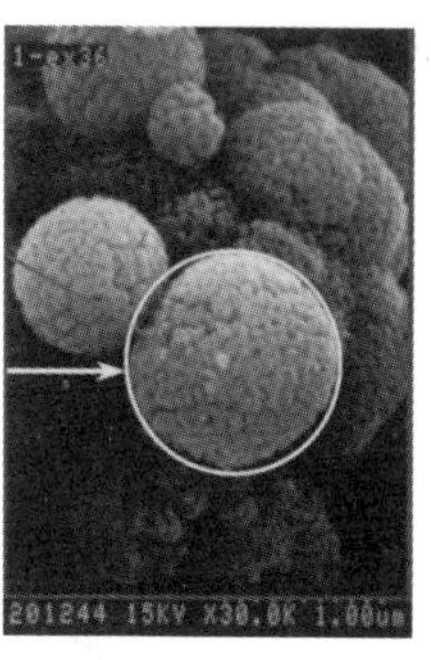

图 3-1　团聚体示意图与微观结构图

3）二次颗粒(granule)

通过某种方式人为制造的物体团聚粒子，又称为假颗粒。通常认为：一次颗粒直接与物质的本质结构相联系，而二次颗粒往往是作为研究和应用工作中的一种对颗粒物态描述的指标。

4）胶体(colloid)

胶体是非常细的颗粒(最小直径可达 1 nm)，通过布朗运动悬浮在液体中。因此，胶体颗粒将非常缓慢地沉降。也有说法认为胶体颗粒并不会发生沉降。

5）絮状物(floc)

絮状物是指液态悬浮液中以静电方式固定在一起的颗粒团块。

6）骨料(aggregate)

骨料是指混合物中大于 1 mm 的粗大成分。例如，水泥中加入骨料(砾石)来制造混凝土。在早期的混凝土结构中，如罗马的万神殿，浮石被用作骨料。

2. 粒度

颗粒的大小称为“粒度(particle size)”，又叫粒径。球形颗粒的粒度用其直径表示，非球形颗粒没有直径这一说法，可采用“等当直径”的概念描述它的粒度，如表 3-1 所示。

表 3-1　等当直径的定义

符号	名称	定义
d_v	体积直径	与颗粒同体积的球的直径
d_i	表面积直径	与颗粒同表面积的球的直径
d_f	自由下降直径	相同流体中，与颗粒相同密度和相同自由下降速度的球直径
d_S	Stokes 直径	层流颗粒的自由下降直径，即斯托克斯直径
d_r	周长直径	与颗粒投影轮廓相同周长的圆的直径
d_w	投影面积直径	与处于稳态下颗粒相同投影面积的圆的直径
d_A	筛分直径	颗粒可通过的最小方孔宽度
d_M	马丁径	颗粒影像的对开线长度，也称定向径
d_F	费莱特径	颗粒影像的二对边切线(互相平行)之间距离

3. 粒度分布

粉体通常由不同粒度的颗粒组成。粒度分布曲线可分为频率分布曲线和累积分布曲线。频率分布表示各个粒度对应颗粒占全部颗粒的百分含量;累积分布表示小于或大于某一个粒度的颗粒占全部颗粒的百分含量,是频率分布的积分形式。其中,百分含量一般以颗粒质量、体积、个数等为基准。粒度分布曲线如图 3-2 所示。

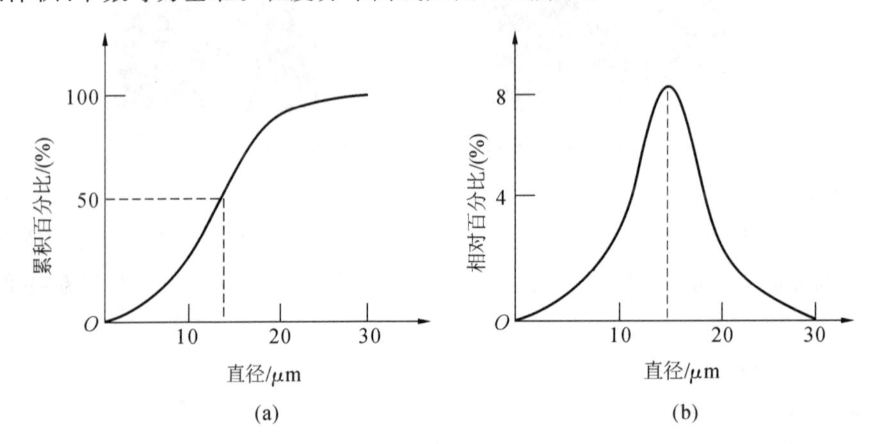

图 3-2 粒度分布曲线

(a)累积分布曲线;(b)频率分布曲线

d_{10}、d_{50}、d_{90}分别指在累积分布曲线上占颗粒的总量为 10%、50%、90%时对应的粒子直径,其中 d_{50} 也称为中位径。频率分布曲线上的峰值对应的点为众数直径,即颗粒出现最多的粒度值。

颗粒群粒度分布特性中最重要的两个参数是平均粒度和粒度分布宽度,平均粒度描述颗粒群的粗细程度,粒度分布宽度描述粉体的集中、均匀特性。

1) 平均粒度

颗粒尺寸完全相同的粉体是极少的,一般而言,粉体的颗粒尺寸都有一个分布,通常所说的粒径是指粉体的平均粒度,对于球形颗粒体系,平均粒度的表示方法有多种,随使用目的而异。

颗粒平均直径的通式是将颗粒作为圆球来处理,颗粒平均直径可用 $D(p,q)$或者 D_{pq}来表示:

$$D_{pq} = D(p,q) = \frac{\left(\sum_{i=1}^{k} n_i D_i^p\right)^{\frac{1}{(p-q)}}}{\left(\sum_{i=1}^{k} n_i D_i^q\right)} \tag{3-1}$$

式中:n_i 为具有直径 D_i 的颗粒数量;$D(p,q)$具有长度量纲,不同的 $D(p,q)$具有不同的物理意义。

线性平均粒度 D_t:将样品中全部颗粒的直径相加,然后除以颗粒的总数,球形颗粒的平均直径等于所有颗粒的直径的算术平均值。在用计数和量度法测定颗粒直径时,此法使用最为方便。

$$D_t = D(1,0) \tag{3-2}$$

面积平均粒度 D_A:表面积等于粒子中所有颗粒平均表面积的粒子的直径,即具有此直径的 1 个颗粒的表面积，正好等于所有颗粒表面积的平均值。

$$D_A = D(2,0) = \sum_{i=1}^{k} n_i \pi D_i^2 \tag{3-3}$$

体积平均粒度 D_V：体积正好等于所有颗粒体积平均值的粒子的直径。

$$D_V = D(3,0) = \sum_{i=1}^{k} n_i \frac{\pi}{6} D_i^3 \tag{3-4}$$

还有很多平均粒度，例如重量平均粒度、比表面积平均粒度、阻力粒度（基于粒子在流体中的阻力）、自由落体粒度（基于粒子在流体中自由落体的速度）、Stokes 粒度（基于粒子在稳定位置或任意取向的投影面积）、周长粒度（基于粒子投影周长）、筛孔粒度、Feret 粒度（基于粒子投影轮廓的平均弦长）、展开直径（基于通过粒子重心的平均弦长）等。即表 3-1 中所有单个颗粒的等效粒度都有相应的平均粒度对应，且不同表达方法所得的平均粒度差别较大，因此，表征平均粒度时，很有必要说明统计方法。

2）粒度分布宽度

粒度分布宽度描述粉体的集中、均匀特性。传统的粒度分布宽度方法除粒度分布图外，还有 span 法、标准偏差法。

span 法的定义如下：

$$\text{span} = \frac{x(0.9) - x(0.1)}{x(0.5)} \tag{3-5}$$

式中：$x(0.1)$、$x(0.5)$、$x(0.9)$分别代表粒度累积分布图上百分数 10%、50%、90%所对应的颗粒直径。

span 法定义的 span 值是一个无量纲量，表示较大颗粒与较小颗粒直径差与平均直径的相对变化率。只有在平均粒度相等的情况下，才能用 span 法来比较颗粒群之间的分布宽度。一些进口粒度分析仪，如英国 Malvern 公司的 Mastersizer 激光粒度仪就用 span 法表示被测粒度的分布宽度。

颗粒群粒度的标准偏差 δ 定义如下：

$$\delta = \left\{ \frac{\sum [n_i(x_i - \bar{x})]^2}{N} \right\}^{\frac{1}{2}} \tag{3-6}$$

式中：n_i 为某一直径范围的颗粒数；x_i 为某一直径范围；$\bar{x}$ 为颗粒群的平均直径；N 为颗粒总数。

标准偏差法是从概率统计学角度定义的一种表示粒度分布宽度的方法，用于表示颗粒群颗粒直径偏离平均直径的程度，δ 越大，颗粒群颗粒直径偏离平均直径的程度越大，颗粒分布越宽。与 span 法相同，标准偏差法也只适用于平均直径相同的情况。

4. 粉体粒度及粒度分布的表征方法

粉体粒度及粒度分布的表征方法主要有：筛分法、显微分析法、沉积法、激光法、电子传感技术、X 射线衍射法。目前最常用的粒度分析方法是采用激光粒度仪。粉体粒度真实测定的前提是测量前将粉体充分分散，使粉体颗粒不存在团聚现象，测量得到的中位值 D_{50} 趋于最小且重复测试结果不变。

1）激光散射衍射法

目前，在颗粒粒度测量仪器中，激光粒度仪得到广泛应用，该仪器在假定粉体颗粒为球形、单分散条件基础上，利用光的散射现象测量颗粒尺寸，颗粒尺寸越大，散射角越小；颗粒尺寸越小，散射角越大。其优点是测量范围广（0.5～300 μm）、结果精确度高、测量时间短、操作方便、能得到样品体积的分布；缺点是对检测仪器的要求高、不同仪器检测结果对比性差、分辨率较低、不适于测量粒度分布范围很窄的样品。

2）电镜观察法

电镜主要分为扫描电镜、透射电镜、扫描隧道电镜等。通过电镜可直接观察粒子平均直径或粒径的分布，是一种颗粒度观察测定的绝对方法，因而具有可靠性和直观性。检测过程中要求颗粒处于良好的分散状态；要获得准确的结果，需要大量的电镜图片进行统计，否则有可能导致观察到的粉体的粒度分布范围并不代表整体粉体的粒度分布范围。

3）沉降法

沉降法是指通过颗粒在液体中沉降速度来测量粒度分布的方法，主要有重力沉降式和离心沉降式两种光透沉降粒度分析方式。适于超细粉体颗粒粒度分析的方法主要是离心沉降式。

颗粒在分散介质中，会由于重力或离心力的作用发生沉降，其沉降速度与颗粒大小和质量有关，颗粒大的沉降速度快，颗粒小的沉降速度慢，在介质中形成一种分布。颗粒的沉降速度与颗粒粒径之间的关系服从 Stokes 定律，即在一定条件下颗粒在液体中的沉降速度与粒径的平方成正比，与液体的黏度成反比。沉降式粒度仪所测的粒径也是一种等效粒径，叫作 Stokes 直径。

用于沉降法的仪器造价虽然较低，但与激光粒度仪相比，其测量时间长、速度慢，不利于重复分析，测量结果往往受操作手法及环境温度影响，对于 2 μm 以下的颗粒，布朗运动的存在会导致测量结果偏小。

4）电阻法

电阻法又叫库尔特法，适于测量粒度均匀（即粒度分布范围窄）的粉体样品，也适于测量水中稀少的固体颗粒的大小和个数，所测的粒径为等效电阻径，测试所用的介质通常是导电性能较好的生理盐水。与其他粒度测定方法相比，库尔特法分辨率最高，而且测量时间短、重复性和代表性较好、操作简便、误差较小；缺点是动态范围较小、易被颗粒堵塞而使测量中止、测量下限不够小（一般测量下限为 1 μm）。

5）比表面积法

在材料的细化、分散过程中，由于颗粒尺寸越来越小，颗粒表面越来越多，引起表面能的巨大变化，用比表面积的概念把颗粒表面积与颗粒尺寸联系起来，即体积比表面积＝颗粒总表面积/颗粒总体积；质量比表面积＝颗粒总表面积/颗粒总质量。在实际应用中，粉体的比表面积可以通过浸湿热法、吸附法以及透过法来测量，采取哪种方法要根据测量要求和物料、设备等条件决定。

6）X 射线衍射线宽法

X 射线衍射线宽法是测定颗粒晶粒度的最好方法。当颗粒为单晶时，该法测得的是颗粒度。当颗粒为多晶时，该法测得的是组成单个颗粒的单个晶粒的平均晶粒度。这种测量方法适用于晶态的纳米粒子晶粒度的测量。实验表明，晶粒度小于或等于 50 nm 时，测量值与实际值相近，反之，测量值往往小于实际值。

除以上介绍的粒度测量方法外，还有一些测量方法，例如，小角 X 射线散射法、拉曼散射法、穆斯保尔谱法、原子力显微镜法和扫描隧道电子显微镜法等。

3.1.2 粉体颗粒形貌分析

颗粒形貌和物性之间存在密切的关系，它对颗粒群的许多性质产生影响，如粉体的比表面积、流动性、填充性、表面现象、化学活性、涂料的覆盖能力、粉体层对流体的透过阻力，以及颗粒在流体中的运动阻力等。工程上，不同的使用目的对颗粒形状有着不同的要求。比如高级磨料微粉有的要求颗粒为等积球形，有的要求颗粒为多棱形，磨料形状不同，其锋利性和抵抗破碎的能力也不同。先进陶瓷粉体则要求颗粒为球形或近似球形。

1. 透射电子显微镜法

透射电子显微镜(transmission electron microscope，TEM)是一种高分辨率、高放大倍数的显微镜，它以聚焦电子束为照明源，使用对电子束透明的薄膜试样，以透射电子为成像信号。其工作原理是:电子束经聚焦后均匀照射到试样的某一微小观察区域上，入射电子与试样相互作用，透射电子经放大投射在观察图形的荧光屏上，显出与观察试样区的形貌、组织、结构对应的图像。

作为显微技术的一种，透射电子显微镜法是一种准确、可靠、直观的测定、分析方法。由于电子显微镜以电子束代替普通光学显微镜中的光束，而电子束波长远远短于光波波长，因此电子显微镜的分辨率大大提高，成为观察和分析纳米颗粒、团聚体及纳米陶瓷的最有力的工具。对于纳米颗粒，它不仅可以观察其大小、形态，还可根据像的衬度来估计颗粒的厚度，判断其是空心还是实心;通过观察颗粒的表面复型还可了解颗粒表面的细节特征。对于团聚体，可利用电子束的偏转和样品的倾斜从不同角度进一步分析、观察团聚体的内部结构，由观察到的情况可估计团聚体内的键合性质，由此可判断团聚体的强度。其缺点是只能观察局部区域，所获数据统计性较差。

2. 扫描电子显微镜法

扫描电子显微镜(scanning electron microscope，SEM)利用聚集电子束在试样表面按一定时间、空间顺序做栅网式扫描，与试样相互作用产生二次电子信号(或其他物理信号)发射，发射量的变化经转换后在镜外显微荧光屏上逐点呈现出来，得到反映试样表面形貌的二次电子像。

利用 SEM 的二次电子像观察表面起伏的样品和断口，同样特别适用于粉体样品，可观察颗粒三维方向的立体形貌。另外，扫描电子显微镜法可较大范围地观察较大尺寸的团聚体的大小、形状和分布等几何性质。

3. 扫描隧道显微镜法

扫描隧道显微镜(scanning tunneling microscope，STM)是 20 世纪 80 年代初发展起来的一种新型显微表面结构研究工具。其基本原理基于量子隧道效应。直径为原子尺度的针尖在离样品表面只有 10^{-12} m 量级的距离时，双方原子外层的电子云会产生重叠。这时针尖间产生隧道电流，其大小与针尖到样品的间距不变，这样可由电流的变化反馈样品表面起伏的电子信号。扫描隧道显微镜自发明以来发展迅猛。现在，在 STM 的基础上，又出现了一系列新型显微镜，包括原子力显微镜、激光力显微镜、摩擦力显微镜、磁力显微镜、静电力显微镜、扫描热显微镜、弹道电子发射显微镜、扫描隧道电位仪、扫描离子电导显微镜、扫描近场光学显微镜和扫描超声显微镜等。

扫描隧道显微镜法能真实地反映材料的三维图像,可观察颗粒的立体形貌,最突出的特点是:可以对单个原子和分子进行操纵,这对于研究纳米颗粒及组装纳米材料都很有意义。

3.1.3 成分分析

粉体的成分包括主要成分、次要成分、添加剂以及杂质等。这些成分的组成对先进陶瓷材料的性能有极大影响。因此,对粉体的化学组成、含量,以及杂质的含量级别与分布等进行表征,是非常有必要的。先进陶瓷粉体的成分分析方法有化学分析法和仪器分析法,其中仪器分析法按原理又分为特征X射线分析法、原子光谱分析法、质谱分析法等。

1. 化学分析法

化学分析法是根据物质间的化学作用,如中和、沉淀、络合、氧化还原等测定物质含量及鉴定元素是否存在的一种方法。该方法的准确性和可靠性都比较高。但是,对于陶瓷材料来说,这种方法有较大的局限性。我们知道,陶瓷材料的化学稳定性较好,一般很难溶解。多晶的结构陶瓷更是如此。因此,基于溶液化学反应的化学分析法对这些材料的限制较多,分析过程耗时、困难。此外,化学分析法仅能得到分析试样的平均成分。

2. 特征X射线分析法

特征X射线分析法是一种显微分析和成分分析相结合的微区分析法,特别适用于分析试样中微小区域的化学成分。其基本原理是用电子探针照射在试样表面待测的微小区域上,来激发试样中各元素的不同波长(或能量)的特征X射线(或荧光X射线)。然后根据射线的波长或能量进行元素定性分析,根据射线的强度进行元素的定量分析。

根据特征X射线的激发方式不同,特征X射线分析法可细分为X射线荧光光谱法(X-ray fluorescence spectroscopy)和电子探针微区分析法(electron probe microanalysis)。表3-2展示了不同特征X射线分析法的特点。根据所分析的特征X射线是利用波长不同来展谱还是利用能量不同来展谱实现对X射线的检测,其还可分为波谱法(wavelength dispersion spectroscopy,WDS)和能谱法(energy dispersion spectroscopy,EDS),这样可构成四种分析法:XRFS-WDS、XRFS-EDS、EPMA-WDS、EPMA-EDS。

表3-2 不同特征X射线分析法的特点

分析法	XRFS-WDS	XRFS-EDS	EPMA-WDS	EPMA-EDS
元素范围	F～U	Na～U	Be～U	Na～U
分析区域	整体	整体	表面～1 μm	表面～1 μm
分辨率	高	低	高	低
相对灵敏度	2～200 mg/kg	低	100～1000 mg/kg	低
绝对灵敏度	10^{-14} g	10^{-14} g	10^{-13} g	10^{-13} g
分析速度	慢	快	慢	快
定量分析	适合	误差大	慢	困难

3. 原子光谱分析法

基于原子外层电子的跃迁，原子光谱可分为发射光谱与吸收光谱两类。原子发射光谱是指构成物质的分子、原子或离子受到热能、电能或化学能的激发而产生的光谱，该光谱因不同原子的能态之间的跃迁不同而不同，同时随元素浓度的变化而变化，因此可用于测定元素的种类和含量。原子吸收光谱是物质的基态原子吸收光源辐射所产生的光谱，基态原子吸收能量后，原子中的电子从低能级跃迁至高能级，并产生与元素的种类和含量有关的共振吸收线，根据共振吸收线可对元素进行定性和定量分析。用于原子光谱分析的样品可以是液体、固体或气体。

1）原子发射光谱的特点

（1）灵敏度高，绝对灵敏度可达 10^{-8}～10^{-9}。

（2）选择性好，每一种元素的原子被激发后都产生一组特征光谱线，其光谱性质有较大差异，由此可以准确确定该元素的存在，所以光谱分析法仍然是元素定性分析的最好方法。

（3）适于定量测定的浓度范围为 5%～20%，高含量时误差高于化学分析法的误差，低含量时准确性优于化学分析法的准确性。

（4）分析速度快，对一个试样可进行多元素分析，对多个试样可进行连续分析，且样品用量少。

2）原子吸收光谱的特点

（1）灵敏度高，绝对检出限量可达 10^{-14} 数量级，可用于微量元素分析，是目前最灵敏的方法之一。

（2）准确度高，一般相对误差为 0.1%～0.5%。

（3）选择性较好，由于原子吸收谱线仅发生在主线系，而且谱线很窄，因此光谱干扰小，克服光谱干扰容易，选择性强。

（4）方法简便，分析速度快，可以不经分离直接测定多种元素。

（5）分析范围广，目前应用原子吸收光谱测定的元素已超过 70 种。

原子吸收光谱的缺点是，由于样品中元素需要逐个测定，故不适用于定性分析。

4. 质谱法

质谱法是 20 世纪初建立起来的一种分析方法，其基本原理是：将被测物质离子化，利用具有不同质荷比（也称质量数，即质量与所带电荷之比）的离子在静电场和磁场中所受的作用力不同和运动方向不同，使它们彼此分离。经过分别捕获收集而得到质谱，可确定离子的种类和相对含量，从而对样品进行成分定性及定量分析。

质谱分析的特点是：可做全元素分析，适于无机、有机成分分析，样品可以是气体、固体或液体；分析灵敏度高，选择性、精度和准确度较高，对性质极为相似的成分都能分辨出来，样品用量少，一般只需 10^{-6} g 级样品，甚至 10^{-9} g 级样品也可得到足以辨认的信号；分析速度快，可实现多组分同时检阅。现在使用较广泛的质谱法是二次离子质谱分析法（SIMS）。它是利用载能离子束轰击样品，引起样品表面的原子或分子溅射，收集其中的二次离子并进行质量分析，来得到二次离子质谱的。其横向分辨率达 100～200 nm。现在二次中子质谱分析法（SNMS）发展也很快，其横向分辨率为 100 nm，个别情况下可达 10 nm。质谱仪的最大缺点是结构复杂，造价昂贵，维修不便。

3.1.4 粉体晶态的表征

1. X 射线衍射法

X 射线衍射法是利用 X 射线在晶体中的衍射现象来测试晶态，其基本原理是布拉格方程：

$$n\lambda = 2d\sin\theta \tag{3-7}$$

式中：θ 为布拉格角；d 为晶面间距；λ 为 X 射线波长。

满足布拉格方程可实现衍射。根据试样的衍射线的位置数目及相对强度等可确定试样中包含的结晶物质以及它们的相对含量，基本方法有单晶法、多晶法和双晶法等。X 射线衍射法具有不损伤样品、无污染、快捷和测量精度高，以及能得到有关晶体完整性的大量信息等优点。目前，X 射线行射法的用途越来越广泛，除了在无机晶体材料中的应用外，还在有机材料、钢铁冶金以及纳米材料的研究中发挥巨大作用。

2. 电子衍射法

电子衍射法与 X 射线衍射法原理相同，遵循劳厄方程或布拉格方程所规定的衍射条件和几何关系。只不过其发射源以聚焦电子束代替了 X 射线。电子波的波长短，使单晶的电子衍射谱和晶体倒易点阵的二维截面完全相似，从而使晶体几何关系的研究变得比较简单。另外，聚焦电子束直径大约为 0.1 μm 或更小，因而对这样大小的粉体颗粒进行电子衍射往往能得到单晶衍射图案，与单晶的劳厄 X 射线衍射图案相似。而纳米粉体一般在 0.1 μm 范围内有很多颗粒，所以得到的多为断续或连续圆环，即多晶电子衍射谱。电子衍射法包括选区电子衍射、微束电子衍射、高分辨电子衍射、高分散性电子衍射、会聚束电子衍射等方法。电子衍射物相分析的特点如下。

(1) 分析灵敏度高，对于小到几十甚至几纳米的微晶也能给出清晰的电子图像，适用于试样总量很少、待定物在试样中含量很低(如晶界的微量沉淀)和待定物颗粒非常小的情况下的物相分析。

(2) 可以得到有关晶体取向关系的信息。

(3) 电子衍射物相分析可与形貌观察结合，得到有关物相的大小、形态和分布等信息。

此外，谱学表征提供的信息也是十分丰富的。选用合适的谱学表征手段，能得到大量的包括化学组成、晶态和结构以及尺寸效应等内容的重要信息。粒径小于 10 nm 的超细颗粒更适于谱学表征。

3. 红外光谱法

将一束不同波长的红外线照射到物质的分子上，某些特定波长的红外线被吸收，形成红外吸收光谱。红外光谱是使用广泛的谱学表征手段，其应用包括两方面，即分子结构研究和化学组成研究，它们都可应用在陶瓷的表征中。与其他研究物质结构的方法相比，红外光谱法有以下特点。

(1) 特征性强，从红外光谱图产生的条件以及谱带的性质看，每种化合物都有其特征红外光谱图，这与组成分子化合物的原子质量、键的性质、力常数以及分子的结构形式有密切关系。因此，几乎很少有两个不同的化合物具有相同的红外光谱图。

(2) 不受物质的物理状态的限制，气态、液态和固态下均可测定。

(3) 测定所需的样品极少，只需几毫克甚至几微克。

(4) 操作方便，测定速度快，重复性好。

(5) 已有的标准图谱较多，便于查阅对照。

红外光谱法的缺点是灵敏度和精度不够高，用于定性分析、定量分析较困难。但用有机物对纳米粉体进行改性或包覆时，红外光谱能有效地判断有机物的吸附以及成键情况。另外，在研究纳米粉体的分散和吸附时，红外光谱法也是一种广为采用的方法。测试中，可以通过改变压片样品的浓度或利用差谱来提高检测精度。

4. 拉曼光谱法

拉曼光谱法是建立在拉曼效应基础上的，与红外光谱相同，其信号来源于分子的振动和转动。每个分子产生的拉曼光谱谱带的数目、位移、强度和形状都直接与分子的振动和转动相关联。记录并分析这些谱线，即可得到有关物质结构的一些信息。对于纳米粉体和纳米陶瓷来说，同样可以用拉曼光谱对晶相、受热过程中物质的相变以及超细粉体的尺寸效应进行研究。拉曼光谱的特点是可以用很低的频率进行测量，在形态上和解释上，相较于红外光谱简单，且所需样品少。现代拉曼光谱仪已有显微成像系统，能进行微区分析。配备光纤后，可以实现远程检测，只需要把激光传到样品上，而无须把样品拿到实验室。“遥测”技术使拉曼光谱在工业应用中极有前景。拉曼光谱的缺点是要求样品必须对激发辐射透明。

目前，用拉曼光谱表征颗粒正受到越来越多的关注，很多颗粒的红外光谱并没有表现出尺寸效应，但它们的拉曼光谱却有显著的尺寸效应。如 ZrO_2、TiO_2 等超细颗粒的拉曼光谱与单晶或尺寸较大颗粒的拉曼光谱明显不同。纳米颗粒尤其是粒径小于 10 nm 颗粒的拉曼光谱的特点主要表现在：

(1) 低频的拉曼峰向高频方向移动或出现新的拉曼峰；

(2) 拉曼峰的半高宽明显宽化，拉曼位移的原因是复杂的，表面效应是造成其尺寸效应的主要原因，另外，非化学计量比以及光子限域效应也是重要原因。

3.2　粉体机械法制备工艺

粉体机械法制备的原理是通过机械力的作用使物料粉碎。物理粉碎方法相较于化学合成方法来说，成本较低、工艺相对简单、产量大。粉碎设备是破碎机械和粉磨机械的总称。两者通常按排料粒度的大小做大致的区分：排料中粒度大于 3 mm 的含量占总排料量 50%以上者称为破碎机械；小于 3 mm 的含量占总排料量 50%以上者则称为粉磨机械。有时也将粉磨机械称为粉碎机械，这是粉碎设备的狭义含义。

表 3-3 列出了常见的粉碎设备。对于先进陶瓷，要求粉体粒度小于 1 μm，属于超细粉体。可以看出，大部分粉碎设备难以达到粒度要求，目前适用于先进陶瓷粉体粉碎的设备主要有气流粉碎机、行星式球磨机等。

表 3-3　常见的粉碎设备

设备类型	粉碎原理	产品粒度	优点	缺点
高速机械冲击式磨机(卧式)	高速旋转的回转体对给料高速撞击,产生冲击,剪切,磨削	3～100 μm	粉碎效率高、结构简单、运转稳定、机械安装占地面积小,可进行连续、闭路粉碎	易磨损,不适用于硬度高的物料
气流粉碎机	利用高速气流或过热蒸汽的能量使颗粒互相产生冲击、碰撞和摩擦	0.3～45 μm	粒度细、分布窄,颗粒表面光滑、形状规则、纯度高、活性大、分散性好	能耗大,成本高,产量低,适用于脆性物料
振动球磨机	利用研磨介质在高频振动的筒体内对物料进行冲击、摩擦、剪切等作用	> 0.1 μm	介质填充率高,研磨效率高,体积小,流程简单,既可干式又可湿式	严格控制给料速度,对研磨介质要求较高
行星式球磨机	磨筒既绕自身自转,又在转盘的带动下随之公转,通过球磨机中磨球之间及磨球与缸体间相互滚撞作用,粉体粒子被撞碎或磨碎	≥0.1 μm	充分利用机械力化学作用在进行粉碎的同时进行表面改性,适用于高硬度物料,粒度可达 0.1 μm	研磨介质易磨损,适用于小批量生产
搅拌球磨机	由一个静止的内填小直径研磨介质研磨筒和一个旋转搅拌器构成,通过搅拌器搅动,将动能传递给研磨介质,使研磨介质之间产生相互撞击和研磨的双重作用	0.06～0.89 mm	生产效率高,能耗低,物料细、分散均匀,作业环境好,生产能力较大	严格控制给料速度,对研磨介质要求较高
高压辊磨机	在辊子的相互转动下,物料进入不断压缩的空间,并被挤压、磨削,达到一定压力时遭到粉碎或在颗粒内部形成微裂纹	0.018～0.125 mm	利用层压粉碎理论,效率高、能耗低、磨损轻、噪声小、操作简单、寿命长	产品粒度分布较宽,多与后续粉磨机械协调使用

3.2.1　气流粉碎机

气流粉碎是最常用的超细粉碎方式之一,广泛应用于非金属矿、药品、化工、冶金等行业的物料,所得产品具有粒度细、粒度分布窄、颗粒表面光滑、颗粒规则、纯度高、活性大等特点。目前,工业上常用的气流粉碎设备主要有扁平式气流粉碎机、循环管式气流磨、对喷式气流粉碎机、流化床气流粉碎机。

气流粉碎机与旋风分离器、除尘器、引风机组成一整套粉碎系统。工作原理如下:压缩空气经过滤干燥后,通过拉瓦尔喷嘴高速喷入粉碎腔,在多股高压气流的交汇点处物料被反复碰撞、摩擦、剪切而粉碎;粉碎后的物料在风机抽力作用下随上升气流运动至分级区,在高速旋转的分级涡轮产生的强大离心力作用下,粗、细物料分离;符合粒度要求的细颗粒通过分级轮进入旋风分离器和除尘器而被收集,粗颗粒下降至粉碎区继续被粉碎。

3.2.2　行星式球磨机

行星式球磨机是混合、细磨、小样制备、纳米材料分散、新产品研制和小批量生产高新技术材料的必备装置。图 3-3 为行星式球磨机简化结构图，该产品体积小、功能全、效率高，是科研单位、高等院校、企业实验室获取微颗粒研究试样（每次实验可同时获得四个样品）的理想设备，配用真空球磨罐，可在真空状态下磨制试样。

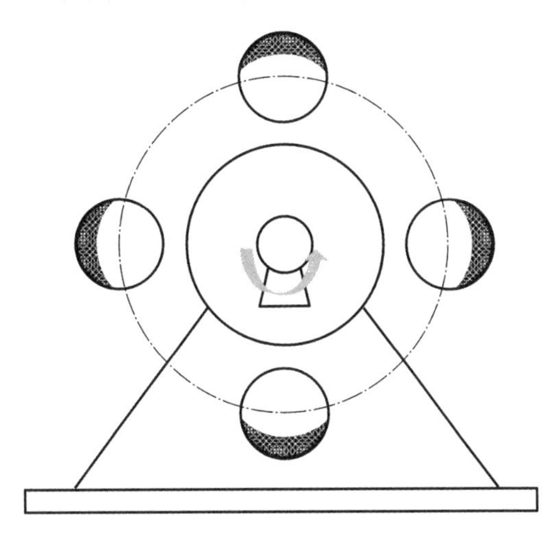

图 3-3　行星式球磨机简化结构图

工作原理如下：通过球磨机中磨球之间及磨球缸体间相互滚撞作用，接触磨球的粉体粒子被撞碎或磨碎，同时混合物在球的空隙内受到湍动混合作用而被均匀地分散并相互包覆，使得表面活性降低、团聚减少，进而促使粉碎继续进行下去。在一个转盘上有四个球磨罐，当转盘转动时，球磨罐在绕转盘公转的同时又绕自身轴做行星式反向自转动，罐中磨球和材料在高速运动中相互碰撞、摩擦，达到粉碎、研磨、混合与分散样品的目的，可干磨、湿磨、真空磨，研磨产品最小粒度可至 0.1 μm。

3.3　粉体化学法制备工艺

3.3.1　固相合成法

固相法是指通过从固相到固相的变化来制造粉体，其特征是不像气相法和液相法伴随气相→固相、液相→固相那样的状态（相）变化，对于气相或液相，分子（原子）具有大的易动度，所以集合状态是均匀的，对外界条件的反应很敏感。对于固相，分子（原子）的扩散很迟缓，集合状态是多样的。固相法中原料本身是固体，这相较于液体和气体有很大的差异。固相法所得的固相粉体和最初固相原料可以是同一物质，也可以不是同一物质。固相合成法包括热分解法和固相反应法。

1. 热分解法

热分解反应不仅仅限于固相，气体和液体也可引起热分解反应。在此只介绍固相热分解生成新固相的系统，热分解反应通常如下（S 代表固相、G 代表气相）：

$$S_1 \longrightarrow S_2 + G_1 \tag{3-8}$$

$$S_1 \longrightarrow S_2 + G_1 + G_2 \tag{3-9}$$

$$S_1 \longrightarrow S_2 + S_3 \tag{3-10}$$

式(3-8)是最普通的情形,式(3-9)是相分离情形,不能用于制备粉体,式(3-10)是式(3-8)的特殊情形。热分解反应往往生成两种固体,所以要考虑同时生成两种固体导致反应不均匀的问题。热分解反应基本是式(3-8)的形式。

粉体除了粒度和形态因素外,纯度和组成也是主要因素。从这点考虑很早就注意到了有机酸盐,其原因是:有机酸盐易于金属提纯,容易制成含两种以上金属的复合盐,分解温度比较低,产生的气体组成为C、H、O。另一方面也有下列缺点:价格较高,碳容易进入分解的生成物中。下面就合成比较简单、利用率高的草酸盐进行详细介绍。

草酸盐的热分解基本按下面的两种机理进行,究竟以哪一种进行要根据草酸盐的金属元素在高温下是否存在稳定的碳酸盐而定。对于二价金属的情况如下。

机理1:

$$MC_2O_4 \cdot nH_2O \xrightarrow{-H_2O} MC_2O_4 \xrightarrow{-CO_2,-CO} MO\text{ 或 }M$$

机理2:

$$MC_2O_4 \cdot nH_2O \xrightarrow{-H_2O} MC_2O_4 \xrightarrow{-CO} MCO_3 \xrightarrow{-CO_2} MO$$

由于ⅠA族、ⅡA族(除Be和Mg外)和ⅢA族的元素存在稳定的碳酸盐,可以按机理2(ⅠA族元素不能进行到MO,因为未到MO时MCO_3就融熔了)进行,除此以外的金属碳酸盐都以机理1进行。

2. 固相反应法

由固相热分解可获得单一的金属氧化物,但氧化物以外的物质,如碳化物、硅化物、氮化物等以及含两种金属元素以上的氧化物制成的化合物,仅仅用热分解就很难制备,通常是按最终合成所需的原料混合,再用高温使其反应的方法。固相反应流程图如图3-4所示。先按规定的组成称量、用水作为分散剂混合,为达到目的,需在球磨机内用玛瑙球将两相进行混合,混合均匀后用压滤机脱水,在电炉上焙烧。固相反应在室温下进行得比较慢,为了提高反应速率,需要加热至1000～1500 ℃,因此热力学和动力学在固相反应中都有很重要的意义。将焙烧后的原料粉碎到1～2 μm,粉碎后的原料再次充分混合而制成烧结用粉体,当反应不完全时往往需要再次煅烧。

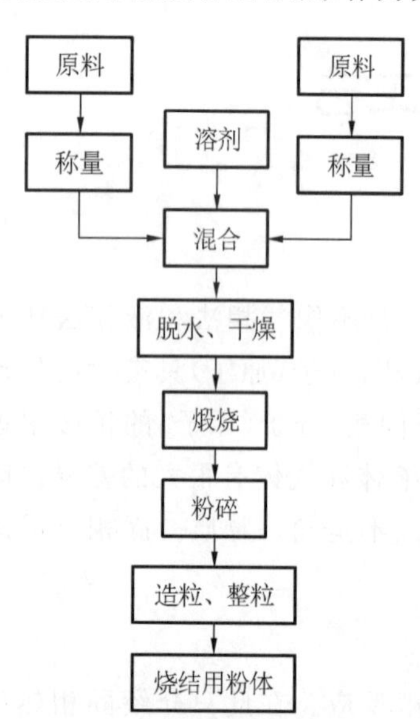

图3-4 固相反应流程图

固相反应法是陶瓷材料科学的基本手段,粉体间的反应相当复杂,反应虽从固体间的接触部分通过离子扩散来进行,但接触状态和各种原料颗粒的分布情况显著地受各颗粒的性质(粒径、颗粒形状和表面状态等)和粉体处理方法(团聚状态和填充状态等)的影响。

另外,当加热上述粉体时,固相反应以外的现象也同时进行。烧结和颗粒生长这两种现象均在同种原料间和反应生成物间出现。烧结和颗粒生长是完全不同于固相反应的现象,烧结是粉体在低于其熔点的温度下颗粒间产生结合,形成牢固结合的现象，颗粒间由粒界区分。

颗粒生长着眼于各个颗粒，各个颗粒通过粒界与其他颗粒结合，也可单独存在，因为在这里仅仅考虑颗粒大小如何变化，而烧结是颗粒的接触，所以颗粒边缘的粒界就决定了颗粒的大小，粒界移动即颗粒生长（颗粒数量减少）。通常烧结进行时，颗粒生长，但是，颗粒生长除了与气相迁移有关外，也与温度直接相关，颗粒生长在高温下才开始显著。实际上，烧结体的相对密度超过 90％以后，颗粒生长比烧结更显著。

对于由固相反应合成的化合物，原料的烧结和颗粒生长均使原料的反应性降低，并且导致扩散距离增大和接触点密度减小，所以应尽量抑制烧结和颗粒生长。组分原料间紧密接触对反应进行有利，因此应降低原料粒径并充分混合。此时出现的问题是颗粒团聚，由于团聚，即使一次颗粒的粒径小也变得不均匀。特别是在颗粒小的情况下，由于表面状态通过粉碎也难以分离，此时采用恰当的溶剂使之分散开来是至关重要的。

3. 电火花放电法

把金属电极插入气体或液体等绝缘体中，不断提高电压，直到绝缘性被破坏。如果首先提高电压，可观察到电流增大，产生电晕放电。一过电晕放电点，即使不增大电压，电流也自然增大，向瞬时稳定的放电状态即电弧放电移动。从电晕放电到电弧放电过程中的过渡放电称为火花放电，火花放电持续时间很短，只有 10^{-7}～10^{-5} s，而电压梯度则很高，达 10^{5}～10^{6} V/cm，电流密度也大，为 10^{6}～10^{9} A/cm^{2}，也就是说火花放电在短时间内能释放出大量的电能。因此，在放电发生的瞬间产生高温，同时产生大量的机械能。在煤油之类的液体中，利用电极和被加工物之间的火花放电来进行放电加工是电加工中广泛应用的一种方法。电火花放电过程示意图如图 3-5 所示。在放电加工中，电极、被加工物会生成加工屑，如果我们积极地控制加工屑的生成过程，就有可能制造微粉，也就是说由火花放电法制造微粉，例如利用铝电极加工铝粒获得高纯氧化铝粉末。

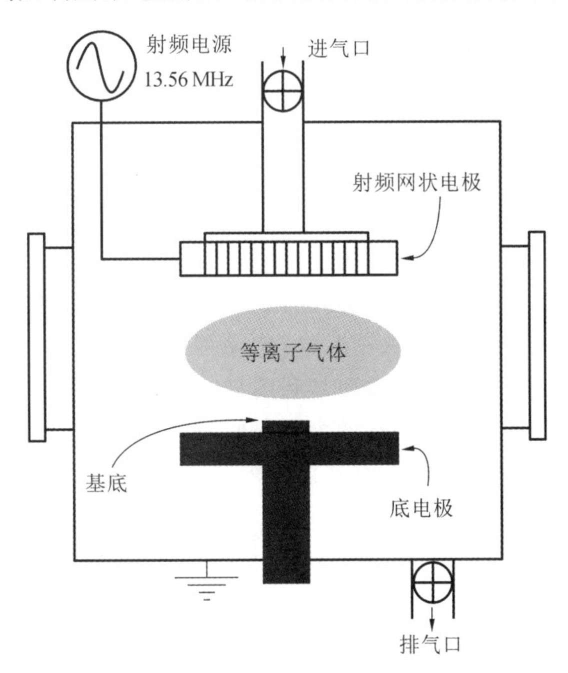

图 3-5　电火花放电过程示意图

3.3.2 液相合成法

液相合成法也称湿化学法或溶液法，其制备的粉体呈颗粒形状，具有粒度易控制、化学组成精确、表面活性好、易添加微量成分、工业化生产成本低等特点，目前已经得到广泛的应用。液相合成法制备陶瓷粉体的基本流程为从均相的溶液出发，将相关组分的溶液按所需的比例进行充分的混合，再通过各种途径将溶质与溶剂分离，得到所需组分的前驱体，然后将前驱体进行一定的分解、合成处理，获得特种陶瓷粉体。液相合成法可以细分为沉淀法、醇盐水解法、溶胶-凝胶法、溶剂蒸发法、水热法、超临界流体沉积技术等。

1. 沉淀法

沉淀法是在金属盐溶液中添加沉淀剂，并使溶液挥发，对生成的盐和氢氧化物进行加热分解，从而得到所需的陶瓷粉末的方法。溶液达到过饱和溶解度就生成沉淀，沉淀生成的基本过程是：(1)形成过饱和态；(2)形成新相的核；(3)从核长成粒子；(4)生成相的稳定化。

这种方法能很好地控制组成，合成多元复合氧化物粉末，很方便地添加微量成分，实现很好的均匀混合，反应过程简单，成本低，但必须严格控制操作条件。沉淀法分为直接沉淀法、均匀沉淀法和共沉淀法。

1) 直接沉淀法

通常沉淀法是将溶液中的沉淀进行热分解，然后合成所需的氧化物微粉。然而只进行沉淀操作也能直接得到所需的氧化物，即在溶液中加入沉淀剂，对反应后所得到的沉淀物进行洗涤、干燥、热分解，从而获得所需的氧化物微粉，也可仅通过沉淀操作就直接获得所需的氧化物。沉淀操作包括加入沉淀剂或水解，所用沉淀剂通常是氨水，它来源方便，价格便宜，不会引入杂质离子。$BaTiO_3$ 微粉可以采用直接沉淀法合成。例如，将 $Ba(OC_3H_7)_2$ 和 $Ti(OC_5H_{11})_4$ 溶解在异丙醇或苯中，加水分解(水解)，就能得到颗粒直径为 5～15 nm(凝聚体<1 μm)的结晶性好的化学计量 $BaTiO_3$ 微粉。通过水解过程消除杂质，纯度可显著提高(纯度>99.98%)。采用纳米 $BaTiO_3$ 进行成型、烧结，所得制品的介电常数远高于一般钛酸钡陶瓷的介电常数。

2) 均匀沉淀法

一般的沉淀过程是不平衡的，但如果控制溶液中的沉淀剂浓度，使之缓慢地增大，则可使溶液中的沉淀过程处于平衡状态，且沉淀物能在整个溶液中均匀地出现。通常为了克服直接沉淀法的缺点，可以改变沉淀剂的加入方式，不从外部加入，而是在溶液内部缓慢均匀生成，从而消除沉淀剂的不均匀性，这种沉淀方法就是均匀沉淀法。

这种方法的特点是不外加沉淀剂，而是利用某一化学反应使溶液内生成沉淀剂。在金属盐溶液中加入沉淀剂时，即使沉淀剂的含量很低，不断搅拌，沉淀剂的浓度在局部溶液中也会变得很高。均匀沉淀法是使沉淀剂在溶液内缓慢地生成，消除了沉淀剂的局部不均匀性。例如，将尿素水溶液加热到 70 ℃左右，就发生如下水解反应：

$$(NH_2)_2CO + 3H_2O \longrightarrow 2NH_4OH + CO_2\uparrow$$

在内部生成沉淀剂 NH_4OH，并立即将其消耗掉，所以其浓度经常保持在很低的状态。因此沉淀的纯度很高，颗粒均匀致密，容易进行过滤、清洗。除尿素水解后能与 Fe、Al、Sn、Ga、Th、Zr 等生成氢氧化物或碱式盐沉淀物外，利用这种方法还能使磷酸盐、草酸盐、硫酸盐、碳酸盐均匀沉淀。

3）共沉淀法

大多数先进陶瓷是含有两种以上金属元素的复合氧化物，要求粉末原料的纯度高，组成均匀，同时要求粉末原料是烧结性良好的超微粒子。按一般的混合、固相反应和粉碎的方法进行原料调制，纯度和组成的均匀性均存在问题。采用共沉淀法可以克服这些缺点，合成具有优良特性的粉末原料。共沉淀法是在混合的金属盐溶液（含有两种或两种以上的金属离子）中添加沉淀剂，即得到各种成分混合均匀的沉淀物，然后进行热分解。在含多种阳离子的溶液中加入沉淀剂后，所有离子完全沉淀的方法称为共沉淀法，它又可分为单相共沉淀法和混合物共沉淀法。这种方法与固相反应法相比，能制得化学成分均一且易烧结的粉体。在一般情况下，过剩的沉淀剂使溶液中的全部阳离子同时沉淀下来成为混合物，而在特殊情况下，部分阳离子生成了符合要求的前驱体化合物。

（1）单相共沉淀法。沉淀物为单一化合物或单相固溶体时称为单相共沉淀法，又称化合物沉淀法。例如，在 $BaCl_2$ 和 $TiCl_4$ 的混合水溶液中，采用滴入草酸的方法沉淀以原子尺度混合的 $BaTiO(C_2O_4)_2 \cdot 4H_2O$（Ba 与 Ti 的原子比为 1），经热分解后，就得到具有化学计量组成且烧结性良好的 $BaTiO_3$ 粉体。采用类似的方法，能制得固溶体的前驱体 $(Ba,Sr)TiO(C_2O_4)_2 \cdot 4H_2O$ 及各种铁氧体和钛酸盐。单相共沉淀法的缺点是适用范围窄。

（2）混合物共沉淀法。沉淀产物为混合物时则称为混合物共沉淀法。四方氧化锆或全稳定立方氧化锆的共沉淀制备就是一个典型例子。采用 $ZrOCl_2 \cdot 8H_2O$ 和 Y_2O_3（化学纯）为原料来制备 $ZrO(Y_2O_3)$ 的纳米粒子的过程如下：Y_2O_3 用盐酸溶解得到 YCl_3，然后将 $ZrOCl_2 \cdot 8H_2O$ 和 YCl_3 配制成一定浓度的混合溶液，在其中加 NH_4OH 后便有 $Zr(OH)_4$ 和 $Y(OH)_3$ 的沉淀粒子缓慢形成。其反应式如下：

$$ZrOCl_2 + 2NH_4OH + H_2O \longrightarrow Zr(OH)_4 \downarrow + 2NH_4Cl$$

$$YCl_3 + 3NH_4OH \longrightarrow Y(OH)_3 \downarrow + 3NH_4Cl$$

得到的氢氧化共沉淀物经洗涤、脱水、煅烧可得到具有很好烧结活性的 $ZrO(Y_2O_3)$ 微粒。混合物共沉淀过程是非常复杂的，溶液中不同种类的阳离子不能同时沉淀，各种离子沉淀的先后顺序与溶液的 pH 值密切相关。

2. 醇盐水解法

采用这种方法能制得微细而高纯度的粉体。金属醇盐 $M(OR)_n$（M 为金属元素，R 为烷基）一般可溶于乙醇，遇水后很容易分解成乙醇和氧化物或共水化物。金属醇盐有以下独特优点：(1)金属醇盐通过减压蒸馏或在有机溶剂中重结晶纯化，可降低杂质离子的含量；(2)金属醇盐中加入纯水，可得到高纯度、高表面积的氧化物粉末，避免了杂质离子的进入；(3)如果控制金属醇盐或混合金属醇盐的水解程度，则可发生水解-缩聚反应，在近室温条件下，形成金属—氧—金属键网络结构，从而大大降低材料的烧结温度；(4)在惰性气体下，金属醇盐高温裂解，能有效地在衬底上沉积，形成氧化物薄膜，亦能用于制备超纯粉末和纤维；(5)由于金属醇盐易溶于有机溶剂，几种金属醇盐可进行分子级水平的混合。直接水解可得到高度均匀的多组分氧化物粉末，控制水解则可制得高度均匀的干凝胶，高温裂解可制得高度均匀的薄膜、粉末或纤维。金属醇盐具有挥发性，因而易于精制，金属醇盐水解时不需要添加其他阳离子和阴离子，所以能获得高纯度的生成物。根据不同的水解条件，可以得到颗粒直径从几纳米到几十纳米的化学组成均匀的复合氧化物粉体。其突出优点是反应条件温和，操作简单，但成本较高，这种方法是制备高纯单一和复合氧化物微粉的重要方法之一。

增韧氧化锆(四方氧化锆)中稳定剂(Y_2O_3、CeO_2 等)的加入具有决定性的作用,为得到均匀分布,一般采用醇盐水解法制备粉料。把锆或锆盐与乙醇一起反应合成锆的醇盐 $Zr(OR)_4$,用同样的方法合成钇的醇盐 $Y(OR)_3$,把两者混合于有机溶剂中,加水使其分解,将水解生成的溶胶洗净、干燥,并在 850 ℃煅烧得到粉料。根据不同水解条件可得到从几纳米到几十纳米化学组成均匀的复合氧化锆粉料,由于金属醇盐水解不需要添加其他离子,因此能获得高纯度成分。此外,这种方法也可用于 $BaTiO_3$、PLZT、$SrTiO_3$ 等微粉的制备。醇盐水解法制备的超微粉体不但具有较大的活性,而且粒子通常呈单分散状态,在成型中表现出良好的填充性,具有良好的低温烧结性能。

3. 溶胶-凝胶法

溶胶-凝胶法作为低温或温和条件下合成无机化合物或无机材料的重要方法,在软化学合成中占有重要地位。在玻璃、陶瓷、薄膜、纤维、复合材料等领域被用于制备纳米粒子。

溶胶(sol)是具有液体特征的胶体体系,分散的粒子是固体或者大分子,分散的粒子大小为 1～100 nm。凝胶(gel)是具有固体特征的胶体体系,被分散的物质形成连续的网状骨架,骨架空隙中充有液体或气体,凝胶中分散相的含量很低,一般为 1%～3%。溶胶-凝胶法就是以无机物或金属醇盐作为前驱体,在液相将这些原料均匀混合,并进行水解、缩合化学反应,在溶液中形成稳定的透明溶胶体系,溶胶经陈化,胶粒间缓慢聚合,形成三维空间网络结构的凝胶,凝胶网络间充满了失去流动性的溶剂,形成凝胶。凝胶经过干燥、烧结固化制备出分子乃至纳米亚结构的材料。溶胶-凝胶法就是将含高化学活性组分的化合物经过溶液、溶胶、凝胶而固化,再经热处理而形成氧化物或其他化合物固体的方法。图 3-6 为不同溶胶-凝胶过程制备凝胶的示意图。

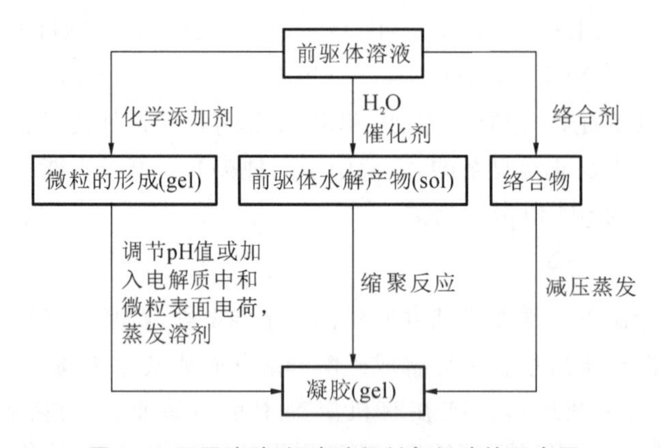

图 3-6　不同溶胶-凝胶过程制备凝胶的示意图

溶胶-凝胶法与其他方法相比具有许多独特的优点:(1)由于溶胶-凝胶法中所用的原料首先被分散到溶剂中而形成低黏度的溶液,因此,就可以在很短的时间内获得分子水平的均匀性,在形成凝胶时,反应物之间很可能在分子水平上被均匀地混合;(2)由于经过溶液反应步骤,因此很容易均匀定量地掺入一些微量元素,实现分子水平上的均匀掺杂;(3)与固相反应相比,化学反应较容易进行,而且仅需要较低的合成温度,一般认为溶胶-凝胶体系中组分扩散在纳米范围内,而固相反应时组分扩散在微米范围内,因此反应容易进行,温度较低;(4)选择合适的条件可以制备各种新型材料。但是,溶胶-凝胶法也不可避免地存在一些问题,例如:原料金属醇盐成本较高;有机溶剂对人体有一定的危害性;整个溶胶-凝胶过程时间较长,常需要几天或几周;存在残留的小孔洞;存在残留的碳;在干燥过程中会逸出气体及有机物，并产生收缩。

4. 溶剂蒸发法

沉淀法存在下列几个问题：生成的沉淀呈凝胶状，水洗和过滤困难；沉淀剂（NaOH、KOH）作为杂质混入粉料中，若采用可以分解消除的 NH_4OH、$(NH_4)_2CO_3$ 作沉淀剂，则 Ca^{2+}、Ni^{2+} 会形成可溶性络离子；沉淀过程中各成分可能分离；在水洗时一部分沉淀物再溶解。为解决这些问题，研究了不用沉淀剂的溶剂蒸发法。这种方法是将溶液通过各种物理手段进行雾化获得超微粒子的一种化学与物理相结合的方法，基本过程是溶液的制备、喷雾、干燥、收集和热处理，其特点是颗粒分布比较均匀，一般为球状，流动性好，能合成复杂的多成分氧化物粉料。

1) 冰(冷)冻干燥法

将金属盐水溶液喷到低温有机液体上，使液滴瞬时冷冻，然后在低温、降压条件下升华、脱水，再通过分解制得粉料，这就是冰冻干燥法。采用这种方法能制得组成均匀、反应性和烧结性良好的微粉。阿波罗号航天飞机上所用燃料电池（掺 Li 的 NiO 氧电极），就是采用冰冻干燥法和喷雾干燥法制造的，在 150 ℃以下显示出很强的活性。在冰冻干燥法中，由于干燥过程中冰冻液体并不收缩，因此生成粉料的表面积比较大，表面活性高。

冰冻干燥法分冻结、干燥、焙烧三个过程。(1)液滴的冻结：使金属盐水溶液快速冻结用的冷冻剂是不能与溶液混合的液体。例如，将干冰与丙酮混合作冷冻剂将已烷冷却，然后用惰性气体携带金属盐溶液由喷嘴中喷入已烷。除了用已烷作冷冻剂外，也可用液氮作冷冻剂（77 K）。但是用已烷的效果较好，因为用液氮作冷冻剂时气相氮会环绕在液滴周围，使液滴的热量不易传出来，从而降低了液滴的冷冻速度，使液滴中的组成盐分离，成分变得不均匀。(2)冻结液滴的干燥：将冻结的液滴加热，使水快速升华，同时采用凝结器捕获升华的水，使装置中的水蒸气减少，达到提高干燥效率的目的。(3)焙烧也称第二阶段干燥，在第一阶段干燥后产品内还存在 10%左右的水分吸附在干燥物质的毛细管壁和极性基团上，这一部分的水是未被冻结的。其达到一定含量时，就为微生物的生长繁殖和某些化学反应提供了条件。实验证明，即使单分子层吸附以下的含水量低，也可以成为某些化合物的溶液，产生与水溶液相同的移动性和反应性。因此为了改善产品的贮存稳定性，延长其保存期，需要除去这些水分。这就是焙烧的目的。

冷冻干燥法具有一系列优点：在溶液状态下均匀混合，便于添加微量组分，有效合成特种陶瓷材料，精确控制最终组分；制备的粉体粒度为 10～500 nm，容易获得易烧结的特种陶瓷微粉；操作简单，特别适于高纯陶瓷材料用微粉的制备。

2) 喷雾干燥法

喷雾干燥法是将溶液分散成小液滴喷入热风中，使之迅速干燥的方法。图 3-7 所示为两种不同的喷雾干燥雾化器，一种是使用离心力使液体雾化（见图 3-7(a)），另一种是使用混流条件将液体雾化（见图 3-7(b)）。实际上雾化器的设计可以多种多样，也被广泛用于生产铁氧体、钛酸盐以及其他电子陶瓷粉末。例如：铁氧体的超细微粒可采用此方法进行制备。具体程序是将镍、锌、铁的硫酸盐的混合水溶液制成喷雾，获得 10～20 μm 混合硫酸盐的球状粒子，经 1073～1273 K 焙烧，即可获得镍锌铁氧体软磁超微粒子，该粒子由 200 nm 的一次颗粒组成。喷雾干燥法应用广泛，工艺简单，制得的粉体具有良好的化学均匀性、重复性、稳定性、流动性与一致性，粉体颗粒呈球状，适于工业化大规模微粉的生产。

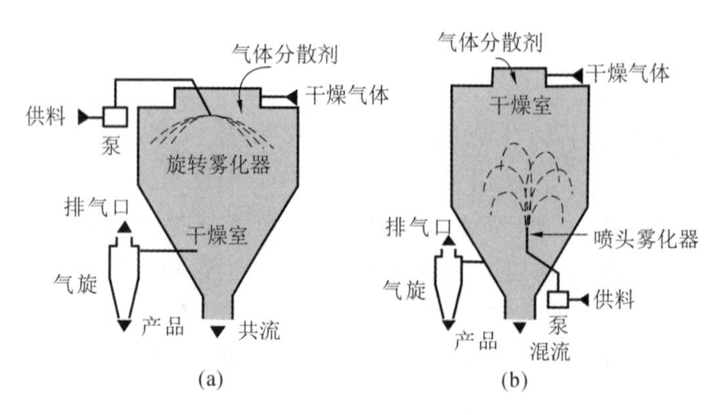

图 3-7　喷雾干燥装置模型图

3）喷雾热分解法

喷雾热分解法是一种将金属盐溶液喷雾置于高温气氛中，立即引起溶剂的蒸发和金属盐的热分解，从而直接合成氧化物粉料的方法。此方法也可称为喷雾焙烧法、火焰雾化法、溶液蒸发分解法。喷雾热分解法和上述喷雾干燥法适于连续操作，所以生产能力很强。喷雾热分解法有两种形式：一种形式是将溶液喷到加热的反应器中，另一种形式是将溶液喷到高温火焰中。多数场合使用可燃性溶剂（通常为乙醇）以利用其燃烧热。

例如，将 $Mg(NO_3)_2$、$Mn(NO_3)_2$、$4Fe(NO_3)_2$ 的乙醇溶液进行喷雾热分解，就能得到 $(Mg_{0.5}Mn_{0.5})Fe_2O_4$ 的微粉。喷雾热分解法不需要过滤、洗涤、干燥、烧结及再粉碎等过程，产品纯度高，分散性好，粒度均匀可控，能够制备多组分复合粉体。

5. 水热法

水热法是指密闭体系如高压釜中，以水为溶剂，在一定的温度和水的自生压力下，原始混合物进行反应的一种合成方法。由于在高温、高压水热条件下，能提供一个在常压条件下无法得到的特殊的物理化学环境，使前驱物在反应系统中得到充分的溶解，并达到一定的过饱和度，从而形成原子或分子生长基元，进行成核结晶生成粉体或纳米晶。水热法既可制备单组分微小单晶体，又可制备多组分化合物粉体，而且所制备的粉体细小均匀、纯度高、分散性好、无团聚、形状可控、晶型好、利于环境净化，是一种极有应用前景的纳米陶瓷粉体的制备方法。

水热法的特点主要有：(1)由于反应是在相对高的温度和压力下进行的，因此有可能实现在常规条件下不能进行的反应；(2)改变反应条件（温度、酸碱度、原料配比等）可能得到具有不同晶体结构、组成形貌和颗粒尺寸的产物；(3)工艺相对简单，经济实用，过程污染小。

水热法最初主要用于单组分氧化物（如 ZrO_2、Al_2O_3 等）的制备，随着制备技术的不断改进和发展，水热法广泛应用于单晶生长、陶瓷粉体和纳米薄膜的制备，超导体材料的制备与处理，以及核废料的固定等研究领域。一些非水溶剂也可以代替水作为反应介质，如乙醇、苯、乙二胺、四氯化碳、甲酸等非水溶剂就曾成功地用于制备纳米粉体。

此外，近年来水热法制备纳米氧化物粉体技术又有新的突破，将微波技术引入水热制备技术中，可在很短的时间内得到优质的 CdS 和 Bi_2S_3 粉体；采用超临界水热合成装置可连续制备纳米氧化物粉体；将反应电极埋弧技术应用到水热法中制备粉体等。

6. 超临界流体沉积技术

当一种流体的温度和压力同时比其临界温度 T_c 和临界压力 P_c 高时，这种流体就称为超临界流体（SCF）。在临界温度和临界压力下流体的液相和气相变得不能区分，该点称为临界点。超临界流体具有类似液体的密度、类似气体的黏度和扩散性。另外，超临界流体的表面张力远远低于液体的，在超临界区，随着温度或压力的很小的变化，这些性质可呈现出很大的变化，其特殊的物理性质使超临界流体成为一种优良的溶剂和抗溶剂，用于溶解和分离物质。常用的超临界流体包括乙烯、二氧化碳、一氧化氮、丙烯、丙烷氨、正戊烷、乙醇和水，临界温度依次升高。

自1822年Cagniard发现流体的超临界现象以来，人们对其性质的认识越来越深入。近年来，应用超临界流体的新兴技术有超临界流体萃取、超临界流体中的化学反应、超临界流体沉积技术等。超临界流体沉积技术是正在研究中的一种新技术。在超临界情况下，降低压力可以导致过饱和的产生，而且可以达到高的过饱和速率，固体溶质可从超临界溶液中结晶出来。由于这种过程在准均匀介质中进行能够更准确地来控制结晶过程，因此从超临界溶液中进行固体沉积是一种很有前途的新技术，能够生产出平均粒径很小的细微粒子，而且还可控制其粒度分布。

3.3.3　气相合成法

气相法是直接利用气体或者通过各种手段将物料变成气体，使之在气态下发生物理变化或化学反应，最后在冷却过程中凝聚长大而形成粉体的方法，可制备出高纯度、高分散性、粒度分布窄而细的纳米颗粒。由气相法生成粉体的方法有如下两种：一种是系统中不发生化学反应的物理气相法（PVD），包括气体冷凝法、混合等离子体法、溅射法、真空沉积法、加热蒸发法等；另一种是气相化学反应法（CVD），主要包括气相分解法、气相合成法、气固反应法等。

物理气相法是将原料加热至高温（用电弧或等离子流加热），使之气化，接着在电弧焰和等离子焰与冷却环境造成的较大温度梯度条件下急冷，凝聚成微粒状物料的方法。采用这种方法能制得颗粒直径为5～100 nm的微粉，其纯度、粒度、晶型都很好，成核均匀，粒度分布窄，颗粒尺寸能够得到有效控制，这种方法适于制备单一氧化物、复合氧化物、碳化物或金属的微粉。气相化学反应法通常包括一定温度下的热分解、合成或其他化学反应，多数采用高挥发性金属卤化物、羰基化合物、烃化物、有机金属化合物、氧氯化合物和金属醇盐原料，有时还涉及使用氧气、氢气、氨气、甲烷等进行氧化还原反应的反应性气体。该法所用设备简单，反应条件易控制，产物纯度高，粒度分布窄，特别适于规模化生产。下面将具体介绍几种典型的气相法。

1. 低压气体中蒸发法（气体冷凝法）

气体冷凝法是采用物理方法制备微粉的一种典型方法，是在低压的氩气、氮气等惰性气体中加热金属，使其蒸发后形成超微粒或纳米微粒。气体冷凝法原理图和设备图如图3-8所示，加热方法有以下几种：电阻加热法、等离子喷射法、高频感应法、电子束法、激光法。这些不同的加热方法使得制备出的超微粒的数量、品种、粒度及其分布等存在一些差别。气体冷凝法早在1963年由Ryozi Uyeda及其合作者研制出，即通过在纯净的惰性气体中的蒸发和冷凝过程获得较干净的纳米微粒。20世纪80年代初，Gleiter等人首先提出，在超高真空条件下采用气体冷凝法制得具有清洁表面的纳米微粒。整个过程在超高真空室内进行，通过分子涡轮泵使真空度达到一定数值，然后充入低压（约2 kPa）的纯净惰性气体（He或Ar，纯度为99.9996%）。欲蒸的物质（例如等离子化合物、过渡族金属氮化物及易升华的氧化物等）置于坩埚内，通过钨电阻加热器或石墨加热器等加热装置逐渐加热蒸发，产生原物质烟雾，由于惰性气体的对流，烟雾向上移动，并接近充液氦的冷却棒（冷阱，77 K）。在蒸发过程中，由原物质发出的原子与惰性气体原子碰撞并因损失能量而冷却，这种有效的冷却过程在原物质蒸气中造成很高的局域过饱和，这将导致均匀的成核过程。因此，在接近冷却棒的过程中，原物质蒸气首先形成原子簇，然后形成单个纳米微粒。在接近冷却棒表面的区域内，单个纳米微粒因聚合而长大，最后在冷却棒表面上积累起来，用聚四氟乙烯刮刀刮下并收集起来便可获得纳米粉。

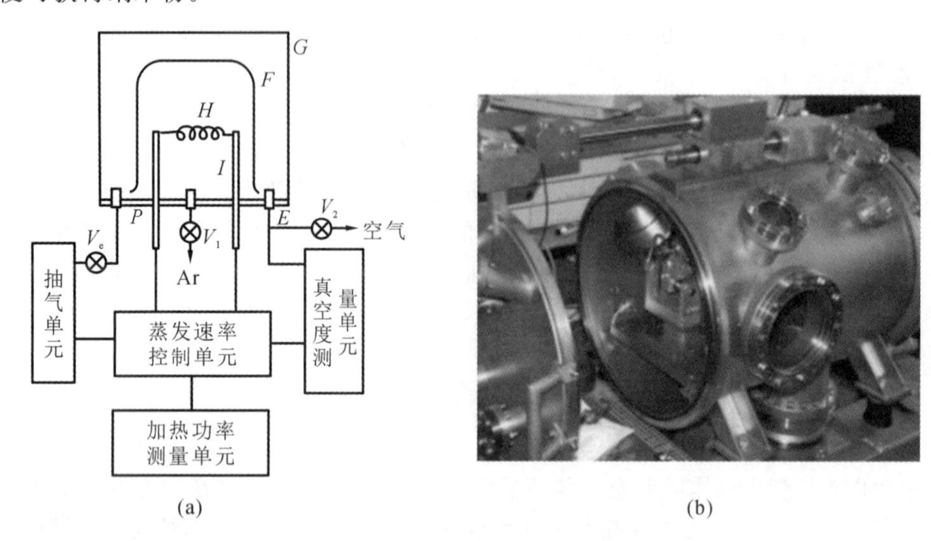

图 3-8　气体冷凝法原理图及设备图

(a)原理图；(b)设备图

气体冷凝法是通过调节惰性气体压力，用蒸发物质的分压，或惰性气体的温度来控制纳米微粒粒径的大小的。实验表明，随着蒸发速率的增大（等效于蒸发源温度的升高），粒子变大，或随着原物质蒸气压力的增大，粒子变大。气体冷凝法特别适于制备由液相法和固相法难以直接合成的非氧化物系的微粉，粉体纯度高，结晶组织好，粒度可控，分散性好。

2. 溅射法

通过高能粒子轰击将原子从材料（目标）表面喷射出来的现象称为溅射。溅射是一种动量转移过程，在这个过程中，来自阴极/靶的原子被入射离子逐出。溅射的原子移动，直到它们碰到衬底，在那里沉积，形成所需要的粉末。最简单的溅射离子来源是辉光放电现象，这是由低压气体中两个电极之间的外加电场引起的。当达到某一最低电压时，这种气体分解导电，该电离气体称为等离子体，等离子体的离子在目标处被大电场加速。当离子撞击目标时，原子（或分子）从目标表面喷射到等离子体中，在等离子体中它们被带走，然后沉积在衬底上。这种溅射叫作“直流溅射”。为了避免溅射原子与溅射气体发生化学反应，溅射气体通常为惰性气体，如氩气。然而，在某些应用中，例如氧化物和氮化物的沉积，一种活性气体被故意添加到氩气中，使沉积的薄膜是一种化合物。这种溅射称为“反应溅射”。

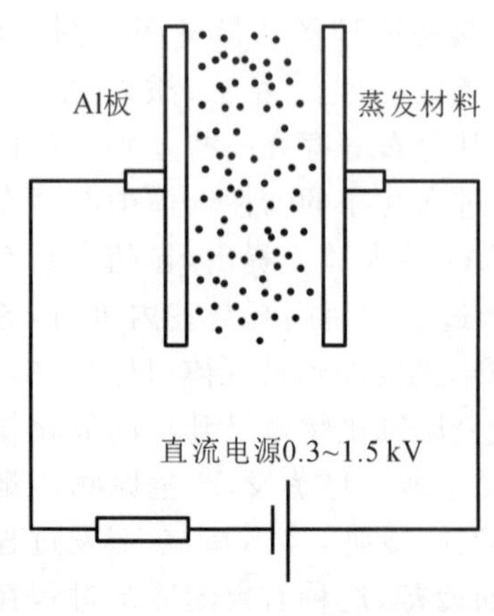

图 3-9　溅射法过程示意图

图 3-9 所示为溅射法过程示意图，用两块金属板分别作为阳极和阴极，阴极为蒸发用的材料，在两电极间充入氩气（40～250 Pa），两电极间施加的电压为 0.3～1.5 kV。由于两电极间的辉光放电使氩离子形成，在电场的作用下氩离子冲击阴极靶材表面，使靶材原子从其表面蒸发出来形成超微粒子，并在附着面上沉积下来。粒子的大小及尺寸分布主要取决于两电极间的电压、电流和气体压力，靶材的表

面积越大，原子的蒸发速度越快，获得的超微粒数量越多。

例如，13 kPa 的 15% H_2 和 85% He 的混合气体发生放电，电离的离子冲击阴极靶面，使原子从熔化的蒸发靶材上蒸发出来，形成超微粒子，并在附着面上沉积下来，用刀刮下来收集超微粒子。溅射法的优点在于可制备多种纳米金属，包括高熔点和低熔点金属，而常规的热蒸发法则只适用于低熔点金属；能制备多组元的化合物纳米微粒，如 $Al_{52}Ti_{48}Cu_{91}Mn_9$ 及 ZrO_2 等；加大被溅射阴极的表面，可提高纳米微粒的获得量。

3. 氢电弧等离子体法

氢电弧等离子体法原理图和设备图如图 3-10 所示，含有氢气的等离子体与金属间产生电弧使金属呈熔融态，同时电离的氮气、氩气等气体和氢气溶入熔融的金属中，然后释放出来，在气体中形成金属的超微粒子，最后用离心收集器或过滤式收集器使微粒与气体分离而获得纳米粉末。使用氢气作为工作气体，可以大幅提高产量，因为氢原子化合时会放出大量的热，并且氢的存在可以降低熔化金属的表面张力，加速蒸发。利用这种方法已制备出 10 多种金属纳米颗粒，30 多种金属合金、氧化物，也有部分氯化物及金属间化合物。此外，这种方法在制备陶瓷纳米颗粒时，如 TiN、AlN 等，惰性气体一般采用氮气，被加热蒸发的金属则选择 Ti 和 Al 等。

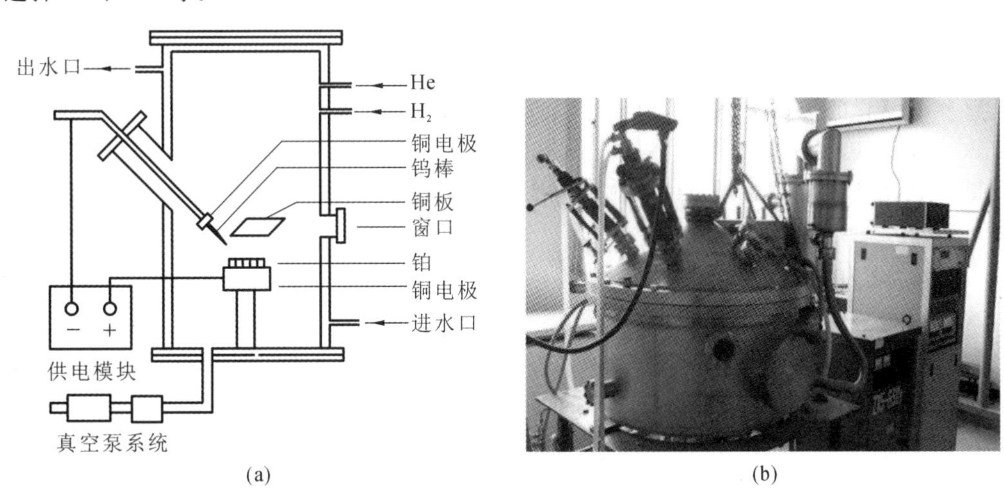

图 3-10 氢电弧等离子体法原理图和设备图

(a)原理图；(b)设备图

4. 电爆炸丝法

电爆炸丝法的基本原理是脉冲大电流快速通过金属丝负载，金属丝负载因自身焦耳热使金属丝发生快速相变，金属丝先后经历固态、液态、气态、等离子态，并与周围介质相互作用，释放出冲击波和光辐射，并快速冷凝成具有良好形态的纳米粉体，完成整个爆炸。这种方法在工业上适用于连续生产金属、合金和金属氧化物的纳米粉体。电爆炸丝法是一种过程简单、操作方便、生产效率高、无污染、粒度均匀性好的制备纳米粉体的方法，相较于化学法具有一定优势。近年来，国内外学者已经大量报道采用电爆炸丝法制备纳米粉体材料。但该方法也存在一些不足，比如实验装置缺乏辅助诊断系统，难以分析电爆炸过程，制备的粉体含有杂质，粉体粒径较大。也有学者分析电爆炸过程的冲击波，并研究了环境介质、沉积能量、环境气体压力等条件对电爆炸丝法制备纳米粉体的影响，而较少涉及对电爆炸产物的物相研究。图 3-11 所示为近年来新研发的电爆炸丝法制备纳米 ZrO_2 粉末的实验装置图。爆炸腔采用的是圆筒结构。锆丝的长度为 40 mm，直径为 250 μm，储能电容器的电容量为 3.15 μF,电容器的充电电压可达 20 kV,电容器的初始储能可达 630 J。开始时,能量不断沉积到锆丝中,当沉积能量达到 100 J 左右,也就是理论上达到锆丝完全气化所需的能量时,这个过程所经历的时间只有几微秒,甚至更短。在这极短的时间内,锆丝由于自身的焦耳热,先后经历固相加热、熔化加热、液相加热、气化加热,最终完全气化。锆丝在气化后的状态为等离子态,等离子体在空气中高速膨胀,与气体分子碰撞损失能量而急速冷却,冷凝形成纳米颗粒。

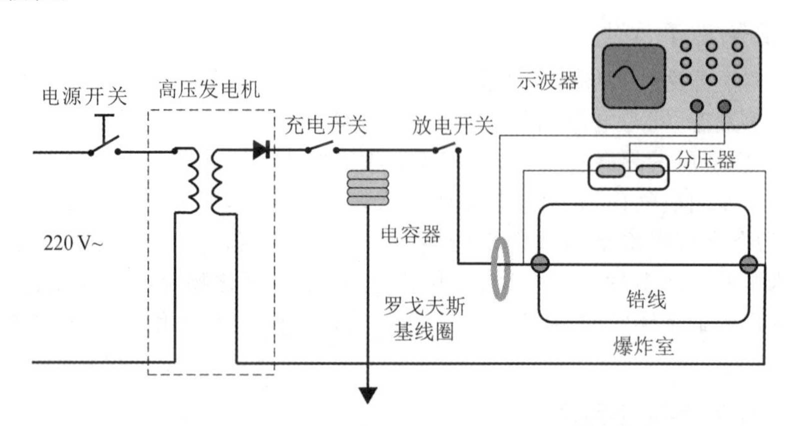

图 3-11 电爆炸丝法制备纳米 ZrO_2 粉末的实验装置图

某些易氧化的金属氧化物纳米粉体可通过两种方法来制备:一种方法是先在惰性气体中充入一些氧气,另一种方法是将已获得的金属纳米粉体进行水热氧化。用这两种方法制备的纳米氧化物有时会呈现不同的形状,例如由前者制备的氧化铝呈球形,后者则为针状粒子。

5. 化学气相反应法

激光诱导化学气相沉积(LICVD)法是近几年兴起的制备纳米粉末的有效方法。LICVD 法具有清洁表面、粒子大小可精确控制、无黏结、粒度分布均匀等优点,并容易制备出几纳米至几十纳米的非晶态或晶态纳米微粒。目前,LICVD 法已制备出多种单质、无机化合物和复合材料超细微粉末。LICVD 法制备超细微粉末已进入规模化生产阶段,美国麻省理工学院于 1986 年已建成年产几十吨的装置。

LICVD 法制备超细微粒的基本原理是利用反应气体分子(或光敏剂分子)对特定波长激光束的吸收,引起反应气体分子激光光解(紫外光解或红外多光子光解)、激光热解、激光光敏化和激光诱导化学合成反应,在一定工艺条件(激光功率密度、反应池压力、反应气体配比和流速、反应温度等)下,获得超细粒子空间成核和生长。例如,用连续发出的 CO_2 激光(10.6 μm)辐照硅烷气体分子(SiH_4)时,硅烷分子很容易发生热解,热解生成的气相硅在一定温度和压力下开始成核和生长。粒子成核后的生长包括如下五个过程:反应体向粒子表面的输运过程;在粒子表面的沉积过程;化学反应(或凝聚)形成固体过程;其他气相反应产物的沉积过程;气相反应产物通过粒子表面的输运过程。

通过工艺参数调整,粒子的粒径可控制在几纳米至 100 nm 之间,且粉末的纯度高。用 SiH_4 除了能合成 Si 纳米微粒外,还能合成 SiC 和 Si_3N_4 纳米微粒,粒径可控制在几纳米至 70 nm 之间,粒度分布可控制在正负几纳米以内。LICVD 法制备纳米粒子的装置一般有两种类型:正交装置和平行装置,其中正交装置使用方便,易于控制,工程实用价值大。LICVD 法制备 SiC 纳米微粒实验装置图如图 3-12 所示,该工艺采用 SiH_4 和 C_2H_2 作为原料反应气体,分别经不同的质量流量计(MFC1)进入不锈钢混气筒,充分混合后从反应气喷嘴喷出。

同轴惰性保护气采用高纯(纯度大于99.99%)氩气,其流速与流量由另一个质量流量计(MFC2)控制。保护气主要起稳定和压缩反应区、输送粉体的作用,同时也可控制和影响反应温度。

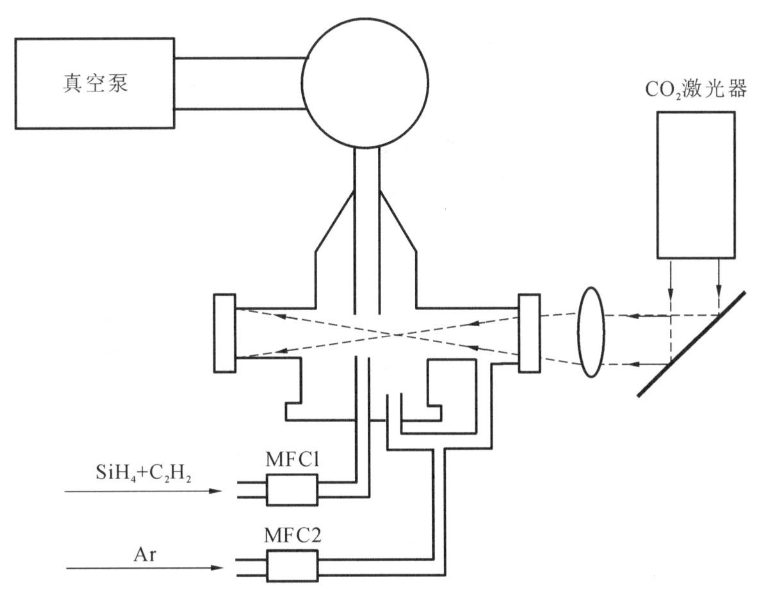

图3-12 LICVD法制备SiC纳米微粒实验装置图

图3-12中激光束与反应气体的流向正交,采用波长为10.6 μm的CO_2激光,最大功率为1100 W,反应窗口为砷化镓(GaAs)透镜,焦距为1.2 m。激光束的强度在散焦状态为4000~6000 W/cm^2,在聚焦状态为10^5 W/cm^2。激光束照在反应气体上形成了反应焰。经反应在火焰中形成了微粒,微粒由氩气携带进入上方微粒捕集装置。目前LICVD法的研究重点是在继续研究其内在规律的同时,开展超细粉的成型烧结技术及相关理论方面的探讨,以寻求激光制粉新气源和反应途径。LICVD法已成为粉体制备工艺中最有发展前途的方法之一,发展迅速。

6. 化学气相分解法

化学气相凝聚(CVC)法和燃烧火焰-化学气相凝聚(CF-CVC)法都属于典型的化学气相分解法。化学气相凝聚法是通过金属有机前驱物分子热解获得纳米陶瓷粉体的方法。化学气相凝聚法的基本原理是:利用高纯惰性气体作为载气,携带金属有机前驱物,例如六甲基二硅烷等,进入钼丝炉,如图3-13所示,炉温为1100~1400 ℃,气氛的压力保持在100~1000 Pa的低压状态,在此环境下,原料热解形成团簇,进而凝聚成纳米粒子,最后附着在内部充满液氮的转动衬底上,经刮刀刮下进入纳米粉收集器。

燃烧火焰-化学气相凝聚法的装置基本与CVC法的相似,不同之处是将钼丝换成了平面火焰燃烧器,燃烧器的前面由一系列喷嘴组成。当含有金属有机前驱物蒸气的载气(例如氦气)与可燃性气体的混合气体均匀地流过喷嘴时,产生均匀的平面燃烧火焰,火焰由CH_2、CH_4或H_2在O_2中燃烧所致。反应室的压力保持100~500 Pa的低压,金属有机前驱物经火焰加热在燃烧器的外面热解形成纳米粒子,附着在转动的冷阱上,经刮刀刮下收集。此法比CVC法的生产效率高得多,因为热解发生在燃烧器的外面,而不是在炉管内,因此反应充分并且不会出现粒子沉积在炉管内的现象。此外,火焰的高度均匀,保证了形成每个粒子的原料都经历了相同的时间和温度,粒度分布窄。

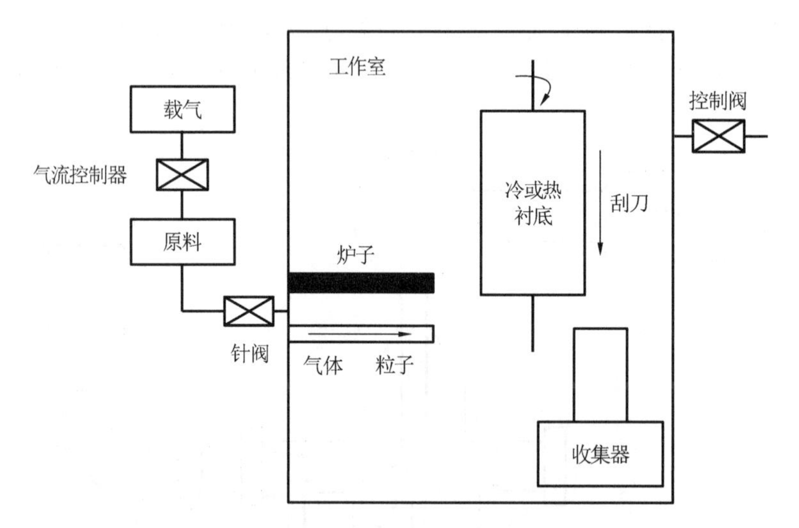

图 3-13　CVC 法装置示意图

思考题

(1) 什么是一次粒子？什么是二次粒子？有什么区别？

(2) d_{50}是什么意思？

(3) 行星式球磨机的效率与哪些因素有关？

(4) 什么是均匀沉淀？有哪些优点？

(5) 制备纳米级的氧化铝陶瓷粉体时可以采用哪些方法？

参考文献

[1] 韩凤麟，葛昌纯. 钢铁粉末生产[M]. 北京：冶金工业出版社，1981.

[2] 胡荣泽. 粉末颗粒和孔隙的测量[M]. 北京：冶金工业出版社，1982.

[3] 黄培云. 粉末冶金原理[M]. 北京：冶金工业出版社，1982.

[4] 韩凤麟. 粉末冶金机械零件[M]. 北京：机械工业出版社，1987.

[5] 韩凤麟. 粉末冶金设备实用手册[M]. 北京：冶金工业出版社，1997.

[6] 王盘鑫. 粉末冶金学[M]. 北京：冶金工业出版社，1997.

[7] 徐润泽. 粉末冶金结构材料学[M]. 长沙：中南工业大学出版社，1998.

[8] 任学平，康永林. 粉末塑性加工原理及其应用[M]. 北京：冶金工业出版社，1998.

[9] 伍友成，邓建军，郝世荣，等. 电爆炸丝法制备纳米 Al_2O_3 粉末[J]. 强激光与粒子束，2005，17(11)：155-158.

[10] 刘军，余国正. 粉末冶金与陶瓷成型技术[M]. 北京：化学工业出版社，2005.

[11] 韩凤麟，马福康，曹勇家. 中国材料工程大典 第 14 卷 粉末冶金材料工程[M]. 北京：化学工业出版社，2006.

[12] 张振忠，安少华，赵芳霞，等. 直流氢电弧等离子体蒸发法制备纳米锡粉[J]. 材料热处理学报，2008，29(5)：9-12.

[13] 朱永璋. 电火花法制备高纯超细氧化铝粉末[D]. 西安：西安建筑科技大学，2010.

[14] 陈文革，王发展. 粉末冶金工艺及材料[M]. 北京：冶金工业出版社，2011.

[15] 陈振华. 现代粉末冶金技术[M]. 北京：化学工业出版社，2007.

第4章 先进陶瓷成型技术

成型方法可以按其连续性分，也可以按有无模具分类。本章介绍一种按粉料特性分类的方法。根据坯料流动、流变的性质，成型方法可分为干坯料压制成型、可塑性坯料成型和浆料成型三类。干坯料基本不含或含少量水或其他液体成分，以其为原料成型的方法主要有干压成型和等静压成型。可塑性坯料所含成型剂较多，但一般不超过30%，以这种坯料成型的方法有挤制成型、轧膜成型、注射成型及热压铸成型等。浆料成型的浆料除粉末颗粒外，主要含液体介质和分散剂(含量为28%～35%)，浆料成型主要有注浆成型、注凝成型和流延成型等。这些方法将在下文详细介绍。

4.1 压制成型法

4.1.1 干压成型法

干压成型法又称为模压成型法，通常需要将一定粒度配比的陶瓷粉末加入少量黏结剂进行造粒，然后将其置于金属模具(一般为钢模)中，在压机上加压形成特定形状的坯体。干压成型法实质上是在较大的压力下使模具中的颗粒相互靠近，并在内摩擦力的作用下相互联结，从而得到具有一定形状的生坯。坯料的受压方式有单向受压和双向受压(见图4-1)两种。单向受压时，由于粉末之间、粉末与模壁之间的摩擦使压力在压制过程中有所损失，从而造成压坯密度分布不均匀。为了改善压坯密度的分布均匀性，双向受压可以在粉体压制过程中最大限度地提高生坯轴向密度分布的均匀性。同样地，在粉末中混入润滑剂(如油酸、石蜡、汽油等)也可以减少粉体之间、粉体与内模之间的摩擦，从而改善生坯轴向密度分布的均匀性。

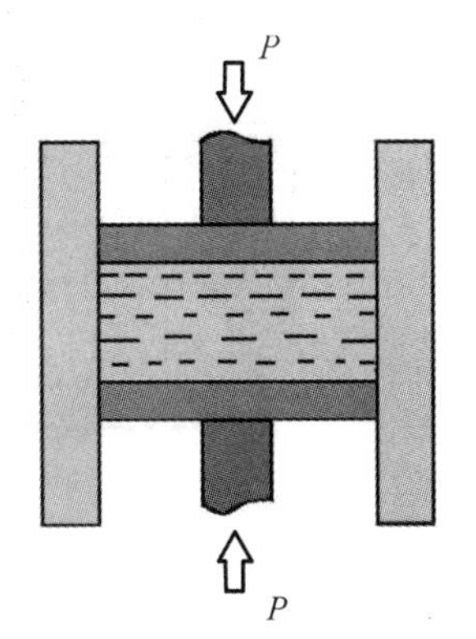

图4-1 双向受压干压成型法示意图

与金属粉末相比，由于陶瓷粉末的塑性变形能力较差，因此其成型压力一般小于金属粉末的成型压力(一般为50～130 MPa)。整个压制过程大致可分为两个阶段：第一阶段，在压力低于90 MPa之前，随着压力的增大，坯体密度迅速上升，这是因为造粒粉的排列并不规则，其间有许多空隙，加压使粉末发生位移，细小颗粒进入空隙中，使其气孔率不断降低；第二阶段，在90～130 MPa范围内，坯体密度增大愈来愈慢，并不断接近理论堆积密度。

干压成型的工艺一般包括造粒、喂料、加压成型、脱模、出坯等工序。其工艺简单，操作方便，周期较短，适用于形状简单、尺寸较小的制品，易于自动化生产，在工业生产中有较大的应用，比如PTC陶瓷材料、压电陶瓷、透明陶瓷、陶瓷真空管的制备成型。

干压成型中的缺陷一般是指层裂现象，即坯体内部或表面有层状裂纹。在坯体压制过程中，外加压力与坯体中的内部弹性力相平衡。撤去外力后，其内部的弹性能被释放，使坯体发生微膨胀，从而形成微裂纹。微裂纹在烧结过程中扩展使制品出现层裂现象。当然，影响层裂的因素还有很多，比如烧结气氛、水分含量、加压时长和压力等。

4.1.2　等静压成型法

等静压成型法是指粉料通过液体介质不可压缩性和压力传递各向同性一边压缩一边成型的方法。在高压容器中，粉体受到的压力是来自各个方向的，这和在同一深度静水中所受的压力情况相同，因而此方法又称为静水压成型法。等静压成型的压力可达300 MPa左右，根据温度的不同，其又可分为冷等静压成型和热等静压成型。与干压成型相比，最大的区别是干压成型时，压力在轴向呈不均匀分布，而等静压成型时，粉料则是多方向多面均匀受压。

最常用的是冷等静压成型法，其又可分为干法和湿法两种工艺，如图 4-2 所示。干法是将弹性模具半固定，不浸泡在液体介质中，而是通过上下活塞密封，模具不与加压液体直接接触，加压橡皮封紧在高压容器中，加料后的弹性模具送入压力室，压力泵将液体介质注入高压缸和加压橡皮之间，通过液体和加压橡皮传递压力使坯体受压成型，加压成型后退出脱模。模具不和加压液体直接接触，可以减少模具的移动，不需要调整容器中的液面和排除多余的空气，因而能加速取出压好的坯体，实现连续等静压。但是，由于粉料只是在周围受压，粉料的顶部和底部都无法受到压力，这种方法只适用于大量压制同一类型的产品，特别是几何形状简单的产品，如圆管状、圆柱形等。湿法是将预压好的坯料包封在弹性的塑料或橡胶模具内，密封后放入高压缸内，压力泵将液体介质注入高压缸和橡皮之间，通过液体传递压力使坯体受压成型。

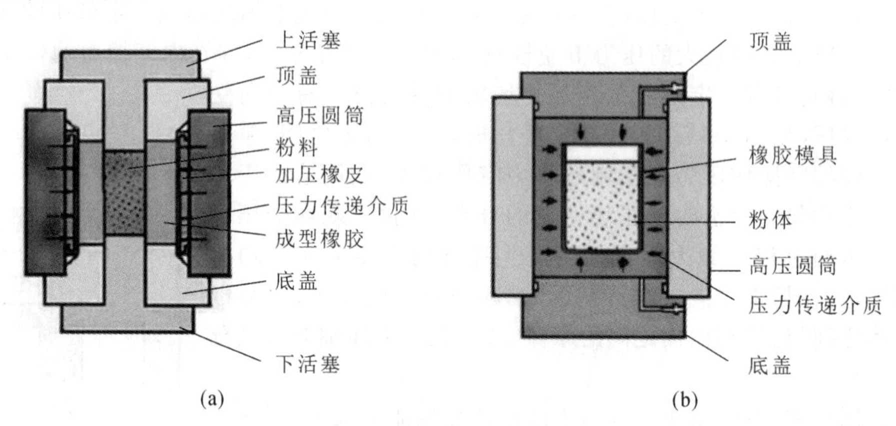

图 4-2　冷等静压成型法

(a)干法；(b)湿法

等静压成型法是根据“帕斯卡原理”的理论，即加在密闭流体上的压强可以大小不变地被流体介质向各个方向传递。根据流体力学原理，橡胶模具中的粉体在各方向上所受压力是均一的。压制过程可分为三个阶段：第一阶段是颗粒的迁移和重堆积，第二阶段是粉末的局部流动和颗粒的碎化阶段，第三阶段是体积压缩。如此便可得到较为致密的坯体。

等静压成型法所得成型坯体密度高、组织结构均匀。其坯体密度比普通模压成型的高5%～15%，且坯体密度均匀，是一种较先进的成型工艺。等静压成型法已广泛应用于陶瓷工业中，如陶瓷片、陶瓷管、陶瓷球、氧化铝灯管和功能陶瓷制品等。图 4-3 是美国专利中一种用于大尺寸片状坯体成型的直接等静压成型模具。

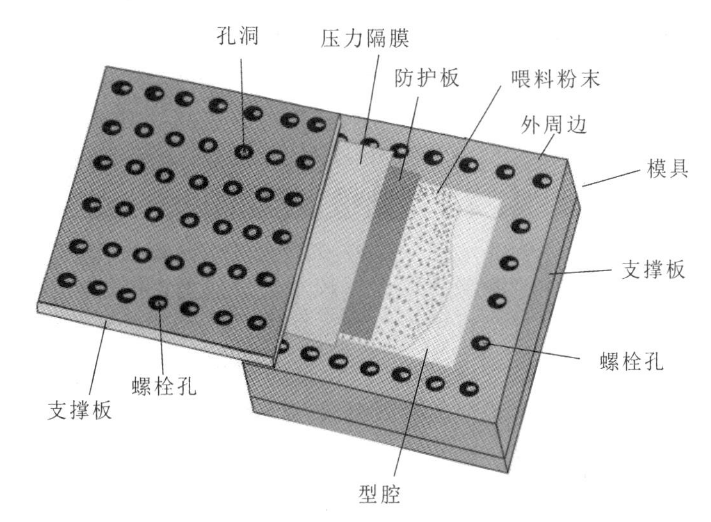

图 4-3　用于大尺寸片状坯体成型的直接等静压成型模具

该模具呈中心对称。液体介质则通过孔洞将压力传递给型腔中的物料。直接等静压成型根据施压方向的不同可分为内压法和外压法，如图 4-4 所示。

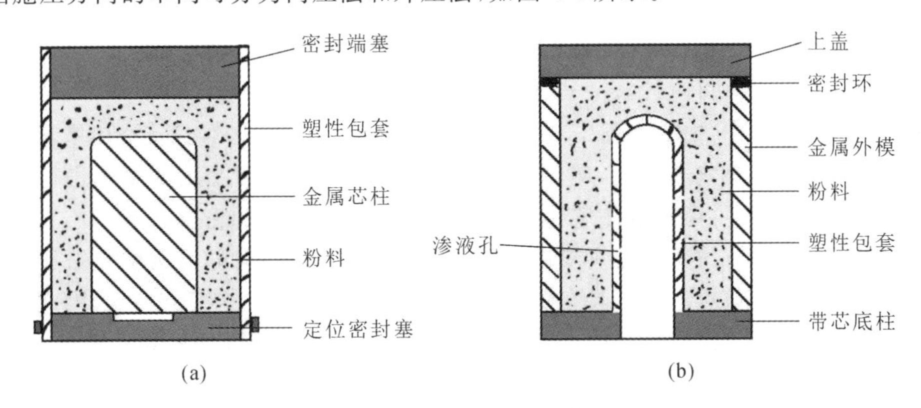

图 4-4　直接等静压成型模具

(a)外压法；(b)内压法

邓娟利等人通过冷等静压成型法，经反应烧结制备了氮化硅陶瓷材料（简称 RBSN），并研究了冷等静压成型压力对所得陶瓷增重率、开气孔率、密度等参数的影响。其所用成型压力范围为 100～300 MPa，随着压力的升高，陶瓷的增重率与开气孔率都有所降低，而其密度则先增大后减小。因此，并不是压力愈大愈好，而应根据材料的不同选用合适的成型密度。

等静压成型法压力较为均匀，可得到较高的生坯密度。粉末颗粒在压制时与模型间的摩擦较少，生坯产生应力的现象很少。此方法可以生产形状复杂、大件以及细长的陶瓷材料，而且模具制作方便，生产效率较高，使用寿命长，成本较低。但等静压成型法也有缺陷，其压坯尺寸和形状不易精确控制，设备投资大。坯体缺陷中最常见的是"象足"缺陷，"象足"因所得成型坯体中间细两端粗、外形酷似大象脚而得名，如图 4-5 所示。

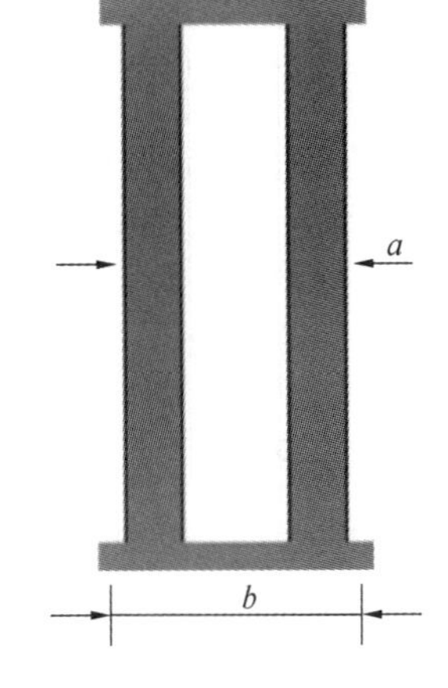

图 4-5　"象足"缺陷($b>a$)

"象足"缺陷在制备管状或棒状陶瓷时较为常见，可以通过修坯工艺消除这种缺陷。但形成“象足”的根本原因是成型坯体不同部位收缩率不同，导致坯体密度不均匀。因此，即使修坯消除了外形尺寸上的差异，缺陷最终仍可能在烧成阶段显现出来。

4.2 塑性成型法

塑性成型和浆料成型都属于湿法成型。相较于干法成型，湿法成型可以较容易地控制粉体的团聚，减少杂质，从而得到形状复杂的陶瓷制品。塑性成型法是以可塑性的坯料为原始材料，利用模具运动所产生的压力，使坯料产生塑性变形而制备坯体的一种方法。可塑性物料主要由陶瓷粉料、黏结剂、增塑剂和溶剂组成，对其原料配制工艺要求较高。

4.2.1 挤压成型法

挤压成型法是塑性成型法的一种，一般是将粉料、黏结剂、润滑剂等与水充分混合得到泥料，然后将其放入挤压机内，利用液压机推动活塞将塑化的坯料从挤压嘴挤出。挤压嘴便是其成型模具，通过更换不同的挤压嘴便可以制备不同形状的陶瓷制品。对陶瓷材料来说，挤压成型一般在常温下进行，陶瓷粉体需加入水、增塑剂等制得坯料并混合均匀，添加增塑剂的目的是使粉体具有可塑性。

在传统陶瓷生产中，由于坯料中本身含有一定量的黏土，因此不需要添加增塑剂。而先进陶瓷的坯料几乎都是化工原料，属于瘠性料，没有可塑性，故需加入增塑剂进行塑化。在挤压过程中，通过抽真空可以排除坯料内部的空气，以提高坯体的密度。

挤压成型机是该方法所用的主要设备，根据挤压力来源的不同，分为螺旋挤压机与柱塞式挤压机两种。螺旋挤压机由于具有费用低廉、使用可靠和生产连续的特点，因此在陶瓷工业、食品和医药领域里应用更广泛。图4-6是一种真空螺旋挤压成型机的示意图。

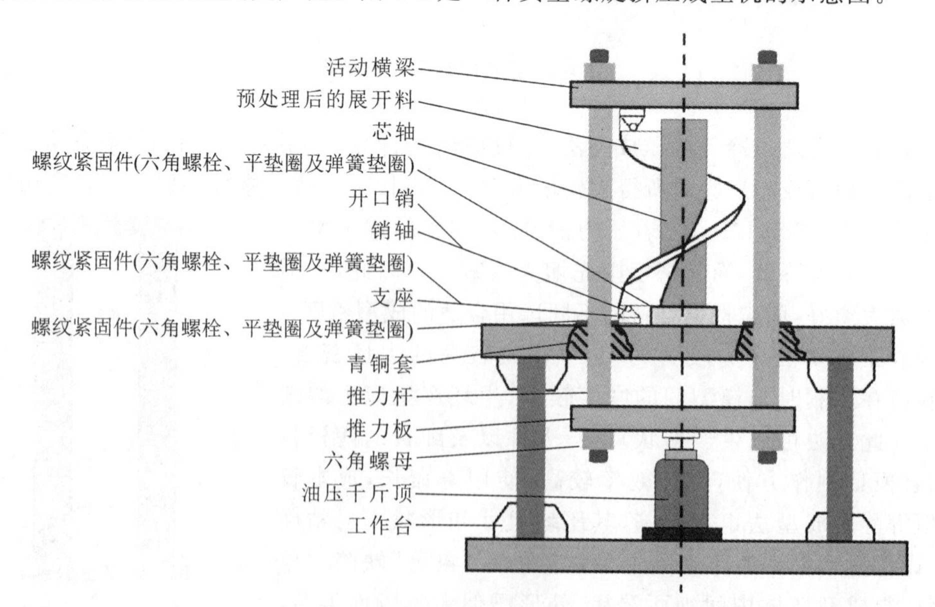

图4-6　一种真空螺旋挤压成型机的示意图

挤压成型法适用于管状、柱状及多孔柱状的陶瓷成型体，而对于微小且复杂的陶瓷零件，则可以使用微挤压快速成型，这是一种新兴的快速成型方法。闫存富等人对水基陶瓷膏体的低温挤压自由成型过程进行研究，发现，喷嘴直径、挤出速度与挤出时间间隔对挤出过程中的液相迁移均有较大影响。因此，我们可通过增大喷嘴直径和挤压速度等方法提高膏体的迁移速率，以提高成品质量。

挤压成型法的主要缺点是物料强度低、容易变形，坯体表面可能有凹坑、气孔、裂纹及弯曲变形等缺陷，其产生原因已在表 4-1 中列出。挤压成型法所用物料以黏结剂和水作为塑性载体，尤其需要黏土来提高物料相容性，因而其广泛用于传统耐火材料，如炉管、护套管及一些电子材料的成型生产。

表 4-1　挤压成型法的缺陷

缺陷的种类	产生原因
气孔	增塑剂所产生的气体未排尽
裂纹	混料不均匀
弯曲变形	坯料组成不均匀或水分过多
凹坑	坯料塑性差或挤压压力不稳定

4.2.2　轧膜成型法

对于一些较薄的陶瓷制品，比如厚度小于 1 mm 时，干压成型法不适用，可采用轧制成型法。轧制成型法要求颗粒具有一定的塑性，因而其广泛应用于金属及合金的轧制成型。但对于先进陶瓷粉末，其原料大多为瘠性粉末，轧制性能很差，故出现了轧膜成型法。

这是一种比较简单的成型方法，通过将陶瓷粉末、黏结剂和溶剂等混合均匀，得到的塑性物料在轧膜机中经过粗轧和精轧得到膜片，最后再冲片成型。轧膜机主要由两个反向转动的轧辊构成，两辊之间的距离可调。预烧后的粉末与黏结剂和溶剂混合后，置于两辊间混炼，使其混合均匀，随后进行热风干燥，使溶剂慢慢挥发，在颗粒上形成一层厚膜，这称为"粗轧"。精轧是逐步调小两辊之间的距离，多次折叠、反复轧炼，使气泡不断被排除，最后轧制出所需厚度的坯片。冲片则是用冲片机冲出所需尺寸的坯体。

轧膜成型法所得坯体密度高，适用于片状、板状物件的成型，在片状电子陶瓷元器件的应用上较为广泛，如电路基板、电容器和电池阴阳极材料的制备等。卢绪高通过轧膜成型法制备氮化硅陶瓷，研究发现添加 β-Si_3N_4 晶须作为模板晶粒在轧膜成型的过程中能够实现晶粒的定向生长。这使最终烧结制备的氮化硅陶瓷，在不同方向上有着明显的力学性能差异。

轧膜成型法在生产集成电路基片、电极材料、电容器等各式功能材料方面有独特优势。此方法工艺简单、成本低、生产效率高，因而得到应用广泛。在成型过程中，可能会有气泡、压片厚度不均匀、颗粒表面难以成膜等缺陷，如表 4-2 所示。

表 4-2　轧膜成型法的缺陷

缺陷类型	产生原因
气泡	粗轧时有空气未排出，粉末水分较多，轧膜次数不够
压片厚度不均匀	轧辊开度不精确，轧辊磨损变形
颗粒表面难以成膜	粉料游离氧化物多，黏结剂选择不当

4.2.3 注射成型法

陶瓷注射成型(CIM)是粉末注射成型的一种。注射成型又可称为热压铸成型,该方法是指将陶瓷粉末与黏结剂混合后,经注射成型,在 130～300 ℃温度范围内微热,赋予陶瓷粉末与聚合物相似的流动性,随后注入金属模腔内,冷却后黏结剂固化便得到成型好的生坯。

注射成型法在 1878 年首次被用于塑料的成型和金属模具的浇注,其工艺特点是适应性强、产率高、生产周期短。与传统陶瓷成型技术相比,其优势如下:(1) CIM 所得陶瓷生坯结构致密,密度分布均匀,烧结后的陶瓷制品性能优于传统成型;(2) 成型技术自动化程度高,可大批量生产尺寸精度高、形状复杂、体积小的陶瓷部件;(3) CIM 是一种近净尺寸成型工艺,生产出的产品具有极高的尺寸精度和表面光洁度,后续加工成本很低,而传统陶瓷成型工艺的后期精度加工成本占整个陶瓷制备成本的 30%左右。

CIM 基本的工艺流程大致可分为五步:粉末/黏结剂混合,注射成型,脱脂,烧结和产品检测。CIM 工艺原理图如图 4-7 所示。陶瓷粉末经一定的预处理后,与黏结剂按一定的比例进行混炼直至均匀,得到喂料。随着温度的升高,喂料获得较好的流动性,此时施加压力,喂料进入模具成型,经冷却得到毛坯。脱脂是为了除去粉末中多余的黏结剂,最后通过高温高压烧结便得到致密化程度较高的陶瓷。

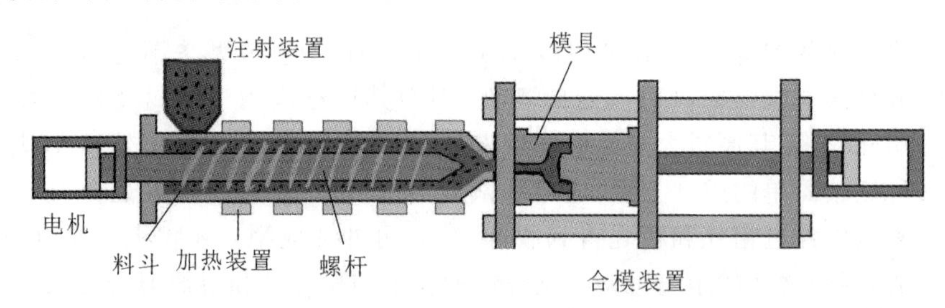

图 4-7 CIM 工艺原理图

黏结剂的选择是陶瓷注射成型法的核心与关键。CIM 所使用的黏结剂通常是有机高分子化合物,用来提升陶瓷粉体在高温时的流动性,以及在成型后和脱脂期间保持坯体形状的稳定。常用的黏结剂体系根据黏结剂组成和性质可分为:热塑性体系、热固性体系和水溶性体系。这几种体系的优缺点在表 4-3 中列出。

表 4-3 CIM 黏结剂体系

体系	主要成分	优点	缺点
热塑性体系	PW、PE、PP、PMMA	适用性好、流动性好、成型简便、粉末装载量高、注射过程容易控制	脱脂时间长、坯体易变形
热固性体系	环氧树脂、苯酚树脂	坯体的强度高、脱脂速度快	流动性差、脱脂温度高
水溶性体系	聚乙二醇、纤维素醚、琼脂	脱脂速度快	粉末装载量小

目前,注射成型法适用于铁基合金、钨基合金、钛合金、硬质合金等粉末冶金材料,以及氧化铝、氮化硅等先进陶瓷材料。随着 CIM 技术的飞速发展,一些新兴的注射成型技术也被研发出来,如粉末共注技术、低压注射成型技术和粉末微注射成型技术等。

粉末微注射成型技术是在常规CIM基础上发展起来的新技术，其工艺和CIM的大致相同。由于在国防、通信、医疗、电子封装等领域中，微型元器件的需求日益增加，传统工艺无法满足微米结构构件的要求，因此出现了粉末微注射成型技术。这种技术所制备的坯体具有高的尺寸精度和均匀的显微组织，可一次性得到形状较为复杂的坯体，同时实现自动化和规模化生产，是一种非常有前景的先进成型制造技术。

4.3　浆料成型法

传统的干法成型因操作简单而被广泛应用，但在成型复杂部件时存在许多困难，且尺寸精度和内部均匀性也受到限制，而陶瓷浆料成型法则可以有效控制团聚、成型复杂坯体同时减少坯体缺陷，因此发展迅速。浆料成型法以具有流动性的陶瓷悬浮体为原料，除粉末颗粒外，浆料中还有水和分散剂。浆料成型法主要包含注浆成型法、注凝成型法和流延成型法等。

4.3.1　注浆成型法

注浆成型法是指在陶瓷粉末中加入液态介质制得泥浆，然后注入石膏模具中，利用模具的吸水作用，使泥浆干燥得到一定形状的生坯。当泥浆注入模具后，模具表面与内部连通的气孔便可利用其毛细管力开始吸水，泥浆中的细小颗粒会随模型形状均匀排列成薄泥层。泥层不断变厚，当达到所需厚度时，便可将多余浆料倒出。接着石膏模具继续吸收水分，使坯体收缩成型，这时便可进行脱模得到生坯。

对于注浆成型法来说，浆料的制备尤为重要，对其主要有以下几点要求：(1)流动性要好，便于填充整个模具；(2)稳定性要高，不易沉淀和分层；(3)在保证其流动性的情况下，含水量要尽可能小，以缩短干燥和成型时间，减少因生坯收缩率大而导致的缺陷；(4)浆料所形成的坯体还需易于脱模，以保证其完整性。

注浆成型法工艺过程简单，成本低，易于操作和控制，但注浆时间较长，成型生坯较为粗糙，密度不高，可以用来制备简单形状的制品，如导电陶瓷、氧化物陶瓷靶材等，是一种适于小批量生产的方法。在传统注浆成型的基础上，研究人员相继开发了离心注浆成型和压力注浆成型。这两种成型方法借助离心力和外加压力，可以提高坯体的密度和强度，但其所制备的坯体均匀性较差，不能满足高性能陶瓷材料的要求。

注浆成型法所得坯体质量与泥浆性能、石膏模具质量及操作方法等因素有许多联系，因而可能产生一些缺陷，如表4-4所示。

表4-4　注浆成型的缺陷

缺陷种类	可能的原因
坯体开裂	石膏模具各部位吸水速率不同，使坯体收缩不均匀
坯体生长缓慢	泥浆含水量过高，泥浆温度过低
气泡或针孔	石膏模具过干、过湿
坯体变形	石膏模具所含水分不均匀

4.3.2 注凝成型法

注凝成型法又称为凝胶注模成型法，是由美国橡树岭国家实验室在 20 世纪 90 年代初开发的一种新型陶瓷成型工艺。它将有机化学中高分子单体聚合的方法引入陶瓷的成型工艺中，从而将传统陶瓷成型工艺和化学理论有机结合起来。

注凝成型法的工艺原理是在陶瓷粉体-溶剂悬浮体系中，加入少量有机单体（如聚乙烯基乙二醇二甲基丙烯酸酯、甲基丙烯酸酯、亚甲双丙烯酰胺等），然后利用催化剂和引发剂通过自由基反应，使悬浮液中的有机单体交联形成三维网状结构，从而使浆料原位固化成型，得到陶瓷坯体。注凝成型法工艺原理图如图 4-8 所示。

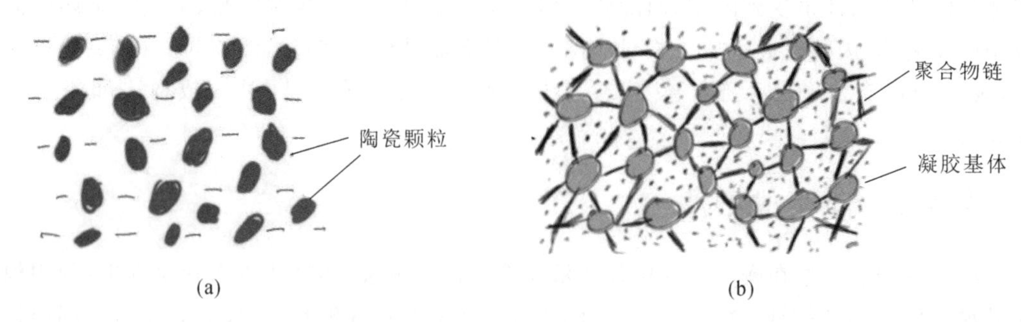

图 4-8 注凝成型法工艺原理图

(a)浆料；(b)凝胶

注凝成型法实用性较强，优势在于工艺简单，成本低，制得坯体均匀性好、便于加工、强度较高，而且烧结时坯体收缩率小，适用于精准尺寸陶瓷的成型。注凝成型法在现代陶瓷材料、多孔材料、医用材料、复合材料及金属陶瓷材料等领域有着广泛应用。

王鹏举等人以 Si_3N_4 为原料、丙烯酰胺为有机单体，通过注凝成型法和无压烧结技术，成功制备了孔隙率大、抗弯强度高的多孔氮化硅陶瓷。实验发现，多孔氮化硅陶瓷材料抗弯强度的高低与孔隙率的大小密切相关，孔隙率越大，抗弯强度越低。冯慧文等人采用离心-注凝成型技术制备了梯度 ZrO_2/HA 复合材料。在固相含量为 40%（质量分数）、ZrO_2 含量为 15%（质量分数）时，ZrO_2/HA 浆料的最佳黏度为 223.5 MPa · s，且浆料具有良好的分散性。实验发现，固相含量与分散剂等对浆料黏度有较大影响。

注凝成型法是一种新型的近净尺寸成型工艺，其成型坯体强度高、均匀性好、有机物含量较小，优点之多是传统注浆成型法、注射成型法所无法比拟的。但其难点在于低黏度、高固相含量悬浮浆料的制备；另外，在坯体致密化过程中，其收缩率较大，易导致坯体弯曲变形，这也是需要解决的问题。

4.3.3 流延成型法

流延成型法又称为刮刀成型法，最早由美国麻省理工学院 Howatt 等人在 1943 年研究，1945 年其被公开报道，1947 年被正式用于工业生产。该方法是指在陶瓷粉料中加入溶剂、分散剂、增塑剂等制得浆料，并经由流延机制备所需厚度的薄膜材料。

流延成型法一般以有机物为溶剂，将陶瓷粉末、增塑剂、分散剂等溶于其中，混合后得到均匀稳定的悬浮浆料。然后进行搅拌排除气泡，真空脱气，得到黏稠浆料。浆料还需经过滤网过滤除去较大的团聚颗粒，才可倒入流延机中。浆料从容器中流下，在基带上被刮刀刮压涂覆,经干燥、固化后便得到生坯。其后对生坯进行冲切等加工处理,便可得到待烧结的毛坯。其工艺原理图如图 4-9 所示。

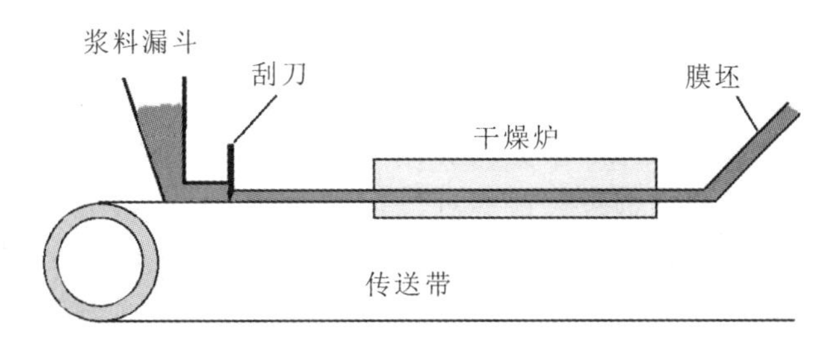

图 4-9　流延成型法工艺原理图

流延成型法工艺成熟、稳定,所需设备较为简单,生产效率高,常用来制备层状陶瓷薄膜。该方法得到的薄膜厚度一般为 0.01～1 mm,被广泛用于制备氮化铝陶瓷、电容器、层状陶瓷及层状耐火材料、压电陶瓷、电子电路基板等器件。

占丽娜等人通过有机流延成型制备了 5% MoO_3 掺杂 $BiSmMoO_6$ 微波陶瓷基片。研究表明,聚乙二醇作为增塑剂加入浆料后,可以有效地降低浆料的黏度,同时强化浆料的分散稳定性。这是因为,聚乙二醇可以在陶瓷粉体颗粒与黏结剂之间起到润滑和桥联作用。

流延成型法所制备的坯体性能均匀一致,且易于成型,可实现自动化生产。但由于浆料中溶剂和黏结剂的含量比较高,因此得到的坯体密度较小,在烧结时收缩率较大,有时可达到 20%左右。

上文对压制成型法、塑性成型法和浆料成型法进行了详细介绍。每种成型方法都有自身的优点及局限性,需要根据实际情况选择,可参照表 4-5。

表 4-5　各种成型方法汇总

成型方法	成型用料	适用制品形状	坯体均匀性	成型效率	生产成本
干压成型法	造粒粉料	形状简单,小尺寸	较差	高	低
等静压成型法	造粒粉料	形状复杂,大件及细长状	好	中等	中等
挤压成型法	塑性料	管状、柱状、板状	中等	高	中等
轧膜成型法	塑性料	薄片状	好	高	低
注射成型法	塑性料	形状复杂,小尺寸	好	高	中等
注浆成型法	浆料	形状复杂,大尺寸	较好	低	低
注凝成型法	浆料	形状复杂,尺寸精确	较好	低	较低
流延成型法	浆料	超薄型	好	高	中等

4.4　先进陶瓷成型技术新进展及趋势

随着先进陶瓷应用领域的不断扩展,对于其性能的要求也是愈来愈高。而成型工艺作为陶瓷器件制造中的一个重要环节,传统成型工艺已不能满足高精度、复杂形状和复相陶瓷材料的制造要求,这极大地限制了高技术陶瓷材料的应用和发展。随着科学技术的不断进步,尤其是材料化学、计算机技术的发展为先进陶瓷成型技术注入了新的活力,一些新技术如离心沉积成型法、电泳沉积成型法和固体无模成型法等相继涌现。

4.4.1 离心沉积成型法

离心沉积成型(CDC)法引入了离心技术,常用来制备板状、层状纳米多层复合材料。最早由美国加利福尼亚大学的 Lange 小组将其用于陶瓷材料的成型之中。工艺过程大致如下:(1)将陶瓷粉末、水、成型助剂放入球磨机,混合得到浆料;(2)注入离心成型机的模具中成型;(3)脱模干燥后脱脂并烧结。

在浆料中存在着大小不一的颗粒,它们的密度也不同,在离心力的作用下,坯体不同部位优先沉积不同性质的颗粒,从而形成致密均匀的陶瓷坯体。当采用不同浆料制备层状材料时,其在离心力的作用下便会一层层地均匀沉积成一个整体。图 4-10 是离心沉积成型法制备多层复合材料的示意图。

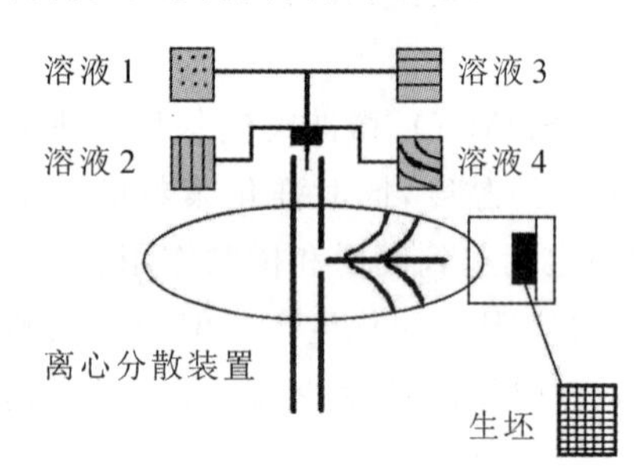

图 4-10　离心沉积成型法制备多层复合材料的示意图

离心沉积成型法可用于制备生物陶瓷材料。李强等人通过离心沉积成型法制备了羟基磷灰石(HA)生物陶瓷材料,且在 pH=9 时 HA 浆料具有良好的分散性。与干压成型法相比,HA 浆料离心成型后得到的生坯密度更高,达到 62.1%,这有助于其在低温下烧结致密。

离心沉积成型法亦被广泛用于梯度材料、多孔材料及层状陶瓷材料的制备,其特点主要有:可通过沉积不同的材料改善材料的韧性,而且沉积的各层可以是具有相同电、磁、光等性质的材料结合,也可以制备各向异性的新型材料。

4.4.2 电泳沉积成型法

电泳沉积成型(EDC)法是电泳和沉积的结合,其多用来制备薄膜或陶瓷涂层材料。在悬浮液中离子是带电的,在电场的作用下做定向运动,随后在极性相反的电极上沉积成型。在电泳过程中,范德华力起主要作用,它使粒子间的距离缩短,浆料失去分散稳定性后开始沉积。

电泳沉积成型法主要包含三个过程:制备稳定的悬浮液、悬浮液中的颗粒开始相互作用和颗粒在电场的作用下定向运动并在电极上沉积。在制备悬浮液时,需要使粉体颗粒带电,主要有三种方法:一是颗粒表面分子团的离解或离子化;二是电位决定离子的再吸附;三是使粒子吸附表面活性剂离子。

赵文涛等人通过电泳沉积成型法在石墨基体上制备 Si 涂层,随后在 1300 ℃烧结。该 SiC 涂层均匀致密,厚度约为 80 μm。这为 SiC 涂层的制备提供了一种新方法。

电泳沉积成型法原料范围广,易于精确控制沉积厚度,而且所得膜层十分均匀、致密,是一种灵活可靠的成型方法。但其应用受到基体材料性能的限制,所用的介质多为有机材料,有时成本较高且处理过程复杂。

4.4.3 固体无模成型法

固体无模成型(SFF)法又称固体自由成型制造。其概念最早出现于 20 世纪 70 年代,在

20 世纪 90 年代初由美国的一所大学正式提出并应用于陶瓷领域。固体无模成型法是一种生长型的成型方法，是一种自下而上的成型技术。

该成型技术主要涉及两部分：一是计算机系统，用于陶瓷制品外形结构设计、图形处理和输出；二是外部输出设备和技术，用于执行计算机所输出的指令。大致过程是在 CAD 软件中设计出所需零件的三维模型，然后按工艺要求将其分解成一系列一定厚度的二维平面。在三维模型转化为二维平面信息后，对数据进行处理，转化为外部设备可识别的工艺参数，即数控代码。随后在计算机的控制下，外部设备进行一层一层的打印，最终便可得到所需的三维立体构件。

与传统工艺相比，固体无模成型法有以下优点：成型过程不需要模具，生产更加集成化；可以制造任意复杂形状或尺寸较小的制品，更加灵活；成型速度快，制备周期短。但其软件、材料的开发，以及设备的制作需要较多的投入。固体无模成型法以 3D 打印技术为基础，能极大降低生产成本。由此发展的新材料、新技术等已在多个领域有所应用，如生物医药、航空航天、汽车配件、建筑材料、教学教育等行业。

目前固体无模成型法已有 20 多种，可分为三类：一是基于激光技术的陶瓷成型技术，二是基于喷墨挤出技术的陶瓷成型技术，三是基于数字光处理技术的陶瓷成型技术。其中较为典型的有喷墨打印成型技术、三维打印成型技术、立体光刻成型技术、激光选区烧结技术、熔融沉积成型技术和分层实体制造技术。下面将对这些技术进行简单介绍。

1. 喷墨打印成型技术

喷墨打印(IJP)成型技术是将陶瓷粉末与各种有机物混合，制成陶瓷墨水，然后通过打印机将其打印到成型平面上成型。通常陶瓷墨水是逐点逐层喷射到平台上的，以形成所需尺寸的陶瓷坯体。

喷墨打印成型技术目前可分为连续式和间歇式两种，如图 4-11 所示。连续式打印效率较高，间歇式打印对墨水的利用率较高。连续式打印的喷头受打印信号的控制而挤压喷头中的墨水，墨水在外加高频振荡的作用下被分解成一束墨水流，随后墨滴在充电装置中充电，继而在偏转电场作用下发生偏转，落在纸上不同位置形成打印点。间歇式打印的加压方式有两种：一是通过薄膜加热液滴产生气泡，气泡破裂时产生压力使液滴落下；二是通过喷嘴处的压电致动器产生压力，控制液滴的下落。相较于连续式打印，间歇式打印更经济，也更精确。

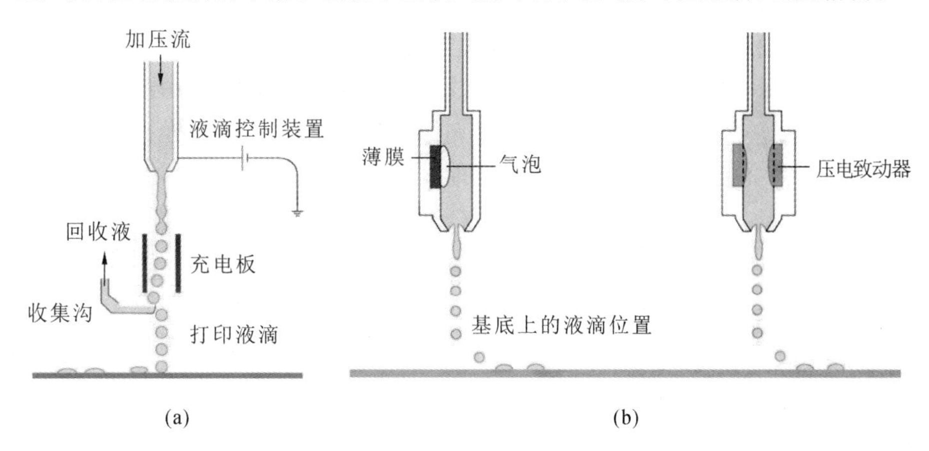

图 4-11　喷墨打印成型技术

(a)连续式；(b)间歇式

对喷墨打印成型技术来说，陶瓷墨水的配制是关键。这要求陶瓷粉体在墨水中能够良好均匀地分散，并具有合适的黏度、表面张力及电导率，以及较快的干燥速率和尽可能高的固相含量。目前，该技术的难点是墨水中的固相含量太低，这会导致陶瓷坯体致密度较低，而过度提高固相含量又会使墨水的喷射变得困难。

Cappi 等人采用喷墨打印成型技术制备了 Si_3N_4 陶瓷齿轮坯体。其密度达 3.18 g/cm^3，断裂韧性为 4.4 MPa · m$^{1/2}$，抗压强度为 600 MPa。可以看出，喷墨打印成型技术所得制品具有良好的力学性能。这也说明喷墨打印成型技术在高性能氮化硅陶瓷的生产中具有巨大潜力。

2. 三维打印成型技术

三维打印(3DP)成型技术是由美国 Solugen 公司与麻省理工学院共同开发的。首先在工作台上铺好粉末，然后根据计算机输出的二维平面信息，喷嘴向选定区域喷射黏结剂，从而完成一层的打印。随后工作台下降，重新铺料，再次喷射黏结剂，如此循环便可得到最终的陶瓷坯体。

三维打印成型技术应用范围较广，在模具制造、工业设计等领域用于制造模型，也可用于打印飞机零部件、髋关节或牙齿等。3DP 成型技术在制备多孔陶瓷零件时有较大优势，但是其成型精度较差，表面较粗糙，这与粉体成分、颗粒大小、流动性和可润湿性等有较大联系。在制造过程中，可以通过控制粉末层的湿度来提高所得毛坯的尺寸和表面的精度。

另外，3DP 成型技术所制备的零件致密度一般较低，通常需要后续工艺来提高其致密度。比如在烧结前进行冷等静压和高压浸渗处理，可以显著提高烧结后制品的致密度，但同时也会使生产率降低。Ma 等人使用 3DP 成型技术制备了 Ti_3SiC_2 陶瓷，随后进行硅熔体和铝硅合金的渗透，复合材料密度达到 4.1 g/cm^3。这种全致密材料的抗弯强度最高可达 233 MPa，力学性能较好。3DP 成型技术为陶瓷复合材料的制备提供了一种新方案。

3. 立体光刻成型技术

立体光刻(SL)成型技术，又称为光固化成型技术。此方法最早由 Charles Hull 申请专利，之后由 3D Systems 公司成功实现商业化。光固化是通过一定波长的紫外光照射，使液态的树脂高速聚合成为固态的一种光加工工艺，其本质是光引发的交联、聚合反应。

在树脂中加入陶瓷粉末后得到陶瓷浆料，随后将其铺展于工作平台上。通过计算机控制，紫外线选择性照射到光敏树脂上，便可固化得到一层坯体。下移工作平台使光敏树脂重新铺展，进行下一层的固化，如此反复，便可得到所需形状的陶瓷坯体。其原理如图 4-12 所示。

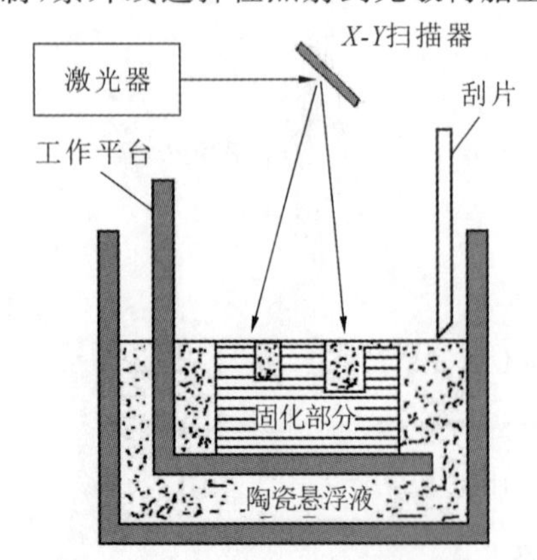

图 4-12 立体光刻成型技术原理

与其他固体无模成型技术相比，立体光刻成型技术在制备高精度、形状复杂的大型零件时具有很大优势。但其对浆料的要求一般较高，如浆料需要有较高的固相含量、较低的密度，同时陶瓷颗粒需要在树脂中分散均匀，而且该方法所使用的设备昂贵，制造成本较高。

龚俊等人以固相含量为 40%的纳米 ZrO_2 陶瓷浆料为实验对象，发现在光源波长接近引发剂吸收波长时，固化效果较好。而随着光源扫描速度的不断增大，陶瓷坯体的硬度会逐渐降低，固化厚度逐渐减小。因此，我们在实际应用中应选取合适的光源以及扫描速度。

4. 激光选区烧结技术

激光选区烧结(SLS)技术最早由 Carl Deckard 提出，又可称为选择性激光熔融(SLM)技术，其原理如图 4-13 所示。SLS 工艺流程为：计算机根据三维模型的截面信息，控制激光选择性地扫描粉末机床表面，使粉末材料受热熔化并黏结在一块；随后工作平台下降，重新在机床表面铺一层粉末，重复上述过程，一层接一层，直至打印出整个零件。在零件从粉末缸取出后，剩余的粉末材料仍可回收利用。

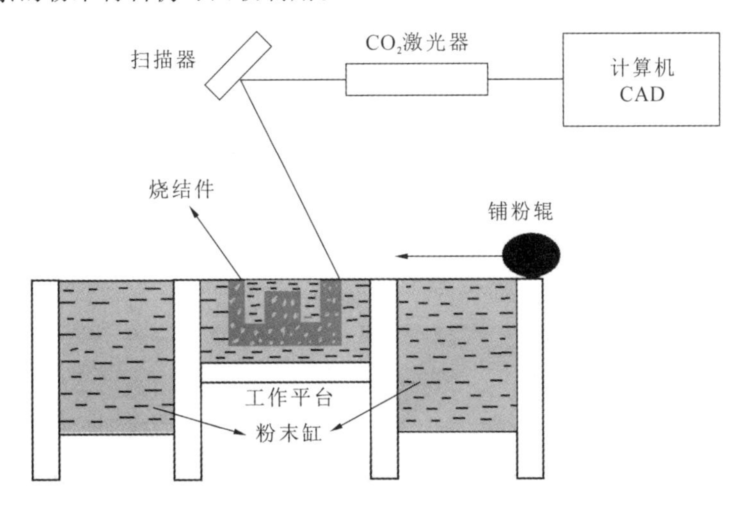

图 4-13　激光选区烧结技术原理

SLS 技术可以用来直接制备金属材料生坯或零件，但是陶瓷材料的烧结温度很高，难以直接进行烧结成型。目前，只能通过间接激光选区烧结(ISLS)技术对陶瓷材料进行烧结，将低熔点的有机黏结剂覆盖于陶瓷颗粒表面，然后激光只对有机黏结剂进行熔化，使陶瓷颗粒相互结合。虽然改进后的 ISLS 成型过程较简单，但是由于有机高分子黏结剂含量较高，因此所得坯体密度较低，疏松多孔。通常需进行后续处理来提高致密度，如等静压处理、浸渗处理等。另外，SLS 技术所用设备复杂，成本较高。

Khuram 等人通过热致相分离法制得球状的聚丙烯包覆的 ZrO_2 复合粉末，随后经 SLS 成型、烧结得到 ZrO_2 陶瓷零件。研究发现，体积分数为 30%的 ZrO_2 陶瓷粉末经 SLS 成型后直接烧结，所得致密度仅为 32%，但经压力渗透处理后其致密度可以提高至 54%。这说明，后处理工艺可以明显提高陶瓷零件的质量。

5. 熔融沉积成型技术

熔融沉积成型(FDM)技术，最早是由学者科特·克鲁姆普于 1988 年发明的，并随后由其成立的 Stratasys 公司注册为专利技术。FDM 技术最早用于聚合物材料(如 ABS、PLA 等)成型，后来用于陶瓷材料成型，称为 FDC(fused deposition of ceramics)。

FDC 是将陶瓷粉末与制备的黏结剂混合，并挤压成细丝状，然后将其送入熔化器中，在计算机的控制下，根据模型的分层数据，控制热熔喷头的路径，对半流动的陶瓷材料进行挤压，使其在指定位置冷却成型。一层完成，接着打印下一层，直至零件的加工完成，如图 4-14 所示。

Stuecker 等人以莫来石粉末为原料，加入聚电解质、分散剂等物质得到莫来石细丝。随

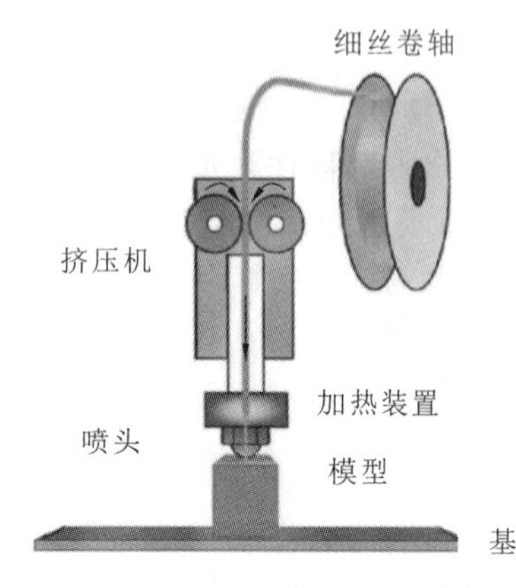

图 4-14 熔融沉积成型技术示意图

后利用 FDM 技术，制备了孔径为 100～1000 μm 的多孔莫来石陶瓷坯体（见图 4-15）。随后经 1650 ℃烧结，密度达 3.13 g/cm^3（为其理论密度的 96%）。可以看出，FDM 技术成型密度较高，其设备运行成本较低，成型精度较高，但是含有陶瓷粉末和金属粉末的制丝工艺较为复杂。

6. 分层实体制造技术

分层实体制造（LOM）技术是由美国 Helisys 公司的 Michael Feygin 于 1986 年开发出来的。图 4-16 是分层实体制造技术示意图，加工过程大致如下：将薄片材料单面涂覆一层黏结剂或热熔胶，随后置于工作平台上，由计算机控制激光器在 *X-Y* 方向上的移动，完成一层材料轮廓的切割，接着工作平台下降，重新铺上一层片状材料，在热压辊的作用下使其与上一层材料结合。然后重复上述切割过程，得到所需零件。

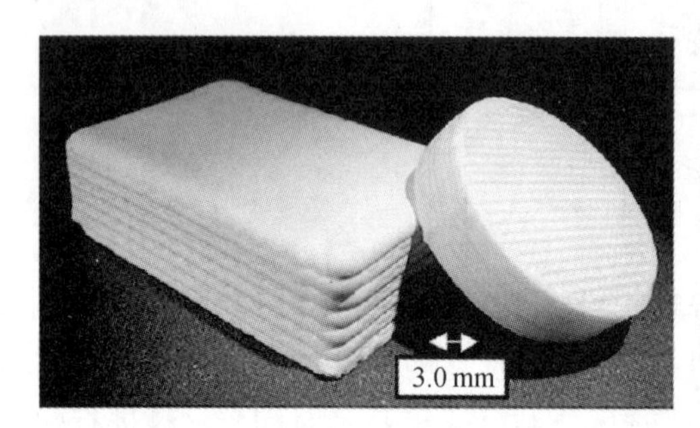

图 4-15 莫来石陶瓷坯体

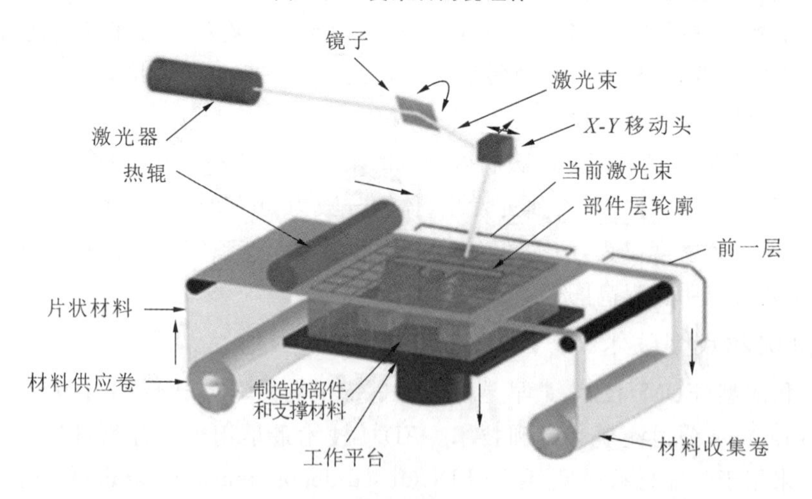

图 4-16 分层实体制造技术示意图

Maksim 等人以不同配比的 TiC、SiC 为原料，经流延成型后制得陶瓷片层。然后通过 LOM、热解和 Si 原位烧结制备了无缺陷结构的 Ti_3SiC_2 陶瓷齿轮，如图 4-17 所示。经硅渗透后陶瓷齿轮的线性收缩率小于 3%；且以 TiC、SiC 体积比为 3∶7 的原料所制得的零件具有良好的力学性能。这也说明，原材料的配比对所得零件的质量有着直接影响。

图 4-17　Ti_3SiC_2 陶瓷齿轮

思考题

(1) 干式冷等静压和湿式冷等静压有什么区别？
(2) 制备大尺寸、片状陶瓷有哪些好的成型方法？
(3) 制备圆管状陶瓷有什么好的成型方法？
(4) 注凝成型法有什么优点和应用？
(5) 固体无模成型法主要有哪些？各有什么优缺点？

参考文献

[1] 莫立鸿. 陶瓷注浆成型[M]. 北京：中国建筑工业出版社，1976.
[2] BAUMGART W, DUNHAM A C, AMSTUTZ G C. Process mineralogy of ceramic materials[M]. Amsterdam: Elsevier, 1984.
[3] 张宗涛，黄勇，管葆青，等. SiC(W)—TZP 复合材料电泳沉积成型[J]. 硅酸盐通报，1991, 10(6): 26-30.
[4] PERCIN G, LUNDGREN T S, KHURI-YAKUB B T. Controlled ink-jet printing and deposition of organic polymers and solid particles[J]. Applied Physics Letters, 1999, 74(10): 1498.
[5] KALITA S J, BOSE S, HOSICK H L, et al. Development of controlled porosity polymer-ceramic composite scaffolds via fused deposition modeling[J]. Materials Science and Engineering: C, 2003, 23(5): 611-620.
[6] TAN K H, CHUA C K, LEONG K F, et al. Scaffold development using selective laser sintering of polyetheretherketone-hydroxyapatite biocomposite blends[J]. Biomaterials, 2003, 24(18): 3115-3123.
[7] SACHLOS E, REIS N, AINSLEY C, et al. Novel collagen scaffolds with predefined internal morphology made by solid freeform fabrication[J]. Biomaterials, 2003, 24(8): 1487-1497.

[8] SACHLOS E,CZERNUSZKA J T. Making tissue engineering scaffolds work. Review on the application of solid freeform fabrication technology to the production of tissue engineering scaffolds[J]. European Cells and Materials,2003,5:29-40.

[9] 游常.电泳沉积法制备碳化物层状复合材料的研究[D].上海:中国科学院上海硅酸盐研究所,2004.

[10] 刘军,佘正国.粉末冶金与陶瓷成型技术[M].北京:化学工业出版社,2005.

[11] 杨裕国.陶瓷制品造型设计与成型模具[M].北京:化学工业出版社,2006.

[12] 张宁,茹红强,才庆魁. SiC粉体制备及陶瓷材料液相烧结[M].沈阳:东北大学出版社,2008.

[13] GOMES C M,TRAVITZKY N,GREIL P,et al. Laminated object manufacturing of LZSA glass-ceramics[J]. Rapid Prototyping Journal,2011,17(6):424-428.

[14] 吕广庶,张远明.工程材料及成形技术基础[M].2版.北京:高等教育出版社,2011.

[15] 马铁成.陶瓷工艺学[M].2版.北京:中国轻工业出版社,2011.

[16] 陈大明.先进陶瓷材料的注凝技术与应用[M].北京:国防工业出版社,2011.

[17] ZOCCA A,GOMES C M,BERNARDO E,et al. LAS glass-ceramic scaffolds by three-dimensional printing[J]. Journal of the European Ceramic Society,2013,33(9):1525-1533.

[18] 况金华,梅朝鲜.陶瓷生产工艺技术[M].武汉:武汉理工大学出版社,2013.

[19] 朱海.先进陶瓷成型及加工技术[M].北京:化学工业出版社,2016.

[20] DEHURTEVENT M,ROBBERECHT L,HORNEZ J C,et al. Stereolithography:a new method for processing dental ceramics by additive computer-aided manufacturing[J]. Dental Materials,2017,33(5):477-485.

[21] ZHANG G,CHEN H,YANG S B,et al. Frozen slurry-based laminated object manufacturing to fabricate porous ceramic with oriented lamellar structure[J]. Journal of the European Ceramic Society,2018,38(11):4014-4019.

[22] GUDAPATI H,DEY M,OZBOLAT I. A comprehensive review on droplet-based bioprinting:past,present and future[J]. Biomaterials,2016,102:20-42.

[23] KIM N P,EO J S,CHO D. Optimization of piston type extrusion (PTE) techniques for 3D printed food [J]. Journal of Food Engineering,2018,235:41-49.

[24] FERRAGE L,BERTRAND G,LENOMAND P. Dense yttria-stabilized zirconia obtained by direct selective laser sintering[J]. Additive Manufacturing,2018,21:472-478.

第 5 章　先进陶瓷烧结技术

成型后的陶瓷材料一般由许多单个固体颗粒组成，内部通常存在大量的气孔，气孔率一般为 35%～60%，这对成品性能有很大影响。为了获得希望的微观结构、提高成品质量、拥有较好的性能，在陶瓷成型后需要对其进行烧结。烧结过程是指陶瓷生坯在特定温度、压力等条件下，经过一系列的物理或化学变化，控制晶粒的生长，得到预期的显微结构和晶相组成。烧结过程对晶粒的大小、气孔的多少有着直接影响，是材料制备的一个关键环节，决定着制品的最终性能。

烧结后的陶瓷主要由晶体相、玻璃相、气孔和杂质构成。其中气孔因会使应力集中而影响材料力学性能；气孔的存在还会对电畴的转向有所阻碍，从而影响其电学性能；气孔在透明陶瓷中会成为散射中心，影响材料的透明度。因此在烧结过程中应尽量减小气孔的含量。烧结作为陶瓷制备工艺中的关键一步，对材料的使用性能影响很大。到目前为止，陶瓷烧结技术一直是人们不断尝试突破的领域。

陶瓷烧结方法发展至今已经有较多的种类，按压力可分为常压烧结法和压力烧结法；按烧结气氛的不同可分为氧化烧结法、还原烧结法和中性烧结法三种；按反应的不同可以分为固相烧结法、液相烧结法、气相烧结法和活化烧结法。具体来说，传统的烧结方法有无压烧结法、热压烧结法、热等静压烧结法、低温烧结法和微波烧结法等。最近在传统工艺的基础上，又发展了一些新型的烧结方法，如自蔓延烧结法、等离子体烧结法、冷烧结法和快速烧结法等。

5.1　烧结原理

5.1.1　烧结的定义

粉体经成型后得到生坯，其内部颗粒间存在着大量气孔。当对陶瓷素坯进行高温加热时，坯体中的颗粒将发生物质迁移，气孔被排除，颗粒间接触面积增大，并逐渐形成晶界，坯体逐渐收缩，最终变成具有一定的几何形状和坚固烧结体的致密化陶瓷。这一物理过程便称为烧结。

烧结时在达到某一温度后坯体发生收缩，并在低于主要成分熔点的温度(一般为熔点的 50%～70%)下，实现坯体的致密化。烧结过程中，将发生一系列宏观和微观变化。宏观上，坯体收缩，致密度提高，强度增大；微观上，粉体颗粒发生黏结，晶粒逐渐长大并形成晶界，颗粒由点接触变为面接触，气孔不断排出，成分改变。同时，坯体在烧结过程中也会发生一系列物理、化学变化，如膨胀、收缩、气体的产生、液相的出现、旧晶相的消失、新晶相的形成等。图 5-1 为固相烧结过程示意图。

关于烧结有一些容易混淆的名词，这里简单说明下。烧结不同于固相反应，固相反应至

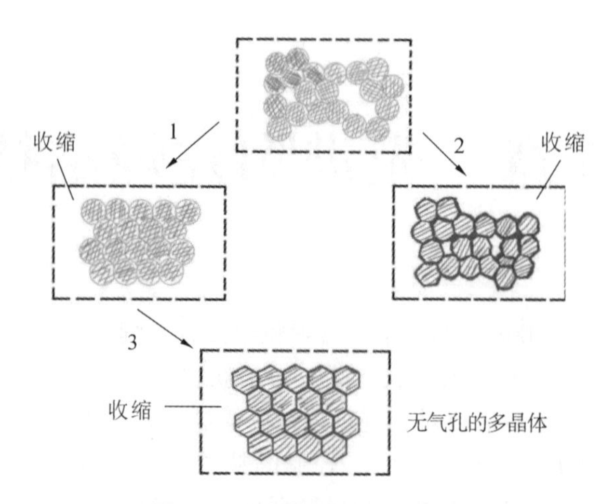

图 5-1　固相烧结过程示意图

1—颗粒聚集;2—开口堆集体中颗粒中心逼近;3—闭口堆集体中颗粒中心逼近

少有两组元参与,其中至少一组元为固态,并经化学反应,生成新的物质。而烧结则可以由单组元或多组元参与,且至少一组元为固态,在烧结过程中只出现致密化的物理过程,没有新组元的形成。

烧结也不是烧成,烧成是将硅酸盐制品在一定条件下进行热处理,使之发生一系列物理、化学变化,形成预期的矿物组成和显微结构,从而达到固定外形并获得所要求性能的工序。一般来说,烧成过程中将发生一系列的物理、化学变化,如脱水、有机质挥发、碳酸盐分解和显微结构的形成等。烧成一般应用于传统陶瓷的生产中,而烧结则一般用于先进陶瓷的制备中。烧成包含的范围更广,可以说,烧结只是烧成过程中的一个重要组成部分。

5.1.2　烧结的驱动力

一般来说,粉体成型后形成的生坯的颗粒间只存在点接触,坯体强度很低,但经过烧结,却能使其强度大幅提高,形成致密体。我们知道,在烧结过程中不会发生化学反应,那么烧结的驱动力是什么呢?

近代研究表明,烧结的驱动力来自粉体颗粒表面能的降低。在粉体制备时,经粉碎、研磨等工序,其机械能或其他能量以表面能的形式储存于粉体中。与块状体相比,粉体表面有许多晶格缺陷,具有很大的比表面积,这使粉体具有较高的活性。所以,烧结的驱动力便来自粉体颗粒的表面能的降低。

在烧结过程中,粉体颗粒过剩的表面能逐渐降低,由能量较低的晶界能代替,坯体收缩,总界面积减小,坯体系统能量降低,使晶体材料可以稳定存在。烧结后,系统表面积可降低三个数量级以上,且烧结是不可逆过程,烧结体的热力学性能更加稳定。

对于陶瓷粉体来说,烧结前后其能量变化为数百、上千焦耳/摩尔,一般不超过 4180 J/mol。这是一个相对比较小的数值,化学反应过程中其能量变化一般超过 200 kJ/mol。烧结过程不能自发进行,必须依靠外部对粉体加热,补充系统能量,促使烧结进行。

5.1.3　烧结过程的传质机理

我们知道,成型后的生坯是一个存在大量孔洞的颗粒聚集体系,因而在烧结中必然存在物质的迁移，这样才能通过物质的迁移，消除生坯中的孔隙，使陶瓷致密化。而为了维持和促进这种物质迁移，需要外部提供能量，使物质的迁移可以顺利进行。

烧结依据是否有液相出现可以分为固相烧结(SSS)和液相烧结(LPS)。固相烧结中，没有液相出现，其是一个固态颗粒在高温下逐渐结合的过程。固相烧结中物质传递的方式主要有蒸发-凝聚传质和扩散传质。而液相烧结中将会有液相出现。其主要的物质传递机理为流动传质和溶解-沉淀传质。在实际烧结过程中，几种传质过程往往同时发生，只是占主导地位的传质机理不同而已。

1. 固相烧结中的物质传递

蒸发-凝聚传质是指在高温下，由于颗粒表面曲率的不同，不同部位有不同的蒸气压，于是产生一种传质趋势。一般来说，这种传质过程只在高温下蒸气压较高的系统中进行，质点由蒸气压高的地方蒸发，通过气相迁移到蒸气压较低的地方，进行凝聚，从而实现物质迁移。

图 5-2 为蒸发-凝聚传质模型图，球形颗粒表面的凸出部分有一个正曲率半径，该处的蒸气压比平面上的要大些；而在两个颗粒连接处形成的凹面，有一个负曲率半径的颈部，该处的蒸气压要比平面上的低一些。因而在高温下，凸处的物质将蒸发，并沉积于颈部的凹处，从而使颈部逐渐被填充。

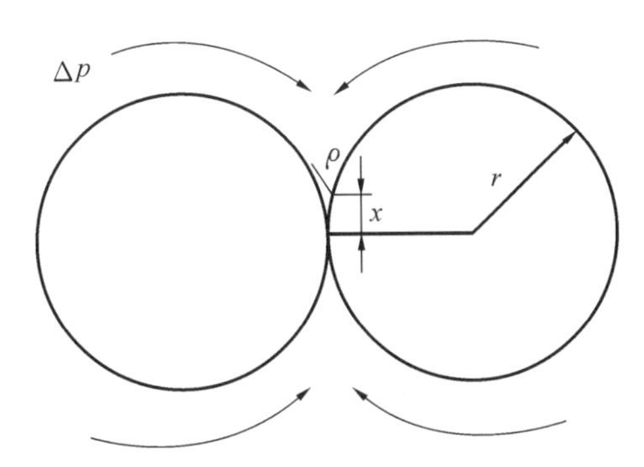

图 5-2　蒸发-凝聚传质模型图

设接触颈部的半径为 x，接触处的曲率半径为 ρ，则有开尔文关系式：

$$\ln \frac{p_1}{p_0} = \ln\left(1 + \frac{\Delta p}{p_0}\right) = \frac{\gamma M}{dRT}\left(\frac{1}{\rho} + \frac{1}{x}\right) \tag{5-1}$$

$$\Delta p = p_1 - p_0 = \frac{\gamma M p_0}{d\rho RT} \tag{5-2}$$

式中：p_1 为曲率半径 ρ 处的蒸气压；p_0 为球形颗粒表面的蒸气压；γ 为颗粒表面张力；M 为相对分子量；d 为密度；ρ 为颈部表面曲率半径；x 为接触部分的颈部半径。

由式(5-1)可知，产生传质的原因是因曲率半径的差异而产生的蒸气压差 Δp，而且只有颗粒半径足够小时这种差异才能显著表现出来。一般来说，当颗粒足够小(小于10 μm)时，才能满足此条件。因而，在粉体制备时要注意减小颗粒的粒度。

在蒸发-凝聚传质中，颗粒颈部区域扩大，颗粒由球状变为椭圆形，气孔形状改变，但球与球之间的中心距不变，也就是说坯体不发生收缩。气孔形状改变会使坯体一些宏观性质发生变化，但并不会影响坯体的密度。另外，只有将物质加热到一定温度，才能使其产生足够的蒸气压，发生这种传质过程。

固体烧结中另一种传质方式是扩散传质，其相较于蒸发-凝聚传质更为常见。扩散传质是指质点(或空位)借助于浓度梯度推动而迁移的传质过程。对于大多数材料来说，其在高温条件下的蒸气压较低，难以蒸发凝聚，因此便通过颗粒内质点扩散的过程来进行传质。

在烧结初期，由于黏附作用，颗粒间接触界面扩大并逐渐形成有负曲率 ρ 的接触区，如图 5-3 所示。可以推导得到，颈部由曲面特性而引起的毛细孔力为

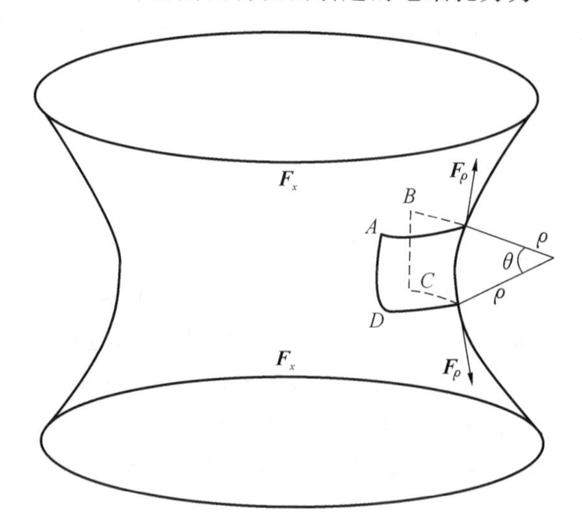

图 5-3　颗粒接触示意图

$$\Delta p \approx -\frac{\gamma}{\rho} \tag{5-3}$$

式中：γ 为颗粒表面张力；ρ 为颈部表面的曲率半径。而且颈部应力也主要由表面竖向力 F_ρ 产生，表面横向力 F_x 可忽略不计，具体推导过程在此不再展开。正是这种竖向的毛细孔力促进了颗粒间物质的传递、坯体密度的增大。

物质的迁移可以看作空位的反向移动，下面通过对不同部位空位浓度的计算来说明扩散传质的过程。在一个不受应力的晶体中，其空位浓度 c_0 取决于温度 T 和空位生成能 ΔG_f，其关系式为

$$c_0 = \frac{n_0}{N} = \exp\left(-\frac{\Delta G_f}{kT}\right) \tag{5-4}$$

式中：n_0 为晶体内空位数；N 为晶体内原子总数。若质点的直径为 δ，并使空位的体积近似为 δ^3，则颈部区域每形成一个空位，毛细孔力所做的功为 $\Delta W=\gamma\delta^3/\rho$。故颈部表面形成一个空位所需的能量为 $\Delta G_f=-\gamma\delta^3/\rho$，其对应空位浓度为

$$c' = \exp\left(-\frac{\Delta G_f}{kT}+\frac{\gamma\delta^3}{\rho kT}\right) \tag{5-5}$$

则颈部表面过剩的空位浓度为

$$\frac{c'-c_0}{c_0} = \frac{\Delta c}{c_0} = \exp\frac{\gamma\delta^3}{\rho kT}-1 \tag{5-6}$$

在一般烧结温度下，$\frac{\Delta c}{c_0}\approx\frac{\gamma\delta^3}{\rho kT}$，因而

$$\Delta c = \frac{\gamma\delta^3}{\rho kT}c_0 \tag{5-7}$$

由式(5-7)可知，在一定温度下空位浓度差是与颗粒表面张力成比例的，因此在扩散传质的烧结过程中，其推动力也是表面张力。在两颗粒形成点接触时，接触点属于压应力区，颈表面属于张应力区，可以得到，颈表面空位浓度大于接触点空位浓度。因而，空位将由颈

表面向颗粒接触点扩散，另外，空位也将由颈表面向颗粒内部扩散。这种扩散传质也可看作物质的反向扩散，这将使孔隙不断被填充、坯体致密度提高。

由于空位扩散既可以沿颗粒表面或界面进行，又能通过颗粒内部进行，并在颗粒表面或颗粒界面上消失，因此其可分为表面扩散、晶界扩散和体积扩散，如图 5-4 所示。在扩散传质中，颈部逐渐加粗，孔隙逐渐被充满，颗粒的中心距也将减小，宏观上的表现则是坯体收缩，气孔率降低，致密度增大。

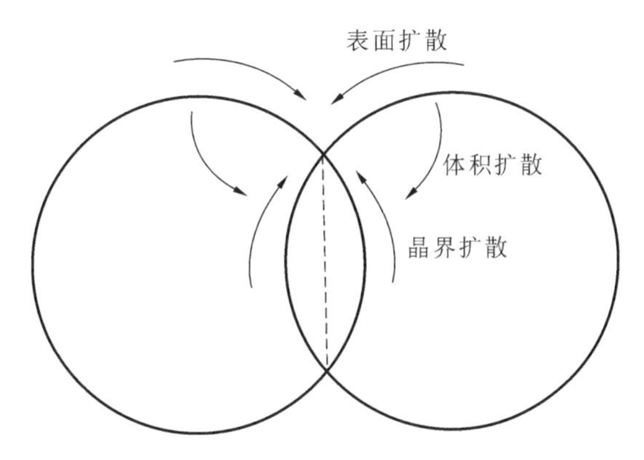

图 5-4　扩散过程示意图

2. 液相烧结中的物质传递

液相烧结（LPS）是指在烧结含多种粉末的坯体时，烧结温度至少高于其中一种粉末的熔融温度，从而在烧结过程中出现液相烧结过程。与固相烧结相比，其共同点在于烧结的推动力都是表面能，烧结过程均包含颗粒重排、气孔充填和晶粒生长等阶段。而不同的地方在于由于烧结过程中有液相的出现，其传质过程比固相烧结要快，且在较低的温度下便可以获得致密的烧结体。而且 LPS 可以制备具有控制的微观结构和优化性能的陶瓷复合材料，如一些具有显著改善断裂韧性的氮化硅复合材料。但影响液相烧结的因素要比固相烧结更为复杂，这为定量研究带来困难。

LPS 中的传质方式主要有流动传质和溶解-沉淀传质。流动传质包含黏性流动和塑性流动两种传质机理。黏性流动是液相含量较高时，液体流动方式符合牛顿液体的流动方式。其传质分为两个阶段：第一阶段，高温下形成黏性流体，相邻颗粒的中心互相靠近，接触面积增大，随后颗粒之间将形成一些封闭气孔；第二阶段，气孔在周围玻璃相的压力包围下，不断密实化。塑性流动是在液相含量较低时产生的。其不仅存在于液相烧结中，还存在于固相烧结中。麦肯基推导出的适合黏性流动传质全过程的烧结速率公式为

$$\frac{\mathrm{d}\theta}{\mathrm{d}t}=\frac{3}{2}\cdot\frac{\gamma}{r\eta}(1-\theta) \tag{5-8}$$

式中：θ 为相对密度；r 为颗粒粒径；η 为黏度；γ 为表面张力。从式中可以看出，影响流动传质的主要因素有三个：颗粒初始粒径、黏度和颗粒表面张力。所以，为了提高烧结体的致密度，应尽可能选择较小且黏度低的颗粒，并使颗粒表面具有较大的张力。

LPS 另一种传质方式为溶解-沉淀传质，其产生需要满足以下几个条件：烧结中出现显著的液相量；固体颗粒在液相内有显著的可溶性；液相可以润湿固相。溶解-沉淀传质的驱动力也来自颗粒的表面能，但由于液相对颗粒的润湿作用，颗粒间会形成一系列毛细管，故表面能的表现方式为毛细管力。

溶解-沉淀传质可大致分为两个阶段:第一阶段,颗粒在毛细管力或局部应力作用下,通过黏性流动等方式重新排列,使堆积更致密,在这一阶段坯体收缩率占总烧结的60%左右;第二阶段,较小的颗粒或大颗粒表面凸起处发生溶解,并迁移到自由表面或较大颗粒表面处沉积下来,使坯体进一步致密化。

5.1.4 影响烧结的主要因素

在烧结过程中有许多因素都会对成品的质量有所影响。总的来说,有以下几种因素:初始粉末的粒度及物料活性,外加剂的作用,烧结温度与时间,烧结气氛和成型压力等。下面对各种因素进行简单介绍。

在烧结过程中,越细的颗粒其表面能越大,烧结推动力愈高,可以缩短原子扩散的距离,提高颗粒在液相中的溶解度,导致烧结过程加速、烧结温度降低等。除了粒度较小以外,颗粒尺寸还应均匀,防止少数较大颗粒的异常生长。当然,颗粒过细,会吸附大量气体,妨碍颗粒间的接触,阻碍烧结过程。对于一般的氧化物材料来说,适宜的颗粒粒度为0.05~0.5 μm。活性氧化物通常是用其相应的盐类热分解制成的,采用不同形式的母盐以及热分解条件,对所得氧化物粉体的活性有重要影响。一般来说,对于给定的物料有一个最适宜的热分解温度。温度过高会使结晶度增高、粒径变大、表面活性下降;温度过低则可能因残留未分解的母盐而妨碍颗粒的紧密充填和烧结。

外加剂对烧结也有显著影响。在固相烧结中,外加剂可以与主晶相形成固溶体,引起晶格缺陷增加,使传质过程容易进行。在液相烧结中,外加剂可以与烧结成分结合,更容易生成液相,并增大传质速率,因而降低烧结温度,增大烧结体致密度。

适当提高烧结温度有利于扩散传质或液相传质,促进烧结。但温度不宜过高,过高会促使晶粒二次结晶,材料性能恶化。在烧结的低温阶段以表面扩散为主,高温阶段以体积扩散为主。低温烧结时间过长对致密化不利,还可能对材料有所损害。因而应较快提高温度,使其在高温下短时烧结以提高材料的致密度。

烧结气氛也会对成品产生影响。最常见的无压烧结,是在空气中烧结,这容易使晶体生成空位、造成缺陷等,因而产生了氧化、还原、惰性气氛等烧结方法。对于一般的氧化物材料(如Al_2O_3、TiO_2等),可在还原气氛中进行烧结,氧气能够直接从晶体表面逸出,形成结构缺陷,有利于烧结;而非氧化物,在高温下容易氧化,故可在氮气等惰性气氛中进行烧结。

坯体成型过程使其具有一定形状和强度,但成型压力的大小会对烧结过程有所影响。成型压力越大,坯体中的颗粒接触越紧密,烧结时扩散阻力越小,可促进烧结;但过高的成型压力会使粉料发生脆性断裂,难以烧结,因而要施加适当的成型压力。

除以上因素外,还有许多因素会对陶瓷烧结过程产生影响,如盐类物质的选择、加热速率、粉末的粒径分布等。实际烧结中,我们必须对原始粉末的粒度、结构、形状等物理性质有充分的了解,才能找到合适的烧结工艺,得到性能较高的先进陶瓷制品。

5.1.5 晶粒生长及二次再结晶

在材料的再结晶结束以后,通常可以得到细小的等轴晶粒,如果继续提高烧结温度或延长加热时间,则会引起晶粒的进一步生长。晶粒生长发生在烧结的中、后期,在一些晶粒的生长过程中也会伴随着另一部分晶粒的缩小或消失,其结果是晶粒平均尺寸的增大。

晶粒生长是晶界移动的结果，其推动力是晶界过剩的自由能，即晶界两侧物质的自由能之差是使界面向曲率中心移动的驱动力。当小晶粒生长为大晶粒时，界面面积减小，界面自由能降低。就晶粒生长的微观过程来说，晶界总是向曲率中心的方向移动，并不断平直化。

如图 5-5 所示，弧状晶界两侧各为一个晶粒，小圆圈表示各晶粒中的原子。其中 A 处原子的自由能要高于 B 处原子的自由能，A 处原子将向 B 处跃迁，结果导致晶界向 A 处原子所在晶粒的曲率中心发生移动，直至晶界变得平直、晶界两侧原子的自由能相等为止。最终 A 处原子所在晶粒缩小甚至消失，B 处原子所在晶粒长大，晶粒长大的速率取决于晶界移动的速率。

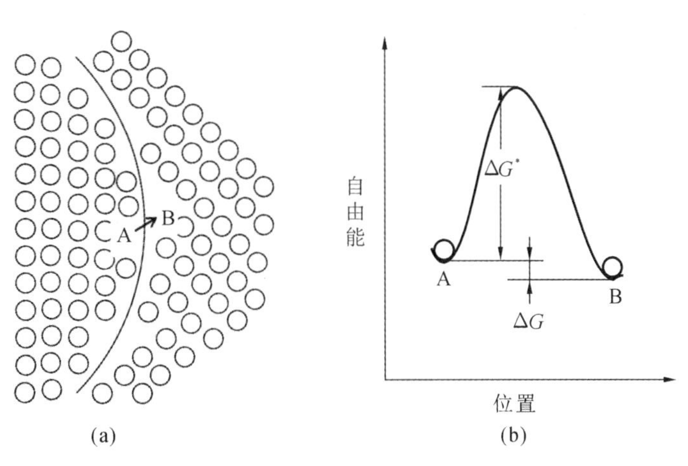

图 5-5　晶界结构及原子位能图

(a)晶界结构；(b)原子位能图

由于两晶粒曲率的不同，产生了一个压强差 Δp：

$$\Delta p = \gamma\left(\frac{1}{r_1} + \frac{1}{r_2}\right) \tag{5-9}$$

当温度不变时，根据热力学知识，有：

$$\Delta G = V\Delta p = V\gamma\left(\frac{1}{r_1} + \frac{1}{r_2}\right) \tag{5-10}$$

式中：γ 为界面张力；r_1、r_2 为曲率半径；ΔG 为 A、B 所在晶粒的摩尔自由能差；V 为摩尔体积。

晶界移动速率取决于原子越过界面的速率，故需考虑 A、B 处原子双向跃迁的频率，其中原子从 A 处向 B 处的跃迁频率为

$$f_{A-B} = \frac{n_s RT}{Nh}\exp\left(-\frac{\Delta G^*}{RT}\right) \tag{5-11}$$

反向跃迁频率为

$$f_{B-A} = \frac{n_s RT}{Nh}\exp\left(-\frac{\Delta G + \Delta G^*}{RT}\right) \tag{5-12}$$

设原子每次跃迁距离为 λ，则晶界移动速率 v 为

$$v = \lambda f = \lambda(f_{A-B} - f_{B-A}) = \lambda\frac{n_s RT}{Nh}\exp\left(-\frac{\Delta G^*}{RT}\right)\left[1 - \exp\left(-\frac{\Delta G}{RT}\right)\right] \tag{5-13}$$

因为 $\Delta G \ll RT$，所以

$$1 - \exp\left(-\frac{\Delta G}{RT}\right) \approx \frac{\Delta G}{RT} \tag{5-14}$$

于是

$$v = \lambda \frac{n_s \Delta G}{Nh} \exp\left(-\frac{\Delta G^*}{RT}\right) = \frac{\lambda n_s V\gamma}{Nh}\left(\frac{1}{r_1}+\frac{1}{r_2}\right)\exp\left(-\frac{\Delta G^*}{RT}\right) \tag{5-15}$$

式中：ΔG^* 为原子越过晶界的势垒；N 为阿伏伽德罗常数；h 为普朗克常数；n_s 为晶界上原子的面密度。

从式(5-14)中可以看出，温度越高，曲率半径越小，晶界向其曲率中心移动的速率越大。晶体生长的二维截面示意图如图 5-6 所示，大多数晶界是弯曲的，晶界向着曲率中心的方向移动。其中边数小于 6 的晶粒趋于缩小，边数大于 6 的晶粒趋于长大。在二维截面中，晶界平直且夹角为 120°的六边形是晶粒的最终稳定形状。

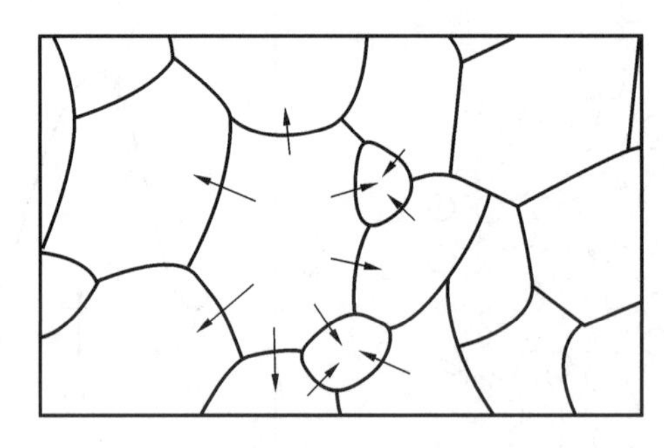

图 5-6　晶粒生长的二维截面示意图

对于任意一个晶粒，其曲率半径与晶粒直径 D 成比例，因而可以认为晶粒长大的平均速率（晶界移动速率）与晶粒的直径 D 成反比，即

$$\nu = \frac{\mathrm{d}D}{\mathrm{d}t} = \frac{K}{D} \tag{5-16}$$

积分得

$$D^2 - D_0^2 = K't \tag{5-17}$$

晶粒生长到后期时，$D \gg D_0$，上式可近似写成

$$D = K'' t^{1/2} \tag{5-18}$$

式中：D 为时间 t 时晶粒的直径；D_0 为晶粒的初始直径；K、K'、K''为比例常数。

实际上，实验表明，时间 t 的指数为 1/3～1/2，这是由于晶界在移动时会遇到阻碍（如第二相杂质）。Zener 给出了临界晶粒尺寸 D_c 和第二相杂质之间的关系：

$$D_c \approx \frac{d}{V} \tag{5-19}$$

式中：d 为第二相质点直径；V 为第二相质点的体积分数。

临界晶粒尺寸 D_c 的含义是：当晶粒尺寸达到该值后，在晶界上存在第二相杂质时，晶粒的正常长大将不能继续进行。烧结初期时，气孔很多，故 V 很大，D_c 较小，此时，初始晶粒尺寸大于 D_c，晶粒不会长大。随着烧结的进行，在烧结中期时，第二相质点的体积分数 V 下降，第二相质点直径 d 增大，D_c 也随之增大。此时，晶粒开始均匀地长大，直至晶粒尺寸达到 D_c。进入烧结后期，气孔尺寸和体积分数进一步减小，D_c 的数值趋于恒定，当晶粒尺寸达到 D_c 时，晶粒停止生长。

当晶界受到第二相杂质的阻碍时，其移动可能出现以下三种情况：

(1) 晶界能量较小，其移动受阻，晶粒停止生长；

(2) 晶界具有一定的能量，可以带动杂质或气孔继续移动，此时气孔可以利用晶界的快速通道排除，坯体不断致密化；

(3) 晶界能量大，直接越过杂质或气孔，把气孔包裹在晶界内部。此时气孔脱离晶界，不能利用晶界这样的快速通道而排除，使烧结停止，致密度不再增大，这时将出现二次再结晶现象。

二次再结晶是坯体中少数大晶粒尺寸的异常增大，区别于正常的晶粒生长，其结果是个别晶粒的尺寸增大，而非晶粒平均尺寸的增大。当坯体中存在少数图 5-7 所示的大晶粒时，这些大晶粒往往成为二次再结晶的晶核，晶粒以这些大晶粒为核心异常长大。二次再结晶的推动力仍然是晶界过剩的界面能。造成二次再结晶的原因主要是原始物料粒度的不均匀及烧结温度偏高，其次是成型压力不均匀及局部有不均匀的液相等。

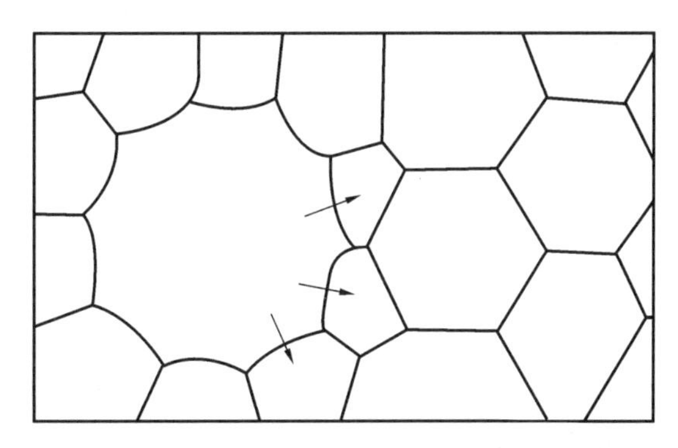

图 5-7　异常晶粒长大

二次再结晶的晶粒边界多、晶界曲率大，晶界可以越过气孔或杂质向邻近小晶粒推进。这时气孔进入晶粒内部，成为孤立闭气孔，不易排除，使坯体不再致密化，加之大晶粒的晶界上有应力的出现，容易在其内部产生隐裂纹，继续烧结可能导致坯体开裂。有选择地引入合适的添加剂以减小晶界的移动速率，能够有效地抑制二次再结晶。

5.2　传统烧结方法

烧结作为陶瓷生产中一项重要的制备工序，烧结方法的选择对最终成品的微观结构、致密度等有着较大影响。目前在传统陶瓷生产中，应用最为广泛的是无压烧结法，又称常压烧结法。其指在大气条件下将坯体烧结，无外加压力，温度一般达到材料熔点的 50%～80%即可，在此不做介绍。除此之外，还有其他传统烧结方法。在这里将详细介绍以下几种烧结方法：热压烧结、热等静压烧结、反应烧结和微波烧结等。

5.2.1　热压烧结

热压烧结(HP)是指在烧结过程中对坯体施加一定的压力(一般为几十兆帕)，使粉料加速流动、重排和致密化。这种方法需要将粉末或粉末毛坯置于特定形状的模具中，因此可以实现成型与烧结的同时进行。

热压烧结法具有以下优点。在烧结过程中，由于外加压力始终存在，有利于粉末颗粒的流动和塑性变形，加快孔隙的收缩，因此可降低烧结温度、缩短烧结时间。比如，其相较于常压烧结温度要低 100 ℃左右。另外，烧结时粉料处于热塑性状态，易于流动，其所需要的成型压力仅为冷烧结的 1/10。该烧结法制备的成品密度高，理论密度可达 99%。但此烧结方法也存在一定缺点，如不易生产形状复杂的制品、生产规模小、效率低、成本高等。

热压烧结法需要使用热压装置，如图5-8所示，装置大多采用电加热方式。使用机械加压，加压的方式有恒压法、分段加压法、高温加压法、振荡加压法等。除了普通的热压法外，也可根据气氛环境的不同分为真空热压烧结法、惰性气体保护热压烧结法等。

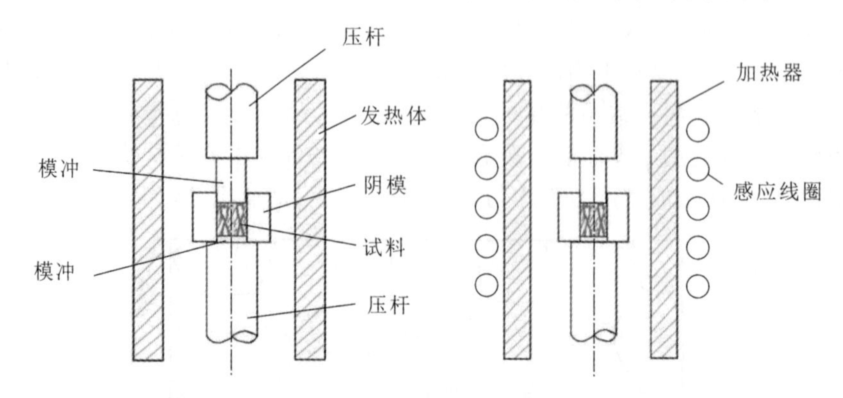

图5-8　电加热热压装置

热压烧结应用广泛，可用来生产陶瓷刀头、强共价键陶瓷、晶须或纤维增强的复合陶瓷、透明陶瓷等。在烧结过程中，有很多因素可影响烧结体的性能，比如模型材料的选择、加压方式及压力大小、烧结温度和烧结助剂的选择等。鲁飞等人采用热压烧结法制备氧化钇陶瓷时，发现随着烧结温度（温度范围为1300～1500 ℃）的提高，Y_2O_3陶瓷的相对密度提高，耐腐蚀能力显著增强。热压烧结除了应用于氧化物陶瓷，其在非氧化物材料中也有着广泛应用。

5.2.2　热等静压烧结

热等静压(HIP)烧结是将粉末压坯或装入包套的粉料装入高压容器中，使其在高温和均衡压力的作用下烧结成致密件。HIP工艺是工程陶瓷快速致密化烧结最有效的一种方法，最早用于硬质合金的制备，后来才逐渐用于陶瓷烧结。

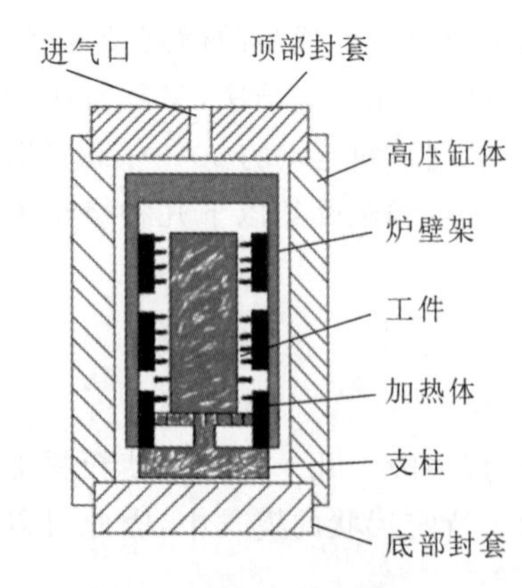

图5-9　热等静压烧结示意图

热等静压烧结的基本原理是以高压气体作为压力介质，通常使用氦气、氩气等惰性气体，使陶瓷坯体在加热过程中经受各向均衡的压力，借助于高温和高压的共同作用使材料致密化。图5-9是热等静压烧结示意图。

热等静压烧结可以分为直接HIP烧结与后HIP处理两种工艺，其工艺流程见图5-10。直接HIP烧结在制备好粉末后，需进行包套，之后脱气、预烧结（以控制烧结中的晶型转变），有时根据陶瓷相的不同也可忽略预烧结，直接进行HIP烧结。影响直接HIP烧结的因素主要有：包套材料质量、体均匀性以及陶瓷相配比、升温与升压速率等。后HIP处理则需要先完成铸件的制备，随后进行HIP烧结。其工艺的关键在于温度的选择、压力的高低、保温保压时间的长短等因素。

相较于传统的常压烧结和热压烧结，热等静压烧结具有以下优点。HIP烧结可以使烧结温度降低许多，并抑制烧结过程中晶粒的异常长大和高温分解等不利变化。后HIP处理

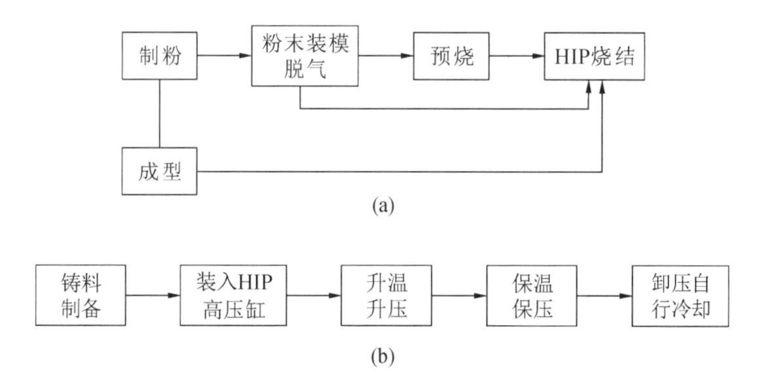

图 5-10　HIP 工艺流程

(a)直接 HIP 烧结工艺流程图;(b)后 HIP 处理工艺流程图

工艺,可以有效地消除陶瓷坯体中微小气孔,减少、缩小大气孔,愈合微裂纹等缺陷,从而提高陶瓷材料的密度、强度和综合性能等。通过 HIP 烧结,可以得到晶粒细小且较为致密的材料;在制备纳米陶瓷时对粉体的要求不高,即使是团聚严重的粉体也能达到较好的效果。

由于 HIP 工艺具有以上特点,故其在实际中有许多应用。比如用于氧化硅陶瓷制品、高强度氧化物陶瓷、陶瓷基复合材料、核废料处理用复合陶瓷包套的制备和透明陶瓷的生产等。

5.2.3　反应烧结

反应烧结(reaction-bonded sintering)法是指原料混合物发生固相反应或外加气相/液相与基体相互反应而导致陶瓷材料烧结的方法。在烧结过程中,坯体质量增大,而普通烧结过程虽然可能发生化学反应,但质量不增大。反应烧结法的另一特点是烧结坯件不会收缩,尺寸不变,因此可以生产尺寸精确的制品。在普通烧结过程中,物质迁移一般发生在颗粒之间,而反应烧结法中的迁移过程发生在长距离范围内,反应速度取决于传质和传热过程。

反应烧结法一般用于烧结碳化硅和氮化硅制品,也有用此方法烧结氧化铝陶瓷的案例。这种烧结方法工艺简单,制品可稍加工或不加工,可制备形状复杂的陶瓷制品。该方法的缺点是制品中最终会残留未反应物,其晶体结构不易控制,而且太厚的制品不易完全反应烧结。

下面以制备碳化硅为例介绍反应烧结法。首先将 α-SiC 粉、碳粉与有机黏结剂混合,随后经过干压、挤压或注浆等方法制成多孔坯体。然后在高温下与液态 Si 接触,坯体中的 C 与渗入的 Si 反应生成 β-SiC,并与 α-SiC 结合,过量的 Si 将填充气孔,从而得到无孔、致密的反应烧结体。国内外制造反应烧结碳化硅时绝大部分采用此方法。

5.2.4　微波烧结

微波烧结(microwave sintering)最早产生于 20 世纪 60 年代,而其广泛应用则开始于 20 世纪 80 年代,随后该工艺逐渐向实用化、工业化方向发展。进入 21 世纪后,微波烧结工艺在陶瓷、半导体、无机和有机材料等领域得到了广泛应用。相较于传统烧结方法,微波烧结法节能环保、快速高效,可显著改善材料性能。

传统加热方式是利用外部热源,通过辐射、对流、传导等方式,对坯体进行由外到内的加热方式,这种加热方式速率慢、能效低,会导致大量的能量浪费。而微波加热则是利用微波与材料的相互作用,使陶瓷坯体的内部与表面可以同时受热,这样可以使温度梯度较小,避免热应力与热冲击的出现。图 5-11 是传统烧结与微波烧结示意图。

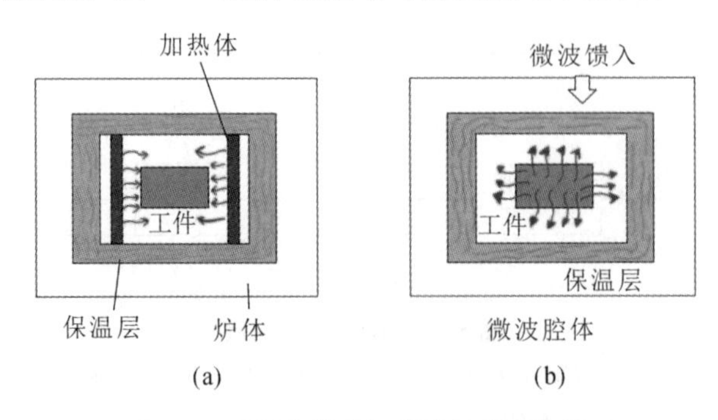

图 5-11　传统烧结与微波烧结示意图

(a)传统烧结;(b)微波烧结

微波烧结法具有如下特点。微波烧结法升温速率快,可以实现陶瓷的快速烧结与致密化,烧结时间较短。另外,微波烧结法是整体均匀加热,内部温度场均匀,可显著改善材料的显微结构。利用微波还可对材料选择性加热,可对材料某些部位进行加热修复或缺陷愈合。微波能转化为热能的效率可达 80%～90%,高效、节能、无污染。

大量的研究表明,许多结构陶瓷可以使用微波烧结法,如氧化物陶瓷、非氧化物陶瓷以及透明陶瓷等。使用此方法可以得到致密、性能优良的制品,且烧结时间短、烧结温度低。但是目前对微波烧结法的详细机理认识不足,故微波烧结陶瓷材料还没有达到较为成熟的工业化应用水平。

5.3　新型烧结方法

随着对烧结机理研究的不断深入,近年来出现了许多新的烧结方法,大致可以分为两类:一类是快速烧结技术,另一类是低温烧结技术。长期以来,人们认为快速烧结技术是不可能实现的,因为陶瓷材料的导热系数和抗热震性能较差。但是随着科学技术的发展,在某些条件下,陶瓷材料也可以非常快速地实现烧结,如火花等离子烧结(spark plasma sintering,SPS)/场辅助烧结(field-assisted sintering,FAS)、闪烧(flash sintering,FS)、选区激光烧结(selective laser sintering,SLS)、感应烧结(induction heating,IH)、微波烧结、传统烧结装置中的快速烧结以及自蔓延高温合成(self-propagation high-temperature synthesis,SHS)法等。而最具有代表性的工艺就是冷烧结(cold sintering,CS)。下面将分别具体介绍每种工艺的原理和未来的发展方向。

5.3.1　火花等离子烧结

火花等离子烧结又称为脉冲电流烧结或等离子活化烧结。首先介绍下什么是等离子体,等离子体是物质的第四态,是一种高度电离的气体,在等离子体空间内有大量的离子、电子、激发态的原子、分子及自由基,这些粒子具有高能量,是极活泼的反应活性物种。

SPS 的烧结过程大致分为两个阶段。第一阶段是由特殊电源产生直流脉冲电压,在粉体的间隙处产生放电等离子,随后高能粒子撞击颗粒间的接触部分,使粉料蒸发而起到净化和活化作用，此时电能贮存在颗粒团的介电层中，介电层会发生间歇式快速放电，如图5-12所示。第二阶段，当脉冲电压达到一定值时，粉体间的绝缘层被击穿而放电，使粉体颗粒产生自发热，进而使其快速升温。粉体颗粒快速升温后，晶粒间结合处由于物质扩散迅速冷却，在电场作用下，离子高速迁移，通过重复施加脉冲电流电流，放电点在压实颗粒间移动而布满整个粉体。然而，最新研究表明，并不是所有SPS过程中都会产生等离子体，等离子体的存在必须考虑到其他因素，例如施加的压力和烧结阶段等。

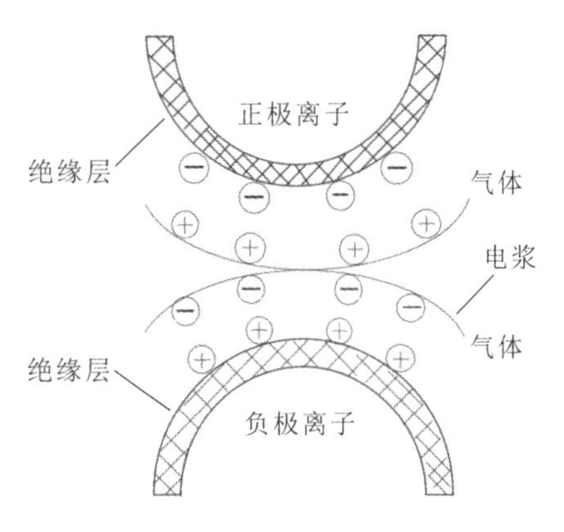

图5-12　放电过程模型

相较于传统烧结技术，SPS烧结具有许多显著的优势：(1)等离子体具有很高的能量，可降低烧结活化能，从而降低烧结温度(比HP和HIP低200～300 ℃)，缩短烧结时间(一般仅需3～10 min)；(2)烧结体致密度高，气孔率低，晶粒细小且均匀；(3)等离子体烧结装置相较于HP和HIP烧结装置简单，能量利用率高，运行费用低，容易实现烧结工艺的一体化和自动化。

SPS烧结技术可以烧结磁性材料、金属间化合物、硬质合金等，也可用于制备纳米陶瓷、纤维/颗粒复合材料、梯度功能材料等。图5-13是SPS烧结装置示意图。以制备SiC陶瓷材料为例介绍其烧结流程，首先将原料放置于石墨模具中，然后快速升温并对坯体施加单轴压力和直流脉冲电流，便可在短时间内完成烧结过程。

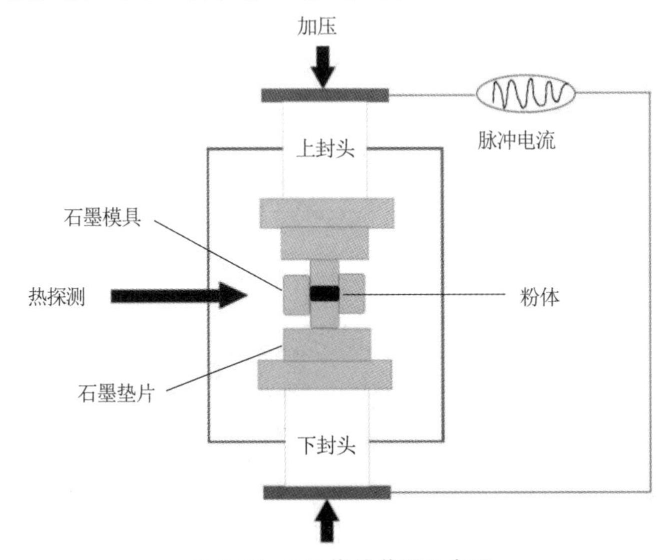

图5-13　SPS烧结装置示意图

对于SPS烧结机理的研究除了上述的等离子体外，还包括压力对烧结过程的影响。虽然最大压力受限于石墨模具的标准设定范围(0～150 MPa)，但在SPS工艺过程中，它对烧结温度、致密化、晶粒尺寸和力学性能有很大影响。同时，通过对模具的设计和改进，目前最高压力已经可以达到6 GPa，在制备透明陶瓷材料方面具有极大的帮助。就烧结理论而言，压力对烧结有内在和外在的影响，从根本上讲，前者涉及化学势的增大，从而影响扩散相关的质量传递。此外，压力还对其他过程产生内在影响，包括黏性流动、塑性流动和蠕变。从外部看，压力影响颗粒重排和粉末中团聚体的破坏，后者在纳米粉体的固结中起着重要作用。现有SPS烧结中采用的都是静态的恒定压力，烧结过程中静态压力的引入，虽有助于气孔排除和陶瓷致密度提升，但难以完全将由离子键和共价键构成的特种陶瓷材料内部气孔排除，对于所希望制备的超高强度、高韧性、高硬度和高可靠性的材料仍然具有一定的局限性。导致HP静态压力烧结局限性的主要原因体现在以下3个方面：(1)在烧结开始前和烧结前期，恒定的压力无法使模具内的粉体实现充分颗粒重排，难以获得高的堆积密度；(2)在烧结中后期，塑性流动和团聚体消除仍然受到一定限制，难以实现材料的完全均匀致密化；(3)在烧结后期，恒定压力难以实现残余孔隙的完全排除。所以，便产生了振荡压力烧结(OPS)技术，其装置和原理示意图如图5-14所示。

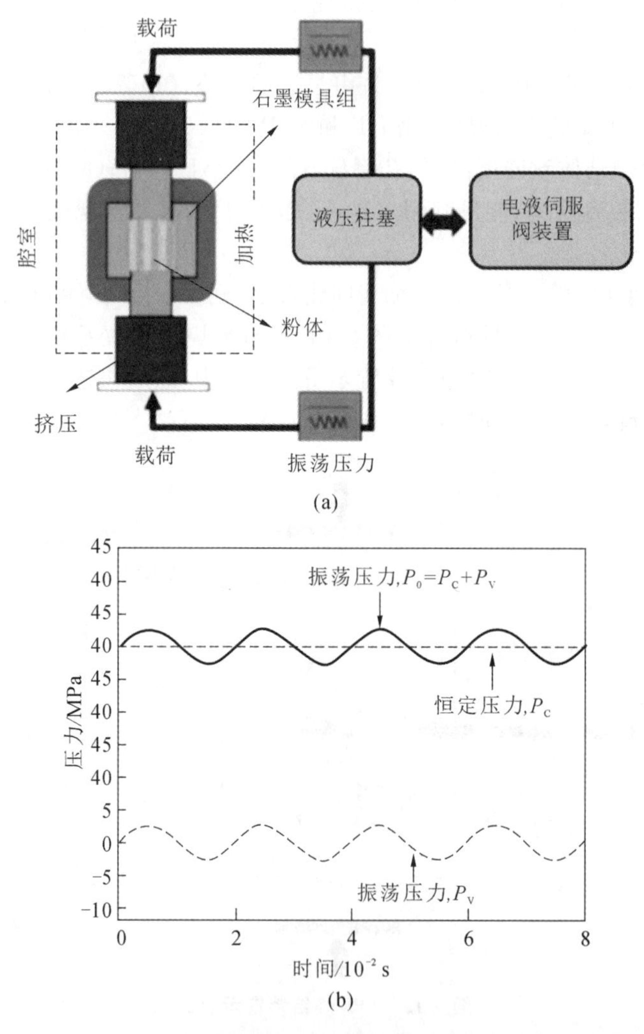

图5-14　振荡压力耦合装置和原理示意图

(a)装置；(b)原理

首先，烧结过程中施加的连续振荡压力通过颗粒重排和消除颗粒团聚，缩短了扩散距离；其次，在烧结中后期，振荡压力为粉体烧结提供了更大的烧结驱动力，有利于加速黏性流动和扩散蠕变，激发烧结体内的晶粒旋转、晶界滑移和塑性形变而加快坯体的致密化；最后，通过调节振荡压力的频率和大小增强塑性形变，可促进烧结后期晶界处气孔的合并和排除，进而完全消除材料内部的残余气孔，使材料的密度接近理论密度；最后，OPS 技术能够有效抑制晶粒生长，强化晶界。简而言之，OPS 过程中材料的致密化主要源于两方面的机制：一是表面能作用下的晶界扩散、晶格扩散和蒸发-凝聚等传统机制；二是振荡压力赋予的新机制，包括颗粒重排、晶界滑移、塑性形变以及形变引起的晶粒移动、气孔排除等。因此，采用 OPS 技术可充分加速粉体致密化、降低烧结温度、缩短保温时间、抑制晶粒生长等，从而制备出具有超高强度和高可靠性的硬质合金材料和陶瓷材料，以满足极端应用环境对材料性能的更高需求。

5.3.2　闪烧

闪烧（flash sintering，FS）技术最早于 2010 年由科罗拉多大学的 Cologna 等人首次报道，其源自对电场辅助烧结技术的研究。闪烧是一种节能的烧结技术，涉及电焦耳加热，能够在极短时间内（<60 s）使颗粒材料迅速致密化。在闪烧过程中，当熔炉温度和通过一对电极直接施加在试样上的直流电场同时发生转变时，粉末预制块的烧结急剧超过阈值条件。这种现象出现在几种氧化物体系中，包括钇稳定氧化锆、氧化镁掺杂氧化铝、钛酸锶、钴锰氧化物、二氧化钛、铝酸镁尖晶石等。这一过程的一个特点是，突然开始烧结的同时，试样的电导率也同样突然增大。图 5-15 所示为实现闪烧的不同装置示意图。在闪烧工艺中，陶瓷粉末与添加剂（黏合剂、分散剂或烧结助剂）均匀混合，然后通过冷压或滑动铸造成型特定的几何形状。

闪烧工艺主要涉及三个参数：炉温 T_f、场强 E 与电流 I。其烧结过程大致可以分为三个阶段。(1) 孕育阶段：炉温按恒定速率升温，对材料两端施加恒定电场，炉温较低时材料电阻率较高，材料中的电流很小；随着炉温的升高，材料电阻率降低，电流逐渐增大。此阶段系统由电压控制。(2) 闪烧阶段：当炉体温度升高到某一临界温度时，电流急剧上升，闪烧发生。由于此时场强恒定，系统功率（$W=EI$）将快速升到电源的功率上限，系统由电压控制转变为由电流控制。(3) 恒流阶段：电路中电流达到初始设定值并恒流输出，材料电阻率不再变化，场强再次稳定。烧结进入恒流保温阶段，持续一段时间，即可关闭电源，完成一次闪烧。

闪烧最初用于烧结离子导体，关于其的第一篇报道中所用材料是纳米氧化锆（3 mol% Y_2O_3-ZrO_2，简写为 3YSZ）。当场强从 60 V/cm 升到 120 V/cm 时，3YSZ 的烧结点由 1025 ℃下降到 850 ℃，并可以在几秒内实现完全致密化。相较于传统烧结技术，FS 技术大幅缩短了烧结时间、降低了烧结温度，设备简单，成本较低，能够实现非平衡烧结。其目前在绝缘体、半导体和电子导体等众多陶瓷材料的制备中有着广泛应用。FS 也是陶瓷产业迈向绿色、节能领域的新代表。

关于闪烧的机理解释，除了与经典烧结机理相关的物理机制如晶格扩散（从晶界到颈部）、晶界扩散（从晶界到颈部）、黏性流动（大块晶粒到颈部）、表面扩散（从晶粒表面到颈部）、气相输运（从晶粒表面到颈部）外，还有以下几种机制。

(1) 快速加热和可能的局部加热加速了闪烧致密化，通过晶界电流对试样进行焦耳加热，从而增强晶界扩散和电导。

(2) 弗仑克尔对的形成是由外加电场和质量转移增强驱动的。

(3) 选择性焦耳加热与内禀场（空间电荷）和产生“晶界自扩散突变”的应用场之间的非

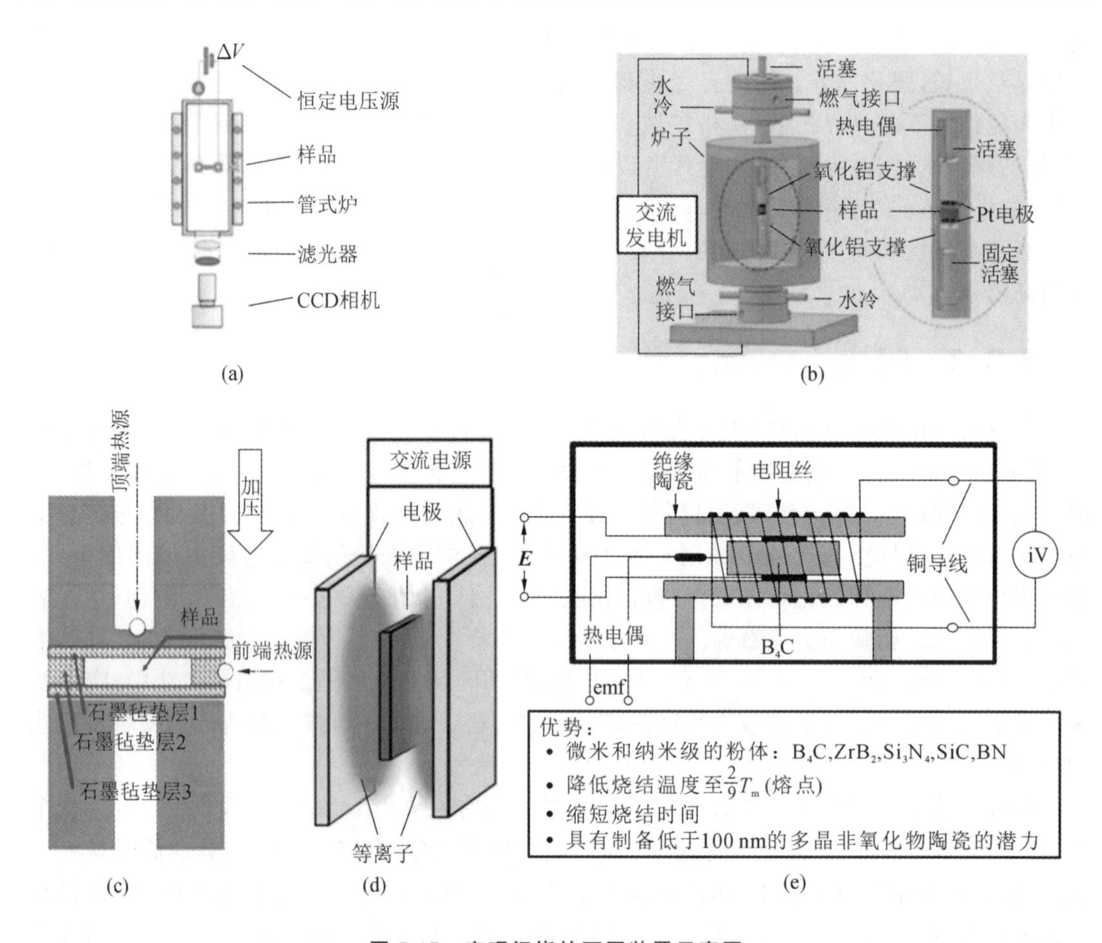

图 5-15 实现闪烧的不同装置示意图

(a)使用两个铂丝电极将样品悬浮在熔炉中；(b)将样品压在两个电极之间；(c)使用 SPS 装置；(d)非接触模式，其中等离子体用于携带电流穿过样品；(e)罗格斯大学开发的装置

线性相互作用。

(4) 闪烧诱导的部分电化学还原(主要是离子导体)。

(5) 特殊结构的形成和缺陷突变，包括异常产生的电子、空穴和点缺陷，导致烧结、电子导电性、电致发光和相变。如果材料缺陷降低，其电性能将改变，从而增加对传导的电子贡献，或者改变阳离子扩散的激活能，导致非常规晶粒生长和致密化现象。

但是闪烧技术现在还没有确切、统一的机理，精确的测温方式仍然没有建立，因而难以掌握烧结中温度等参数的变化，这也是探究闪烧机理的一大阻碍。目前该技术处于实验室研究阶段，要实现工业生产还有很长的路要走，这也是继续努力的方向。

5.3.3 选区激光烧结

选区激光烧结(SLS)主要用于快速烧结，通过聚焦激光束将粉末颗粒黏结在一起形成固态物体。在 SLS 工艺中，通过刀片或滚柱机构将一层薄薄的粉末扩散在平台上，调制激光器有选择地将计算机辅助设计(CAD)数据写入粉末床上，只有具有物体横截面的区域中的颗粒才被激光能量熔化。SLS 中使用了多种材料。当材料的特性适合该工艺类型时，选区激光烧结技术优于其他快速烧结技术。

与闪烧类似，工艺参数和物理机制会影响烧结行为。图 5-16 为选区激光烧结参数示意图，包括粉末尺寸、扫描速度、粉末密度、脉冲频率、填充激光功率、扫描尺寸、扫描间距、零件床温、层厚、脉冲大小、激光功率（性能）、激光能量、光斑大小、粉末粒度分布、混合粉末比例等。

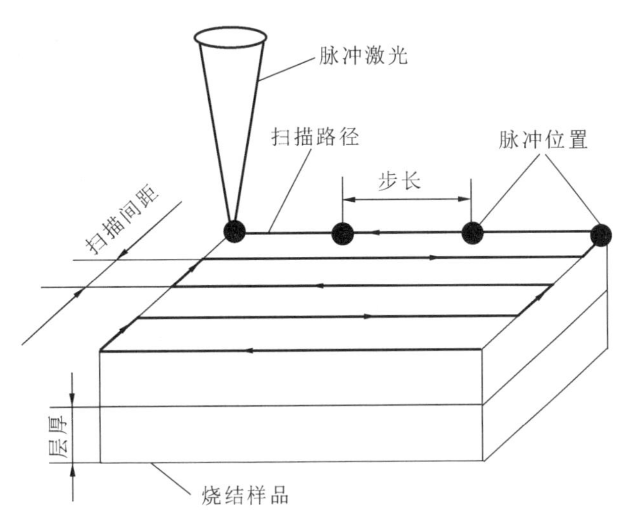

图 5-16　选区激光烧结参数示意图

选区激光烧结的物理机制主要是指结合机制，包括黏性流动结合、曲率效应、颗粒润湿、固相烧结、液相烧结和真熔融。对于大多数陶瓷粉末的直接烧结，激光束的功率是不够的，因为陶瓷材料需要非常高的能量密度，大约比金属所需的能量密度高一个数量级。此外，陶瓷和激光束的相互作用通常会导致熔融、蒸发和烧蚀，而不是烧结。其次，激光束通常用于陶瓷零件的精密加工，而不用于烧结。因此，间接 SLS 可以作为制备陶瓷元件的合适替代方法以避免上述缺点。在间接 SLS 工艺中，高熔点的陶瓷粉末被包覆或与低熔点聚合物黏结剂混合，这些黏结剂被熔化形成陶瓷颗粒之间的黏结颈，并通过高强度激光束熔融在一起形成生坯，然后去除黏结剂，并通过熔炉烧结和后处理工艺制得最终的陶瓷零件。通常，为了制造各种陶瓷产品，如 Al_2O_3、ZrO_2、Si_3N_4 和 SiC，制备用于 SLS 的组合物时需要各种陶瓷粉末和黏结剂。

近年来，多孔陶瓷材料制备技术得到了广泛的应用。与挤出成型、发泡、冷冻铸造、凝胶注模和添加造孔剂等传统制备方法相比，SLS 制备结构、孔和性能复杂可控的泡沫陶瓷具有独特的优势。目前已经通过选区激光熔融（SLM）制造了多孔金属结构，通过选区激光烧结 Al_2O_3 空心微球制备了高孔隙率的 Al_2O_3 泡沫陶瓷，如图 5-17 所示。这种方法不仅可以直接制备形状复杂的泡沫陶瓷，还可以控制泡沫陶瓷的性能。

5.3.4　感应烧结

感应加热是一种非接触加热过程，其典型装置如图 5-18 所示，使用高频电场加热导电材料。由于这是一种非接触式方法，因此加热过程不会污染被加热材料。而且，因为热量实际上在样品内部产生，所以非常高效，该过程通常用于冶金热处理（淬火、硬化、钎焊）、表面涂层或熔化。

(a) (b)

(c)

图 5-17 Al_2O_3 泡沫陶瓷

(a)表面 SEM 形貌;(b)区域 SEM 形貌;(c)Al_2O_3 陶瓷生坯照片

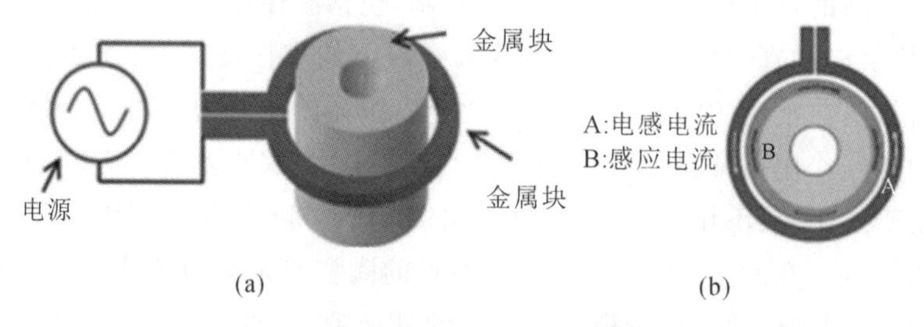

(a) (b)

图 5-18 纵向磁通配置下感应加热系统的典型装置

(a)总图;(b)俯视图

感应烧结只有在加热材料导电性足够好时才能被探测到,对于导磁材料,由于磁通量高以及感应电磁场的非线性关系,因此一部分加热来自磁滞的贡献,然而这也仍然比直接焦耳加热的贡献小得多。还应指出,随着频率的增大,感应加热会导致趋肤效应,即由样品表面涡流产生的磁感应会抵消样品中心的磁感应。然而,大部分陶瓷材料都属于非铁磁材料,甚至是绝缘材料,所以在感应烧结过程中必须使用坩埚或者模具进行热传递。由于陶瓷材料的烧结温度高,一般使用石墨材料。与其他快速烧结方法类似,感应烧结也能在几分钟内制得致密且晶粒细小的样品。例如,采用无压感应烧结在 1800 ℃下可以得到致密度超过 95%的 B_4C 块体材料,使用扫描电子显微镜(SEM)观察,显示晶粒大小未发生实质性长大;在 1500 ℃和 80 MPa 压力下可以得到致密度为 99.6%的石墨烯增强氧化铝块体材料,SEM 显示晶粒尺寸小于 1 μm,此外也可以制备纳米晶粒石墨烯增强氧化锆块体材料。

除了与其他快速烧结方法相同的烧结机理外,电感加热(dielectric heating)的影响是其他快速烧结方式所不具备的。电感加热是由于介电材料在高频振荡电场下极化交替时产生的损耗而产生的,其总极化强度与材料的介电属性相关。通常,极化是多种机制的叠加,包括原子电子云中心相对于原子核的位移、偶极子取向、离子键变形以及界面(表面或晶界)极化。其中,离子极化是陶瓷材料中最常见的极化机制,电场导致离子从晶格平衡位置发生位移。离子键在外场作用下的拉伸和振动引起了电磁能量向热能的转换。这种极化效应在含有不同电负性元素的化合物中可见,因此表现出离子或部分离子键合。但是,相对于感应加热中涡流电流产生的焦耳加热,电感加热的贡献要小得多。

5.3.5　传统烧结装置中的快速烧结

除了前面提到的几种广为人知的快速烧结技术外,利用传统的烧结装置也能实现快速烧结,类似于工业上使用的推舟炉,理论上通过控制推舟速度就可以实现升温速率的控制。传统烧结装置的快速烧结在 Salamon 教授的工作中有很好的体现,其将制备好的坯体在传统烧结炉(空气气氛)中烧结,特别设计的移动样品架可以将样品转移到炉的热区,见图 5-19。其升温速率可与火花等离子烧结相媲美。在该快速烧结炉中烧结氧化钇稳定氧化锆,获得了无裂纹的样品。试验结果表明,在常规烧结和 SPS 条件下,辐射传热在低温导热材料快速烧结过程中占主导地位。通过同样的方法,以 100 ℃/min 和 1500 ℃/min 的速度可以制备出尺寸相对较大(约 1 cm^3)的氧化铝和氧化锆样品,结果表明,在两种不同的起始温度(1100 ℃和 1500 ℃)下进行无压快速烧结,都能得到致密度大于 95%且无缺陷的样品。

图 5-19　带移动底台的烧结炉示意图(右下角:快速烧结后的样品)

5.3.6 自蔓延高温合成法

自蔓延高温合成(self-propagating high-temperature synthesis,SHS),又称燃烧合成,是20世纪80年代迅速兴起的一种材料制备技术。

该方法利用化学反应放热的原理,通过外部能量诱发局部的化学反应,形成化学反应前沿(燃烧波)。然后,在化学反应的自身放热支持下,化学反应将继续进行,随着燃烧波的推进,最终蔓延至整个体系,合成所需的材料。图5-20所示为SHS烧结示意图。自蔓延高温合成法具有高性能、低成本的优点,并具有传统方法无法比拟的优势,因此成为当前材料研究的热点。

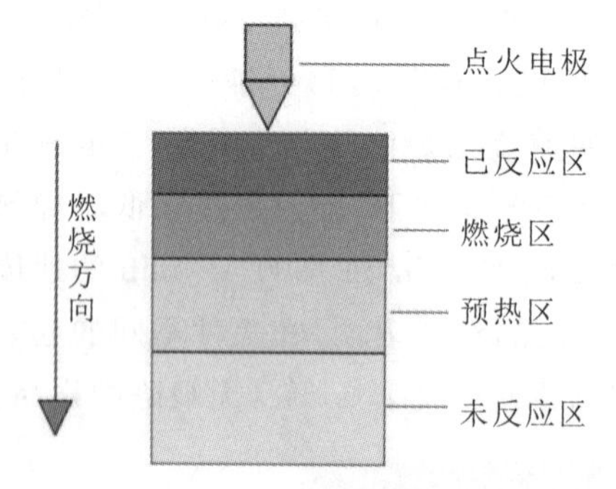

图5-20 SHS烧结示意图

和传统烧结方法相比,SHS工艺具有以下优点:

(1) 利用化学反应自身放出的热量,完全或部分不需要外部热源,节约能源;

(2) 反应速度快,缩短了烧结时间,提高了生产效率;

(3) 反应产生高温,可以去除杂质、低熔点物,提高产品纯度;

(4) SHS可集材料合成和烧结等多种工艺于一体,能与粉末冶金、陶瓷机械、焊接和涂层等技术相结合,可以直接制备形状复杂的零部件。

SHS烧结的工艺过程简单,操作较为容易,但是反应过程中一般会有气体逸出,使得坯体难以完全致密化。即使烧结过程中有液相存在,成品的孔隙率仍可能达到7%~13%。自20世纪80年代以来,自蔓延高温合成技术得到了飞速发展,并成功应用于工业化生产,并与许多其他领域的技术结合,形成了一系列相关技术,例如SHS粉体合成技术、SHS致密化技术、SHS冶金技术等。它们可用于制作保护涂层、研磨膏、抛光粉、刀具、加热元器件、形状记忆合金等。但SHS工艺的研究还需进一步深入,加强对产品致密化、一步净成型制品等工艺的研究,充分发挥其高效、节能的优点,使其从实验室阶段迈向工业化生产。

5.3.7 冷烧结

冷烧结(cold sintering,CS)是近年来才出现的一种新工艺。传统烧结方法通常需要将陶瓷材料的烧结温度提高到其熔点的50%~70%,以使其密度达到理论密度的95%以上。对于大多数陶瓷材料来说,烧结温度一般在1000 ℃以上,会消耗较多的能源。

前面介绍的一些新型烧结工艺(如SPS、SHS、FS等)可以降低烧结温度,但仍未实现低温烧结。而冷烧结工艺可以实现低温致密化烧结。CS工艺是受水热辅助热压工艺的启发,引入了液相,可以在远低于传统烧结温度(<300 ℃)的条件下,成功制备出致密度达到90%以上的陶瓷材料。

冷烧结工艺的关键步骤是在陶瓷粉体中加入少量水溶液来润湿颗粒。粉体表面的物质分解并部分溶解在溶液中,产生液相。然后将润湿的粉体放入模具中,并对模具进行加热,同时施加较大的压力,保温保压一段时间后便可制备出致密的陶瓷材料。

图5-21所示为CS工艺的微观烧结示意图。其大致可分为三个阶段。第一阶段，在压力作用下，浸润的粉体颗粒在液相中流动，导致颗粒的重排。同时，颗粒的尖端以及表层在液相中部分溶解，使颗粒球形化。第二阶段，在适当的温度、压力下，液相重新分布并扩散到颗粒间的空隙中。随着加热的进行，粉体溶解并使溶液过饱和，在远离受力接触区域的位置上产生沉淀。这个过程极大地降低了颗粒的表面自由能，消除了气孔，使材料致密化。第三阶段，非晶态物质在晶界处析出并钉扎在晶界处，这些非晶相限制了晶界的扩散和迁移，从而抑制晶粒的生长。

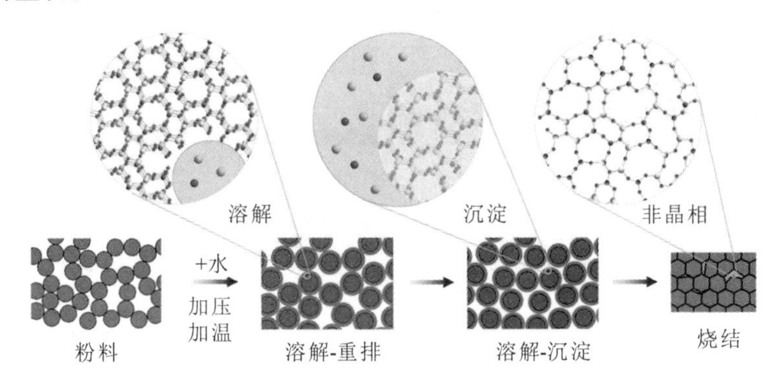

图5-21　CS工艺的微观烧结示意图

和传统烧结技术相比，冷烧结可以在低温范围内实现陶瓷的致密化，减少能量消耗和污染。其所得晶粒细小均匀，缺陷较少。但是在晶界处一般存在非晶相，晶粒的发育不完全，往往需要进行一定温度的热处理才能获得较好的结构和性能。CS技术在聚合物材料、氧化物陶瓷及纳米复合材料的制备中得到了广泛应用。但目前，对其具体机理仍不清楚，因此其只停留于实验室阶段。

5.3.8　超快高温烧结

2020年，美国马里兰大学、弗吉尼亚大学和加州大学共同发明了超快高温烧结（ultrafast high-temperature sintering，UHS）方法，其加热速度高达1000～10000 ℃/min，冷却速度高达10000 ℃/min，远远超过大多数传统炉的烧结速度。在该方法中，将压制的陶瓷前体粉末生坯夹在两个加热焦耳的碳条之间，这些碳条通过辐射和传导迅速加热，形成均匀的高温环境，用于快速合成（固态反应）和烧结。在惰性气氛中，这些碳加热元件可以提供高达3000 ℃的温度，足以合成和烧结几乎任何陶瓷材料。较短的烧结时间也有助于防止多层结构界面上的挥发和不理想的相互扩散。此外，该技术可扩展性强，因为加工过程与材料的内在特性脱钩（与快速烧结不同），所以可以进行一般的快速陶瓷合成和烧结。UHS工艺还可与陶瓷前体的3D打印兼容，除了形成良好的多层陶瓷化合物界面外，还可产生新颖的烧结后结构，如图5-22所示。

快速烧结使形状复杂、易于高温挥发和扩散的陶瓷材料成型成为可能。UHS技术中的薄膜高温碳加热器具有高度灵活性，可以适应包裹结构，快速烧结非常规形状的构件。此外，UHS由于烧结温度极高，可以很容易地扩展到非氧化物高温材料，包括金属、碳化物、硼化物、氮化物和硅化物等；UHS也可用于制造功能分级材料，并将不良的相互扩散降到最低；UHS过程的超快速、远离平衡的特性可能产生非平衡浓度的点缺陷、位错和其他缺陷或可转移相的材料，从而获得理想的特性；UHS 方法可以采用可控和可调的温度曲线，以实现对烧结和微观结构演变的控制。

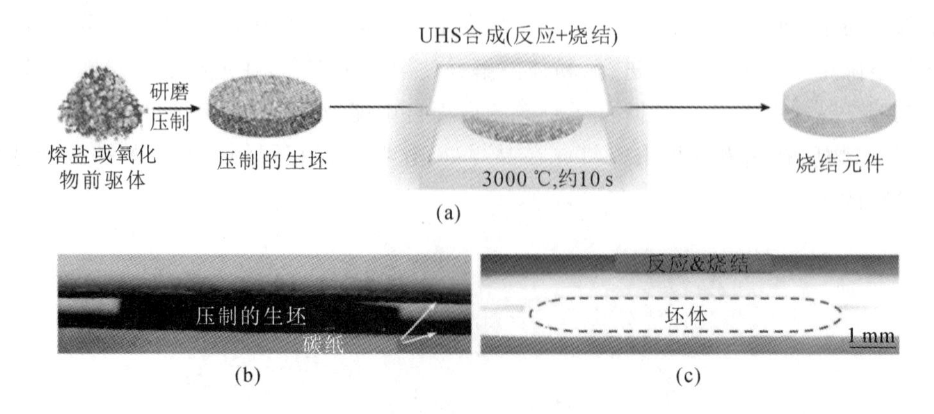

图 5-22　UHS 工艺

(a)UHS 工艺原理图；(b)未加热样品；(c)约 1500 ℃下样品及装置示意图

思考题

(1) 陶瓷烧结的推动力是什么？

(2) 烧结的四大传质过程分别是什么？

(3) 怎样阻止晶粒异常长大？

(4) 控制晶粒长大最主要的因素是什么？

(5) 火花等离子烧结的物理机理是什么？

(6) 冷烧结的原理及应用有哪些？

参 考 文 献

[1] 崔国文. 缺陷、扩散与烧结[M]. 北京：清华大学出版社，1990.

[2] 唐贤容，张清岑. 烧结理论与工艺[M]. 长沙：中南工业大学出版社，1992.

[3] 高一平. 粉末冶金新技术——电火花烧结[M]. 北京：冶金工业出版社，1992.

[4] RAHAMAN M N. Ceramic processing and sintering[M]. 2nd ed. Boca Raton：CRC Press，2003.

[5] 殷声. 自蔓延高温合成技术和材料[M]. 北京：冶金工业出版社，1995.

[6] 韩杰才，王华彬，杜善义. 自蔓延高温合成的理论与研究方法[J]. 材料科学与工程，1997，15(2)：21-26，70.

[7] CHATTERJEE A，BASAK T，AYAPPA K G. Analysis of microwave sintering of ceramics[J]. AIChE Journal，1998，44(10)：2302-2311.

[8] 郭兴敏. 烧结过程铁酸钙生成及其矿物学[M]. 北京：冶金工业出版社，1999.

[9] 李蔚，高濂，归林华，等. 热压烧结制备纳米 Y-TZP 材料[J]. 无机材料学报，2000(4)：607-611.

[10] ATKINSON H V，DAVIES S. Fundamental aspects of hot isostatic pressing：an

overview[J]. Metallurgical and Materials Transactions A,2000,31(12):2981-3000.

[11] WANG W M,FU Z Y,WANG H,et al. Influence of hot pressing sintering temperature and time on microstructure and mechanical properties of TiB_2 ceramics[J]. Journal of the European Ceramic Society,2002,22(7):1045-1049.

[12] 唐新文,易健宏,罗述东,等. 微波烧结技术的进展及展望[J]. 粉末冶金材料科学与工程,2002(4):295-299.

[13] 董绍明,丁玉生,江东亮,等. 制备工艺对热压烧结 SiC/SiC 复合材料结构与性能的影响[J]. 无机材料学报,2005,20(4):883-888.

[14] 季凌飞,蒋毅坚. 激光烧结氧化钽基功能陶瓷[M]. 北京:化学工业出版社,2006.

[15] 林枞,许业文,徐政. 陶瓷微波烧结技术研究进展[J]. 硅酸盐通报,2006,25(3):132-135.

[16] SILVA P D,BUCEA L,SIRIVIVATNANON V,et al. Carbonate binders by "cold sintering" of calcium carbonate[J]. Journal of Materials Science,2007,42(16):6792-6797.

[17] SALAMON D,SHEN Z J,SAJGALÍK P. Rapid formation of α-sialon during spark plasma sintering: its origin and implications[J]. Journal of the European Ceramic Society,2007,27(6):2541-2547.

[18] 张宁,茹红强,才庆魁. SiC 粉体制备及陶瓷材料液相烧结[M]. 沈阳:东北大学出版社,2008.

[19] OLEVSKY E A,DUDINA D V. Field-assisted sintering: science and applications. Cham: Springer,2018.

[20] GUO R F,MAO H R,ZHAO Z T,et al. Ultrafast high-temperature sintering of bulk oxides[J]. Scripta Materialia,2021,193:103-107.

[21] LUO R X,KERMANI M,GUO Z L,et al. Ultrafast high-temperature sintering of silicon nitride: a comparison with the state-of-the-art techniques[J]. Journal of the European Ceramic Society,2021,41(13):6338-6345.

[22] WANG C W,PING W W,BAI Q,et al. A general method to synthesize and sinter bulk ceramics in seconds[J]. Science,2020,368(6490):521-526.

第6章　先进陶瓷复合材料制备技术

为满足21世纪在建筑、交通和能源等不同领域材料应用的挑战和需求，我们迫切需要开发新的更强、更坚韧的结构材料，陶瓷基复合材料(ceramic matrix composites，CMC)由于其优异的性能成为潜在的候选材料。CMC是一种非均质材料，其中第二相被嵌入陶瓷基体中，根据增强相的性质，将陶瓷特性(如高强度、高硬度和温度稳定性)与特定的定制性能(如韧性、自愈性或功能性)结合。由于其独特的性能，CMC已经在切割工具、牙科修复体、热障涂层、能源、军事、航空航天和建筑工业等领域得到广泛应用。在过去的十年中，CMC的研究和开发取得了很大进展，但新的材料体系和制备技术却很少。本章概述了CMC的概念、分类、强化和韧化机理、制备工艺以及几种典型的陶瓷基复合材料，并介绍最新的CMC体系，例如双层陶瓷和固体氧化物燃料电池等。

6.1　基本概念和分类

6.1.1　陶瓷基复合材料

陶瓷基复合材料主要是以陶瓷材料作为基体，以高强度纤维、晶须、晶片和颗粒为增强体，通过适当的复合工艺制成的复合材料。它通常又称为复相陶瓷材料或多相复合陶瓷材料。

6.1.2　陶瓷基复合材料分类

1. 按使用性能和特性分类

结构陶瓷基复合材料，主要利用其力学性能和耐高温性能，一般用作承力和次承力构件，主要特性是轻质、高强度、高刚度、高模量、耐高温、低热膨胀系数、绝热和耐腐蚀等。

功能陶瓷基复合材料，主要利用其光、声、电、磁、热等物理性能来实现特定功能，是指除力学性能以外，还具有某些物理性能(如导电、磁性、压电、阻尼、吸声、吸波、屏蔽、阻燃、防热等)的陶瓷基复合材料。它主要由功能体(单一功能或多功能)和基体组成，基体不仅起到黏结和成型的作用，还会对复合材料的整体性能产生影响。多功能体可以使复合材料具备多种功能，同时由于复合效应的产生，还可能出现新的功能。

2. 按基体材料分类

氧化物陶瓷基复合材料，主要有Al_2O_3陶瓷、ZrO_2陶瓷等。例如，ZrO_2陶瓷具有高强度、高硬度和耐蚀性等，其韧性是陶瓷中最高的。基于其耐磨损性能，它可以用来制作拉丝模、轴承、密封件、医用人造骨骼、汽车发动机的塞顶、缸盖底板和汽缸内衬等。

非氧化物陶瓷基复合材料，主要由氮、硅、钛等元素与多种过渡族金属（如钛、钒、铌、锆等）的化合物组成。常见的非氧化物陶瓷基复合材料有 Si_3N_4 陶瓷、AlN 陶瓷、BN 陶瓷、SiC 陶瓷、ZrC 陶瓷等。

玻璃基或玻璃陶瓷基复合材料，又称为微晶玻璃基复合材料，是指以玻璃陶瓷为基体，以陶瓷、碳、金属等纤维、晶须、晶片为增强体，通过复合工艺所制成的复合材料。

水泥基多相复合（陶瓷）材料，是指以硅酸盐水泥为基体，以耐碱玻璃纤维、通用合成纤维、陶瓷纤维、碳纤维和芳纶纤维等高性能纤维，金属丝，天然植物纤维和矿物纤维为增强体，添加填料、化学助剂和水，经过复合工艺制成的复合材料。

3. 按增强体的形态分类

陶瓷基复合材料可分为零维（颗粒）、一维（纤维状）、二维（片状和平面织物）、三维（三向编织体）等类型。具体可分为：颗粒弥散强化陶瓷基复合材料，包括硬质颗粒和延性颗粒；晶须补强增韧陶瓷基复合材料，包括短纤维补强增韧陶瓷基复合材料；晶片补强增韧陶瓷基复合材料，包括人工晶片和天然片状材料；长纤维补强增韧陶瓷基复合材料；叠层式陶瓷基复合材料，包括层状复合材料和梯度陶瓷基复合材料。

6.2　复合陶瓷增韧补强机理

脆性是陶瓷材料的主要弱点，它主要来源于陶瓷晶体中高键能引起的缺陷敏感性，因此，陶瓷材料的强化和韧化在结构上的要求就是降低对缺陷的敏感性。高模量是陶瓷材料的另一个显著特点，而高模量使陶瓷材料表现出较高的裂纹敏感性。因此，从损伤角度来看，强化和韧化的目标是降低材料的裂纹敏感性。缺陷敏感性与增强体的尺度有关，裂纹敏感性与界面行为和增强体的长径比有关。为了实现陶瓷材料的强化和韧化，对陶瓷基复合材料有两个基本要求：

（1）增强体具有高体积分数，相应地，基体体积分数就较低，可以通过降低复合材料的缺陷敏感性提高强度；

（2）基体与增强体之间弱界面结合，通过降低裂纹敏感性来提高韧性。

与陶瓷材料相比，陶瓷基复合材料中因添加纤维而使得纤维与基体之间产生了界面，界面的形成对材料的韧性会产生较大的影响，造成材料的断裂方式发生变化，为材料增韧提供了更多的方法。同时由于存在不同尺度的界面，裂纹扩展方式更加复杂，集中表现为裂纹大小的多尺度、扩展的多模式。

增强理论所涉及的弹性力学和材料强度概念中并不包含动力学的因素，材料破坏的强度指标中也没有反映时间快慢的动力学因素，而只有对应应力-应变分布的空间因素。因此材料承载能力的衡量指标主要是依据应力-应变分布而建立起的各种材料破坏准则。这些准则仅从应力、应变的极限取值方面判断材料破坏的可能性，并没有反映出破坏的过程和快慢。对于韧性来说，动力学因素就显得非常重要，因为韧性反映了材料在抵抗破坏过程中是否能有效延长材料破坏时间，所以测量材料韧性的许多指标都含有动力学因素，也就是速度问题。只有在材料韧性表征中才涉及应变发展速率、裂纹的扩展速率等与时间相关的参数。

材料的韧性在微观层面上表现为抵抗裂纹扩展的能力，当裂纹能够快速扩展时，材料会发生迅速的脆性断裂。脆性断裂因难以预计而显得破坏性与危险性很大。而裂纹扩展速度较慢的断裂过程是韧性断裂的特征，此时材料的破坏是逐渐发生的。韧性断裂由于存在断裂过程,可以预防材料失效。

陶瓷基体属于脆性材料,裂纹一旦产生就不可能消失,不会发生愈合。因此提高抗裂纹扩展的能力只能从化解裂纹能量入手,这意味着必须首先接受裂纹的存在,然后以适当的方法消耗其能量,令其失去进一步扩展的能力。这同样能提高材料的韧性,增强材料抗裂纹扩展的能力。陶瓷基复合材料中,增强体对基体的增韧机理主要是纤维或者界面不能使原有的裂纹消失,只能使裂纹失去扩展的能量,阻止其进一步扩展,从而达到提高基体材料抗裂纹扩展的能力和增加材料韧性的目的。

按照增强体的长径比,陶瓷基复合材料的增韧方式可以分为颗粒增韧、晶须增韧和纤维增韧三种。其中,颗粒增韧按照颗粒的尺寸又可分为微米颗粒增韧和纳米颗粒增韧。由于纳米颗粒增韧主要涉及晶界的贡献,因此也可称为晶界增韧。晶须增强体的长径比介于颗粒增强体长径比和纤维增强体长径比之间,而纤维增强体的长径比远大于临界值,可以分为短纤维和连续长纤维增韧。所谓临界长径比,就是增强体能够有效承载并且不发生断裂的最小长径比,它与增强体的强度和界面结合强度有关。由于短纤维很难分散且容易损伤,因而陶瓷基复合材料一般不用短纤维增韧。颗粒、晶须和纤维三种增强体本身的尺寸和长径比不同,与陶瓷基体复合后对界面结合强度的要求不同,降低复合材料缺陷敏感性和裂纹敏感性的程度不同,因此强、韧化机理也不相同。

6.2.1 纳米颗粒强、韧化机理

1. 强化机理

1) 晶界钉扎作用

根据 Hall-Petch 关系,即

$$\sigma = \sigma_0 + kd^{-1/2} \tag{6-1}$$

可知,当 d 减小时,σ 提高,即晶粒尺寸越小,材料的强度越高。弥散在基体粒子中的纳米颗粒可抑制晶粒的异常长大,形成较窄的晶粒尺寸分布,提高显微结构的均匀性。晶界第二相对晶界钉扎作用可近似表示为

$$R \propto 3r/(4\varphi_f) \tag{6-2}$$

式中:R 为基体的平均半径;r 和 φ_f 分别为第二相粒子的半径和体积分数。即基体的平均半径与第二相粒子的半径成正比,与体积分数成反比。Deock-Soo Chenong 等人研究发现,添加 30 nm 的 SiC 和 4%(质量分数)Y_2O_3 的 Si_3N_4/SiC 纳米复合材料的抗弯强度最高达 1.9 GPa。位于晶界的 SiC 纳米颗粒与 Si_3N_4 晶粒之间不存在玻璃相,它们直接接触。可以认为,纳米颗粒对晶界滑移的抑制和晶界附近 SiC 纳米颗粒的团聚形成空位导致纳米复合材料高温强度的显著提高。

2) 位错网强化

减小纳米复合材料基体中的裂纹尺寸是其强化机理之一。减小基体晶粒尺寸相当于减小临界裂纹尺寸。由于纳米粒子与基体晶粒及晶界玻璃相的线膨胀系数不同,在冷却过程中,内应力使基体晶粒形成位错,并在较高的温度下扩展为位错网。这些位错网具有一定的畸变能,起到了强化基体的作用。

3) 减小缺陷尺寸

对四点弯曲试样断口组织的研究发现,在 Al_2O_3/SiC 纳米复合材料中,纳米 SiC 的团聚

使材料的缺陷形态由体积较大的气孔转变为小尺寸裂纹。颗粒复合材料对集中的大尺寸气孔具有较高的缺陷敏感性，而对分散的小尺寸裂纹敏感性较低。

4）裂纹愈合

在 1300 ℃下、Ar 气氛中，对带有压痕的 Al_2O_3 陶瓷和 Al_2O_3/SiC 纳米复合材料进行热处理 2 h 后，发现 Al_2O_3 陶瓷的裂纹长大，而 Al_2O_3/SiC 纳米复合材料则呈现裂纹愈合，使得经过热处理的纳米复合材料的四点抗弯强度增加。

2. 韧化机理

1）裂纹偏转

纳米颗粒(p)与基体(m)之间热膨胀系数的差异 $\Delta\alpha=\alpha_p-\alpha_m$，导致其界面处存在较大的应力。例如，对 Al_2O_3/SiC 系列材料（$\Delta\alpha<0$）测定的结果表明，Al_2O_3 基体晶粒内存在高达 400 MPa 的拉伸应力，在 SiC 相内存在 1100 MPa 的压缩压力。利用力学方法可以推导出纳米颗粒与基体间因热膨胀系数失配而引起的应力对裂纹扩展的影响规律。研究结果表明，当 $\Delta\alpha>0$ 时，裂纹倾向于绕过颗粒继续扩展（即裂纹偏转），当 $\Delta\alpha<0$ 时裂纹倾向于在颗粒处钉扎或穿过颗粒。因此，第二相纳米颗粒周围的残余应力无论是引起裂纹偏转还是引起裂纹钉扎，均会提高断裂功，从而使材料韧性提高。

2）“内晶型”次界面的增韧作用

在微米-纳米复合材料中，与微米级尺寸的第二相颗粒（或晶须、纤维等）全部分布在基体晶界处不同，纳米颗粒以定量的方式分布在晶界处，大部分纳米颗粒分布在微米晶粒内部，形成“内晶型”结构，如图 6-1 所示。这是由于纳米颗粒与基体颗粒存在数量级的差异，以及纳米相的烧结活性往往高于基体并且烧结温度低于基体，因此在一定温度下基体颗粒以纳米颗粒为核发生致密化，并将纳米颗粒包裹在基体颗粒内部，形成了“内晶型”结构。这样，材料结构中除了有基体颗粒间的主晶界以外，纳米相和基体晶粒间还存在着次界面。由于两种颗粒的热膨胀系数和弹性模量的失配，在次界面处存在较大的应力，该应力引起裂纹偏转或钉扎，使基体颗粒“纳米化”，诱发穿晶断裂，使材料增强增韧。图 6-2 所示为内晶型结构、纳米化效应和穿晶断裂的关系。

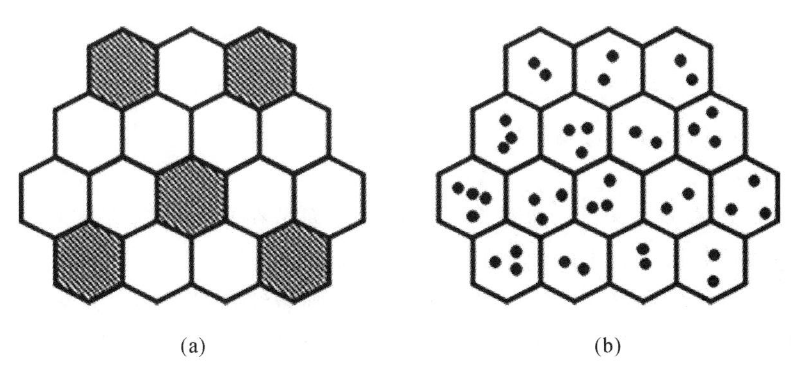

图 6-1　复合材料

(a)微米-微米复合材料；(b)微米-纳米复合材料中的内晶型结构

3）内应力增韧

在烧结后的冷却过程中，基体和弥散的纳米颗粒之间因线膨胀系数的不匹配而产生很高的局部应力，这些应力沿着晶界快速减弱，并在粒子附近区域产生位错，使纳米颗粒增强/增韧体系中较大尺寸的裂纹和其他缺陷难以产生。位错的进一步发展，会造成大量位错网和颗粒周围亚晶界的形成。这种微结构使主裂纹尖端附近沿亚晶界产生大量纳米微裂纹，裂纹前沿的微损伤区域面积增大，材料的断裂韧性增加。

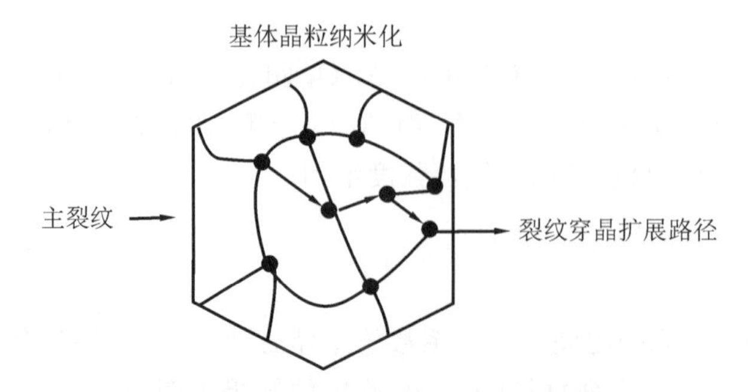

图 6-2　内晶型结构、纳米化效应和穿晶断裂的关系

6.2.2　晶须强、韧化机理

1. 强化机理

1）载荷转移

晶须与基体之间弹性模量的失配导致载荷转移效应。只有当 $E_w > E_m$（E_w 和 E_m 分别为晶须和基体的弹性模量）时，才能实现载荷从基体转移到晶须上，使施加到复合材料上的载荷大部分由晶须来分担。为了有效地实现这种载荷转移，最好令 $E_w/E_m > 2$。并且还必须满足：(1)晶须均匀地分散于基体中；(2)晶须与基体的界面结合力应足够大，以保证能实现载荷转移效应；(3)基体断裂伸长率大于晶须断裂伸长率。

2）基体预应力

晶须与基体之间的线膨胀系数的失配使基体产生压应力或者拉应力。如果 $a_w > a_m$（a_w 和 a_m 分别为晶须和基体的线膨胀系数），则产生压应力，基体内的预压应力起到阻止裂纹扩展的作用，提高了复合材料的强度。但是，如果线膨胀系数差别太大，则会造成过大应力以致界面分离和产生微裂纹，反而使复合材料的强度降低。

2. 韧化机理

除了晶粒的微裂纹增韧、钉扎作用等强、韧化机理以外，晶须还通过裂纹偏转、裂纹桥联及晶须拔出三种增韧机理实现增韧。

1）裂纹偏转

在基体中扩展的裂纹遇到晶须时发生偏转的原因是在晶须周围沿晶须/基体界面存在着因弹性模量或线膨胀系数不匹配而引起的应力场。裂纹与显微组织的相互作用形式取决于这种应力场的性质。如果 $a_w > a_m$，或者 $E_w > E_m$，则裂纹在晶须周围发生偏转，绕过晶须扩展；反之，则裂纹可能被吸向晶须。由于裂纹发生偏转，裂纹面不再垂直于外加应力。只有增加外加应力、提高裂纹尖端应力强度，才能使裂纹进一步扩展。因此，裂纹的偏转可以明显增加复合材料的韧性。图 6-3 所示为裂纹偏转增韧示意图。

2）裂纹桥联

晶须/基体界面的解离使裂纹扩展通过基体而且在裂纹尖端后面存在一个晶须仍然保持完整无损的区域成为可能。Evans 等人的研究结果表明，当界面断裂能 v_i 与晶须断裂能 v_w 之比小于 1/4 时，界面解离总是可以发生的。晶须与基体的弹性模量差别越大，晶须与裂

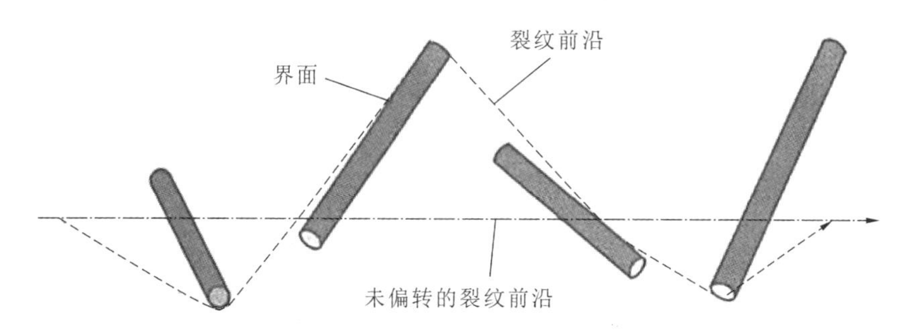

图 6-3　裂纹偏转增韧示意图

纹夹角越小，界面解离越容易发生。

对 ZrO_2＋SiCw 和 Al_2O_3＋SiCw 材料的断裂行为的研究证实了晶须桥联区的存在。由于晶须的存在，紧靠裂纹尖端处存在晶须与基体界面开裂区域。在此区域内，晶须把裂纹桥联起来，并在裂纹的表面施加闭合应力，阻止裂纹扩展，从而起到增韧作用。图 6-4 所示为裂纹偏转增韧示意图。

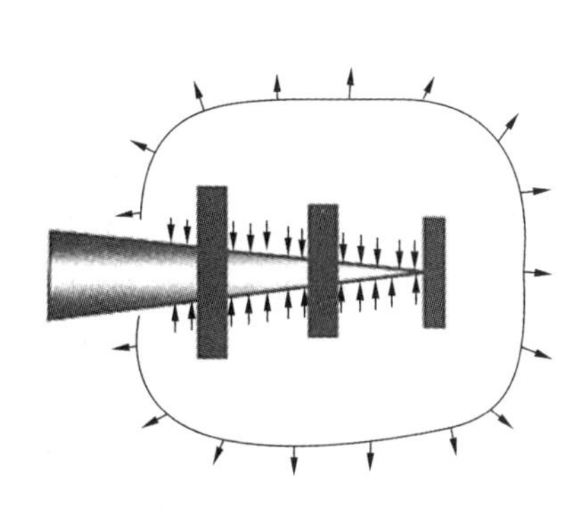

图 6-4　裂纹偏转增韧示意图

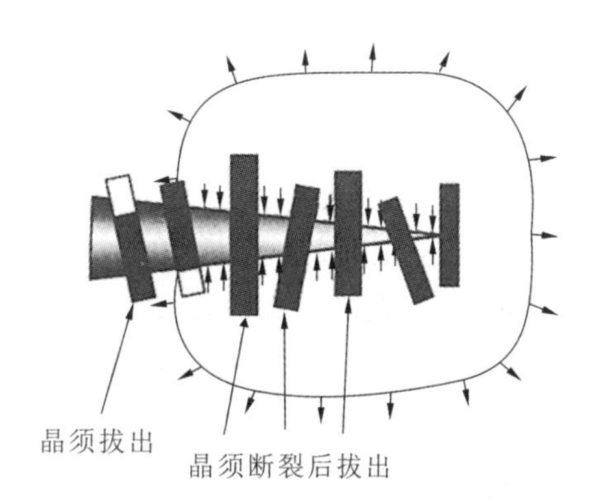

图 6-5　复合材料中拔出效应增韧的机理示意图

3）晶须拔出

拔出效应是指由于晶须在外界负载作用下从基体中被拔出，通过界面摩擦消耗外界负载的能量来达到增韧目的。由于晶须具有较高的抗拉强度，不容易断裂。当载荷从基体传递到晶须且二者界面上产生的剪应力达到界面剪切强度时，晶须从基体中被拔出。实际中增强相与基体相间的界面有机械结合或化学结合，而界面摩擦力大小与化学结合力密切相关。通过改变增强相的表面性状，可以改变界面的性质。晶须的拔出常伴随着裂纹桥联。当裂纹尺寸较小时，晶须桥联对增韧起主要作用；随着裂纹位移的增加，裂纹尖端处的晶须进一步被破坏，晶须拔出则成为主要的韧化机理。如图 6-5 所示，其中部分晶须已经拔出，还有部分晶须则应在断裂之后再拔出。

6.2.3　纤维强、韧化机理

纤维的增韧较为普遍，其中包含颗粒增强及晶须增强复合材料中存在的微裂纹增韧、相变增韧、裂纹偏转增韧、桥联增韧、拔出增韧。这些机理在纤维增强陶瓷基复合材料中起到增韧作用。纤维既有类似晶须的大长径比特点，也有微米尺度的增韧效应。此外，与颗粒和晶须不同，纤维可以制备连续纤维增强陶瓷基复合材料，因此具有自身的特点。

1.强化机理

根据混合法则,复合材料的强度可表示为

$$\sigma_c = \sigma_f \varphi_f \left(1 - \frac{1-\beta}{\dfrac{l}{l_c}}\right) + \sigma_m (1 - \varphi_f) \tag{6-3}$$

式中:σ_f 为纤维的强度;σ_m 为基体的强度;φ_f 为纤维的体积分数;l_c 为临界纤维长度;l 为纤维长度。

显然纤维的强度越高,纤维的体积分数和长径比越大,复合材料的强度就越高。纤维的强化主要依靠大体积分数和大长径比的纤维承载来实现。从理论上讲,纤维的强化应该采用较细的高模纤维。但实际上,纤维的直径越小,制造和加载过程中纤维就越容易损伤。因此,纤维应具有合适的"健康直径"。

2.韧化机理

纤维增韧除了具有裂纹偏转、裂纹桥联和晶须拔出三种机理外,还具有界面裂纹扩展和界面应力松弛两种机理。

1)界面裂纹扩展

当界面剪切强度大于基体的极限剪切强度时,纤维和基体形成弹性界面。当纤维的长度大于临界长度时,纤维可以最大限度承载载荷。当施加载荷使复合材料的应变达到最大时,纤维的应力达到极限强度,在纤维两端的界面处剪切应力最大,在剪切应力的作用下,纤维两端的基体产生裂纹。如果裂纹不能沿界面扩展并导致纤维拔出,则高模量基体的裂纹尖端应力不能得到松弛,这将导致复合材料的裂纹扩展方向与加载方向垂直(见图6-6(a)),表现出脆性裂纹的特征。

如果界面剪切强度小于基体的极限剪切强度而大于增强体的脱黏强度,纤维和基体组成滑移界面,则:(1)尽管纤维的两端出现了界面滑移,纤维仍然可以有效承载载荷;(2)界面滑移必须克服界面脱黏的静摩擦力;(3)界面滑移的阻力为动摩擦力,与动摩擦系数和径向压力有关。由于界面滑移使复合材料的裂纹沿界面扩展,裂纹扩展方向与加载方向平行(见图6-6(b)),这样不仅使裂纹的扩展路径大幅增加,而且大幅降低了裂纹扩展的动力。因此,复合材料表现出韧性断裂特征。

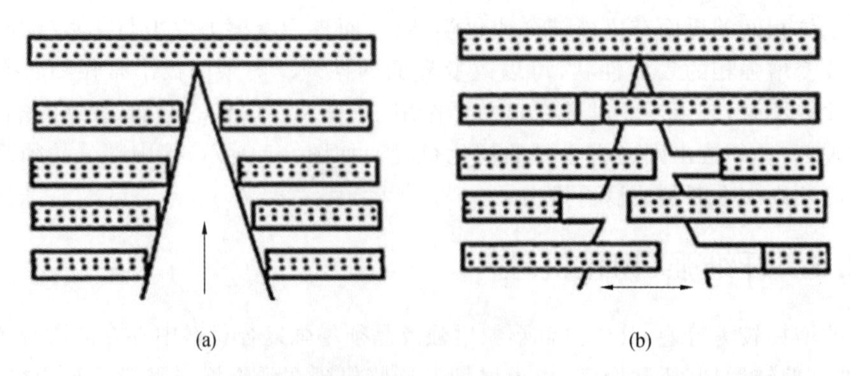

图6-6 纤维增强陶瓷基复合材料的界面结合与裂纹扩展

(a)裂纹扩展方向垂直于加载方向;(b)裂纹扩展方向平行于加载方向

2)界面应力松弛

由于连续纤维的长径比远大于临界值,随着载荷的增加,纤维不断发生断裂,直到纤维的长径比小于或等于临界值，裂纹沿界面扩展，产生界面脱黏和纤维拔出。当纤维发生断裂时，纤维中的正应力和界面上的剪切力得以释放。只有当复合材料的应变进一步增加时，纤维中和界面上的应力才能得到积累，直到再次发生断裂。因此，纤维不断断裂的过程实际上就是界面应力松弛、断裂应变或断裂韧性增加的过程。需要强调的是，界面滑移是界面应力松弛的必要条件，而界面应力松弛反过来抑制了界面滑移向界面裂纹扩展和脱黏的转变过程。

6.3　陶瓷基复合材料的设计理论

本节将以晶须陶瓷复合材料为例介绍陶瓷基复合材料的设计理论，主要将从晶须功能、晶须种类、晶须和基体材料之间的相容性以及晶须/纤维-陶瓷界面调控机理等方面详细介绍。

6.3.1　晶须功能

晶须作为一种增强剂，能够提高复合材料的强度、韧性、硬度、耐热性、耐磨性、耐蚀性和触变性等，还具有导电、绝缘、抗静电、减振、阻尼、隔音、吸波、防滑、阻燃等多种功能。

1. 提高强度

由于晶须本身具有纤细的结构和高强度、高模量的特性，将其加入热固性或热塑性树脂中，能够均匀分散并起到骨架作用，形成聚合物-纤维复合材料。晶须的存在能够发展定向结构，但又不产生各向异性，可减少缺陷形成，有效地传递应力，阻止裂纹扩展。晶须的加入除降低复合材料的收缩率(类似于一般无机填料的作用)外，由于纤维状填充剂在受力时能产生一定的形变，使应力容易松弛，因此可以消除界面应力集中和残余应力，减小制品的内应力。晶须总的作用效果是使聚合物内聚强度增大，薄弱环节减少，显著地提高机械强度。

晶须具有纤维状结构，受到外力作用时较易产生形变，并能够吸收冲击和振动能量。同时，裂纹在扩展中遇到晶须便会受阻，裂纹得以抑制，从而起到增韧作用。一般来说，热固性树脂固化后交联密度较大，受到弯曲应力时，通常不会出现屈服而直接发生破坏，导致断裂表面能很低，如环氧树脂固化物，添加硫酸钙晶须之后可提高断裂表面能，使脆性降低、韧性增大。因此，利用晶须增韧热固性树脂是提高材料性能的一种有效途径。

2. 提高耐热性

有机高分子材料的主要缺点之一是耐热性不佳，而无机晶须增强材料熔点都很高、耐热性好，还能阻燃。如果将晶须加入树脂之中，高温下强度损失很小，即使是强度很低的基体材料，由于有晶须增强，在高温下也能显著提高强度。晶须的存在，不易引起树脂和橡胶中的大分子滑移，使玻璃化温度升高，从而可提高耐热性。

3. 提高触变性

晶须比表面积大，有的类型的晶须在结构上还有羟基，与树脂混合后可能形成氢键，增大了触变性。此外，晶须还能起到良好的增稠作用，对胶黏剂、密封剂和涂料的配制和使用很有利。

6.3.2　晶须种类

1. 硫酸钙晶须

硫酸钙晶须(calcium sulphate whisker，CSW)可通过常压酸化法与水压热法制备。它外观呈白色疏松针状，是一种以单晶形式生长、结构完整的亚纳米纤维材料，如图 6-7 所示。CSW 根据结合水的不同，分为二水、半水与无水三种类型。它具有耐腐蚀、强度高、低毒环保、绝缘、耐酸碱等优点。CSW 在塑料、橡胶中能够均匀分散，并且不会导致制品表面粗糙，常被应用于高分子材料、汽车配件、沥青、造纸、工程材料、涂料等领域。CSW 用于改性不仅可以降低产品的原料成本，还可以改善材料的其他性能，例如模量、强度、硬度、韧性、耐热性与摩擦性等。

图 6-7 硫酸钙晶须

多年前，市场上普遍使用石棉作为摩擦材料的添加剂，但由于石棉纤维容易引起胃肠癌等症状，许多发达国家已经禁止使用石棉，其他国家也逐渐开始限制石棉的使用。由于 CSW 具有模量高、耐磨耗、耐高温等优点，且便宜、无污染，因此 CSW 成为替代石棉的理想材料。有学者研究了 CSW 对聚四氟乙烯(PTFE)的摩擦性的影响。结果表明，CSW 可提高 PTFE 的摩擦性，并且随着 CSW 含量的增加，复合材料的硬度逐渐增加，当 CSW 含量为 10%时，其对应的复合材料的磨损量达到最小。

由于 CSW 具有透明度低、白度好、平滑度高的特性，CSW 也可以替代一些植物纤维。王成海等人在纸张中加入改性后的 CSW，结果表明，纸张的强度与灰度得到了明显改善。CSW 作为造纸填料，具有较低的硬度和高溶解度，但具有较高的白度与折射率。

CSW 具有较大的表面自由能与表面积，所以具有良好的吸附性能。它不仅可以用来过滤药物，还可以用来除去废气废水中的有害物质。有学者研究了 CSW 的除油破乳性能，结果表明，CSW 具有良好的除油破乳性能，并且温度为 30 ℃时，除油效率较高。有研究还发现 CSW 对废水中铅离子具有较好的处理效果。

CSW 在其他方面的应用还有很多，例如在胶黏剂中可以起到增韧增强的作用，在沥青中添加 CSW 可提高沥青的软化温度，还可以作为保温与隔热耐火材料。总之，CSW 的应用领域非常广泛，具有广阔的前景。

2. 碱式硫酸镁晶须

碱式硫酸镁晶须(magnesium oxysulfate whisker，MOSw)，又称硫酸镁晶须，以硫酸镁与氢氧化镁为原料通过水热合成法制备。其通式可表示为 $x\mathrm{MgSO_4}\cdot y\mathrm{Mg(OH)_2}\cdot z\mathrm{H_2O}$，外观呈白色粉体或松散颗粒，松装密度为 0.1～0.3 $\mathrm{g/cm^3}$，在显微镜下呈针状纤维，具有一定的长径比。其主要有 122 型、152 型、150 型、153 型、158 型、157 型、213 型等，152 型与 153 型是目前市场上应用较为广泛的两种类型。在 20 世纪 50 年代，研究人员发现碱式硫酸镁可以有效替代碱式氯化镁，并且碱式硫酸镁中含有大量的结晶水和羟基水，这些结合水和羟基水在环境温度达到一定程度时可产生大量的水蒸气，从而吸收环境中绝大部分能量，最终实现阻燃。Eill 等人发现，在木塑复合材料中添加碱式硫酸镁可以起到很好的阻燃作用。MOSw 被发现于 20 世纪 90 年代，由于 MOSw 不仅具有硫酸镁优异的性能，还具备晶须的特征，即高强度、高模量，因此一经问世就广泛应用于各种领域。

MOSw 除了具有一般无机晶须的通性，如强度高、尺寸稳定性好、绝缘性好等特点以外，还具有阻燃、抑烟、环保等特性。因此，MOSw 在热塑性树脂、涂料、复合材料等方面也得到广泛应用。

有学者制备了石墨烯/MOSw/PVC 复合材料，发现当 MOSw 含量为 5%时，抗拉强度为 17.6 MPa，比纯 PVC 提高了 44%，而极限氧指数也大于 33%，这表明 MOSw 提高了复合材料的阻燃性能。在聚丙烯（PP）中引入 MOSw，研究了 MOSw 质量分数和加工工艺对 MOSw/PP 复合材料形貌的影响（见图 6-8），同时还研究了螺杆转速与喂料方式对复合材料性能的影响。结果发现，采用侧喂料方式制备的复合材料具有较高的冲击强度，高螺杆转速有利于相溶剂的分散。当 MOSw 含量为 30%时，复合材料的热变形温度可达 137 ℃，比聚丙烯提高了 46 ℃。有学者研究了经过偶联剂表面改性的 MOSw 对 PP 性能的影响。结果表明，复合材料冲击、抗弯、抗拉强度都随着 MOSw 用量的增加呈先增后减的趋势。热变形温度则随晶须含量的增加而增加，当晶须含量为 20%时，热变形温度可达 70 ℃。

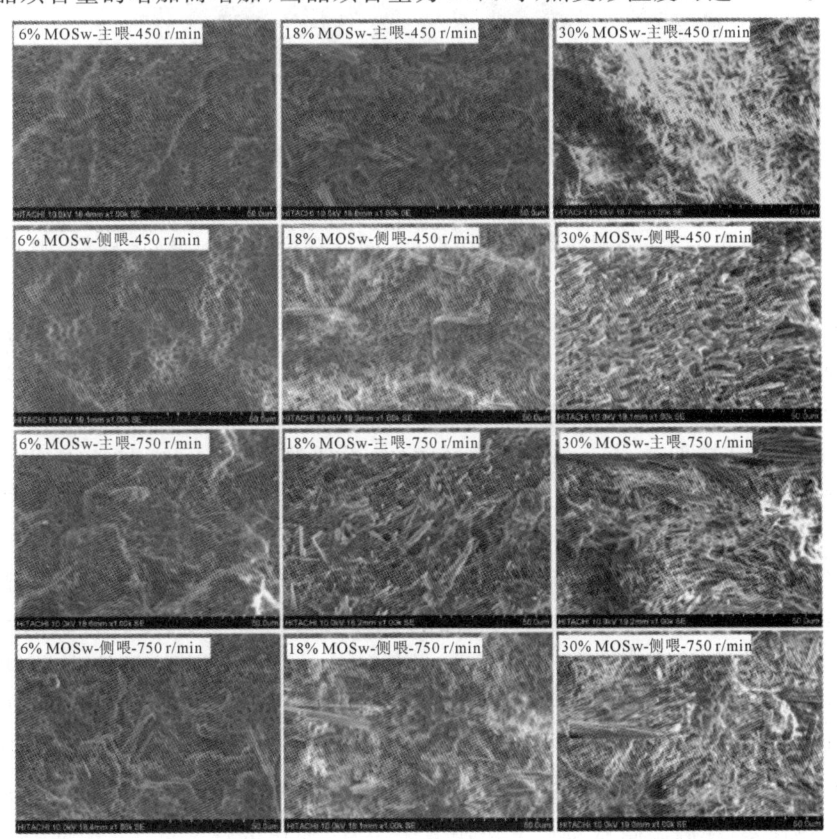

图 6-8　MOSw 质量分数和加工工艺对 MOSw/PP 复合材料形貌的影响

MOSw 在涂料方面的应用也较为广泛，MOSw 的加入可以提高涂料的硬度、附着力，而且还可以达到消光的目的。有研究发现，向聚酯树脂溶液和环氧树脂中添加 MOSw 可增加材料的黏度，并且增黏趋势不受温度影响，在不影响漆膜性能的前提下，MOSw 还能对聚酯涂料起到消光的作用。

3. 钛酸钾晶须

钛酸钾晶须(potassium titanate whisker，PTW)可通过烧结法、水热法、熔融法等制备。它的外观为白色粉末，化学式为 $K_2Ti_2O_{2n+1}$，其性能随化学组成不同而变化，常用的有四钛酸钾晶须与六钛酸钾晶须。钛酸钾晶须微观结构的 SEM 图如图 6-9 所示。早期，其由美国杜邦公司开发，用于火箭喷嘴材料。在 20 世纪 80 年代以前，PTW 的研究主要集中在合成方法上，而在 20 世纪 80 年代中期，研究重点偏向于工业应用。近年来，PTW 的合成成本显著降低，性能十分优异，获得了广泛的关注。

图 6-9 钛酸钾晶须微观结构的 SEM 图

PTW 具有出色的耐磨、耐热与电绝缘性能，因此在摩擦材料、绝缘材料、塑料行业、隔热领域得到了广泛的应用。

PTW 尺寸小，在树脂中具有良好的分散性能，并且与塑料混合时不仅不增加熔体的黏度，加工时还能减少设备的磨耗。使用偶联剂处理 PTW 后与聚醚醚酮(PEEK)共混，结果表明，复合材料的热稳定性得到提升。当 PTW 含量为 10%～20%时，PEEK 的弯曲、冲击性能得到改善，但拉伸性能有所下降。有学者用偶联剂 KH560 改性 PTW 对尼龙 66(PA66)进行增韧研究，结果表明，当环氧树脂含量为 1.5%时，复合材料的冲击强度提高了 32%。

PTW 具有优异的滑动性与耐摩擦性能，因此，与 PTW 复合的制品表面光洁度几乎没有变化。PTW 可以大幅提高聚四氟乙烯(PTFE)的耐摩擦性能，复合材料的磨损量约为 PTFE 的十分之一，当 PTW 含量为 5%时，材料的抗拉强度得到较好的改善，磨损程度较小，并且 PTW 的加入还能阻止裂纹的扩展。有研究发现，使用 PTW 替代石棉作为汽车刹车片的耐磨材料，不仅摩擦力是石棉制品的 1.5 倍，磨损减少了 30%，还减少了噪声污染。

PTW 的隔热性能使其在绝热、润滑与耐腐蚀等材料中得到广泛运用。有机膜的力学性能一般、耐热性差，在高温高压条件下使用效果不佳，使用改性后的 PTW 对其增强可以改善滤膜的强度、耐热性与亲水性等。此外,PTW 对碱不敏感,常作为纯碱电解隔膜与燃料电池分割膜等。由于四钛酸钾晶须层与层的间距较大,也常用作离子交换剂,利用四钛酸钾晶须中的 K^+ 与重金属离子进行交换,可达到处理废料的目的。

4. 碳化硅晶须

碳化硅晶须(silicon carbide whisker,SiCw)主要通过化学气相沉积法与固体材料法制备。其晶型有 α 型(菱形结构)与 β 型(面心立方结构)两种,β 型的 SiCw 在强度、模量与耐高温方面都优于 α 型。SiCw 最早由美国的 Cutler 教授研发。1987 年,我国将 SiCw 的研发列为技术项目,工业上采用固相合成法生产 SiCw,使用 SiO_2 微粉、稻壳、炭黑等作为原料,在高温下进行还原反应。SiCw 的直径在纳米级,由于其晶体内部的 Si、C 原子间的化学键极强,因此其强度在所有晶须中最接近晶体理论强度。

SiCw 的模量高、熔点高、耐腐蚀且热膨胀系数低,因此,其在树脂、金属、陶瓷基复合材料中具有广泛的应用前景。

SiCw 既可用作材料增韧的补强剂,又可提高材料的延伸率,适用于制备表面光洁度高、精度高、形状复杂的零部件,效果极佳。有研究发现,在聚氯乙烯(PVC)中添加 5%的 SiCw 可使材料的延伸率提高四倍以上。此外,还有研究表明,SiCw 使得环氧树脂的玻璃化转变温度 T_g 降低、耐热温度升高。当 SiCw 含量为 42.1%时,导热率可达 0.9611 W/(m·K),如图 6-10 所示。另外,随着 SiCw 含量的增加,SiCw/环氧树脂复合材料的导热率增大,抗弯强度与冲击强度呈先升后降的趋势。

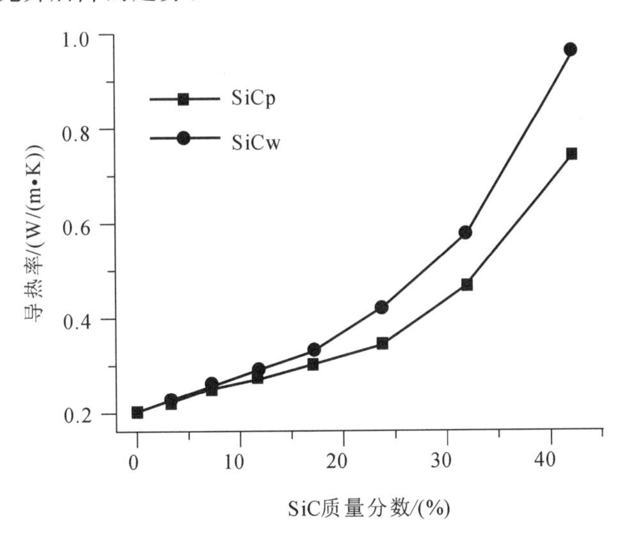

图 6-10 SiCw 和 SiC 颗粒用量对复合材料导热性能的影响

注:SiCp—碳化硅颗粒;SiCw—碳化硅晶须。

SiCw 与金属 Cu、Mg、Al 复合的应用较为常见。利用真空热压法与热静压法制备 SiCw/Cu 复合材料,结果表明,在压力为 27.7 MPa、温度为 900 ℃的条件下制备的 SiCw/Cu 复合材料的综合性能最优、致密度高。有学者研究了 SiCw 在镁基复合材料中的超塑性形变,拉伸试验在拉伸速率为 $1.67\times10^{-2}\ s^{-1}$、温度为 613 K 的条件下进行,断裂伸长率高达 200%。SiCw 在超塑性变形中呈现纤维织构,从而限制了晶体的滑移。此外,还有学者研究了 SiCw 对 Al_2O_3/Ti_3SiC_2 复合材料的增韧效果,结果表明,SiCw 能提升 Al_2O_3/Ti_3SiC_2 复合材料的断裂韧性。其他学者的研究表明,当 SiCw 含量为 20%时,$SiCw/Si_3N_4$ 复合材料的断裂韧性达到最佳。

5. 其他晶须

此外,还有许多其他种类的晶须,如碳酸钙晶须、硼酸铝晶须、氧化锌晶须、莫来石晶须等。这些晶须都有各自的特点与应用领域。充分的利用各种晶须的优点,是新型材料的发展方向。

6.3.3 晶须和基体材料之间的相容性

晶须和基体材料之间的相容性主要研究其弹性模量和热膨胀系数的匹配。这涉及界面残余应力和界面剪切应力的计算、测定以及界面力学参数的测定等。研究方法主要有数值计算法、有限元法、中子衍射法和射线衍射法等。

由于热膨胀系数的失配,复合材料在高温烧结、冷却后会在界面产生应力。应力大小与晶须和基体的热膨胀系数之差($\Delta a = a_w - a_m$)成比例。当 $\Delta a < 0$ 时,沿晶须轴向,基体受拉应力的作用,晶须受压应力的作用,沿晶须径向晶须与基体相互压缩。当 $\Delta a > 0$ 时,沿晶须轴向,基体受压应力的作用,晶须受拉应力的作用,沿晶须径向晶须与基体相互拉伸。很显然,在 $\Delta a > 0$ 时,基体在没有外部载荷的情况下存在残余压应力,这对材料的增韧补强是有利的。

综合晶须增韧陶瓷基复合材料界面物理相容性的研究结果,得出如下结论:

(1) 为了使晶须能承载更多的载荷,应选择高强度、高弹性模量的晶须并使晶须的弹性模量大于基体的弹性模量;

(2) 应选择热膨胀系数相匹配的晶须/基体组合,即晶须与基体的热膨胀系数应尽可能接近,或者晶须的热膨胀系数稍大于基体的热膨胀系数。

界面化学相容性是指在所需温度下,晶须与基体不发生化学反应,并且晶须本身在该温度下不引起性能的退化,否则晶须的增韧补强作用将会削弱,并给材料带来缺陷,从而使材料性能下降。晶须与基体之间的界面是由晶须与基体的表面接触形成的,因此界面化学相容性主要研究界面结合方式及其对材料性能的影响。当界面为物理结合时,主要应处理好弹性模量与热膨胀系数的匹配。当晶须与基体界面存在化学反应时,所形成的界面将是与晶须和基体都不同的新相,这种界面通常具有较强的结合力,而且如果产物相和反应物的体积不同,将产生残余应力,从而影响界面的剪切强度。此外,还要防止化学反应导致的晶须性能的下降。

综合晶须增韧复合材料界面化学相容性的研究结果,得出如下结论。晶须与基体之间的界面结合力要适度。如果界面结合太牢固,虽然晶须可以承受外力的作用,但晶须主要表现为脆性断裂,很难发生拔出效应。反之,如果界面结合太弱,则基体就不能将应力传递给晶须。因此界面结合应保证晶须既能承受外加应力,又能在断裂过程中以拔出功的形式消耗能量。目前,界面结合强度主要通过界面设计来调整。

6.3.4 晶须/纤维-陶瓷界面调控机理

在晶须增韧陶瓷基复合材料中,存在着两种类型的界面:一种是晶须与基体之间的界面(w/m),另一种是陶瓷基体晶粒与晶粒之间的晶界(g/g)。为了获得增韧效果并保持陶瓷的高温高强度特性,需要对这两种不同界面的组成和结构进行设计和调控。下面是晶界和界面的设计和调控方法。

1.助烧剂的选择和优化

助烧剂的选择和优化涉及助烧剂的种类和含量的确定。助烧剂的种类和含量直接影响晶须增韧陶瓷基复合材料的性能。助烧剂的种类决定了玻璃相的强度和软化温度，助烧剂的含量决定了玻璃相的体积分数。例如，在 $SiCw/Si_3N_4$ 复合材料的研究中，主要采用以下几种助烧剂体系。

(1) 含 Mg 元素的一类助烧剂体系，如 MgO、$MgO\text{-}Al_2O_3$、$MgAl_2O_4$、$Mg_2Al_4Si_5O_{18}$(堇青石)、$MgO\text{-}Y_2O_3$ 等。这类助烧剂体系的特点是:烧结时液相形成温度低，液相黏度小，复合材料容易致密化，室温性能好，晶须的增韧和补强作用较明显。但是，玻璃相的熔点低，使得复合材料的高温性能急剧下降。

(2) 含 La、Y 等稀土元素氧化物的体系，如 $Y_2O_3\text{-}Al_2O_3$、$La_2O_3\text{-}Y_2O_3\text{-}Al_2O_3$、$La_2O_3\text{-}Y_2O_3$ 及 $Ln_2O_3\text{-}Y_2O_3\text{-}Al_2O_3$(Ln＝Sm、Nd 等)。这类助烧剂体系的特点是:形成的玻璃相耐火度较高，在晶界上还可能析出高熔点的结晶相，显著提高了复合材料的高温性能。

(3) 非氧化物助烧剂体系，如碱土金属氮化物(Be_3N_2、Mg_3N_2、Ca_3N_2、$BeSiN_2$)、AlN、YN、ZrN 以及 ZrN-AlN。这类助烧剂体系的特点是:可以减小玻璃相的含量和氧含量，提高玻璃相的软化温度，从而提高复合材料的高温力学性能，特别是高温下抗蠕变性能。但是，采用这类助烧剂体系使得 Si_3N_4 的烧结致密化较为困难。

2.晶须的表面状态和处理

(1) 晶须的酸洗。

酸洗的主要目的是去除在制备过程中晶须表面所含的富氧层(如 SiO_2 等)和杂质离子(如 Ca^{2+}、Mg^{2+}、Al^{3+} 等)。

采用 1N HF＋1N HNO_3 的混合酸对晶须浸泡 24 h，能有效地去除晶须表面的杂质和由杂质引起的晶须黏结和团聚现象。

(2) 晶须表面涂层处理。

为了防止晶须和基体之间的界面反应，改善晶须的表面状态，可对晶须进行涂层处理，这可以改变晶须表面的粗糙度，调节晶须-基体界面的热膨胀系数，调节界面结合力，因此对晶须和基体之间的热膨胀系数失配严重的复合材料体系更为有效。

(3) 界面的结晶化处理。

在制备 $SiCw/Si_3N_4$ 复合材料时，所添加的助烧剂在烧结过程中形成液相，促进烧结，但在冷却过程中以玻璃相的形式存在于晶界和界面处。这些玻璃相会对复合材料的性能产生显著影响，尤其是高温性能。因此，一般要对复合材料进行适当的热处理，使玻璃相结晶化，这一方面可以减小玻璃相的含量，另一方面可以提高玻璃相的耐火度，从而改善复合材料的高温性能。

6.4　陶瓷基复合材料的成型工艺

如上所述，陶瓷具有脆性的缺点。通过在陶瓷基体中引入增强相，特别是连续纤维结构，可以显著提高陶瓷材料的韧性。陶瓷基复合材料(CMC)具有独特的性能组合。陶瓷基复合材料可以通过传统的陶瓷制备方法生产，包括将粉末基体材料与增强相混合，然后在高温下进行加工、热压、烧结等。这种制备方法已经成功地应用于制备具有不连续相(颗粒或短纤维)增强的复合材料。然而，由于纤维在高温烧结条件下容易受到机械损伤以及纤维与基体材料的化学反应导致纤维的降解，用传统的烧结方法很少能制备出连续或长纤维增强的复合材料。因此，常采用浸渍法制备长纤维增强的陶瓷基复合材料。

一般来说，任何一种浸渍工艺都包括以下几个阶段。

(1) 准备阶段。在这一阶段，纤维增强相被预制成所需要的形状。

(2) 中间相沉积阶段。中间相可以在长纤维生产过程中或在预制件制造之后沉积在纤维表面。

(3) 渗透阶段。纤维增强相的预制件被陶瓷预制液浸润。该液体包含陶瓷基质颗粒(浆料)或一种物质，该物质可能会通过化学反应转化为陶瓷。

(4) 热处理阶段。渗入纤维增强结构中的陶瓷预制液转化为陶瓷，填充纤维之间的空隙。

陶瓷基复合材料可以通过多种流体类型和不同的渗透技术来制备，包括以下几种工艺。

(1) 聚合物渗透热解(PIP)。使用低黏度的陶瓷有机金属聚合物进行浸润，然后在聚合物转化为陶瓷时进行热解。

(2) 化学气相渗透(CVI)。使用预制陶瓷气态前驱体(蒸气)进行渗透，通过化学分解产生陶瓷。

(3) 反应熔渗(RMI)。渗入液态金属，在与周围物质反应时转化为陶瓷。

(4) 液态硅渗透(LSI)。一种利用熔融硅在预制体中与多孔碳反应形成碳化硅(SiC)基体的 RMI。

(5) 直接熔融氧化(DIMOX)。一种 RMI，其中熔融金属(通常是铝)在与周围空气反应时形成氧化物陶瓷基体。

(6) 浆料浸渍。使用含有细小陶瓷颗粒的浆料进行浸润，在干燥和热压后形成陶瓷基体。

(7) 溶胶-凝胶渗透。使用溶胶预陶瓷前体浸润预制件，使其经历聚合(凝胶化)，然后在高温下转化为陶瓷。

(8) 浆料浸渍+PIP。使用与细陶瓷颗粒混合的预陶瓷聚合物(浆料)进行浸润，然后进行热解。

(9) 浆料浸渍+LSI。通过浸润 SiC 浆料，然后浸润熔化的硅，使预制件的部分充满 SiC 颗粒，与周围的碳发生反应。

(10) CVI+LSI。使用 CVI 方法制备多孔碳预制件，然后使用熔化的硅与周围的碳发生反应并形成 SiC 基体进行浸润。

(11) CVI+PIP。通过 CVI 部分制备 SiC 基体，然后浸润预陶瓷聚合物并进行热解。

下面将结合具体陶瓷材料介绍几种典型的浸渍工艺。

6.4.1 聚合物渗透热解

图 6-11 展示了制造连续纤维增强陶瓷基复合材料的 PIP 工艺流程。

(1) 预浸料制作。预浸纤维增强材料(丝束、带子、织品)是将纤维与树脂结合。在树脂浸渍后，预浸料可以被干燥或部分固化。在固化后，树脂黏合剂的黏度会增加。在这样的塑性条件下，预浸料可以被铺设成所需的结构形状。

(2) 铺设。预浸料被铺设在工具(模具)上或包裹在其周围。

(3) 模塑。铺设好的预浸料通过以下一种成型技术进行成型：真空袋成型、气体压力袋成型、压缩成型。

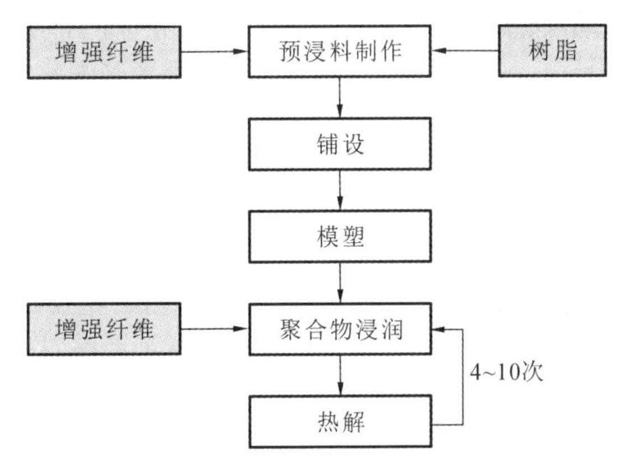

图 6-11　PIP 工艺流程图

(4) 聚合物浸润。预制件被浸入低黏度的陶瓷前体溶液中。聚合物的低黏度溶液渗透到多孔的加固结构中，填充纤维之间的空隙。渗透过程是由常压下的毛细管力驱动的，但也可以通过真空辅助或压力辅助进行。

(5) 热解。热解是聚合物在无氧条件下受热后的化学分解。大多数陶瓷前体聚合物可以在 800～1300 ℃的温度范围内转化为陶瓷。在热解过程中通常使用氩气气氛。然而，氮化硅(Si_3N_4)陶瓷基体可以在氮气或氨气的气氛中获得。聚合物前驱体的化学分解会释放出挥发性物质，如 CO、H_2、CO_2、CH_4 和 H_2O。在聚合物热解过程中得到的陶瓷材料具有多孔结构，这是由于挥发物的释放造成了收缩。

6.4.2　浆料浸渍

料浆浸渍-热压烧结是一种传统的制备陶瓷基复合材料的方法，该方法的详细工艺过程如图 6-12 所示。首先，纤维束通过含有超细基体陶瓷粉末的浆料容器进行浸渍，使陶瓷浆料均匀涂挂在每根单丝纤维表面上；然后，将浸渍了陶瓷浆料的纤维缠绕在卷筒上，经过烘干、切割，得到纤维无纬布，将无纬布按所需规格剪裁成预制片；最后，将预制片在模具中叠排和合模，加热加压，经过高温去胶和烧结，制成陶瓷基复合材料。

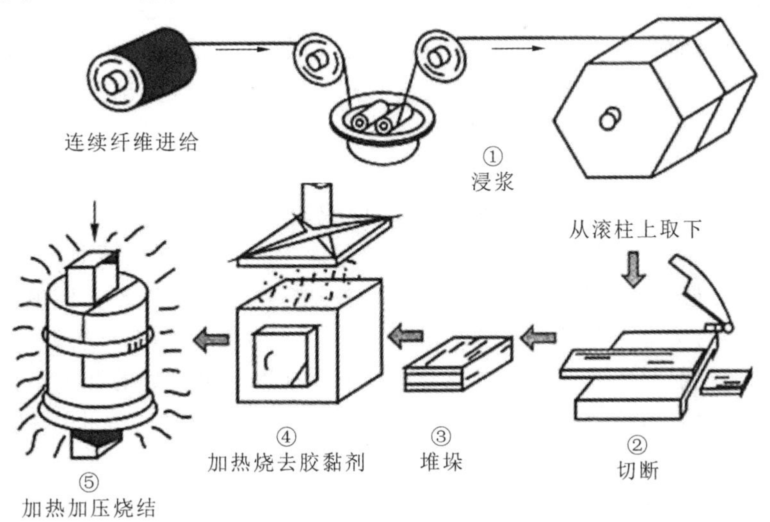

图 6-12　浆料浸渍-热压烧结工艺流程图

在此方法中，浆料的组成和性能至关重要。浆料中除了基体陶瓷超细粉末、载液(蒸馏水、乙醇等)和有机黏合剂外，通常还需要添加表面活性剂来改善载液、陶瓷粉末以及纤维之间的润湿性能。浆料中的陶瓷粉末的尺寸应尽可能小，当粉末的粒径与纤维的直径之比大于 0.15 时，粉末很难浸渍到纤维束内部的单丝纤维之间。为了保证粉末能够充分浸渍到纤维束内部，陶瓷粉末的粒径与纤维的直径之比通常应小于 0.05。纤维应选用容易分散的、捻数低的束丝。另外，各材料组分在浆料中应悬浮并呈稳定分散状态，这可通过调整溶液的 pH 值实现；对浆体进行超声波振动搅拌则可进一步改善粉末在浆料中的分散均匀性。

在浸渍浆料的过程中，应尽可能避免纤维的损伤和气泡的包裹，因为气泡往往会成为陶瓷制品的裂纹源。另外，浆料中的有机黏合剂应保证在成型结束前完全去除。

在热压烧结过程中，加入少量烧结助剂，可显著降低材料的烧结温度，避免纤维和基体因烧结温度过高而发生化学反应。例如，在 C/Si_3N_4 体系中，加入少量 Li_2O、MgO 和 SiO_2，可使烧结温度从 1700 ℃降低到 1450 ℃。

浆料浸渍-热压烧结工艺的特点如下。

(1)比常压烧结的温度低，且烧结时间短，由于采用热压方法进行烧结，复合材料的致密化时间仅约为 1 h。

(2)所制备的复合材料具有较高的致密度和良好的性能，这主要是因为机械压力的作用，可促进复合材料的充分烧结，显著减少复合材料内部的残余孔隙，保证材料的力学性能。

该工艺方法的不足之处如下。

(1)生产效率较低，只适用于单件和小规模生产，工艺成本较高。

(2)复合材料的结构和形状受限，由于纤维预制体是通过铺层的方法获得的，因此只能用于制备形状简单的复合材料，而且制备的材料具有明显的各向异性，垂直于加压方向的性能与平行于加压方向的性能有显著差别。

(3)纤维与基体的比例较难控制，纤维不易在成品中均匀分布。

6.4.3 化学气相渗透

化学气相渗透(CVI)是基于气体前驱体(蒸气)在高温下转化为陶瓷的一种制造 CMC 的方法。前驱体在扩散过程或外加压力的驱动下渗入增强陶瓷连续纤维结构(预制件)。气体前驱体在纤维表面解离，形成陶瓷层。通常，蒸气试剂以载气流(如 H_2、Ar、He)的形式供应至预制件。用于制造具有 SiC 基体的复合材料的最常用的气体前驱体是甲基三氯硅烷，其反应分解式为

$$CH_3SiCl_3 \longrightarrow SiC + 3HCl$$

气态氯化氢(HCl)通过扩散从预制件中去除或通过载流气体排出。碳基体由甲烷前驱体(CH_4)形成。只要扩散蒸气前驱体到达反应表面，陶瓷沉积就在不断增加。由于填充了成型的固体陶瓷，材料的孔隙率降低。在 CVI 过程中，由于成型陶瓷基体填充了气相通道，预制件内部空间的接近变得越来越困难，前驱体的迁移速度逐渐减慢。随着固相的生长，材料中的空间从蒸气前驱体的渗透网络中分离出来。这种不可接近的孔隙不再减少，形成复合材料的残余孔隙。当预制件表面孔隙关闭时，基体的致密化过程停止。利用 CVI 法制备的陶瓷基复合材料的最终残余孔隙率可达 10%～15%。化学气相渗透法制备 SiC/SiC 复合材料的显微组织如图 6-13 所示。它由纤维、基质和气孔(黑点)组成。

为了降低 SiC/SiC 复合材料的孔隙率，提高渗透速率，开发了晶须辅助 CVI(WACVI)

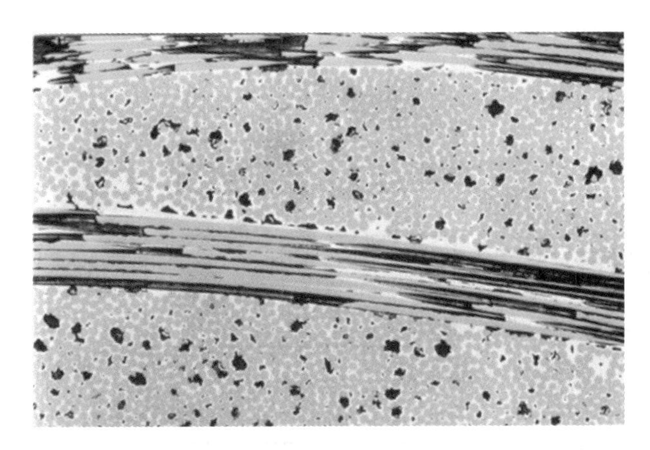

图 6-13　化学气相渗透法制备 SiC/SiC 复合材料的显微组织

工艺。通过将 SiC 晶须生长成 SiC 纤维预制件，可以获得更高的密度和更短的渗透时间。研究表明，两种现象在 CVI 过程中起着关键作用：纤维预制件中的热/质量传输和化学反应动力学。

CVI 过程有不同的工艺，可分为五种类型。

(1) 等温/等压化学气相渗透(I-CVI)是最常研究和使用的 CVI 工艺。在 I-CVI 过程中，渗透的预制件保持温度均匀(无温度梯度)，预制件周围的气体压力均匀(无压力梯度)。

(2) 温度梯度化学气相渗透(TG-CVI)。在这个过程中，蒸气前驱体从较冷的表面扩散到较热的内部区域。温度梯度增加了扩散速度。由于在较高温度下化学反应速率更快，前驱体主要在内部区域分解。TG-CVI 法防止了表面孔隙的过早闭合，使陶瓷基体致密化。该方法允许制造复杂且整体成型的原位纤维增强陶瓷基复合材料。

(3) 等温强制流动化学气相渗透(IF-CVI)利用气体前驱体通过均匀加热的预制件进行强制流动。强制流动可加快渗透速率和基质沉积。

(4) 热梯度强制流动化学气相渗透(F-CVI)结合了温度梯度 CVI 和强制流动 CVI 的优点。温度梯度和压力梯度都提高了蒸气前驱体的渗透速率。

(5) 脉冲流动化学气相渗透(P-CVI)。在 P-CVI 过程中，周围前驱体气体压力的快速变化循环重复多次。压力变化循环包括排空反应堆容器，然后填充反应气体。

图 6-14 所示为化学气相渗透法制备陶瓷基复合材料的主要流程。

(1) 纤维预制件的制造。

(2) 脱黏界面相的沉积。采用 CVI 法在纤维表面涂上一层薄的(通常为 0.1 mm)热解碳(C)或六方氮化硼(BN)，以形成脱黏界面相。

(3) 通过 CVI 沉积陶瓷基体。将预制件加热并放入带有气体前驱体的反应器中。预制件被气体前驱体渗透，气体前驱体分解并在纤维表面形成陶瓷沉积物。该过程持续进行，直到预制件表面上的开口孔隙闭合。

(4) 加工预制件表面以打开渗透网络的路径，从而使基体进一步致密化。

(5) 不断重复循环过滤、加工，直到达到最大密度。

(6) 表面涂层。开口孔隙必须密封，以防止环境中的气体在使用过程中渗透到复合材料中。在密封涂层上再涂覆一层复合材料，以保护表面免受氧化。

CVI 法制备陶瓷基复合材料具有以下优点：

(1) 基体纯度高；

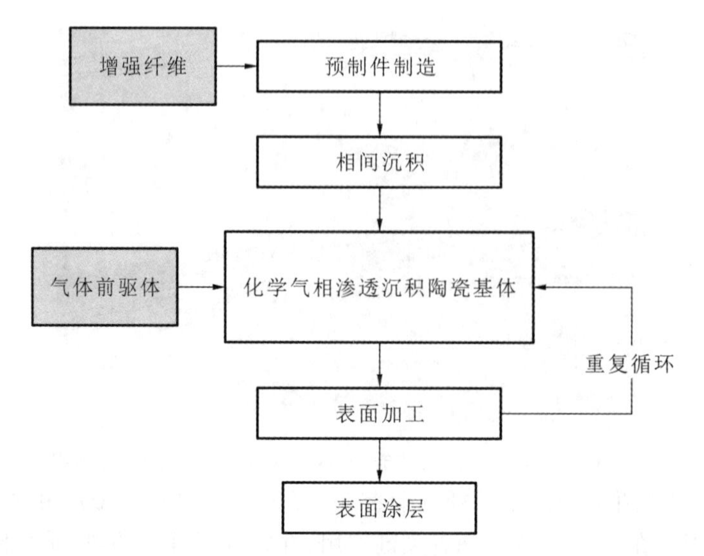

图 6-14　化学气相渗透法制备陶瓷基复合材料的主要流程

(2) 相对较低的基体形成温度,可防止纤维损坏;

(3) 低残余机械应力;

(4) 优异的力学性能(如强度、伸长率、韧性);

(5) 良好的抗热震性;

(6) 在 1400 ℃左右的温度下具有良好的抗蠕变和抗氧化性能;

(7) 相间可原位沉积;

(8) 可制备多种基体材料(如 SiC、C、Si_3N_4、BN、B_4C、ZrC 等)。

CVI 法制备陶瓷基复合材料具有以下缺点:

(1) 过程非常缓慢(可能需要几个星期);

(2) 高残余孔隙率(10%～15%);

(3) 生产成本高。

6.4.4　反应熔渗

在反应熔渗(RMI)技术中,液态金属渗透到多孔增强预制件中,与熔体周围的物质(固体或气体)发生化学相互作用,形成陶瓷基体。通常,液态金属在常压或真空下进行渗透。熔体因毛细管力的作用而渗透到多孔结构中。RMI 制备 CMC 的方法类似于制备金属基复合材料的方法,其中渗入的金属凝固并形成金属基体。在 RMI 中,液态金属转化为陶瓷化合物,如金属的碳化物、氧化物或氮化物。商业上有两种常见的 RMI 法:液态硅渗透和直接熔融氧化。

1. *液态硅渗透*

液态硅渗透(LSI)用于制造 SiC 基复合材料。该工艺是在超过硅的熔点 1414 ℃下用熔融硅(Si)渗透碳(C)微孔预制件。液态硅会润湿碳预制件的表面,熔体在毛细管力的驱动下渗入多孔结构。熔体与碳反应,形成 SiC,反应式如下:

$$\mathrm{Si(l)} + \mathrm{C(s)} \longrightarrow \mathrm{SiC(s)}$$

LSI 工艺中 SiC 相的生长机制是:硅通过已经形成的 SiC 扩散,然后与碳反应形成许多形核点，从而导致 SiC 的细粒结构。反应中产生的 SiC 填充预制件孔隙并形成陶瓷基体。由于 SiC 的摩尔体积比硅和碳的摩尔体积之和小 23%，液态硅在碳化硅形成过程中继续浸润。有说法认为，将碳完全转化为 SiC 的初始孔隙体积分数为 0.562。如果初始孔隙体积分数小于 0.562，渗透会导致残余游离硅的存在。通常，至少有 5% 的残余游离硅留在 SiC 基体中。

孔隙的尺寸对于完全渗透非常重要。如果孔隙太小，渗透通道会堵塞，导致渗透过早停止。过大的孔隙有助于完全渗透，但可能导致化学反应不完全，并形成具有高残余游离硅和未反应碳的结构。通过聚合树脂的热解，可以很好地控制微孔预制件中孔隙大小和孔隙体积分数。多孔预制件也可通过 CVI 从气体前驱体制备。与通过 PIP 和 CVI 制备的复合材料相比，LSI 制备的陶瓷基体完全致密化(具有零或低残余孔隙率)。

在高温下渗透的熔融硅具有化学活性，不仅可能与碳微孔预制件发生反应，还可能侵蚀增强相(如 SiC 或碳纤维、晶须或颗粒)。SiC、C 或 Si_3N_4 的保护屏障涂层(界面层)可防止熔体对纤维的损坏。保护屏障涂层应用于脱黏层(C、BN)上。相间可通过 CVI 沉积。热解碳的保护屏障可以通过 PIP 形成。沉积在碳纤维束上的热解碳的保护屏障阻止液态硅渗入纤维间隙，从而形成含有大量未反应热解碳的基体(见图 6-15)。这种结构为 C/SiC 复合材料提供了良好的脱黏能力。

图 6-15　液态硅渗透法制备的 C/SiC 复合材料的非脆性断裂

图 6-16 所示为液态硅渗透法制备陶瓷基复合材料的流程。

(1) 相间沉积。在纤维表面沉积热解石墨(C)或六方氮化硼(BN)以形成脱黏涂层。此外，用于 LSI 法制造陶瓷基复合材料的纤维应通过屏障涂层(通常为 SiC)保护来免受高反应性液态硅的影响。中间相由 CVI 沉积。

(2) 预浸料制造。将纤维增强材料(丝束、胶带、编织物)用树脂浸渍。树脂中含有碳，碳将进一步与熔融的硅发生反应。

(3) 铺层。将预浸料铺在模具上。树脂可在铺层操作之前或之后应用。

(4) 成型。使用一种成型技术对铺层的预浸料进行成型和固化。

(5) 热解。在热解过程中，树脂在无氧条件下(在惰性气氛中)受热分解。热解在 800～

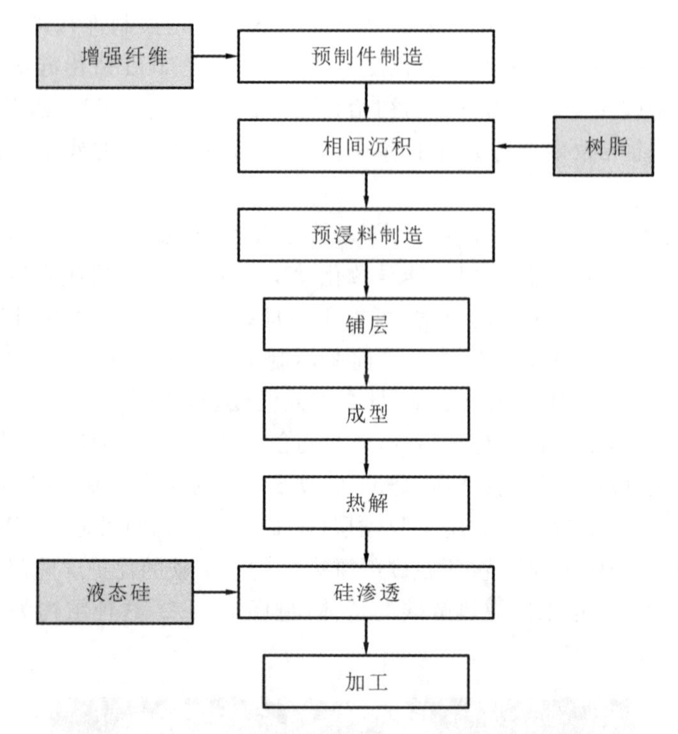

图 6-16　液态硅渗透法制备陶瓷基复合材料的流程

1200 ℃的温度范围内进行。氩气通常用作惰性气体。树脂热解形成多孔碳结构。

(6) 初级加工。该操作可在成型或热解步骤之后执行。

(7) 硅渗透。预浸料浸入含有熔融硅的熔炉中。在毛细管力的驱动下,熔体渗入多孔碳结构。液态硅与碳发生反应,形成原位碳化硅基体。

(8) 最终加工。

LSI 法制备 CMC 的优点如下:

(1) 成本低;

(2) 生产时间短;

(3) 残余孔隙率极低;

(4) 导热率高,高达 40 W/(m·K);

(5) 电导率高;

(6) 可以制作复杂的近净形状。

LSI 法制备 CMC 的缺点如下:

(1) 高温渗透过程可能会造成纤维损坏;

(2) 碳化物基体中存在残余游离硅;

(3) 力学性能如强度、弹性模量较低。

2. 直接熔融氧化

直接熔融氧化(DIMOX)法中熔融金属与氧化气体(通常为空气)渗透到多孔增强预制件中发生反应,形成基体,毛细管作用迫使熔体反应前沿进入多孔增强预制件,金属与气体在此发生反应形成陶瓷层。在初始氧化层形成后,液态金属通过它到达反应前沿。熔体以受氧化反应限制的速率连续地前进到反应前沿。一些残余金属(约占材料体积的 5%～

15%)残留在陶瓷基体的晶间空间中(见图6-17)。

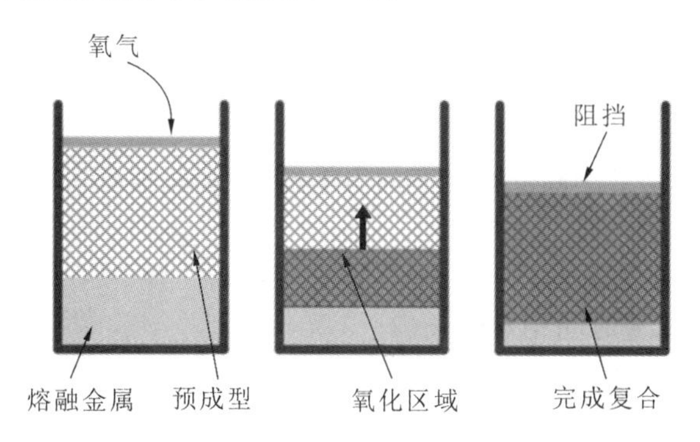

图6-17 直接熔融氧化法示意图

通常,DIMOX工艺以氧化铝为基体制备复合材料,用在熔炉中加热至900～1150 ℃的熔融铝合金渗透增强预制体(颗粒或纤维形式的SiC或Al_2O_3)。在铝合金中掺杂添加剂,改善了增强相与熔体的润湿性,并增强了氧化过程。添加镁可防止铝熔体钝化。硅有助于溶解液态铝中的氧。

DIMOX工艺的典型速率为1～1.5 mm/h。原则上,即使在反应前沿到达预制件的外表面后,直接氧化过程和氧化物生长仍可能继续进行。在这种情况下,氧化铝将沉积在预制件上,改变其尺寸。为了防止反应前沿超出预制件表面,预制件表面涂有气体渗透屏障。当反应前沿到达势垒时,陶瓷基体生长停止。图6-18所示为直接熔融氧化法制备陶瓷基复合材料的流程。

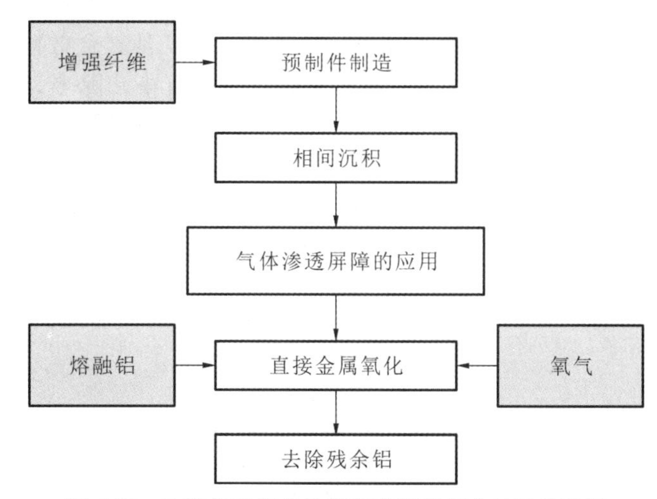

图6-18 直接熔融氧化法制备陶瓷基复合材料的流程

(1) 预制件制造。由增强纤维相制成的预制件在这一阶段成型。

(2) 相间沉积。通过CVI在纤维表面沉积热解碳(C)或六角氮化硼(BN)的脱黏涂层。

(3) 在预制件表面上应用气体渗透屏障。其表面没有涂层,熔体可以通过其进入预制件。

(4) 直接金属氧化。预成型体与液态铝合金接触。增强结构通过非涂层表面用熔体渗透。氧化剂(空气)通过气体渗透屏障渗入预制件。铝和氧气在反应前沿相遇,形成氧化物基体的生长层。当反应前沿到达阻挡涂层时,该过程终止。

(5) 去除残余铝。从零件表面去除多余的铝。

DIMOX 工艺的优点如下：

(1) 由于收缩率非常低，可制造近净形状零件；

(2) 成本低，设备简单；

(3) 原材料的成本低；

(4) 没有杂质或烧结助剂降低高温下的力学性能（如抗蠕变）；

(5) 残余孔隙率低。

DIMOX 工艺的缺点如下：

(1) 加工速度慢，制造时间相对较长（2～3 天）；

(2) 氧化物基体中存在残余游离铝。

6.4.5 浆料渗透

在浆料渗透法中，由于毛细管力的作用，含有细陶瓷颗粒的浆料将进入多孔增强预制件中。经过干燥和热压后，浆料颗粒形成陶瓷基体。浆料渗透法常用于制备纤维增强玻璃和玻璃陶瓷复合材料。可用浆料浸渗法制备的基体包括氧化铝（Al_2O_3）、二氧化硅（SiO_2）、玻璃、莫来石、钇铝石榴石、碳化硅和氮化硅（Si_3N_4）。浆料由分散在载体（水、酒精）中的陶瓷颗粒组成，载体可能含有有机黏合剂和润湿剂。

浆料渗透法类似于溶胶-凝胶渗透法；然而，由于溶胶中固体含量较低，在溶胶-凝胶加工过程中会产生较大的收缩。如果浆料分散良好且含有无团聚的亚微米颗粒，则通过浆料渗透法可以获得更高的（相较于溶胶-凝胶渗透法）三维编织增强复合材料的堆积密度。采用压力梯度和在织物间交替插入胶带的渗透技术，可进一步增加渗透复合材料的强度。采用该方法制备了 0.2 mm 的热分解碳界面相 SiC 纤维增强 SiC 基复合材料。通过纳米渗透和瞬态共晶相（NITE）加工工艺制备的复合材料中获得了具有小孔隙率、适当 SiC 晶粒尺寸、可接受数量的残余氧化物和相对较低水平纤维损伤的基体。NITE 技术将碳涂层纤维预制件与纳米相 SiC 粉末基混合浆料进行渗透，然后在略高于瞬态共晶相熔点的温度下对基体进行压力烧结。图 6-19 所示为浆料渗透法制备陶瓷基复合材料的流程。

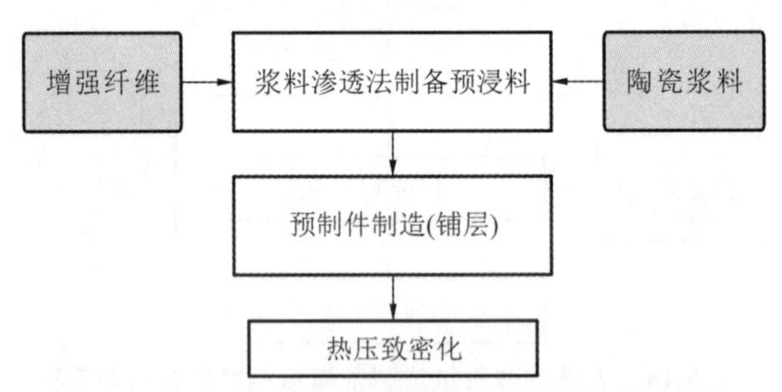

图 6-19 浆料渗透法制备陶瓷基复合材料的流程

(1) 铺层。在这一阶段，预制件被制造出来。浸渍纤维（预浸料）缠绕在芯轴上。干燥后，将其切割并堆放。以编织布的形式将预浸料放置在模具上或包裹在模具上。

(2) 热压（致密化和固结）。致密化在高温高压下进行。陶瓷材料在颗粒之间扩散，并与增强结构中的陶瓷颗粒固结。在扩散过程中，预制件中的孔隙减小甚至闭合，导致零件致密化。

浆料渗透法的优点如下：

(1) 孔隙率相对较低；

(2) 力学性能良好。

浆料渗透法的缺点如下：

(1) 热压操作压力过大，可能会损伤纤维；

(2) 陶瓷颗粒可能会损坏纤维；

(3) 热压需要昂贵的设备；

(4) 大而复杂的形状很难制造。

6.4.6 溶胶-凝胶渗透

溶胶-凝胶渗透法是一种利用溶胶预陶瓷前驱体进行渗透增强结构的方法。溶胶是固体微粒在液体中的胶态分散体。在溶胶-凝胶过程中，使用的溶胶含有有机金属化合物（如醇盐），在特定条件下（如高温）通过缩聚或水解机制进行交联（聚合）。在聚合过程中，溶胶转变为含有液体的凝胶聚合物结构。凝胶具有卓越的特性，能够在相对较低的温度下转化为陶瓷，从而降低纤维损坏的可能性。

溶胶-凝胶系统中含有少量的陶瓷，因此它们在干燥后会发生显著收缩。为了增加基体的致密度，渗透干燥循环要重复几次。通过添加陶瓷颗粒可以提高陶瓷体积产率，这也减少了干燥裂纹并降低了其严重程度。溶胶-凝胶渗透法通常用于连续增强复合材料的制备，但也可用于颗粒状和短纤维增强相的复合材料的制备。图 6-20 所示为溶胶-凝胶渗透法制备陶瓷基复合材料的流程。

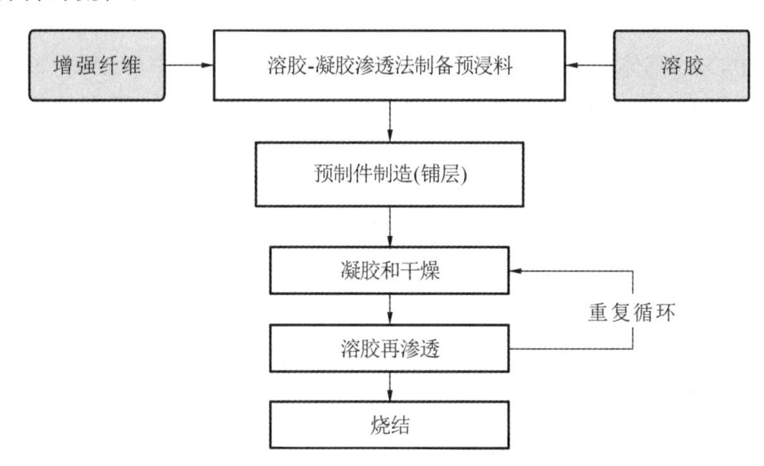

图 6-20 溶胶-凝胶渗透法制备陶瓷基复合材料的流程

(1) 预浸料制造。将增强材料浸入溶胶中，使溶胶进入多孔纤维结构。可以施加真空/压力来辅助渗透过程。

(2) 铺层。将预浸料切割并放置在模具上。

(3) 凝胶和干燥。当加热到 150 ℃时，溶胶转化为凝胶。然后在高达 400 ℃的温度下干燥凝胶。水、酒精和有机挥发性成分从材料中去除。

(4) 溶胶再渗透。溶胶渗透和凝胶化循环重复几次，直到达到所需的致密化程度。

(5) 烧结。陶瓷基体在烧成温度下固化。

溶胶-凝胶渗透法的优点如下：

(1) 加工温度低，纤维损伤小；

(2) 基体组成可控；

(3) 近净形状制造，降低了加工成本；

(4) 设备成本低；

（5）可制造大型复杂零件。

溶胶-凝胶渗透法的缺点如下：

（1）收缩大，导致基体开裂；

（2）陶瓷成品率低，需要反复地进行渗透和凝胶化循环；

（3）力学性能差；

（4）溶胶成本高。

6.4.7 结合渗透法

1. 浆料浸渍与聚合物渗透热解结合

为了减少在热解过程中收缩裂缝的形成和渗透热解循环次数，可以将前驱体聚合物与颗粒填料混合。Hurwitz 在 1998 年利用烯丙基氢化聚碳硅烷与 SiC 粉末相结合渗滤制备 SiC/SiC 复合材料，结果表明，施加压力会增加渗透率。

Rak 在 2004 年提出了另一种方法。在聚合物渗透之前，连续的碳纤维基体被含有细 SiC 颗粒（平均尺寸为 0.5 mm）的预陶瓷浆料渗透。在浆料渗透后，将坯体干燥，然后在 400 ℃下煅烧。煅烧后得到的多孔骨架被液态预陶瓷聚合物浸透，在氩气气氛中进行热解。该复合材料孔隙率低（约为 7%），具有良好的摩擦性。

2. 浆料浸渍与液态硅渗透结合

在 LSI 法中，SiC 基体是在硅熔体与多孔碳结构的化学反应中形成的，该多孔碳结构是聚合物前驱体热解的结果。如果前驱体包含 SiC 颗粒，则制造基体所需的前驱体和液态硅可显著减少。SiC 颗粒的引入还可以改变基体的微观结构，缩短加工时间。采用该技术制备的复合材料具有高密度和孔隙封闭的特点。

SiC 粉末可以与前驱体树脂混合，也可以在树脂浸渍之前以浆料的形式渗入纤维预制件。该方法是通过将酚醛树脂与碳化硅粉末混合后进行微波热解，然后进行硅化（液态硅渗透）。

3. 化学气相渗透与液态硅渗透结合

CVI 法是在增强纤维表面沉积脱黏层和保护层（层间）的常用方法。使用 CVI 法制备的界面相增强纤维可用于不同的基质浸渗技术，如 LSI、PIP、CVI、DIMOX、浆料渗透和溶胶-凝胶渗透。然而，CVI 法也可用于制备多孔碳预制件，然后用液态硅渗透，形成复合材料基体。

4. 化学气相渗透与聚合物渗透热解结合

CVI 法制备的基体具有最佳的力学性能和热性能，但渗透速度慢、生产成本高，限制了该方法的广泛应用。此外，CVI 法制备的基体含有 10%～15%的残余孔隙率。Bhatt 和 DiCarlo 通过 CVI 法与其他浸渗方法（PIP 和 LSI）的结合，显著改善了 SiC 基复合材料的力学性能和热性能。其中一种方法是使用 CVI 法部分制备 SiC 基体，然后使用 PIP 法填充多孔基体结构。

思考题

（1）设计晶须增韧补强陶瓷基复合材料需要考虑哪四个方面的因素？

（2）晶须的弹性模量和热膨胀系数该怎样选择？为什么？

（3）CVI 法与 PDC 法制备纤维增强陶瓷基复合材料的优缺点是什么？

（4）晶须表面处理中酸洗、表面涂层的目的是什么？

（5）简述晶须定向排布的方法、原理及目的。

参考文献

[1] 张国军，金宗哲. 颗粒增韧陶瓷的增韧机理[J]. 硅酸盐学报，1994，22(3)：259-269.

[2] 李荣久. 陶瓷—金属复合材料[M]. 北京：冶金工业出版社，1995.

[3] TUERSLEY I P，HOULT T P，PASHBY I R. The processing of SiC/SiC ceramic matrix composites using a pulsed Nd-YAG laser：part Ⅱ The effect of process variables [J]. Journal of Materials Science，1998，33(4)：963-967.

[4] 贾成厂，李汶霞，郭志猛，等. 陶瓷基复合材料导论[M]. 北京：冶金工业出版社，1998.

[5] 袁森，都业志，王武孝. DIMOX 工艺制备复合材料熔体表面 Mg 蒸气扩散动力学研究[J]. 西安理工大学学报，2001，17(1)：6-9.

[6] 尹衍升，张景德. 氧化铝陶瓷及其复合材料[M]. 北京：化学工业出版社，2001.

[7] 徐永东，成来飞，张立同，等. 连续纤维增韧碳化硅陶瓷基复合材料研究[J]. 硅酸盐学报，2002，30(2)：184-188.

[8] 韩桂芳，陈照峰，张立同，等. 氧化物陶瓷基复合材料研究进展[J]. 宇航材料工艺，2003，33(5)：8-11，20.

[9] 尹衍升，李嘉. 氧化锆陶瓷及其复合材料[M]. 北京：化学工业出版社，2004.

[10] 张立同，成来飞. 连续纤维增韧陶瓷基复合材料可持续发展战略探讨[J]. 复合材料学报，2007，24(2)：1-6.

[11] 黄勇，汪长安. 高性能多相复合陶瓷[M]. 北京：清华大学出版社，2008.

[12] 童长青，成来飞，殷小玮，等. 浆料浸渍结合反应熔渗法制备 2D C/SiC-ZrB_2 复合材料[J]. 航空材料学报，2009，29(4)：77-80.

[13] 陈朝辉. 先驱体转化陶瓷基复合材料[M]. 北京：科学出版社，2011.

[14] SERVADEI F，ZOLI L，GALIZIA P，et al. Development of UHTCMCs via water based ZrB_2 powder slurry infiltration and polymer infiltration and pyrolysis[J]. Journal of the European Ceramic Society，2020，40(15)：5076-5084.

[15] YAN S R，FOONG L K，LYU Z. Technical performance of co-addition of SiC particulates and SiC whiskers in hot-pressed TiB_2-based ultrahigh temperature ceramics [J]. Ceramics International，2020，46(11)：19443-19451.

[16] SUN J，YE D，ZOU J，et al. A review on additive manufacturing of ceramic matrix composites[J]. Journal of Materials Science & Technology，2023，138：1-16.

[17] PAZHOUHANFAR Y，NAMINI A S，SHADDEL S，et al. Combined role of SiC particles and SiC whiskers on the characteristics of spark plasma sintered ZrB_2 ceramics[J]. Ceramics International，2020，46(5)：5773-5778.

[18] SHESTAKOV A M. Silicon carbide fibers and whiskers for ceramic matrix composites（review）[J]. Industrial Laboratory. Diagnostics of Materials，2021，87(8)：51-63.

[19] LV X Y，YE F，CHENG L F，et al. Novel processing strategy and challenges on whisker-reinforced ceramic matrix composites[J]. Composites Part A：Applied Science and Manufacturing，2022，158：106974.

第7章　先进陶瓷多孔材料制备技术

多孔陶瓷材料正被广泛应用于环境工程与生物工程等多个领域，如过滤器和人工关节等。与聚合物和金属等材料相比，陶瓷材料具有许多优点，如高硬度、化学惰性、抗热震性、耐蚀性、耐磨性及低密度。为了满足特殊应用的要求（如高孔隙率和高强度、大孔径和抗热震性等性能协同提高），多孔陶瓷的制备工艺一直备受关注。多孔陶瓷的孔径结构参数如孔径大小和孔隙形状、分布和连通性等，对多孔陶瓷材料功能有重要影响。例如，多孔陶瓷中的孔隙可以在高温下使材料绝缘，在过滤器中捕获杂质，或促进生物支架中的组织生长。所以，多孔陶瓷可以通过改性和优化加工技术设计孔隙结构来获得特定性能。

多孔陶瓷的孔径大小是影响多孔陶瓷性能和应用的重要参数，根据孔径 d 的不同，国际纯粹与应用化学联合会（IUPAC）将多孔陶瓷材料分为3个等级：大孔（$d>50$ nm）、中孔（50 nm$>d>$2 nm）和微孔（$d<2$ nm）。表7-1所示为多孔陶瓷材料按孔径划分的制备工艺和典型应用。多孔陶瓷材料最具代表性的用途是过滤或分离流体中的物质，过滤根据孔径 d 和物质的分子量截止量（MWCO）大致分为几个等级：过滤（一般 $d>10$ μm），微滤（10 μm$>d>$100 nm），超滤（100 nm$>d>$1 nm，MWCO为 $10^3\sim10^5$），纳滤（d 为1～2 nm，MWCO为 $200\sim10^3$）和反渗透（$d<1$ nm，MWCO约为100）。当孔径较大时，主要是通过筛分效应来实现过滤，即粒径大于孔径的物质会被捕获。在超滤、纳滤和反渗透中所用陶瓷的孔隙较小，流体渗透性取决于溶质和溶剂与多孔材料间的亲和力，如安装在柴油发动机中的陶瓷过滤器，即柴油颗粒过滤器（DPF），其燃烧效率高且二氧化碳排放量低，有很好的发展前景。又如陶瓷水净化过滤器，能有效过滤废水中的大肠杆菌和悬浮物，且孔径分布窄、耐久性好、损伤耐受性高。其次，多孔陶瓷由于具有稳定的化学性质和多孔结构常被用作生物反应器材料和多孔电极材料，如气体净化器等的电化学装置、气体传感器、燃料电池和化学分析仪等，都需要两极分化的孔径分布，其中小孔作为电化学反应的载体，而大孔用于传输物质。多孔陶瓷还被广泛应用于各个工业领域的窑、炉及热交换机等。

表7-1　多孔陶瓷材料按孔径划分的制备工艺和典型应用

孔径大小	1 nm～10 nm	10 nm～100 nm	100 nm～1 mm	1 mm～10 mm	10 mm～100 mm
制备工艺	自组装 阳极氧化	两相分离	部分烧结 牺牲模板	复制模板	直接发泡
典型应用	纳滤、 反渗透	超滤、 催化载体、 离子交换	微滤、 传感器	过滤、 柴油颗粒过滤器	过滤、 绝缘体、 吸收剂、 耐火材料、 生物陶瓷

制备多孔陶瓷的代表性工艺有部分烧结法、牺牲模板法、复制模板法、直接发泡法、3D

打印法。图 7-1 所示为多孔陶瓷制备工艺原理图。本章将介绍上述 5 种多孔陶瓷制备工艺和基于其原理演变的其他工艺，以及所制备的多孔陶瓷的重要性能。然而，值得注意的是，除了这里所提到的工艺以外，还有许多制备多孔陶瓷的新工艺，如离子交换工艺等。

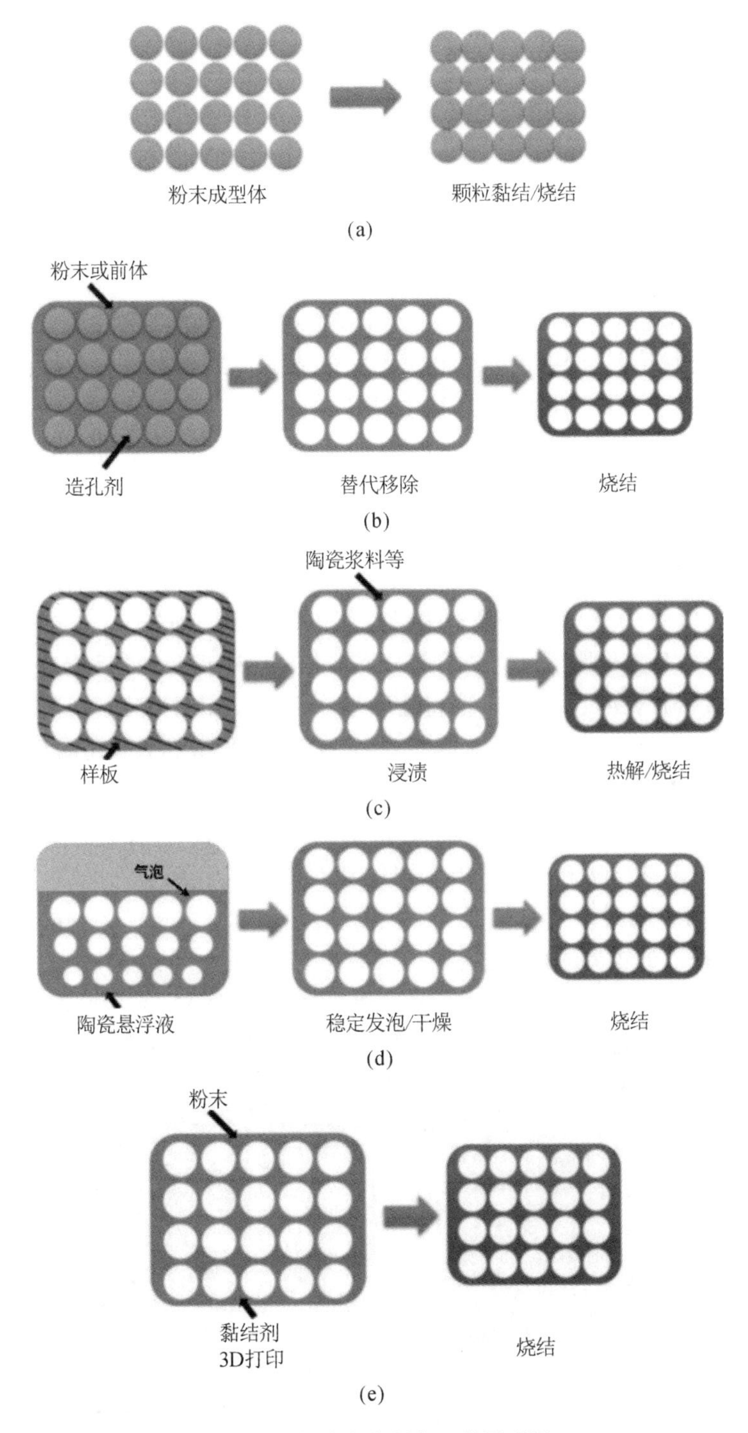

图 7-1　多孔陶瓷制备工艺原理图

(a)部分烧结法；(b)牺牲模板法；(c)复制模板法；(d)直接发泡法；(e)3D 打印法

7.1 多孔陶瓷制备方法

7.1.1 部分烧结法

部分烧结法是目前制备多孔陶瓷最常用的方法。粉末颗粒因表面扩散或蒸发冷凝而黏结，在完全致密之前结束烧结而在陶瓷中形成均匀的多孔结构，孔径和孔隙率分别由起始粉料的粒度和部分烧结的程度所决定。一般来说，为了获得特定尺寸的孔径，起始粉料的尺寸应比孔隙的尺寸大2～5倍。孔隙率会随成型压力、烧结温度的升高和时间的延长而降低。此外，添加剂种类和用量、生坯密度、烧结条件(温度、气氛、压力等)等加工因素也对多孔陶瓷的微观结构有较大影响。多孔陶瓷力学性能的好坏主要取决于晶粒间烧结颈的大小、孔隙率及孔径。

陶瓷在发生致密化之前，相互接触的粒子间形成的烧结颈可以将陶瓷的弹性模量提高到完全致密时的10%。在工业生产中，该方法已有许多应用，包括熔融金属过滤器、曝气过滤器和水净化膜等。通过结合部分烧结法和粉末分解法来提高颗粒间结合强度，以 α-Al_2O_3 和 $Al(OH)_3$ 的混合物作为起始粉料来制备多孔 Al_2O_3 陶瓷。由于 $Al(OH)_3$ 在分解过程中发生了60%的体积收缩并产生了细小的 Al_2O_3 晶粒，细小晶粒导致较强的晶粒结合强度，因此多孔 Al_2O_3 试样的断裂韧性大大高于纯 Al_2O_3 烧结试样的断裂韧性。同样地，通过添加 $Zr(OH)_4$ 也可以使 ZrO_2 多孔陶瓷的力学性能得到一定的提高。

反应-部分烧结工艺是将反应烧结与部分烧结相结合，其形成的反应产物或沉淀的外延晶粒可以提高烧结颈的强度。例如，将高纯天然白云石[$CaMg(CO_3)_2$]与合成氧化锆粉体进行反应-部分烧结，合成了具有三维网状结构的 $CaZrO_3/MgO$ 多孔陶瓷。反应过程中，$CaMg(CO_3)_2$ 在500 ℃下分解生成 $CaCO_3$、MgO 和气态 CO_2，$CaCO_3$ 在700 ℃下与 ZrO_2 反应生成 $CaZrO_3$ 和气态 CO_2。并且通过 LiF 掺杂形成液相和反应释放的 CO_2 使得制备的多孔陶瓷具有均匀的开孔结构和较强的晶粒结合强度。样品孔径分布非常窄，约为1 μm，如图7-2所示，而且可以通过改变烧结温度来控制孔隙率(30%～60%)。在室温至1300 ℃的温度范围内都可以得到较高的抗弯强度(孔隙率为47%时约为40 MPa)。类似的方法也已应用于其他的材料体系，如 $CaAl_4O_7/CaZrO_3$ 和 $CaZrO_3/MgAl_2O_4$ 复合陶瓷等。

图7-2 原位反应合成多孔 $CaZrO_3/MgO$ 复合材料的微观结构

氧化反应-部分烧结工艺结合了氧化反应烧结和部分烧结，采用该工艺可以在低温下制备具有优异抗氧化性能的多孔 SiC 陶瓷。该工艺是指将粉末压坯在空气中而非惰性气氛中加热，加热过程中其表面发生氧化，SiC 颗粒与氧化生成的 SiO_2 玻璃黏结在一起。当采用细粉(0.6 mm)时，孔隙率为 31%的样品的抗弯强度可达到 185 MPa，而采用粗粉(2.3 mm)时，孔隙率为 27%的样品的抗弯强度只有 88 MPa。该工艺也已广泛应用于其他材料，包括氮化硅、SiC/莫来石复合材料、SiC/堇青石复合材料等。

流延成型与部分烧结法相结合是制备各向异性多孔陶瓷的独特工艺路线之一。采用流延成型和部分烧结法制备了氮化硅多孔陶瓷支架。结果表明，该支架表面具有高度的亲水性，这是蛋白质和细胞黏附的理想特性。同时，该支架具有良好的生物相容性，有潜力成为骨替代材料。以 β-Si_3N_4 晶核和烧结助剂混合物作为起始粉料，将流延成型的生坯片在压力下进行叠层，随后在 1850 ℃和 1 MPa 的氮气压力下进行烧结。多孔氮化硅的微观结构如图 7-3 所示。各向异性材料在孔隙率低于 5%时会表现出极高的强度(>1.5 GPa)和断裂韧性(>17 MPa·$m^{1/2}$)。值得注意的是，孔隙率低于 10%的多孔材料的韧性比致密材料(孔隙率为零)的韧性要高，这是因为织构排列纤维晶粒存在裂纹屏蔽效应。同时，由于孔隙及织构化晶粒的存在，裂纹相互桥接或互锁，产生塑性变形，有阻碍裂纹扩展的作用，各向异性多孔氮化硅材料的抗热震性和抗损伤性都比致密材料的好，而这两者往往成对立关系。

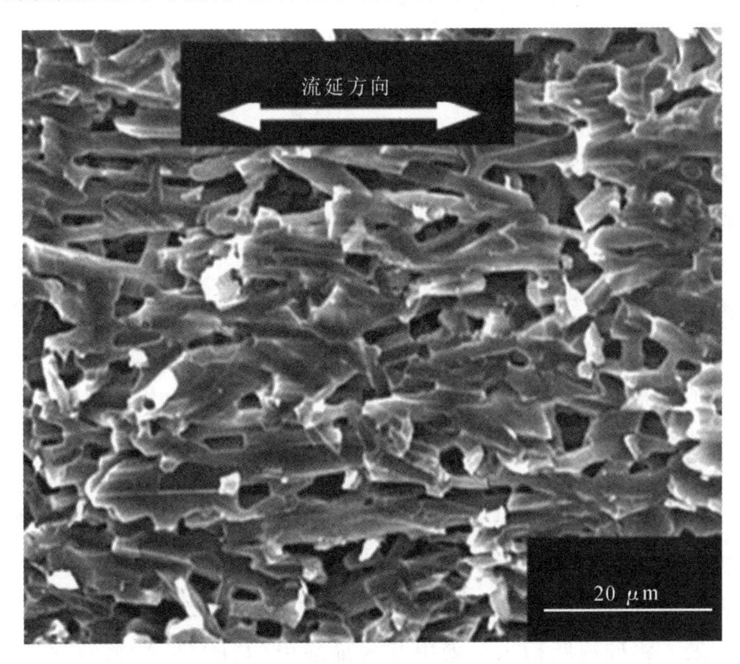

图 7-3　多孔氮化硅的微观结构

其他方法如溶胶-凝胶法、自蔓延高温合成法、水热法和放电等离子烧结法等都可以结合部分烧结法来制备多孔陶瓷，其中放电等离子烧结法可以在低温、低能耗条件下获得相对高强度的陶瓷烧结体。通过颗粒之间的脉冲电流加热产生高温，颗粒的表面受热熔化，形成颈部后冷却从而实现强化，利用该方法可制得各类性能良好且节能环保的材料。采用放电等离子烧结法制备多孔氧化铝和氧化铝基复合材料，可以获得强度较高且较厚的烧结颈，显著提高了陶瓷材料的强度。在烧结初期，放电过程在颗粒间进行，促进了颗粒颈的生长桥接，使材料的强度明显提高。例如基于放电等离子烧结法制备的多孔氧化铝基复合材料，其孔隙率为30%时,抗弯强度可达250 MPa,孔隙率为42%时,抗弯强度可达177 MPa。而对于基于传统工艺制备的陶瓷,在孔隙率为30%时,抗弯强度约为100 MPa(见图7-4)。利用放电等离子烧结(SPS)法,将成本低且可再生的硅藻土,通过快速加热使粉体颗粒结合成高强度的多孔体,而不明显破坏硅藻土粉的内部孔结构。微观结构特征表明,在700~750 ℃温度下,多孔陶瓷形成颈部,随后在850 ℃温度下形成明显的熔体相,从而获得较高的强度。

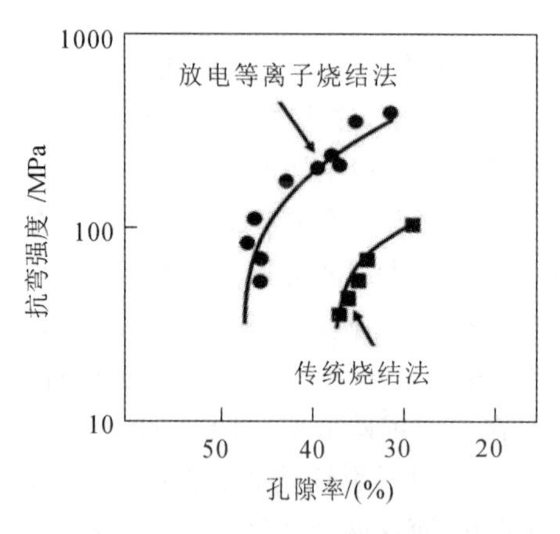

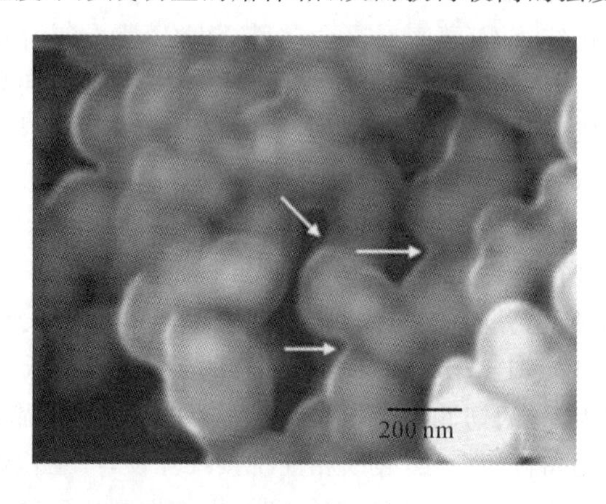

图7-4 通过SPS和传统烧结氧化铝(左)以及氧化锆(右)的微观结构制备的氧化铝/3 vol.%氧化锆的抗弯强度与孔隙率的函数关系

7.1.2 牺牲模板法

牺牲模板法是将适量的模板材料作为造孔剂与陶瓷粉料混合,并且在烧结前或烧结过程中蒸发或烧尽造孔剂而形成孔隙的一种方法。造孔剂一般分为天然有机物(马铃薯淀粉、纤维素、棉花等)、合成有机物(高分子微球、有机纤维等)、金属和无机物(镍、碳、粉煤灰、玻璃颗粒等)、液体(水、凝胶、乳液等)等。常用的造孔剂有聚合物微球、有机纤维、淀粉、石墨、木炭、水杨酸、煤和液态石蜡等。孔隙率由造孔剂用量控制,且当造孔剂的粒径与起始粉料或基体颗粒的粒径相差较大时,孔隙形状和粒径分别受造孔剂和基体形状、粒径的影响。

例如,采用牺牲模板法可以制备一种基于MnO_2纳米片和高性能碳纳米管的新型线状超级电容器。以MnO_2纳米片为模板,在其表面沉积SiO_2层,为钴基催化剂颗粒在碳纳米管外电极上的原位生长提供了载体。然后,采用水热法,在填充聚乙烯醇-氢氧化钾(PVA-KOH)凝胶电解液的过程中,刻蚀掉SiO_2层,得到器件并对其进行了表征。采用上述方法制备的超级电容器具有良好的电容性能和高能量密度,在可穿戴和便携式电子设备领域中有广阔的应用前景。将硅树脂粉末与聚甲基丙烯酸甲酯(PMMA)微珠进行干混和热处理,制备了图7-5所示的SiOC泡沫陶瓷。使用PMMA可以制备大孔β-磷酸三钙(TCP)陶瓷,即用TCP浆料溶解PMMA微珠使其相互连接,形成有机骨架,然后通过低温热处理去除PMMA,烧结得到多孔陶瓷。其孔隙率可在70%到80%之间变化,互连尺寸为平均宏观孔径的0.2~0.6倍。利用可膨胀微球和PMMA微珠制备了具有双孔结构的微孔碳化硅陶瓷,使得构造区的孔隙较大,这种陶瓷具有良好的透气性。使用玉米淀粉(粒径为5~18 mm)可以制备多孔氮化硅陶瓷。通过对料浆进行搅拌、真空冷冻干燥、筛分等,获得了均匀的孔结构。将不同用量的玉米淀粉与(Ba,Sr) TiO_3混合制备粉体,得到(Ba,Sr)TiO_3多孔陶瓷。结果表明,与致密材料相比,正温度系数热敏电阻(PTCR)提高了1~2个数量级。

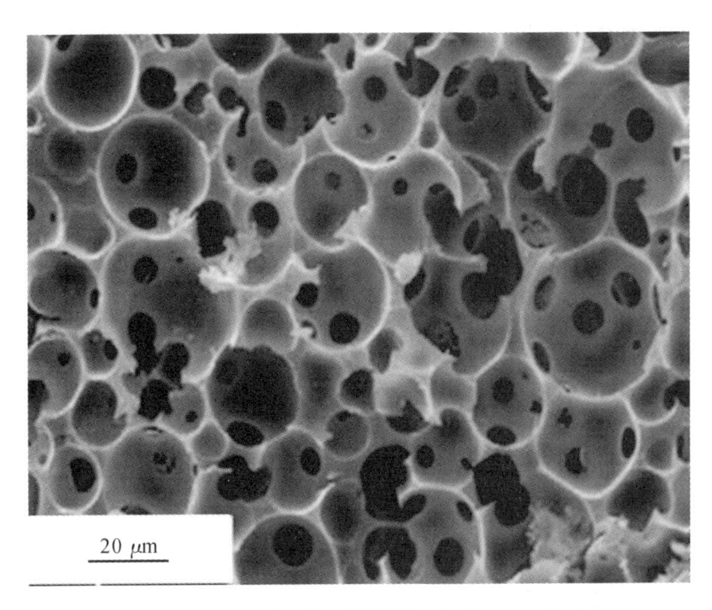

图 7-5 用 PMMA 微珠牺牲模板制备的 SiOC 泡沫陶瓷

类似水和油等易升华或蒸发的液相物质，也常被用作造孔剂。近年来研究较多的冷冻干燥法是指先将物料冷冻形成固体，再在适当的真空条件下，使固态溶剂直接升华，从而形成多孔陶瓷。另一种方法是控制溶液中冰的定向生长，以得到方向性好、孔隙率高的多孔陶瓷。图 7-6 显示了该方法的原理以及由此获得的多孔氮化硅体。当浆料底部冻结时，冰在宏观上沿垂直方向生长，随后孔隙因冰的升华而产生。通过烧结坯料，可获得具有单向排列孔道的多孔陶瓷。这些孔道包含小的孔隙(Al_2O_3)或纤维状颗粒(Si_3N_4)。冷冻干燥法烧结过程简单，不会烧坏材料，气孔率范围广(30%～99%)，适用于各种陶瓷，对环境友好。特别是冰凝结而成的孔道可应用于生物医学植入物和催化载体等。

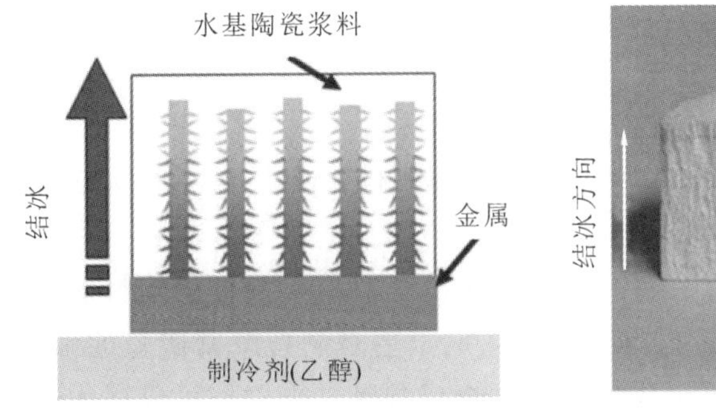

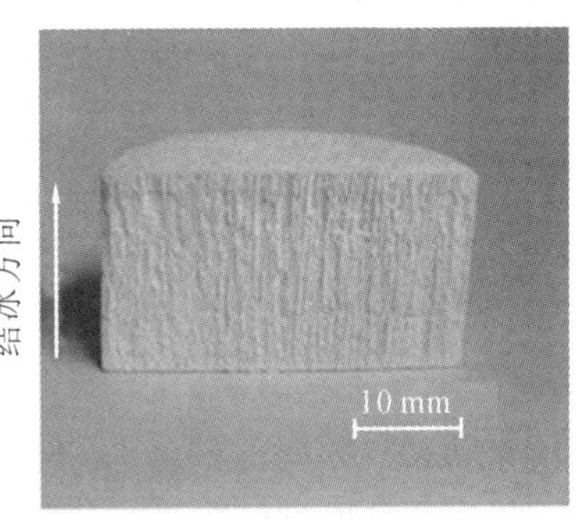

图 7-6 多孔氮化硅体的冷冻干燥过程的示意图

牺牲模板法尤其适用于制备较高孔隙率的陶瓷。然而，为了获得形态单一、均匀分布的孔隙，这些助剂需要与陶瓷原料混合。固态模板如有机材料，通常通过高温热解来移除，这个过程需要长时间的热处理，并会产生大量可蒸发且可能有害的副产品。

7.1.3 复制模板法

复制模板法常被用来制备具有高孔隙率和开孔壁的多孔陶瓷。最常用的模板是多孔聚合物海绵，如聚氨酯。以海绵为例，复制模板法的第一步是用陶瓷悬浮液、前驱体溶液等来浸渍模板，剩余部分通过离心、滚筒压缩等方式排出。待陶瓷浸渍模板干燥，进行热处理使有机海绵分解，最后将陶瓷层在高温下致密化，可以得到孔隙率高于 90% 的陶瓷，且其孔径为几毫米到几百毫米不等。这些开放式单元相互连接，使得流体能够以相对较低的压降通过多孔陶瓷。然而，由于热解过程中易开裂，网状多孔陶瓷的力学性能普遍较差。

为了改善力学性能，将涂有较厚浆料的坯体预热烧尽海绵后，用相同成分的较薄泥浆反复涂覆，得到了高强度网状多孔陶瓷坯体。有研究者还尝试了用陶瓷浆料真空渗透来填充预烧结陶瓷，使由聚乙烯模板烧坏导致的空心支柱被完全填充，从而大大提高了抗压强度。将反应键合工艺与复制模板法结合，也得到了高强度的多孔陶瓷。利用复制模板法还可以制备涂有生物活性玻璃陶瓷浆料的羟基磷灰石支架，同时提高了其力学性能和生物活性。在光催化方面，利用该工艺制备的一种涂有 TiO_2 浆料的网状氧化铝多孔陶瓷如图 7-7 所示。研究发现，多孔陶瓷的孔径会影响光催化活性。也有研究者利用各种纸模板成功地制备了具有单片、波纹结构的多层陶瓷，这种陶瓷具有独特的微观结构，如由纤维形成的排列孔、拉长的形态和多层堆积，它们对各向异性力学性能有很大的影响。

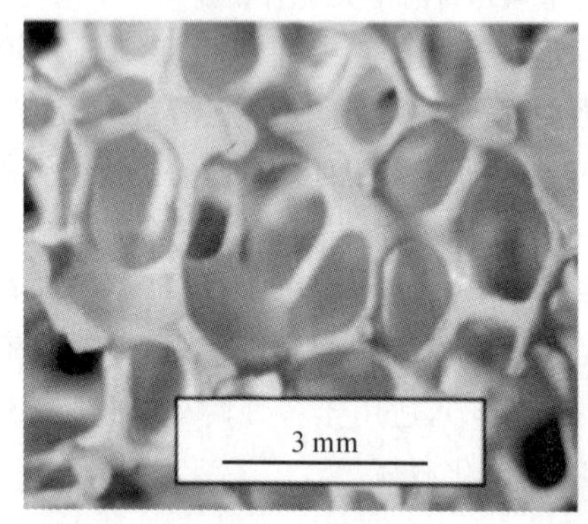

图 7-7　涂有 TiO_2 浆料的孔径不同的氧化铝多孔陶瓷

具有多孔结构的自然资源如木材、珊瑚、海绵等也常被用作模板材料，不同类型多孔结构的显微结构如图 7-8 所示。通过在惰性气氛下的热处理，木材被转变成含碳的预制件。随后它们被氧化物和非氧化物渗透，这些氧化物和非氧化物发生反应，形成多孔陶瓷。常用的渗透物有熔融金属、气态金属、醇盐溶液等。

挤压成型法也属于复制模板法的一种，其通过给予具有可塑性的浆料强大的挤压力并使用特定的模具成型，烧制得到多孔陶瓷材料。该工艺是制备蜂窝陶瓷的常用方法之一。其工艺流程为：原料合成、混合、挤出成型、干燥、烧成制品。采用挤压成型法制备的多孔氧化锆毛细管，以正癸烷、正己烷、硬脂酸和蜂蜡为原料，烧结所得样品孔隙率为 50%～56%，水渗透率为 140～388 L/(m^2 · h · bar)，抗弯强度高达 76 MPa。并且随着氧化锆粒径的减小，烧结体的机械强度有升高的趋势，其可应用于流动条件下固定化酶。

此外，采用复制模板法还可以制备多孔生物氮化硅陶瓷。以天然海绵为原料，随后用含硅浆料浸渍海绵，再通过热处理去除生物聚合物，形成硅骨架。最后在循环氮气气氛下进行热处理，促进了硅和多孔 α/β-氮化硅的氮化，使海绵的原始形态得到改善。该工艺的优点是可获得多种多孔结构(取决于所选木材类型)、原料成本低、可近净成型复杂结构及成型温度低等。

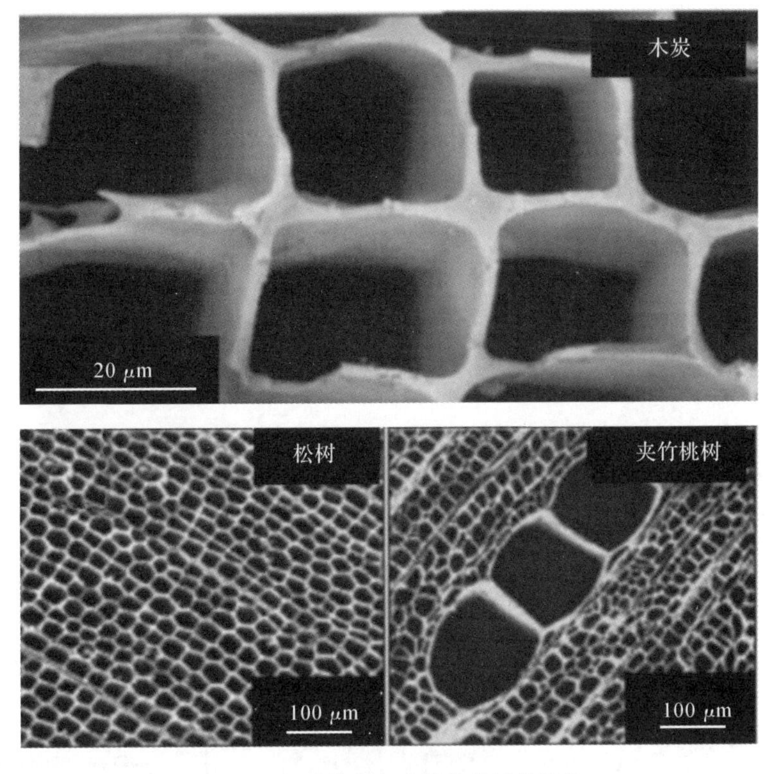

图 7-8　不同类型多孔结构的显微结构

7.1.4　直接发泡法

直接发泡法是先稳定并干燥陶瓷悬浮液，随后进行烧结以获得固结结构的技术。这项技术成本低、工艺简单，且可制备高孔隙率(高达 95%)的多孔陶瓷材料。虽然通过在陶瓷浆料中连续发泡可制备具有单向孔道的多孔陶瓷，但由于热力学的不稳定性，气泡易产生聚集，从而降低体系的总吉布斯自由能，最终在多孔体中形成较大的孔隙。因此，稳定陶瓷悬浮液中的气泡至关重要，最常用的稳定方法是添加表面活性剂，它可以降低气液界面的能量。制备的多孔体的孔径范围取决于所用表面活性剂的性能，其可从小于50 μm到毫米级别。

Brag 等人提出了一种新型的直接发泡工艺，即在稳定的悬浮液中乳化均匀分散的烷烃或空气-烷烃相。与传统的直接发泡方法不同的是，这里的发泡是通过乳化烷烃液滴的蒸发来实现的，使模具中的孔隙随时间而膨胀，这可以使具有 0.5～3 mm 的孔径和孔隙率高达97.5%的陶瓷具备互连结构。这种自动发泡工艺还可以使复杂成型的或具有梯度结构的陶瓷零件具有高弹性。图 7-9 显示了乳化陶瓷粉悬浮液(使用 5.5 vol.%庚烷和 0.83 vol.%阴离子表面活性剂)发泡过程的三个阶段：粉末悬浮液中的烷烃乳液、乳液向湿泡沫的转变、多面体结构的形成(向稳定泡沫的转变)。当顶部的烷烃液滴蒸发并长大时，新的液滴同时在底部进行发泡过程，直到乳液全部转化为稳定的泡沫。

采用直接发泡法和添加造孔剂法相结合的方法，制备的具有三维多孔结构的陶瓷，特别是具有明渠结构的陶瓷的孔隙率最高达 95.1%，具有孔径均匀、密度低、机械强度高等特点，

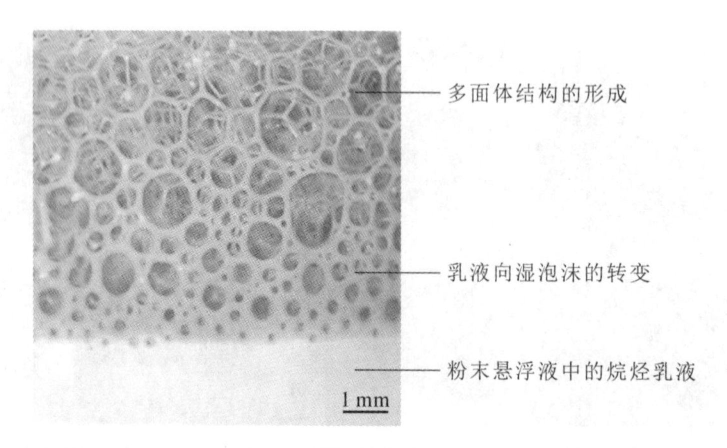

图 7-9　乳化陶瓷粉悬浮液发泡过程的三个阶段

可以满足高性能泡沫陶瓷在催化剂装填、过滤、吸附等方面的需求。使用 CO_2 作为发泡剂，利用前驱体聚合物细小且均匀分布的微孔结构来制备多孔陶瓷。在高压下，用气态 CO_2 对聚碳硅烷和聚硅氧烷的混合物进行饱和处理，随后通过快速压降，利用热力学不稳定性引入大量气泡，通过热解和后续的选择性烧结得到微孔陶瓷。挤出共混物在室温和 5.5 MPa 下，用气态 CO_2 饱和 24 h，并在室温下以 3.9 MPa/s 的压降速率发泡的多孔陶瓷断裂面如图 7-10所示。

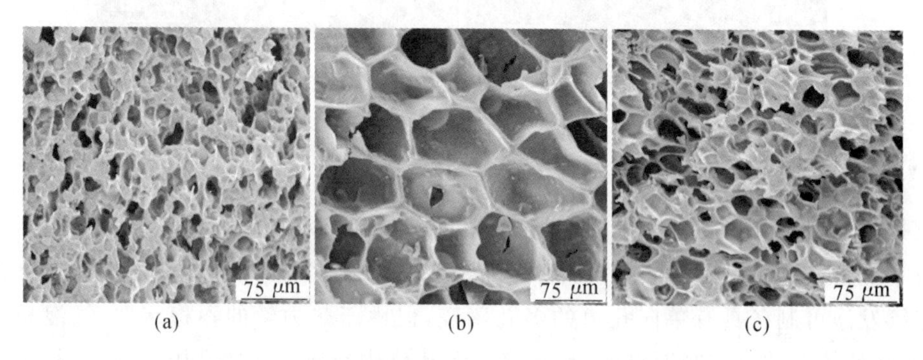

图 7-10　泡沫聚硅氧烷和微珠共混物的典型断裂面

(a) $SiOC_1$；(b) $SiOC_2$；(c) $SiOC_3$

研究表明，具有特定表面化学性质的颗粒也可以有效地稳定气泡，从而产生稳定的湿泡沫。采用胶体颗粒作为泡沫稳定剂，可以获得更小孔径的多孔陶瓷。由于部分疏水性颗粒被吸附到空气/水界面，该方法可用来制备超稳定湿泡沫。一般来说，表面活性剂泡沫破裂只需要几分钟的时间，而该工艺可以使其在数天内既不产生气泡聚集也不产生歧化作用。通过调节颗粒在不同界面的润湿性，可以促进胶体粒子在空气/水界面的附着性能，由于其显著的稳定性，颗粒稳定的泡沫可以在空气中直接干燥而不产生裂纹。烧结后得到的大孔陶瓷孔隙率为 45%～95%，孔径为 10～300 μm，具有闭孔的陶瓷的抗压强度(例如，孔隙率为 88%的氧化铝泡沫陶瓷抗压强度为 16 MPa)高于用其他传统工艺制备的泡沫陶瓷的抗压强度。

7.1.5　3D 打印法

近年来，3D 打印法已成为一种广泛用来制备多孔陶瓷材料的技术。3D 打印法是使用 CAD 软件精确控制每一层的构造，并通过熔合各种材料(粉末和黏结剂)来打印物体。以

3D 喷射成型工艺为例，此工艺是指在平台上铺满粉末材料，通过喷墨打印头将液态黏结剂施加到适当的层上并固化粉末，随后将构建平台降低 0.1 mm，并在第一层上铺开另一粉末层，重复该过程，直到零件完成打印。评估多孔陶瓷 3D 打印质量的主要是制备速度和成本、材料选择、最大分辨率和精度、孔的最大尺寸和最小打印层厚度。3D 打印法是一个从数字立体光刻文件格式（STL 文件）制备三维实体对象的过程。不同的三 D 打印技术已被广泛用于制作多孔陶瓷零件，包括立体光刻（SLA）、选择性激光烧结（SLS）、熔融沉积成型（FDM）、数字光固化处理（DLP）和三维打印（3DP）。

由于设计灵活、自由度大，SLA 的应用尤其广泛，其可以用来制备亚微米尺寸和分米尺寸的陶瓷结构。在生物医学领域，该技术可为患者定制个性化医疗方案、部件和复杂的外科辅助设备，如助听器。在一个基于种植体颌面和颅面外科研究的项目中，所提供的一种长期的、具有生物活性的植入物，能够适应患者的骨形态，如图 7-11 所示。其优点是可以缩短患者住院时间。陶瓷多孔结构的设计可以改善骨生长和骨锚定移植过程，这些结构在 3D 部件制造之前直接包含在植入体的设计中。

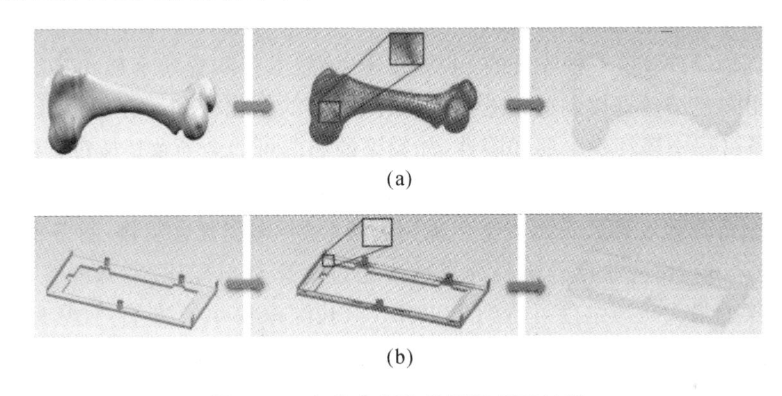

图 7-11　立体光刻陶瓷零件创建过程

(a)从三维扫描仪创建；(b)从 CAD 图纸创建

也有学者认为 SLA 要求材料存在可以进行光固化的部分，如树脂等，用于光交联。在组织工程的应用中，很少能找到在光聚合过程中可以保持尺寸稳定的生物可降解材料或生物相容性材料。SLA 的优点是能够创建具有稳定内部结构和高分辨率的复杂形状，并去除未聚合树脂。但是，适于用 SLA 处理的具有良好特性的树脂很少，且自由基和光引发剂可能在很长一段时间内保留细胞毒性。

SLS 可以用来制备具有复杂结构的陶瓷材料，常应用于骨组织支架等。利用 SLS 可制备具有良好生物相容性且能促进骨损伤愈合的仿生复合支架，即纳米羟基磷灰石/聚己内酯。其具有预先设计好的有序孔隙和相互连接的微孔，图 7-12 展示了支架褶皱内部的多孔结构。尽管用来制备支架的 SLS 工艺已经得到了较好的发展，但由于在制备时需要较高的操作温度，该工艺仍存在局限性。粒子的结合需要通过激光扫描粉末粒子的表面实现，并将其加热到玻璃化转变温度以上。在烧结过程中，分子向外扩散，在相邻粒子之间形成烧结颈。由于没有黏结的固态陶瓷颗粒能够支撑悬臂结构，故该工艺不需要临时的多余支撑体。烧结过程不涉及陶瓷粉末的完全熔化，因此可以保持原有陶瓷颗粒的孔隙率。

FDM 是指从喷嘴中选择性挤出热丝，随后通过在坐标系内移动喷嘴来打印分层的 3D 组件，其常被用于制备陶瓷支架。通过 FDM 制备的三维支架具有互联的通道网络、高通道尺寸和可控的孔隙率。利用 FDM 可以制备由定向排列的长丝层组成的三维多孔陶瓷部件，

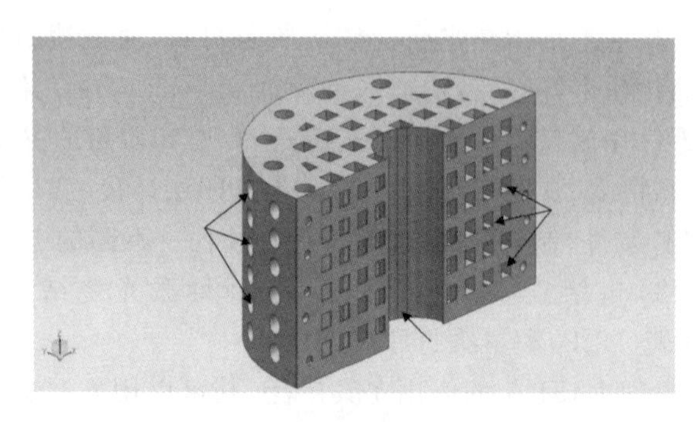

图 7-12 CAD 支架模型

将熔融石英的多孔陶瓷块体与金属铝相渗入莫来石中，得到了具有良好性能的金属陶瓷复合材料。实验表明，基于 FDM 制备的支架的多孔结构取决于四个参数，分别是挤压层的宽度、切片厚度、栅格角度和光栅间隙。切片厚度是用于构建 3D 组件的层的厚度，而栅格角度是水平栅格和 3D 组件的后续层之间的角度。光栅间隙是设置在 3D 组件的切片平面内的光栅线之间的间隙。通过改变工艺参数可以制备通道尺寸和孔隙率不同的支架。

陶瓷熔融沉积(FDC)是一种改进的 FDM 技术，该技术将陶瓷粉末加入热塑性丝状材料中挤压。可以使用陶瓷细丝直接制造先进陶瓷，如高刚度的氮化硅和部分稳定氧化锆。然而，在这些陶瓷的制备过程中还存在一些局限性，如频繁的屈曲可能会导致挤压过程的中断。

DLP 是指利用数字光源在液态光敏树脂表面进行层层投影和固化成型来得到制品。利用 DLP 工艺可以制备多孔 β-磷酸三钙支架。采用丙烯酸酯/陶瓷复合浆料，制备出了低黏度的陶瓷浆料体系，去除了残留的非聚合浆料的毒性。通过优化浆料配比、特殊的脱脂工艺等，利用 DLP 打印的支架的最大抗压强度可达到 9.89 MPa，孔隙率在 40%左右，且具有良好的生物相容性，可以在骨再生过程中促进细胞黏附和血管生成，这有助于拓展 DLP 在生物医学领域的应用。以聚乙烯醇(PVA)为黏结剂，利用改进的 3D 打印技术制备具有可控孔结构、优异机械强度和矿化能力的分层支架。该方法为解决无机支架材料普遍存在的孔隙结构不可控、强度低、脆性高、需要高温二次烧结等问题提供了新的思路。研究发现，利用 DLP 制备的 3D 打印支架具有较高的机械强度(比用传统的聚氨酯泡沫制造的高约 200 倍)、良好的骨再生性能、高度可控的孔结构、优异的磷灰石矿化能力和持续的药物传递特性。

7.1.6 其他方法

多孔陶瓷的制备方法除上述技术外，还有离子交换法、扩散造孔法等。离子交换法是指在水中将十八烷基三甲基溴化铵与硅酸钠混合，实现阳离子交换，铵根离子使层片硅酸盐的结构发生变形，同时发生缩聚，有机物被包裹在片层之间，经过烧结后形成多孔陶瓷。运用此种工艺制备的陶瓷材料适用于催化和吸附等领域。

以氧氯化锆和硝酸钇为原料，通过离子交换法制备氧化钇稳定氧化锆(YSZ)溶胶，随后采用浸涂工艺制备了 YSZ 膜。该溶胶的制备过程是将纯的或纯度为 97%的氧氯化锆及 3%(摩尔分数)的硝酸钇溶解于去离子水中制得 100 mL 的溶液，随后加入阴离子交换树脂，控制 pH 值，得到透明溶胶。然后通过一系列成型工艺得到 YSZ 膜。研究发现，采用离子交换法制备溶胶时，溶胶的黏度随 pH 值的增大呈指数增大的趋势，溶胶的 pH 值是影响其黏度和稳定性的最主要因素，采用离子交换法可制备出膜面较完整的 YSZ 膜。

将扩散造孔和相变造孔结合，利用粉末冶金和无压烧结制备 Ni-Cr-Al 多孔陶瓷。研究表明，随着温度的升高，制品的开孔孔隙率和径向膨胀率呈先升高后缓慢下降的趋势。当烧结温度低于 920 ℃时，压坯中主要以 Ni-Al 扩散偶为主，这是因为 Al 在 Ni 中的扩散系数远远大于 Cr 在 Ni 中的扩散系数。而当烧结温度高于 920 ℃时，压坯中主要以 Cr 的扩散为主。利用元素粉末烧结的 Ni-16Cr-9Al 材料不仅孔隙率高，还具有良好的高温稳定性。同时，制备方法简单可控、成本较低，对开发多孔合金以及工业化应用具有重要意义。

此外，用 Ti、Al 元素粉末为原料，通过两段反应烧结法制备了 Ti-Al 金属间化合物多孔材料。在低温固相阶段，因 Kirkendall 效应而形成的众多细小的孔和压坯中残留的少量间隙孔，会在高温扩散阶段随着晶粒长大和晶界迁移而聚集长大、重排、贯通形成三维的通孔。而且随着粉末粒度的增大，颗粒间间隙会增大，使得孔隙率升高和最大孔径增大。随着烧结温度的升高，晶粒聚集长大，开孔变为闭孔，故开孔率减小，且最大孔径也会增大。与传统的 316L 不锈钢多孔材料相比，Ti-Al 合金多孔材料具有更加优异的抗氧化性能。

7.1.7　多孔陶瓷制备方法的优缺点及未来发展方向

对部分烧结法、牺牲模板法、复制模板法、直接发泡法和 3D 打印法进行比较，五种多孔陶瓷制备方法的优缺点及未来发展方向如表 7-2 所示。

表 7-2　五种多孔陶瓷制备方法的优缺点及未来发展方向

制备方法	优点	缺点	未来发展方向
部分烧结法	可制备尺寸分布极窄、孔径分布均匀、力学性能好的多孔陶瓷； 工艺简单，易于操作，可以精确控制膜材料的厚度； 在低温条件下可得到品质较高的陶瓷烧结体，且耗能相当小	对原材料的损耗较大，制品的结构也较单一，制品形状受限	将部分烧结法与各种陶瓷制备工艺结合，制备性能优异的织构多孔陶瓷
牺牲模板法	孔结构可控、成本较低、造孔剂易寻、使用范围广，可制备复杂结构； 可以改良强度和孔隙率的关系，控制简单、坯体烧成收缩小、孔结构多元、强度较好	原料的塑性和模具要求高； 可能产生有害的副产品； 不易控制陶瓷气孔的均匀性	减少或消除造孔剂热处理过程中产生的有害气体； 通过调整原料粒径，精确控制孔径大小和分布
复制模板法	可以制备具有高孔隙率、连通大孔隙的多孔陶瓷，以及具有高孔隙率的高度定向多孔结构； 节省能源、操作简单、过滤高效、成本低廉	海绵模板易裂解； 制品的孔结构可设计性较差； 主晶相的转化率也相对较低	采用环境友好的天然模板制备多孔陶瓷
直接发泡法	缺陷少、简单、成本低、孔径狭窄、速度快，有利于控制陶瓷的形状和密度	泡沫易聚集长大，多形成开口孔隙； 原料标准要求较高； 实验过程中部分反应的条件难以控制	保持高孔隙率的同时尽可能提高基体强度
3D 打印法	成本低，制备过程稳定； 形状易于控制； 精度高和表面光洁； 个性化制作成本相对较低	可选择的印刷材料非常有限	提升打印精度； 开发多种浆料体系用以打印不同多孔陶瓷材料

在过去的几十年中，人们在多孔陶瓷制备工艺的研究上付出了巨大的努力，能更好地控制多孔陶瓷的结构，也很好地改善了多孔陶瓷的性能。本节综述了近年来多孔陶瓷的研究进展，通过对多孔陶瓷进行一般分类，介绍了为严格控制孔隙而开发的一些创新工艺。许多方法已经被用于环境友好、可再生、成本低的制造过程中，如时间短、温度低的热处理（热解、煅烧、烧结）等，在空气气氛和常压下加工，可完全避免有害副产品的产生，可利用的资源和再生材料丰富，可近净成型和烧结等。另一个重要的问题是，如何精确控制孔径大小和分布以增大多孔陶瓷应用范围。正如文中一些研究所报道的，这个问题可以通过改进工艺和原料尺寸更精确地控制基质微观结构（晶粒、晶须、纤维等）来解决。

最后，值得注意的是，多孔陶瓷组件最常受到机械载荷和热冲击，为了进一步增强其在未来工业中的适用性，需要提高其结构可靠性。在保证结构可靠性方面，如促进基体晶粒间的颈部生长和避免制造过程中产生缺陷等，还需要更多的努力。另一方面，虽然人们普遍认为孔隙会降低材料的力学性能，但这并不总是正确的。特定可控的多孔微结构很可能会带来巨大的改进或独特的性能，这是致密材料所无法实现的。

7.2 多孔陶瓷结构表征

多孔陶瓷的性能与用途主要取决于其孔洞的结构。多孔陶瓷的孔结构参数有气孔率（孔容积、孔密度）、孔径（孔道喉径）和孔径分布、孔比表面积、孔形状（包括孔外形、孔长度、孔曲率）等。

孔结构参数往往决定着多孔材料的性能及应用。例如：闭口气孔结构的气孔率越高，气孔越小，其导热率就越小，是应用于绝热场合的良好材料；具有较窄孔径分布的和贯穿性孔洞的多孔陶瓷是用于分离、过滤的良好材料，等等。另外，孔结构参数还直接影响着材料的总比表面积、密度等性能参数。气孔率越大，孔直径越小，孔形状越复杂，其总比表面积越大，催化、吸附等性能越好。

因此，如何对孔结构进行合理的表征就显得非常重要。研制多孔陶瓷迫切需要根据实际情况选择准确、简洁的孔表征技术。多孔陶瓷孔结构的表征方法包括：直接观测法、显微法（光学显微镜、扫描电子显微镜、透射电子显微镜等）、压汞法、气体吸附法、排除法、蒸汽渗透法、小角度散射法、热孔计法、核磁共振法、分形维数法等。对各种多孔陶瓷孔结构的表征方法进行综合论述、比较，能为我们选择合适的表征方法提供很好的依据。

7.2.1 直接观测法

直接观测法是指不需要复杂、专门的仪器设备，只需用较简单的工具，或凭着经验、感觉对多孔陶瓷的孔结构参数进行测量或估计的方法。这种方法简单、实用、效率高；可以对多孔陶瓷的气孔率、孔径及其分布进行准确或大致准确的测量。直接观测法包括经验法估计气孔率、称量计算法测气孔率以及断面图法分析气孔率、孔径及其分布。经验法即有经验的工程师或研究者根据陶瓷材料的不同，用手掂量一下，获得大致的材料密度、气孔率，这种方法误差较大，试用于初步判断，若想更精确些，则需要结合后两种简单测量方法。

1. 称量计算法测气孔率

1）总气孔率的测量

选取具有代表性的样品，不要破坏材料的原始气孔结构，仔细测量各个尺寸后再用天平称取样品质量，根据如下公式计算样品的总气孔率：

$$\theta = 1 - \frac{M}{V\rho_s} \tag{7-1}$$

式中：θ 为样品的总气孔率；M 为样品的质量；V 为样品的体积；ρ_s 为样品对应致密固体材质的密度。

由式(7-1)可以看出，用此方法测量的前提条件是需要事先知道样品对应致密固体材质的密度，有时候没有相关的数据或不方便测量会影响其使用。另外，测量过程中的温度、湿度对测量结果有所影响，其影响主要微孔对空气中水分的凝聚作业产生，所以在测量时应注意将温度、湿度控制在一定范围内。

2）显气孔率的测量

多孔材料中开口孔隙（与大气相通的气孔）的体积与材料总体积的百分比称为显气孔率；材料的干燥质量与材料总体积之比称为表观密度。当多孔陶瓷的气孔都是开口气孔时，测定的显气孔率是其总的孔隙率。根据国家标准，它们的计算公式分别如下：

$$q = \frac{m_2 - m_1}{m_2 - m_3} \times 100\% \tag{7-2}$$

$$D = \frac{m_1}{m_2 - m_3} \tag{7-3}$$

式中：q 为样品的显气孔率；D 为样品的表观密度；m_1 为样品的干燥质量；m_2 为饱和样品在空气中的质量；m_3 为饱和样品在水中的质量。

其中，饱和样品可用抽真空法或煮沸法来制备。

抽真空法：将试样放入干净烧杯并置于真空干燥器中，抽真空至剩余压力小于 10 mmHg，保持 10 min，然后打开真空干燥器上部所装漏斗的阀门，加入蒸馏水，直到样品被完全淹没，关闭阀门，再抽气直至样品上无气泡出现即可停止。

煮沸法：将试样放在煮沸用器皿上，加入蒸馏水使样品完全被淹没，加热至沸腾后继续煮沸 2 h，然后冷却到室温。煮沸时器皿部和样品间应垫以干净纱布，以防止煮沸时样品碰撞掉角。

2. 断面图法分析气孔率、孔径及其分布

1）气孔率的断面测量分析方法

在不破坏样品孔隙结构的前提下，制备尽量平整的断面，如果孔径大于几毫米，可以直接测出断面的总面积 S_0 和其中包含孔隙的面积 S_p。如果孔径很小，可以通过（光学、电子）显微镜对两个面积进行观测，然后利用如下公式计算多孔陶瓷的气孔率：

$$\theta = \frac{S_0}{S_p} \tag{7-4}$$

此方法也比较简单，容易理解。但观测复杂边界图形的面积不易。如果显微镜分析附加计算机图形图像分析系统，可以直接得到面积，不失为一种既快又好的方法。这种方法的准确性直接取决于制备的断面是否具有代表性。可以通过取较大的断面或者多取几个，计算平均值来降低误差。

2）孔径及其分布的断面测量分析方法

在不破坏样品孔隙结构的前提下，制备尽量平整的断面，如果孔径大于几毫米，可以直接测出断面上规定长度内的气孔个数，由此计算平均弦长 L，再根据式(7-5)，将其转化成孔径 d。对于气孔较小的多孔陶瓷，可以通过显微镜或投影仪读出断面上规定长度内的气孔

个数。这里将所有的不规则气孔都视为圆形孔洞。

$$d = \frac{L}{0.616} \tag{7-5}$$

7.2.2 显微法

显微法就是采用光学显微镜、扫描电子显微镜或透射电子显微镜等对多孔陶瓷的孔结构进行直接的观测分析。该方法是直接观测多孔陶瓷中肉眼无法分辨的气孔的非常有力的手段。对于毫米级的孔洞，一般的光学显微镜就可以观测；微米级及以下的孔洞则需要使用电子显微镜观测。透射电子显微镜和扫描电子显微镜都可以用于研究多孔材料。为了解内部细微结构、晶格、网格，分辨率要求高时原则上采用透射电子显微镜，其分辨率可达到 2 Å 的高水平。如果想了解表面形貌的细微结构，尺寸较大，分辨率要求低，则可用扫描电子显微镜，它有很大景深，在放大倍数为 1 万倍时，有 1 μm 景深，此时有很强的立体感，不仅能观察物质表面局部区域细微结构情况，还能在仪器轴向较大尺寸范围内观察各局部区域间的几何关系。

显微法的主要优点就是能直接提供全面的孔结构信息，不仅可以观察孔洞形状，还可根据放大倍数来直接测量气孔率、孔径及其分布。显微法观察的视野小，只能得到局部信息的特点，这个特点似乎是缺点，但也是优点，因为其他的孔洞分析测量技术得出的是经过一定的理论假设后计算的平均结果(且这种结果具有一定的失真性)，无法对局部区域及细微结构进行分析。以上优点(特点)，使得显微法成为常用的对多孔陶瓷的孔结构进行观测的方法之一。

显微法的缺点是需要对样品进行制样处理。对于透射电子显微镜来说，制样较困难，孔的成像清晰度不高。

7.2.3 压汞法

压汞法(mercury intrusion porosimetry，MIP)，又称汞孔隙率法，是测定部分中孔和大孔孔径分布的方法。基本原理是：汞对一般固体不润湿，欲使汞进入孔需施加外压，外压越大，汞能进入的孔的半径越小。测量不同外压下进入孔中汞的量即可知相应孔的体积。所用压汞仪使用压力最大约 200 MPa，可测孔范围为 0.0064～950 μm(孔径)，可以测量样品的气孔率、孔径分布、孔表面积等孔结构参数。测量的孔径依据压力的不同可以从几纳米到几百微米。该方法对样品形状的要求也简单，可以为圆柱形、球形、粉末状、片状、粒状等。

孔的半径 r 计算公式为

$$r = -\frac{2\sigma\cos\theta}{P} \tag{7-6}$$

式中：σ 为汞的表面张力；θ 为汞与被测材料之间的接触角；P 为所施加的压力。

开孔表面积计算公式为

$$S = \frac{1}{2\sigma\cos\theta}\int_0^{V_{\max}} P\mathrm{d}V \tag{7-7}$$

孔半径分布函数为

$$\Psi(r) = \frac{P}{rV_{开}}\frac{\mathrm{d}(V_{开} - V)}{\mathrm{d}P} \tag{7-8}$$

或者为

$$\Psi(r)=\frac{P}{2\sigma\cos\theta V_{开}}\frac{\mathrm{d}(V_{开}-V)}{\mathrm{d}P} \tag{7-9}$$

式中：$V_{开}$ 为样品的开孔体积；V 为半径小于 r 的开孔体积；$\mathrm{d}V$ 为半径为 $r\sim r+\mathrm{d}r$ 的开孔体积。

由于仪器直接测得的是半径大于 r 的孔隙体积，因此可以用 $V_{开}-V$ 来表示。

式(7-9)中右端各物理量是已知或可测的，为求得 $\Psi(r)$，导数部分可由图解微分法得到，最后将 $\Psi(r)$值对应的 r 点绘成图，即得到孔半径分布曲线。一般为方便起见，也可以直接将测得的数据绘在$(V_{开}-V)/V_{开}$ 与 P(或直径 d)的孔累积变化图上，并将 P 轴附以相应的 d 值，这样可根据需要在图上取若干 Δd 区间，找出对应各区间的 $\Delta(V_{开}-V)/V_{开}$ 增量，列出孔径分布表。

高压下用有毒的汞来做实验是压汞法的一个缺点；要将汞压入微细孔洞中需要很大的压力(如压入半径为 1.5 nm 的孔洞中需要 400 MPa 的压力)，故该法不适于测量微细孔洞，这是它的第二个缺点；其第三个缺点是在高压下，汞将进入开口的非贯通性孔，它无法区分贯通性孔与非贯通性孔。

7.2.4　气体吸附法

气体吸附法的最佳测试范围是 0.1～10 nm，因此气体吸附法最适于微孔、介孔材料的测试，是孔结构表征技术中用得最为广泛的一种测试方法。

首先样品需要通过真空或高温处理，进行脱气，然后将样品暴露在吸附质的气氛中，在恒定的温度下改变吸附质的压力(从小到大，然后从大到小，或根据需要按一定程序变化)，并跟踪样品的重量变化，从而得到吸附、脱附的等温线。测量吸附平衡等温线的主要方法有重量法和量压法。

根据气体吸附、脱附的等温线的形状以及不同吸附质的吸附量变化，还能进一步得到孔的形状等方面的结构信息。该方法的不足之处是测试周期较长、不能测量闭孔、影响测试精度的因素较多。

该方法依据气体在固体表面的吸附以及不同气体压力下气体在毛细管中凝聚的原理，来测试材料的比表面积和孔径分布。

BET 方程如下：

$$\frac{\frac{p}{p_0}}{n\left(1-\frac{p}{p_0}\right)}=\frac{1}{n_{\mathrm{m}}c}+\frac{c-1}{n_{\mathrm{m}}c}\left(\frac{p}{p_0}\right) \tag{7-10}$$

式中：n、n_{m} 分别为单位吸附剂上的吸附量和单层吸附容量；p、p_0 分别为吸附气相的压力和饱和蒸气压；对于确定的吸附体系，c 可视为常量。

测定不同压力下的吸附量 n，即可通过求得的 n_{m} 计算材料的比表面积。

开尔文(Kelvin) 方程如下：

$$\ln\frac{p}{p_0}=\frac{-2\gamma V_{\mathrm{L}}}{RT}\frac{1}{r_{\mathrm{m}}} \tag{7-11}$$

式中：p_0、γ、V_{L} 分别为液体吸附质在半径无穷大时的饱和蒸气压、表面张力和摩尔体积；r_{m} 为液珠曲率半径；R、T 分别为普适气体常数和绝对温度。

式(7-11)表明在一定的分压下,在小于曲率半径 r_m 的孔中的气相开始凝聚为液相,因此通过测量不同分压下多孔材料的气体吸附量,可得到多孔材料的孔径分布。

7.2.5 排除法

排除法可以对多孔材料进行"原位"测定,即可以直接得到成品或半成品的贯通性孔的孔径分布,是一种对贯通性孔非常有效的测试方法。另外排除法还可以检测非多孔材料的缺陷尺寸,因此对制造工艺的改进和渗透分离性能的预测有着积极的指导意义。

1. 排除法的分类

排除法按渗透剂的相不同分为两类,当渗透剂为气体时,为气体-液体排除法(gas-liquid displacement porometry,GLDP),又称气体泡压法,有人将之简称为液体排除法。当渗透剂为液体时,为液体-液体排除法(liquid-liquid displacement porometry,LLDP),有人称之为液液排除法。

气体泡压法针对微孔是一种十分有效和方便的检测手段,其装置简单、操作方便,还可以检测膜的最大孔径或缺陷尺寸,故常用于检测商品膜(如微滤膜)的产品质量。但用气体泡压法测定膜的孔径分布在理论和测定技术两方面还有待进一步完善。这是因为气体在微孔中的渗透机理十分复杂,目前还难以直接建立孔径分布与气体渗透性的数学关系。渗透剂的气相和浸润剂的液相之间的界面张力往往较大,测定较小的孔径时所需的压差较高。另外,测定过程中还难以避免浸润剂随渗透剂的蒸发携带,尤其是当气体流量较大时,如在压差与流量曲线的拐点处,蒸发携带比较严重,导致测定结果的失真。

以液体为渗透剂的液液排除法,在一定程度上可以克服气体泡压法的上述缺点。液体的渗透通量较小,浸润剂和渗透剂互不相溶,故溶解携带的影响较小。液体在孔中的流动理论也相对成熟,可由传递方程直接导出孔径分布函数表达式。此外,液体间的界面张力范围较宽,因此可以降低测定压差,拓宽孔径的测定范围。

2. 测试原理

排除法测定孔径的原理即毛细管作用,当半径为 r 的毛细管为表面张力 σ 的液体润湿且毛细管液相压力 P_2 与流体压力 P_1 达到静力学平衡时,P_2 和 P_1 的关系可由拉普拉斯方程得出:

$$\Delta P = P_2 - P_1 = \frac{2\sigma\cos\theta}{r} \tag{7-12}$$

当孔两端的压力大于 $2\sigma\cos\theta/r$ 时,毛细管内的液体就会被移走,排除法就是根据这一原理测定多孔材料孔径的。

在实际测定过程中,用已知表面张力的液体充分润湿多孔材料孔洞(用抽真空法或煮沸法),固定多孔材料一端的压力,另一端用液体或者压缩空气、氮气产生压差。当压差增大到一定值时,多孔材料上的最大孔首先打开,而后小孔依次打开,利用式(7-12)计算孔径。同时测定反映开孔数的湿多孔材料气体流量 F_W。当多孔材料上的所有孔打开时,减压测定此时干多孔材料气体流量 F_D。与使用液体为流动介质的排除法不同,气体流动介质在多孔材料微孔中,不仅以层流方式透过,还存在分子流,即克努森(Knudsen)流。因此为得到多孔材料孔径分布函数,除了需假设孔为圆柱形、接触角为零外,还需假设湿多孔材料气体流量与被打开孔的面积成正比。因此湿多孔材料气体流量与干多孔材料气体流量之比 R 反映了被打开孔的面积的分率：

$$R(r)=\frac{F_W(r)}{F_D(r)}\times 100\% \tag{7-13}$$

将 $R(r)$ 对孔径微分得到孔径分布函数 $f(r)$：

$$f(r)=\frac{dR(r)}{dr} \tag{7-14}$$

3. 数据处理

干燥样品的压力降-流量关系，因为呈一直线，可以用最小二乘法回归得到。对于湿样品的压力降-流量曲线，因为限于设备的测量范围，有限的记录点并不能反映曲线的全貌。应用计算机是现代处理各种数据最常用、最有效的方法，通常可以用多项式回归法、样条插值法、人工神经网络模型法等通过有限点来确定一条曲线。

7.2.6　蒸汽渗透法

蒸汽渗透法最早在 1989 年提出，主要适用于无机超滤复合膜或非对称膜及改性膜孔径分布的测定研究。

然而在上述测定中，由于不同的冷凝条件是通过改变气相的组成来控制的，因此须在真空下操作或使用气相色谱仪或氧电极测定蒸汽含量，装置比较复杂、操作不便也影响了测定的准确性。后来，有人改进为直接改变膜的温度，来控制蒸汽在膜孔中的冷凝，实现对膜孔径及其分布的测定。

1. 基本原理

蒸汽渗透法的基本原理类似于 BET 气体吸附法与液体排除法的综合。当易凝蒸汽与多孔介质接触时，相对蒸汽压由 0 增加到 1 的过程中，介质的表面和孔中将依次出现单层吸附、多层吸附和毛细管冷凝。多层吸附层、“t 层”大小是相对蒸汽压和温度的函数。开尔文(Kelvin)方程如下：

$$\ln P_r=\frac{n\sigma V\cos\theta}{r_K RT} \tag{7-15}$$

式中：P_r 为易凝蒸汽的相对蒸汽压；$P_r=P_t/P_0$，P_0 为毛细管蒸汽压，Pa；P_t 为气液平衡蒸汽压，Pa；n 为过程参数；σ 为气-液相表面张力，N/m；V 为冷凝液相摩尔体积，m^3/mol；θ 为液-固接触角，(°)；r_K 为 Kelvin 半径，m，即毛细管内气液曲面半径；R 为气体常数，J/(mol·K)；T 为多孔介质的绝对温度，K。

对于相对蒸汽压 P_r，蒸汽将在小于 r_K 的孔内冷凝；P_r 增大到 1，所有孔内都发生毛细管冷凝。在相对蒸汽压由 1 逐渐减小到 0 的脱附过程中，冷凝液相首先从最大孔内蒸发脱附出来，小孔依次被打开，当 P_r 减小为 0 时，所有的孔被打开。根据吸附-脱附理论，脱附过程 $n=2$，$\theta=0°$，开尔文(Kelvin)方程可简化为

$$\ln P_r=\frac{2\sigma V}{r_K RT} \tag{7-16}$$

由于多层吸附的存在，实际孔半径 r 与 Kelvin 半径 r_K 并不相等，对于圆柱形孔，有

$$r=r_K+t \tag{7-17}$$

式中：t 为孔表面上的“t”层(吸附层)厚度。对于小分子，$t=0.5\sim0.7$ nm。

2. 孔径分布函数的求取

根据气体扩散机理，当复合膜或非对称膜分离孔径足够小，非凝气体（如氦气、氮气或氧气）以分子方式扩散透过膜时，非凝气体的渗透性 $J(r)$ 与膜孔径等结构参数的关系如下：

$$J(r) = \frac{ND_{K}}{RT\tau l} \tag{7-18}$$

式中：N 为单位膜面积上孔径为 r 的孔个数，$1/m^2$；τ 为孔曲率；l 为膜的厚度，m；D_K 为 Knudsen 扩散系数，m^2/s；$J(r)$为渗透性，$mol/(m^2 \cdot s \cdot Pa)$。

$$D_{K} = \frac{2}{3} r \sqrt{\frac{8RT}{\pi M}} \tag{7-19}$$

式中：M 为非凝气体的摩尔质量，kg/mol。

定义孔径分布函数 $f(r)$在孔径为 $r \sim r+\delta r$ 范围内单位面积上孔的个数：

$$f(r) = \frac{N}{A\delta r} \tag{7-20}$$

式中：A 为膜的有效渗透面积，m^2。

在脱附测定过程中，非凝气体渗透性 $J(r)$为

$$J(r) = \int_{r}^{\infty} \frac{2r}{3RT\tau l} \sqrt{\frac{8RT}{M\pi}} Af(r)\delta r \tag{7-21}$$

当膜的温度由 T 增大到 $T+\delta T$ 时，打开孔径由 r 变化到 $r+\delta r$，相应渗透性的变化量为

$$\begin{aligned} J(r+\delta r) - J(r) &= \int_{r+\delta r}^{\infty} \frac{2r}{3RT\tau l} \sqrt{\frac{8RT}{M\pi}} Af(r)\delta r - \int_{r}^{\infty} \frac{2r}{3RT\tau l} \sqrt{\frac{8RT}{M\pi}} \delta r \\ &= -\int_{r}^{r+\delta r} \frac{2r}{3RT\tau l} \sqrt{\frac{8RT}{M\pi}} Af(r)\delta r \end{aligned} \tag{7-22}$$

当 δr 趋于 0 时，有

$$f(r) = -\frac{2l\tau}{2rA} \sqrt{\frac{\pi MRT}{8}} \frac{\mathrm{d}J}{\mathrm{d}r} \tag{7-23}$$

通过实验测定 J 与 T 的关系，利用式(7-23)即可得到非对称或复合膜分离层活性孔的分布函数。

7.2.7 小角度散射法

小角度散射法是基于孔对 X 光、中子束等射线的散射原理对孔进行表征的方法。现以小角 X 射线散射来说明。首先得到散射光强 I 与散射矢量 q 的实测曲线。根据 Porod 定理求得 Porod 常数，Porod 定理如下：

$$I(q) = pq^{-4} + B \tag{7-24}$$

式中：p 为 Porod 常数；B 为与材料有关的常数。

p 的表达式如下：

$$p = \frac{2\pi(\Delta\rho)^2 S}{V} \tag{7-25}$$

式中：$\Delta\rho$ 为 X 光在材料实体和孔中散射长度密度之差；S/V 为单位体积的散射表面积。

此法的最佳测试范围为 1～10 nm。此法测试速度快，一次测量可得到孔径分布。但由于中孔测试范围还不够宽，散射结构和孔结构的对应关系还存在较多的不确定性，尽管该法在 SiO_2 孔结构中有所应用，但远不及气体吸附法用得广泛。

此外，还有热孔计法、核磁共振法、分形维数法等新测试方法可以用于多孔陶瓷孔结构的表征。

7.3　多孔陶瓷的应用

随着控制材料的细孔结构水平的不断提高以及各种新材质、高性能多孔陶瓷材料的不断出现，多孔陶瓷的应用领域与应用范围也在不断扩大，目前其应用已遍及环保、节能、化工、石油、冶炼、食品、制药、生物医学等多个领域。工业陶瓷的用途很广，其中一个重要的应用就是用作高温高压含尘气流过滤器。在这方面，多孔陶瓷过滤器与旋风吸尘器、洗涤过滤器和电力除尘器相比，吸尘效率高，使用寿命长。多孔陶瓷的另一个重要应用是作为熔融金属过滤器。在铸造业中，泡沫陶瓷过滤器常用于除掉非金属夹杂物，在这方面的应用中，多孔陶瓷需满足两个条件：一是高温下不与所过滤的金属反应；二是过滤器要有良好的抗热震性及足够的强度。过滤器材质的选取首先要考虑所过滤金属的性质，通常选取多组分金属氧化物材质。此外，多孔陶瓷还可应用于防火材料、气体燃烧器的烧嘴、催化剂载体、高温膜反应器、混合气体分离器、制造业中的散气隔板、流态化隔板和电解液隔板、生物发酵器和反应器等。

7.3.1　过滤材料和催化剂载体

可根据开气孔率、抗热震性与化学稳定性来判断多孔陶瓷是否适合作为过滤材料，一般多孔陶瓷过滤器的孔隙率在 40%至 80%之间，孔隙大小为 10～5000 μm。现在有些工厂对废水、废液进行处理时采用的就是微孔陶瓷膜过滤器。

铸造行业是装备制造业的重要组成部分。铸造生产是获得机械产品毛坯的主要方法之一，是机械制造工业的重要基础，是汽车、冶金、航天航空等行业不可或缺的成型方法。经过多孔陶瓷过滤的高性能、优质的精密铸件为各领域重大装备的可靠性提供了基本保证。

国外在 20 世纪 70 年代就已经开展了熔融金属多孔陶瓷过滤器材料的研究，美国、日本、德国在这类材料的研究开发上一直处于领先地位，已实现产品规模化、系列化，并将它们应用于各种金属的过滤净化技术中。近年来，这些国家所有的铸件几乎全部采用多孔陶瓷型内过滤浇铸工艺，并把此工艺作为生产优质铸件的关键技术。例如，目前连工作于静态的各种油、汽的管道、阀门和外壳铸件都采用了过滤浇铸工艺，航空发动机叶片、汽车曲轴、缸体、缸盖等运动部件均把过滤浇铸工艺作为强制性的措施。目前很多国家的铸造企业已开始大批量应用泡沫陶瓷来降低由渣滓与杂质导致的废品率。在质量上不断改进的要求和新型合金的竞争是铸造行业面临的挑战。国内专业化铸造厂要想提高竞争力，就必须满足高标准的生产要求，其目标就是追求铸件的零缺陷与高效生产。采用泡沫陶瓷能降低 60%～80%的废品率，因此未来几年内铸造泡沫陶瓷过滤工艺将得到广泛的应用。

由于多孔陶瓷具有化学性能稳定、比表面积较大、吸附性好、抗热震性强等优点，因此很多工业生产都用它来作为催化剂的载体。目前，世界上 90%左右的汽车尾气催化净化处理器的载体都为多孔陶瓷，蜂窝状堇青石陶瓷为应用最广泛的催化剂载体；烧覆功能膜后，它可将尾气中的有毒气体，如 CO、NO_2 等，转化成无毒的 CO_2、N_2 和 H_2O，有效地减少了汽车尾气给环境带来的污染。随着大气污染物排放标准越来越严格，以及生物医学等领域的高速发展，多孔陶瓷作为催化剂载体的应用领域也会更加广泛。

7.3.2　保温隔热材料

多孔陶瓷由于其内部有很多闭气孔、导热率低、热稳定性高，因此多孔陶瓷可用来作为保温隔热型材料。隔热材料是因为具有低导热率,所以才有隔热保温作用。多孔陶瓷的导热率与其孔隙率呈负相关,孔隙率越高,导热率越低,强度也越低。因此多孔陶瓷的增强增韧可为其带来更广泛的应用。

目前,1600 ℃的传统气炉和高温电炉已广泛使用多孔陶瓷作为隔热材料;在神舟系列飞船、长征系列运载火箭中,由多孔陶瓷与金属隔热材料等组成的多层隔热材料得到了很好的应用。

7.3.3 生物材料

多孔生物陶瓷具有与生物相容性良好、与骨组织结合好、无排异反应的优点,在术后空腔恢复、改善血管生成能力以及促进骨修复等生物医学领域都得到了很好的应用。此外,多孔陶瓷的孔结构,方便加载药物,其耐久性能够起到长时间的支撑作用。因此,多孔陶瓷在生物医学领域有重大的研究价值。羟基磷灰石陶瓷有着很好的生物相容性且无毒无副作用,并且这种材料还有较高的强度,这是目前一种较为理想的骨骼材料。

陶瓷与木制品结合,能够制造出木基陶瓷,木基陶瓷材料有着优良的电磁屏蔽效应,是一种良好的电磁屏蔽材料。木基陶瓷材料还可作为自润滑材料以及轻质结构材料。

7.3.4 多孔陶瓷用于海水淡化

多孔陶瓷在环境工程中的应用已经有很长的历史,特别是在海水淡化中。多孔陶瓷材料具有良好的物理化学性能,如高的比表面积、高的疏水性、良好的吸附能力等。海水淡化是指将海水处理成合适的水质,以满足工业、农业、生活等需求的过程。海水淡化通常需要使用多种方法,如离子交换、膜分离等。然而,这些方法存在一定的缺点,如成本高、工艺复杂等。因此,寻求一种低成本、高效的海水淡化方法一直是环境工程领域的研究重点。

多孔陶瓷在海水淡化中的应用正在得到越来越多的关注。多孔陶瓷具有高比表面积和高疏水性,因此它可以有效地提高海水淡化的效率。多孔陶瓷的疏水性使得海水中的离子更容易通过多孔陶瓷的表面,从而提高海水淡化的效率。此外,多孔陶瓷具有良好的吸附能力,能够有效地吸附海水中的杂质,使得淡化后的水质更优良。另外,多孔陶瓷还具有良好的热稳定性和耐蚀性,这在海水淡化过程中起到了重要作用。

多孔陶瓷在海水淡化中的应用通常有两种方法:一种是直接使用多孔陶瓷作为吸附剂,另一种是将多孔陶瓷与其他材料配合使用。在直接使用多孔陶瓷作为吸附剂的方法中,多孔陶瓷可以直接与海水接触,通过吸附作用使海水中的杂质减少,从而提高淡化效率。在将多孔陶瓷与其他材料配合使用的方法中,多孔陶瓷可以与离子交换树脂、膜等其他材料配合使用,以提高海水淡化的效率。

多孔陶瓷在海水淡化中的应用已经得到了广泛的证明。研究表明,在海水淡化过程中使用多孔陶瓷能够显著提高效率,并且具有较高的稳定性。同时,多孔陶瓷具有低成本、环保、易于回收利用等优点,因此在海水淡化中具有广阔的应用前景。

7.3.5 多孔陶瓷吸盘

非接触式气浮平台移载技术由于具备零摩擦力、零耗损、高生产速度等优点,广泛应用于真空吸附半导体硅片中,从而实现减薄、划片、清洗、搬运等工序,还可以用来实现对 TFT-LCD 大尺寸玻璃基板以及硅片、芯片等的无接触搬运。

多孔陶瓷吸盘(微孔陶瓷吸盘)是通过发泡工艺制备而成的。发泡工艺过程是陶瓷组分添加有机或无机化学物质,通过化学反应等产生挥发性气体,经干燥和烧成制成多孔陶瓷。发泡工艺与泡沫浸渍工艺相比,更容易控制制品的形状、成分和密度,并可用于制备各种气孔形状和大小的多孔陶瓷,特别适用于制备闭气孔的陶瓷。用作发泡剂的化学物质有很多,例如:用氢氧化钙、铝粉和过氧化氢作发泡剂;由亲水性聚氨酯塑料和陶瓷泥浆同时发泡制备多孔陶瓷。

添加造孔剂工艺是指通过在陶瓷配料中添加造孔剂,造孔剂在坯体中占据一定的空间,然后经过烧结,造孔剂离开而形成气孔来制备多孔陶瓷。添加造孔剂制备多孔陶瓷的工艺流程与普通的陶瓷制备工艺流程相似。造孔剂的种类有无机和有机两类,无机造孔剂有碳酸铵、碳酸氢铵、氯化铵等高温可分解的盐类,以及煤粉、炭粉等。有机造孔剂主要是天然纤维、高分子聚合物和有机酸等。造孔剂颗粒的形状和大小决定了多孔陶瓷材料气孔的形状和大小。多孔陶瓷的成型方法与普通陶瓷的成型方法类似,主要有模压、挤压、等静压、注射和粉浆浇注等。

7.3.6　节能环保型材料

随着经济的发展,废弃矿物、废弃建筑材料日益增多,造成了资源浪费、环境污染等问题。大量的盐碱土无法利用,造成了土地资源的浪费。多孔陶瓷可以有效地解决上述问题。有人分别利用废弃玻璃和建筑废物来制备多孔陶瓷,也有人利用蛇纹石尾矿作为基料、废弃的瓷砖抛光渣作为发泡剂,并向基料中添加滑石、低温砂、膨润土,制备出了发泡保温板。上述例子都有效地利用了废弃物,节约了资源,保护了环境并同时降低了生产多孔陶瓷的成本。目前研究出了利用多孔陶瓷移除土壤中的盐,可以使盐碱土能够得到更好地利用,节约了土地资源,并有效地缓解了土地资源紧缺的问题。

7.3.7　吸音材料

噪声是人类社会四大污染源之一,对人们日常生活产生了很大的影响。多孔陶瓷吸音材料具有较好的耐磨性、耐热性、耐蚀性以及良好的抗热震性,其三维网状结构更有利于吸收声音。在声波的传播过程中,多孔陶瓷作为声音屏障,能够改变声波的传播方向,使声波被限制在空腔内。空腔内声波引起空气的振动和克服空气摩擦做功转化为热能,大幅降低声音的能量。与多孔陶瓷相比,无机纤维存在力学性能差、易受潮、不够环保等问题;泡沫玻璃和金属吸音材料造价高于多孔陶瓷。目前有以高炉炼铁水淬渣为原料压制的多孔陶瓷平均吸声系数高达 0.70 以上,具有良好的吸音效果。可见在吸音领域,多孔陶瓷有一席之地。但其由于强度、韧性较低,应用受到限制,因此多孔陶瓷的增强增韧将是未来研究的方向。

7.3.8　海绵城市材料

针对国内出现的水资源短缺、水污染严重、城市内涝频繁和水生生物栖息地锐减等诸多问题,住房和城乡建设部早在 2014 年 11 月发布了《海绵城市建设技术指南——低影响开发雨水系统构建(试行)》。该指南旨在构建低影响开发雨水系统,积极推进“海绵城市”建设,实现城市对降雨的自然积存、自然渗透和自然净化,进一步改善城市的生态环境。

多孔陶瓷渗水砖作为一种很好的海绵城市地基建材,不仅具有节约水资源、治理环境污染的功能,还可调节城市温度及湿度,缓解城市热岛效应。多孔陶瓷渗水砖可用固体废弃物作为原料制备,是一种绿色节能环保型材料。有研究以金矿尾矿为主料、以煤矸石作为造孔剂制备出了性能良好的渗水砖,多孔陶瓷渗水砖的性能与其原料配比有着较大的关系。

思考题

(1) 多孔陶瓷怎么分类?
(2) 多孔陶瓷有哪些应用?
(3) 多孔陶瓷有哪些制备工艺?
(4) 多孔陶瓷在生物医学领域可能会有哪些具体应用?

参考文献

[1] OHJI T,FUKUSHIMA M. Macro-porous ceramics:processing and properties[J]. International Materials Reviews,2012,57(2):115-131.

[2] SUZUKI Y,MORGAN P E D,OHJI T. New uniformly porous $CaZrO_3$/MgO composites with three-dimensional network structure from natural dolomite[J]. Journal of the American Ceramic Society,2000,83(8):2091-2093.

[3] SUZUKI Y,KONDO N,OHJI T,et al. Uniformly porous composites with 3-D network structure(UPC-3D) for high-temperature filter applications[J]. International Journal of Applied Ceramic Technology,2004,1(1),76-85.

[4] SUZUKI Y,AWANO M,KONDO N,et al. CH_4-sensing and high-temperature mechanical properties of porous $CaZrO_3$/MgO composites with three-dimensional network structure[J]. Journal of the Ceramic Society of Japan,2001,109(1265):79-81.

[5] SUZUKI Y,KONDO N,OHJI T. Reactive synthesis of a porous calcium zirconate/spinel composite with idiomorphic spinel grains[J]. Journal of the American Ceramic Society,2003,86(7):1128-1131.

[6] SHE J H,YANG J F,KONDO N,et al. High-strength porous silicon carbide ceramics by an oxidation-bonding technique[J]. Journal of the American Ceramic Society,2002,85(11):2852-2854.

[7] OH S,TAJIMA K,ANDO M,et al. Strengthening of porous alumina by pulse electric current sintering and nanocomposite processing[J]. Journal of the American Ceramic Society,2000,83(5):1314-1316.

[8] JAYASEELAN D D ,KONDO N,BRITO M E,et al. High-strength porous alumina ceramics by the pulse electric current sintering technique[J]. Journal of the American Ceramic Society,2002,85(1):267-269.

[9] YANG Y,WANG Y,TIAN W,et al. In situ porous alumina/aluminum titanate ceramic composite prepared by spark plasma sintering from nanostructured powders[J]. Scripta Materialia,2009,60(7):578-581.

[10] AKHTAR F, VASILIEV P O, BERGSTRÖM L. Hierarchically porous ceramics from diatomite powders by pulsed current processing[J]. Journal of the American Ceramic Society,2009,92(2):338-343.

[11] CHEN F,SHEN Q,YAN F Q,et al. Pressureless sintering of α-Si_3N_4 porous ceramics using a H_3PO_4 pore-forming agent[J]. Journal of the American Ceramic Society, 2007,90(8):2379-2383.

[12] YANG J F,ZHANG G J,KONDO N,et al. Synthesis of porous Si_3N_4 ceramics with rod-shaped pore structure[J]. Journal of the American Ceramic Society,2005,88(4): 1030-1032.

[13] KHATTAB R M,EL-RAFEI A M,ZAWRAH M F. Fabrication of porous TiO_2 ceramics using corn starch and graphite as pore forming agents[J]. Interceram-International Ceramic Review,2018,67(4):30-35.

[14] MIN F L,WANG X Y,LI M D,et al. Preparation of high-porosity and high-strength ceramisites from municipal sludge using starch and $CaCO_3$ as a combined pore-forming agent[J]. Journal of Materials in Civil Engineering,2021,33(3):04020502.

[15] DELE-AFOLABI T T,HANIM M A A,OJO-KUPOLUYI O J,et al. Tailored pore structures and mechanical properties of porous alumina ceramics prepared with corn cob pore-forming agent[J]. International Journal of Applied Ceramic Technology, 2021,18(1):244-252.

[16] KIM Y W,KIM S H,KIM H D,et al. Processing of closed-cell silicon oxycarbide foams from a preceramic polymer[J]. Journal of Materials Science,2004,39(18): 5647-5652.

[17] ZHANG Q,YANG F J,ZHANG C Z,et al. A novel wire-shaped supercapacitor based on MnO_2 nanoflakes and carbon nanotubes with high performance synthesized by sacrificial template method[J]. Applied Surface Science,2021,551:149417.

[18] SONG I H,KWON I M,KIM H D,et al. Processing of microcellular silicon carbide ceramics with a duplex pore structure[J]. Journal of the European Ceramic Society, 2010,30(12):2671-2676.

[19] DÍAZ A,HAMPSHIRE S,et al. Characterisation of porous silicon nitride materials produced with starch[J]. Journal of the European Ceramic Society,2004,24(2):413-419.

[20] FUKASAWA T,ANDO M,OHJI T,et al. Synthesis of porous ceramics with complex pore structure by freeze-dry processing[J]. Journal of the American Ceramic Society,2001,84(1):230-232.

[21] 王宇旭,刘溧. 多孔陶瓷材料的制备与应用进展[J]. 陶瓷,2023(4):82-83.

[22] 牛富荣,张力,郭金玉,等. 熔融沉积法 3D 打印制备多孔氧化锆陶瓷[J]. 耐火材料, 2023,57(1):20-26.

[23] 于海博,梁帅帅,李疆,等. 氧化锆多孔陶瓷制备方法研究进展[J]. 材料导报,2023,37(13):85-94.

[24] 周振豪,姜勇刚,冯军宗,等. 直写成型制备多孔陶瓷技术研究进展[J]. 材料导报, 2023,37(4):77-83.

[25] 谢骏豪,张笑妍,干科. Si_3N_4 多孔陶瓷制备技术研究进展[J]. 陶瓷学报,2023,44(4): 607-622.

第 8 章　先进热学陶瓷及制备工艺

功能陶瓷，是指在应用时主要利用其非力学性能的材料。这类材料通常具有一种或多种功能，如电、磁、光、热、化学、生物等功能。有的还具有耦合功能，如压电、压磁、热电、电光、声光、磁光等。随着材料科学的迅速发展，人们不断认识到功能陶瓷材料的各种新性能和新应用，并积极加以开发。其中，热学陶瓷和电学陶瓷是功能陶瓷中应用最广泛的两类材料。本章和下一章将系统介绍先进热学陶瓷和先进电学陶瓷。

先进热学陶瓷根据其高温稳定性、导热率、热膨胀系数等热力学参数可以分为以下几类：超高温陶瓷、高导热陶瓷、隔热陶瓷（低导热陶瓷），以及低热膨胀陶瓷。

8.1　超高温陶瓷

现代飞行器，如航天飞船、超音速导弹、火箭、超音速飞机，正朝着高速度和远距离发展。因此对材料的耐高温性能提出了更高的要求。目前，用于这些环境的材料主要限于硅基陶瓷，这是因为在适当的富氧气氛中，它们能形成保护性 SiO_2 表面层。尽管 SiO_2 在低于 1600 ℃的温度下是一种出色的氧化屏障，但在高于该温度时，它开始急剧软化。此外在低氧环境中，SiO_2 会产生相当大的蒸气压。在高于 2000 ℃的氧化环境中，稳定的难熔氧化物相对较少，其中氧化锆（ZrO_2）和二氧化铪（HfO_2）的熔点最高，分别约为 2700 ℃和 2900 ℃。尽管这两种物质稳定且具有化学惰性，但易受热冲击影响，并在较高温度下表现出高蠕变率和相变。

近年来，超高温陶瓷（UHTCs）作为创新的热防护系统（TPS）和航空航天器的尖端部件，以及需要在 2000 ℃以下具有抗氧化和耐腐蚀性能的其他应用，得到了广泛的研究。这些材料包括 HfB_2、ZrB_2、HfC、ZrC、TaC、HfN、ZrN 和 TaN，它们的熔点接近或高于 3000 ℃，并且在中等温度下保持高强度和抗热震性。然而，当再入飞行器的前缘和机头采用“尖锐”配置时，虽然可以提高空气动力学效率和飞行器的机动性，但也会导致材料承受更高的热负荷。这使得 UHTCs 化合物的热稳定性和化学稳定性变得非常重要，使其成为极端环境下使用的候选材料，包括高超音速飞行（在空气中温度超过 1400 ℃）和火箭推进（在反应性化学蒸气中温度超过 3000 ℃）。

由于过渡金属元素（如 Hf 和 Zr）的碳化物和硼化物具有理想的力学和物理性能，如高熔点（超过 3000 ℃）、高导热率和电导率，以及对熔融金属的化学惰性，因此它们得到了广泛研究。尽管碳化物的熔点高于硼化物，但后者具有更高的导热率，更适合超高温应用。在高温结构应用中，大块单相材料的使用受到其较差的抗氧化和抗烧蚀性能以及较差的损伤容限的限制。因此，采用多相方法成功地改善了 ZrB_2 和 HfB_2 陶瓷的致密化过程、力学性能、物理性能以及抗氧化和抗烧蚀性能。这些材料的力学和物理性能与致密化过程、成分、起始粉末、微观结构和晶间第二相密切相关。虽然多相材料相对于单相材料有许多优点，但它们的断裂韧性低、抗热震性低、烧结性能差等固有特性限制了其应用。为了克服这些缺点，一种方法是引入增强纤维，主要作为增韧相。通过仔细选择纤维、原材料和优化纤维结构，可以定制具有出色力学和热性能的 UHTCs 复合材料。连续纤维增强陶瓷基复合材料具有优异的韧性、良好的抗热震性和缺陷容限，以及在高温下良好的力学性能。三维编织复合材料可以克服二维复合材料在较高温度和载荷下发生分层的脆弱性。

碳纤维(Cfs)和碳化硅纤维(SiCfs)是两种明显的增强材料，因为它们具有较高的耐温性和有效性。与其他增强材料相比，碳纤维增强材料具有许多优势，包括高比模量、高比强度、高刚度、在复合材料中提供优异的断裂韧性、低密度、优异的疲劳性能、优良的重量强度比、负纵向热膨胀系数，以及低热膨胀系数。这些纤维可以通过编织、纤维缠绕或针刺加工成复杂形状的预制件，然后转化为 UHTCs 复合材料。虽然碳纤维在 500 ℃以上的抗氧化性能很差，可能限制其高温应用，但已经证明，制备碳纤维高温陶瓷粉末复合材料是可行的，其中碳纤维提供了韧性，而超高温陶瓷相提供了抗氧化性能。

碳纤维增强碳化硅基复合材料(Cf/SiCs)已被广泛研究和应用于各种苛刻的应用，如火箭发动机的燃烧室和用于服役温度低于 1600 ℃的航天飞行器(包括机头和前缘)的热保护系统。更高要求的应用要求开发新型 UHTCs 复合材料，该复合材料可在高于 2000 ℃的温度下提供优良的耐高温性能。图 8-1 所示为超高温应用中用作结构零件材料的材料特性要求的示意图。

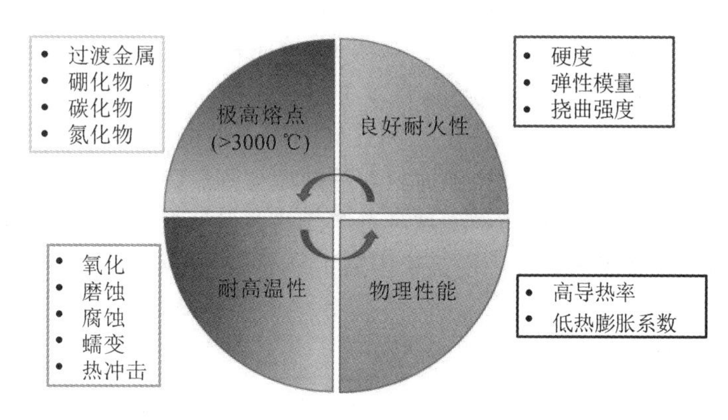

图 8-1　超高温应用中用作结构零件材料的材料特性要求的示意图

8.2　先进超高温陶瓷的分类

超高温陶瓷材料通常可分为硼化物超高温陶瓷材料、碳化物超高温陶瓷材料、氮化物超高温陶瓷材料和高熵超高温陶瓷材料。下面将对它们进行详细介绍。

8.2.1　硼化物陶瓷

硼化物超高温陶瓷材料主要有 HfB_2、ZrB_2、TaB_2、TiB_2 和 YB_4。这些陶瓷材料由较强的共价键构成，具有高熔点、高硬度、高强度、低蒸发率、高导热率和电导率等特点。其中，ZrB_2 和 HfB_2 是目前研究最广泛的 UHTCs 材料，但是它们的抗氧化性能较差。通过添加 SiC 制备的 ZrB_2-SiC 复合材料具有较高的二元共晶温度、良好的导热率和抗氧化性能，以及较高的强度。此外，添加 $MoSi_2$、$ZrSi_2$、$TaSi_2$、TaB_2 等物质作为第二相，可以提高 ZrB_2 和

HfB_2 的抗氧化性能，主要是因为添加这些第二相后在高温下材料表层形成了高熔点玻璃相，阻止氧气向材料内部扩散。TiB_2 具有良好的力学性能、耐磨性和化学稳定性，尤其是较低的密度和热膨胀系数，但是其致密度低、易断裂且高温性能较差。通过添加含 Si 烧结助剂或第二相，如 Si、SiC、$MoSi_2$、Si_3N_4 等，可以使 TiB_2 在高温下形成熔点较高的硼硅酸盐覆盖层，从而提高材料的抗氧化性能。另外，添加 Si_3N_4 可提高其使用温度。YB_4 具有高熔点（2800 ℃）、低密度（4.36 g/cm^3）和较低的弹性模量（350 GPa），因此被认为是很有研究前景的超高温热防护材料。

8.2.2 碳化物陶瓷

碳化物陶瓷中，能够在超高温环境下应用的有 ZrC、HfC、TaC 和 TiC 等。这类陶瓷材料具有高熔点、低密度、高硬度和良好的抗震性，并且在温度变化时不发生固态相变和高温下的强度变化。但碳化物 UHTCs 的断裂韧性较低，抗氧化性能差，且烧结时较难致密化。

在碳化物 UHTCs 中，ZrC 价格便宜并且具有高熔点、高硬度、优良的导电性和导热性等性能，被认为是非常有前景的材料。但是纯相 ZrC 在高温下的抗氧化性能较差，易氧化。通过在 ZrC 基体中添加第二相（如 ZrO_2），可以改善其抗氧化性能和烧结性能，还能够有效地抑制基体晶粒的长大并引入残余应力，从而提高材料的强度和韧性。

HfC 有着较高的熔点和硬度、相对低的线膨胀系数，较好地满足了极端条件下的使用要求，但其抗氧化性能较差。可以通过添加 Ta 和 Pr 等元素来提高 HfC 的抗氧化性能。HfC 还可以用作 C/C 复合材料的热防护涂层，以改善抗烧蚀性。

TaC 由于具有高熔点、低密度、高硬度和良好的高温性能，在切削工具、电子材料、研磨材料、导弹结构材料、固体火箭发动机喉衬材料等领域得到广泛应用。特别是其良好的抗烧蚀性和抗热震性使其在超高温热防护领域具有广泛的前景。然而，TaC 本身的韧性差、抗氧化性能差，其实际应用在很大程度上受到了限制。

8.2.3 氮化物陶瓷

氮化物陶瓷包括 ZrN、HfN 和 TaN，虽然不如相应的碳化物和硼化物为人所知，但它们确实具备某些优异的性能。TiN 和 ZrN 涂层用于熔化 Zr、Al 和放射性金属的惰性表面涂层。对于过渡金属氮化物，最重要的研究和发展主要集中在硬涂层刀具和加工应用上。虽然在 20 世纪 80 年代初用于工具钢的 TiN 硬涂层开始商业化，但 ZrN 也因其较高的抗氧化性能而得到广泛研究。相较于 TiC 或 TiN，在 WC-Co 工具上使用 HfN 涂层具有更高的热硬度、抗氧化性能、化学惰性以及更接近的热膨胀系数。

8.2.4 高熵陶瓷

2016 年，受高熵合金、高熵陶瓷等新材料的启发，学者们提出了高熵超高温陶瓷（HE-UHTCs）的概念。最初对 HE-UHTCs（特别是 HE-硼化物）的研究发现，其致密度非常低，只有不到 93%，这是因为高能球磨过程中包括氧化物在内的杂质比例较高。后来，研究人员采用反应合成路线，将 HE-UHTCs 的相对密度提高到 99%以上。值得一提的是，在通过球磨路线制备 HE-碳化物时也实现了 98%以上的相对密度。大多数 HE-UHTCs 是通过热还原反应合成相应氧化物的硼/碳混合物而得到的。另外，聚合物衍生陶瓷（PDCs）路线也被用于合成(Nb,Zr,Ta)C 固溶三元金属碳化物,样品中氧杂质含量较低(约为 2.56 at.%),但碳杂质含量稍高(约为 10.24 at.%)。通过两阶段的加工路线在 HE-UHTCs 的开发方面取得了一定进展,结合自蔓延高温合成(SHS)和烧结工艺,加工出(Hf,Nb,Ta,Ti,Zr) B_2 的单相固溶体。目前,关于 HE-UHTCs 的大部分研究工作都集中在加工路线的改进上,通过固溶法实现高密度材料的制备,并使其具有理想的性能。相较于传统超高温陶瓷,高熵超高温陶瓷具有优异的力学、氧化和耐腐蚀性能,但是其应用仍相对较少。

8.3　超高温陶瓷材料的主要制备工艺

超高温陶瓷材料在推向工程应用时面临一系列挑战,并需要解决一系列技术难题。比如,超高温陶瓷熔点高、含有强共价键、自扩散速率低,导致其难以致密化。另外,在中低温段其抗氧化性能较差、断裂韧性不高、可靠性低、抗热冲击性能差。针对上述技术难题,目前超高温陶瓷材料的制备工艺主要包括热压烧结(HP)、放电等离子烧结(SPS)、反应热压烧结(RHP)及无压烧结(PS)。其中,热压烧结是使用最广泛的烧结方式。

8.3.1　热压烧结

热压烧结是在高温烧结材料的同时施加一定的压力,从而实现材料的致密化。热压烧结可分为高温低压烧结(温度高于 1900 ℃,压力为 20～30 MPa)和低温高压烧结(温度低于 1800 ℃,压力超过 800 MPa)两种方式。对于 ZrB_2(HfB_2)基超高温陶瓷,热压烧结是最常用的烧结方法。要使 ZrB_2 和 HfB_2 等材料致密化,一般需要较高温度(2100 ℃或更高)和适中的压力(20～30 MPa)或较低温度(约 1800 ℃)和极高压力(超过 800 MPa)。

8.3.2　放电等离子烧结

放电等离子烧结是通过向粉末颗粒间通入脉冲电流进行加热烧结的方法。该方法具有升温速度快、烧结时间短、组织结构可控等优点,近年来被广泛用于超高温陶瓷复合材料的制备。在烧结初期脉冲电流在颗粒接触处会发生放电,使颗粒接触部位的温度非常高。这一过程可以净化颗粒表面并产生各种颗粒表面缺陷,改善晶界的扩散和材料的传质,从而促进致密化。相对于热压烧结,放电等离子烧结的温度更低、获得的晶粒更细小。直流场的存在还会加速晶粒的长大,从而促进致密化。然而,在较低的温度区域内或烧结初期,晶粒几乎不会长大,致密化的主要贡献来自放电和晶界扩散的改善。放电等离子烧结可以有效降低晶界相和低熔点物质的含量,有利于获得"干"界面超高温陶瓷复合材料,对材料的高温力学性能非常有益。

8.3.3　反应热压烧结

超高温陶瓷复合材料的合成及致密化可以通过原位反应在施加压力或无压的情况下一步实现。目前通常采用 Zr、B_4C 和 Si 原位反应来制备超高温陶瓷复合材料。通过设计原始材料的比例可以实现对合成材料组分及含量的调控。

采用 Zr、B 和 SiC 作为原始材料,在 1700 ℃下获得 99%的致密度,在 1800 ℃下获得完全致密的超高温陶瓷。采用反应热压烧结可以将粉体合成和致密化过程合二为一,从而制备块状材料。

8.3.4 无压烧结

技术的进步和对陶瓷材料烧结机理的深入理解，催生了新一代的无压烧结技术。该技术最初建立在干压或者冷等静压成型的基础上，需要添加烧结助剂来增强烧结效果，后来为了实现近净成型发展了胶态成型等方法。与热压烧结相比，无压烧结可以实现复杂结构的近净成型，从而降低材料/结构的制备成本。然而，由于在烧结过程中不施加压力，超高温陶瓷复合材料很难致密化，因此需要采用较高的烧结温度或添加烧结助剂。

8.4 高导热陶瓷

8.4.1 高导热陶瓷的基本性质

高导热陶瓷具有以下结构特点。(1)高导热陶瓷的晶体通常是共价键晶体或具有强共价键的晶体。这一点保证了晶体具有极高的键能和极强的键的方向性，从而将晶体结构基元的热起伏限制到最低限度。(2)高导热陶瓷的晶体结构基元的种类较少，原子量或平均原子量较低，因为结构基元种类多和质量高都会增强对晶格波的干扰和散射，从而降低导热率。(3)对于某些层状结构的晶体来说，沿层片方向的强共价键结合可以保证沿层片方向的高导热率，但是层片与层片之间弱的结合力，会使沿垂直层片方向的导热率显著降低。

上述结构特点表明，高导热陶瓷晶体是由原子量较低的元素构成的共价键晶体或共价键很强的单质晶体及一些二元化合物。因此，高导热陶瓷具有高导热率和良好的电绝缘性等性能。

8.4.2 高导热陶瓷的分类

高导热陶瓷材料一般以氧化物、氮化物、碳化物、硼化物等为主，如 AlN、BeO、Si_3N_4、SiC、BN 等。表 8-1 列举了一些相关材料的导热率供参考对比。

表 8-1 部分材料的导热率

材料	导热率/(W/(m·K))	材料	导热率/(W/(m·K))
空气	0.028	SiC	270
玻璃	0.96	BeO	280
滑石瓷	2.2	AlN	320
大理石	2.08～2.94	碳纤维	400～700
Al_2O_3 陶瓷	23～32	金刚石	2000
致密 MgO 陶瓷	41.87	石墨烯	4840～5300

1. 聚晶金刚石(PCD)陶瓷

金刚石的传热能力很强，其单晶体在常温下的理论导热率为 1642 W/(m·K)，实测值为 2000 W/(m·K)。但金刚石大单晶难以制备，且价格昂贵。聚晶金刚石烧结过程中往往需要加入助烧剂以促进金刚石粉体之间的黏结，从而得到高导热 PCD 陶瓷。但在高温烧结过程中，助烧剂会催化金刚石粉碳化，使聚晶金刚石不再绝缘。金刚石小单晶常被用作提高陶瓷导热率的增强材料而添加到导热陶瓷中，以起到提高陶瓷导热率的作用。图 8-2 所示为 PCD 陶瓷成品。

图 8-2　PCD 陶瓷成品

2. SiC 陶瓷

碳化硅（SiC）是目前国内外研究较为活跃的导热陶瓷材料。SiC 的理论导热率非常高，已经达到 270 W/(m・K)。但由于 SiC 陶瓷材料的表面能与界面能之比较低，即晶界能较高，因此很难通过常规方法烧结出高纯度、致密的 SiC 陶瓷，采用常规的烧结方法时，必须添加助烧剂，并且烧结温度必须达到 2050 ℃以上。然而，这种烧结条件会导致 SiC 晶粒的长大，大幅降低 SiC 陶瓷的力学性能。图 8-3 所示为 SiC 陶瓷制品。

图 8-3　SiC 陶瓷制品

3. Si_3N_4 陶瓷

氮化硅（Si_3N_4）无论是在高温下还是在常温下都具有韧性高、抗热冲击能力强、绝缘性好、耐腐蚀和无毒等优异性能，逐渐受到国内外研究人员的重视。氮化硅的原子键结合强度、平均原子质量和晶体非谐性振动与 SiC 的相似，具备高导热材料的理论基础。Haggerty 等人计算出室温下氮化硅晶体的理论导热率为 200～320 W/(m・K)，但由于氮化硅的结构比 AlN 的结构更为复杂，对声子的散射较大，因此在目前的研究中，烧结出的氮化硅陶瓷的导热率远低于氮化硅单晶的。然而这些特点也限制了其规模化推广与应用。图 8-4 所示为 Si_3N_4 陶瓷制品。

图 8-4 Si_3N_4 陶瓷制品

4. Al_2O_3 陶瓷

氧化铝(Al_2O_3)陶瓷价格低廉、强度高、化学性能稳定、热稳定性好、绝缘性强，是目前应用最广泛的陶瓷材料之一。但 Al_2O_3 陶瓷的导热率相对较低，且其热膨胀系数与 Si 不匹配。国内外研究人员使用了各种烧结方法和不同的助烧剂，但都未能进一步大幅提高 Al_2O_3 陶瓷的导热率。

5. BeO 陶瓷

氧化铍(BeO)具有六方纤锌矿结构，Be 原子和 O 原子之间的距离小，平均原子质量小，原子堆积密集，符合高导热陶瓷的条件。1971 年，Slack 和 Austerman 测试了 BeO 陶瓷和 BeO 大单晶的导热率，并且计算出 BeO 大单晶的导热率最高可达 370 W/(m·K)。目前制备出的 BeO 陶瓷的导热率可达 280 W/(m·K)，是 Al_2O_3 陶瓷的近 10 倍，但 BeO 具有剧毒，若被人体吸入会导致急性肺炎，若长期吸入则会对人的健康产生极其严重的危害，因此 BeO 陶瓷已经被逐步停止使用。

6. AlN 陶瓷

氮化铝(AlN)陶瓷是目前应用较广的高导热材料之一。AlN 单晶的理论导热率可以达到 320 W/(m·K)，但是由于烧结过程中不可避免的杂质掺入，这些杂质在 AlN 晶格中产生各种缺陷，从而大幅降低其导热率。此外，晶粒尺寸、形貌和晶界第二相的含量及分布对 AlN 陶瓷的导热率也有重要影响。晶粒尺寸越大，声子平均自由度越大，因此烧结出的 AlN 陶瓷导热率就越高。然而，根据烧结理论，晶粒越大，聚晶陶瓷越难烧结。图 8-5 所示为 AlN 陶瓷制品。

由于 AlN 是一种典型的共价合物，具有很高的熔点，在烧结的过程中原子的自扩散系数小、晶界能较高，因此采用常规的烧结方法通常很难得到高纯度的 AlN 陶瓷，必须添加助烧剂来促进烧结。此外所添加的适当的助烧剂还可以与晶格中的氧发生反应，生成第二相，从而净化 AlN 晶格并提高导热率。

常见的 AlN 陶瓷助烧剂包括 Y_2O_3、$CaCO_3$、CaF_2、YF_3 等。目前国内外对添加适当的助烧剂烧结高导热 AlN 陶瓷进行了广泛研究，并且制备出了导热率达到 200 W/(m·K)左右的高导热 AlN 陶瓷。添加助烧剂烧结高导热 AlN 陶瓷的方法目前已广泛应用于生产中，但是由于 AlN 陶瓷烧结时间长、烧结温度高、高品质 AlN 粉价格高等原因，AlN 陶瓷的制作成本较高。此外，AlN 还有吸温性和易氧化等缺点。

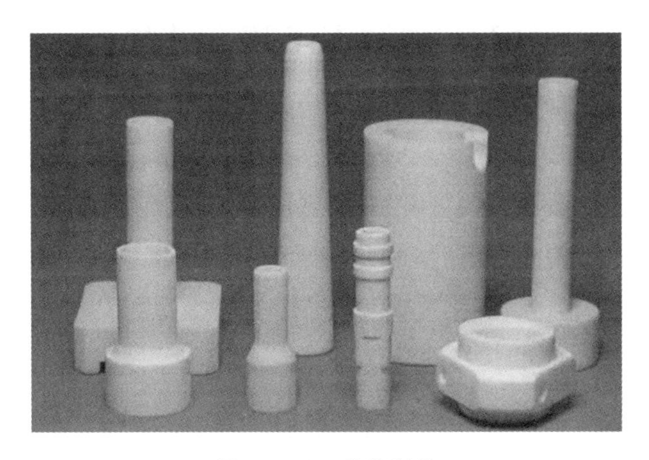

图 8-5　AlN 陶瓷制品

8.4.3　典型高导热陶瓷的制备方法

1. AlN 陶瓷基片的制备

随着电子技术的迅猛发展，集成电路的散热性问题逐渐得到重视。高纯 AlN 单晶的导热率最高可达 320 W/(m・K)。其具有高导热率、优良高温绝缘性和介电性能、良好耐蚀性、与半导体 Si 相匹配的膨胀性能等优点，因此成为优良的电子封装散热材料，能高效地散除大型集成电路的热量，是组装大型集成电路所必需的高性能陶瓷基片材料。图 8-6 所示为大功率 LED 封装散热 AlN 陶瓷基板。

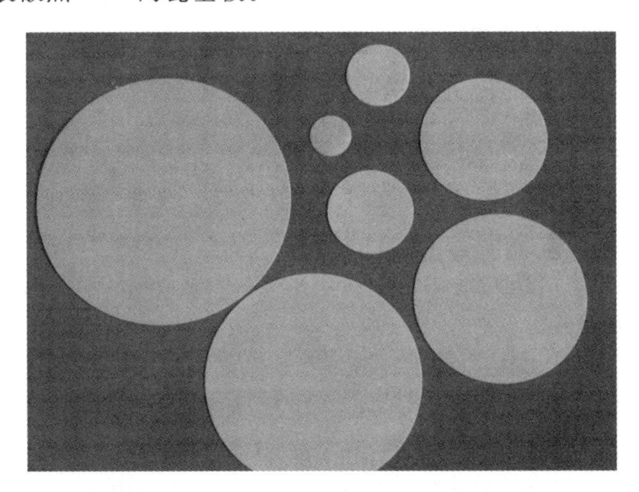

图 8-6　大功率 LED 封装散热 AlN 陶瓷基板

1) AlN 陶瓷粉体制备

AlN 陶瓷粉体的纯度、粒径、稳定性对 AlN 陶瓷的性能有极大的影响。因此，制备 AlN 陶瓷粉体是制备 AlN 陶瓷的重要前提。

目前，AlN 陶瓷粉末的制备方法主要有 3 种：氧化铝粉碳热还原法、铝粉直接氮化法、自蔓延高温合成法，它们均已在工业中得到大规模应用。此外，还有化学气相沉积法、溶胶-凝胶法和等离子化学合成法等其他制备方法，但由于生产成本高、生产效率低等问题，还没有在工业上得到大规模应用。表 8-2 所示为 AlN 陶瓷粉体的典型制备方法及特点。

表 8-2 AlN 陶瓷粉体的典型制备方法及特点

序号	制备方法	优缺点
1	氧化铝碳热还原法，反应式：$Al_2O_3+3C+N_2 \longrightarrow 2AlN+3CO$	原料来源广，适于规模化生产，纯度高，性能稳定，粉末粒度细小均匀，易于成型烧结，可制备高档粉末材料；但合成的粉体需要二次脱碳，成本较高
2	铝粉直接氮化法，反应式：$2Al+N_2 \longrightarrow 2AlN$	设备简单，成本低，周期短，产量大，适于大规模生产和高性能 AlN 陶瓷的制备；该工艺可提高铝粉的氮化速率和转化率以及消除 AlN 粉末的团聚
3	自蔓延高温合成法，反应式：$2Al+N_2 \longrightarrow 2AlN$	设备简单，反应速度极快，成本低廉，适于工业化生产；但反应过程难以控制
4	化学气相沉积法，反应式：$AlCl_3+NH_3 \longrightarrow AlN+3HCl$	工艺可控，能制备高纯度纳米级粉体；但所使用的烷基铝价格昂贵，不适于工业化生产
5	溶胶-凝胶法：$R_3Al+NH_3 \longrightarrow AlN+3HR$	可制备出高纯、超细的粉体；但原材料昂贵，反应过程难以控制

铝粉直接氮化法取材容易，操作简单，适于批量生产，在工业生产中得到广泛应用。但是该方法也有明显缺陷，在反应前期，铝粉颗粒表面会生成氮化物层，阻碍铝粉与氮气进一步反应，降低 AlN 粉体制备效率；而且铝粉和氮气之间发生的是强放热反应，反应很快，容易形成 AlN 粉体自烧结，进而粗化粉体颗粒。通常通过加入添加剂，延长反应时间，并对反应产物进行球磨处理以解决上述问题。

氧化铝碳热还原法合成粉末纯度高、粉末粒径小、分布均匀、容易烧结成型。但该方法同时也存在不足，对氧化铝和碳的原料要求比较高，原料难以混合均匀，工艺复杂，制备成本较高。为了解决上述问题，相关研究者在混合粉中加入添加剂，并提高反应温度和反应时间以提高 AlN 粉末的生产效率。

2）AlN 陶瓷粉末成型技术

AlN 粉末具有亲水性，高温条件下极易与水发生反应，在粉末成型过程中应尽量防止粉末接触到水。由于大部分粉末成型方法成本高、生产效率低下，不适于大规模工业化生产。目前，在工业中应用较多的成型方法有流延成型法和注射成型法等方法。

流延成型法是指在陶瓷粉末原料中加入一些添加剂，均匀混合得到成分分散均匀的浆料，然后制得所需厚度陶瓷生坯的一种成型方法。因为其生产效率高、产品质量高，大量学者研究流延成型法，用以制备 AlN 陶瓷生坯。流延成型法在电子工业中得到广泛的应用。但此方法只能用来成型外形简单的陶瓷生坯，无法满足外形复杂的陶瓷生坯成型要求。因此在工业应用上有一些局限性。图 8-7 所示为流延成型法工艺流程图。

注射成型法是近年来发展最为快速的新型粉末成型技术。其能够用于复杂外形陶瓷成型，同时具有生产成本低、所制备陶瓷结构均匀和性能优良等优点，为 AlN 陶瓷的性能与应用找到了一个很好的结合点。

3）AlN 陶瓷烧结技术

AlN 粉末的烧结致密性与烧结温度有关，通常需要提高烧结温度增加其烧结致密性。AlN 陶瓷的导热率与致密度有关，通常低温烧结过程中要加入烧结助剂以增加烧结后 AlN

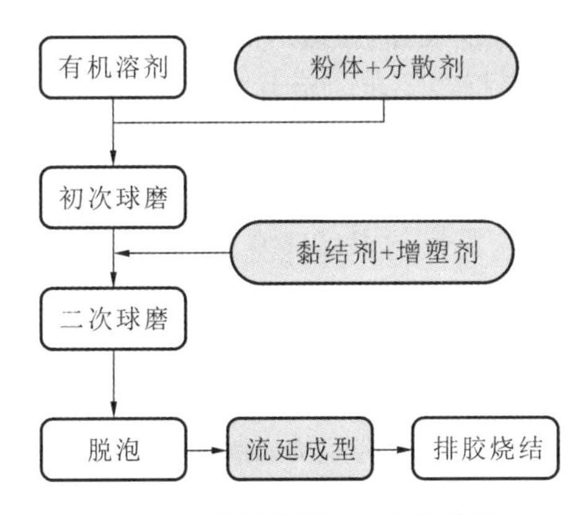

图 8-7　流延成型法工艺流程图

陶瓷的致密度，烧结过程中还需要考虑烧结气氛对陶瓷致密度的影响。

在高温下，氧气会逐渐扩散到 AlN 晶格内部，低温烧结能够减少烧结过程中进入 AlN 陶瓷的杂质，然而烧结温度低不利于改善 AlN 陶瓷性能，行之有效的方法就是添加有效的烧结助剂。目前应用较多的烧结助剂有 Y_2O_3、CaO、MgO 等。在烧结过程中如果仅采用一种烧结助剂，所需要的烧结温度依然难以降低，生产成本依然较高。通过比较，添加多种烧结助剂，利用不同种类烧结助剂对陶瓷烧结作用的组合，能够极大地降低烧结温度，从而降低生产成本。

烧结温度的提高有助于提高 AlN 陶瓷的导热率及强度。在 1500～1800 ℃范围内烧结，发现温度的升高有利于 AlN 陶瓷材料导热率的增大，得到的 AlN 陶瓷导热率从 76.9 W/(m・K)升高到了 113.9 W/(m・K)。烧结温度的升高还可以提高 AlN 陶瓷的力学性能。

烧结气氛对陶瓷烧结质量也有很大的影响。研究发现在氮气气氛下制备的 AlN 陶瓷比真空气氛下制备的 AlN 陶瓷的导热率高。然而氮气的中性和还原性对烧结作用效果不同。中性氮气中烧结的 AlN 陶瓷结构均一，但在还原性氮气气氛中烧结的 AlN 陶瓷结构不均匀，容易产生变形。对此，选择在中性氮气气氛中烧结，可以获得结构均一、性能更好、杂质更少的 AlN 陶瓷。

2. 氧化铝陶瓷基板的制备

氧化铝陶瓷是一种以 α-Al_2O_3 为主晶相的陶瓷材料，其 α-Al_2O_3 含量一般为 75%～99.9%。根据其中氧化铝含量的不同，氧化铝陶瓷分为 99 瓷、95 瓷、85 瓷和 75 瓷等。氧化铝含量在 99%左右的为 99 瓷，在 95%左右的为 95 瓷，依此类推。由于它熔点高、硬度大、绝缘电阻大、化学稳定性好，被广泛应用于耐磨材料、高温结构材料、电绝缘材料和耐化学腐蚀材料等中。

1) 氧化铝陶瓷的成型工艺

氧化铝陶瓷的成型方法有很多种，常见的成型方法主要有干压成型法、流延成型法等。近年来，也开发出不少新的成型工艺，如压滤成型法、固体自由成型法、凝胶注模成型法等。

干压成型法是一种比较成熟的工艺，其是通过外力作用，增大内摩擦力，使颗粒之间因内摩擦力的作用而产生联结并维持一定形状的一种成型方法。干压成型法的优点是工艺简单、操作容易。

流延成型法也叫刮刀成型法，在技术上比较新颖，适用于薄片陶瓷材料的制备。利用该方法一般要在陶瓷粉料中添加其他成分，如黏结剂、分散剂、增塑剂等，制备得到的浆料十分均匀，从而使最终陶瓷片的厚度符合要求。流延成型一般分为两种：一种是非水基流延成型，另一种是水基流延成型。

2）氧化铝陶瓷的烧结工艺

氧化铝陶瓷在烧结的过程中需要的温度非常高，所以对窑炉和窑具的材料有很严格的要求。高温发热体耐火材料的选择成为一个关键的问题。因此，如何把氧化铝陶瓷的烧结温度降低、缩短其烧结所使用的时间、减少窑炉和窑具在烧结过程中的损耗、降低生产成本，是始终值得关注的问题。目前常用的烧结方法有热压烧结、超高压烧结、高真空烧结等。

热压烧结即在烧结的同时施加一定的压力，使得原子的扩散速率增大，从而提高烧结驱动力，大大缩短烧结过程所需的时间。

超高压烧结是指在较大的压力条件下进行烧结，不需要用很高的温度，就能够成功制得高致密度、高纯度的氧化铝陶瓷。超高压作用能有效降低烧结温度，减少能耗，提高氧化铝陶瓷的致密度。

高真空烧结是指在高度真空的状态下进行烧结。利用高真空烧结方法制备高纯度氧化铝陶瓷，不仅可以减少晶界处杂质，还可以降低出现气孔的概率。

8.5 隔热陶瓷

8.5.1 隔热陶瓷的基本性质

隔热陶瓷是一种功能材料，常用于高温窑炉及热工设备。它通常具有质轻、疏松、多孔、导热率低等特点。其由于具有保温、隔热、隔声、防火等性能，也被应用于工业、农业、国防、航天等领域。

隔热材料是由气相和固相组成的两相介质，热量传递形式主要是传导、对流和辐射。良好的隔热材料既能满足隔热性能，又能适应环境条件。

材料微观导热受到许多因素的影响。物质导热载体共有四种：分子、声子、光子和电子。由于隔热材料为无机非金属材料，电子导热可忽略不计。如图 8-8 所示，隔热材料微观导热方式主要有分子导热、声子导热及光子导热。

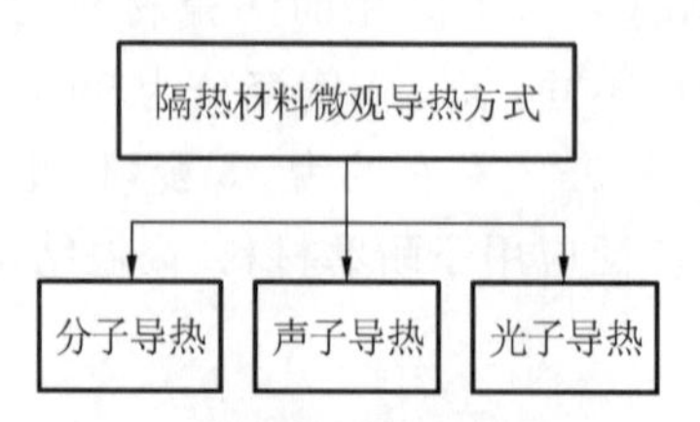

图 8-8　隔热材料微观导热方式

分子导热是指气体中热量通过分子的碰撞传导。导热是气体分子不规则热运动相互碰撞的结果。温度越高，分子动能越大，分子相互碰撞使热量从高温处传到低温处。

在声子导热中，固体中原子运动受限，只能在固定位置振动，振动幅度取决于原子的能量。当存在温差时，振动的剧烈程度不同，从而发生相互作用实现能量传递。声子导热的主要影响因素是声子的平均自由程。

在光子导热中，固体中质点振动、转动等辐射出频率较高的电磁波，当存在温差时，通过这种电磁波的作用，部分热能从高温处传到低温处。光子导热的影响因素主要是光子的平均自由程。

8.5.2　隔热陶瓷的分类

隔热陶瓷可分为多孔隔热材料、气凝胶隔热材料、纤维及纤维增强隔热材料，如图 8-9 所示。

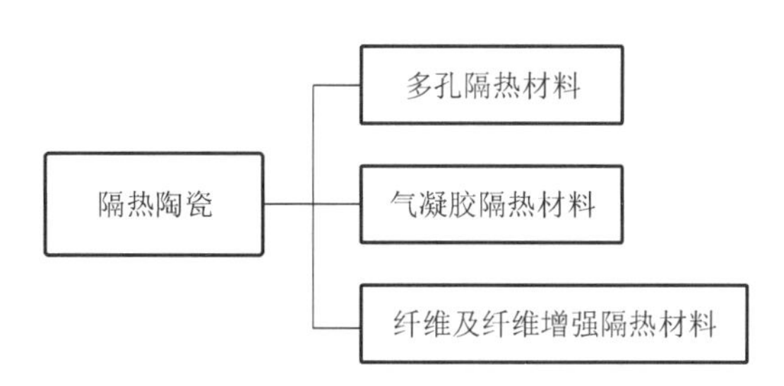

图 8-9　隔热陶瓷的分类

多孔隔热材料具有耐高温、耐腐蚀等性能，还具有隔热、吸声、比表面积大等特点。多孔陶瓷的导热率较低，孔腔内充斥的气体可提高多孔陶瓷隔热性能。图 8-10 所示为多孔隔热陶瓷产品。

图 8-10　多孔隔热陶瓷产品

气凝胶隔热材料可分为二氧化硅气凝胶材料、氧化铝气凝胶材料、二氧化锆气凝胶材料等。二氧化硅气凝胶材料是溶胶-凝胶工艺衍生的非晶固态材料，具有纳米级孔洞和粒径，以及极大比表面积。常向气凝胶中添加纤维以增加材料强度，或添加遮光剂以提高材料红外遮蔽性能。氧化铝气凝胶材料具有密度低、比表面积大、热稳定性高和耐高温等特点，在高温隔热、高温催化及基础研究等领域得到广泛应用。根据前驱体的不同，制备纯 Al_2O_3 气凝胶材料的工艺可分为无机铝盐法和有机金属铝醇盐法。二氧化锆气凝胶材料具有耐高温、比表面积大、粒径小和密度低等特点。在加热或冷却过程中，ZrO_2 纳米孔结构被破坏。可通过对 ZrO_2 气凝胶材料进行掺杂改性，从而对其进行晶型稳定化处理。改性后复合材料比纯 ZrO_2 气凝胶材料具有更好的高温稳定性，能有效解决制品开裂问题。

隔热纤维主要通过减缓热量交换达到隔热目的，绝大多数为硅酸盐类矿物。常见的隔热纤维主要有石棉、玻璃棉、硅酸铝纤维、高硅氧纤维、碳化硅纤维和氧化铝纤维等。由于纤维本身具有一定的抗拉强度，其制品具有较高的抗拉、抗压和抗折强度。在实际应用中，隔热材料往往需与纤维复合使用，以满足承受一定载荷的要求。

8.5.3 典型隔热陶瓷的制备方法

1. 多孔隔热陶瓷的制备

多孔隔热陶瓷典型制备工艺有添加造孔剂工艺、发泡工艺、有机泡沫浸渍工艺、溶胶-凝胶工艺等，如图 8-11 所示。

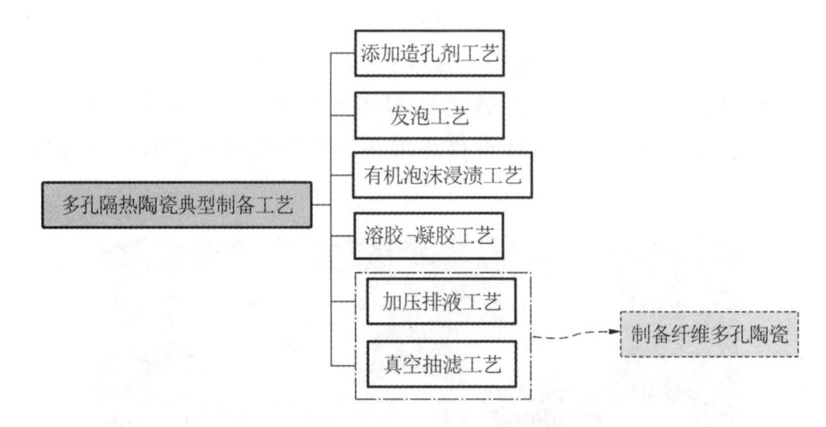

图 8-11　多孔隔热陶瓷典型制备工艺

添加造孔剂工艺是在配料中添加造孔剂，利用烧结使坯体造孔剂挥发，从而在基体材料中形成孔隙。该工艺优点是可依据造孔剂本身结构特点制得各种形状和结构的多孔陶瓷，且可调节材料的孔隙率。但该工艺存在造孔剂分散困难、气孔分布不均匀、不能制备高孔隙率的多孔陶瓷等缺点。

发泡工艺用于制备多孔隔热陶瓷材料，较容易控制最终产品的形状、成分和密度。该工艺使用碳酸钙、氢氧化钙、过氧化氢等作为发泡剂与陶瓷原料混合。升温使发泡剂分解，从而获得具有一定尺寸和形状的多孔陶瓷。但是该方法对原料要求较高，不能与发泡剂反应，并具有一定的流动性。

有机泡沫浸渍工艺用有机泡沫材料作为前驱体，将其浸渍到浆料中，然后经高温烧结得到多孔隔热陶瓷材料。在坯体干燥和烧结过程中，有机泡沫氧化分解和气化，留下孔隙，形成多孔隔热陶瓷。该工艺适于制备较高气孔率、较大孔隙的多孔陶瓷，但是不能有效控制孔隙大小、制品形状和密度。

溶胶-凝胶工艺利用金属醇盐的水解反应、高分子缩聚反应或无机盐的水解反应形成溶胶，通过凝胶化过程，形成胶粒的网状结构，然后通过干燥和烧结制得纳米级孔隙的多孔陶瓷。用该工艺制备的隔热陶瓷材料具有颗粒细小、工艺简单、能实现多组分均匀掺杂、处理温度相对较低等特点。

2. 气凝胶隔热材料的制备

气凝胶隔热材料通常通过溶胶-凝胶工艺及干燥方法制备。根据其组分不同，气凝胶可分为二氧化硅气凝胶、氧化铝气凝胶等。通过溶胶-凝胶工艺得到湿凝胶，再通过不同的干燥方法制得最终的气凝胶材料。干燥方法对气凝胶材料的性能具有重要影响。

超临界干燥法，通过控制压力和温度使溶剂在干燥过程中完成超临界转变。然而，由于高温高压和有机溶剂的易燃性，超临界干燥存在危险性，且设备昂贵复杂，难以进行连续及规模化生产。

与超临界干燥法相比，常压干燥法操作简单安全。但在常压干燥过程中孔隙流体迁移会产生毛细管力，导致气凝胶的结构收缩和坍塌。为了解决这个问题，可采取措施如提高凝胶网络结构的强度、改善凝胶中孔洞的均匀性、对凝胶进行表面修饰处理、使用低表面张力的溶剂等。

冷冻干燥法，可在一定程度上解决干燥过程中的粒子团聚问题。在冷冻干燥过程中冻成固相的溶剂升华，从而达到清除溶剂的目的。

8.6　低热膨胀陶瓷

8.6.1　低热膨胀陶瓷的基本性质

陶瓷具有耐高温、高强度、抗腐蚀等一系列优良性能，其中热膨胀是陶瓷材料的重要性能之一。

低热膨胀陶瓷，特别是零膨胀陶瓷或负膨胀陶瓷，可作为发动机主要零部件、航空器的叶片、炉具垫片、电路基片、天文望远镜镜坯和天线罩、高温观察窗、精密计量器件、载体和过滤器等高技术应用的材料。一般认为热膨胀系数的绝对值小于 $2\times10^{-6}℃^{-1}$ 的材料为低热膨胀材料，热膨胀系数接近零的材料为超低热膨胀材料。

8.6.2　低热膨胀陶瓷的分类

1. 堇青石陶瓷

堇青石(cordierite)作为天然矿物只有少量存在自然界。堇青石陶瓷的热膨胀系数为 $2.9\times10^{-6}℃^{-1}$，熔点约为 1460 ℃，具有良好的热稳定性能，如图 8-12 所示。堇青石有两种同质多相变体，即低温堇青石和高温堇青石，高温堇青石又名印度石，属于六方晶系；低温堇青石就是人们通常所说的堇青石，属于斜方晶系。堇青石不仅具有低热膨胀系数，还具有低介电常数(5.3 MHz)。

堇青石陶瓷可用于汽车排气净化系统的催化剂载体。通常将堇青石陶瓷加工成蜂窝状结构，如图 8-13 所示，以便将直径几毫米的粒状催化剂填充到蜂窝状载体中。此外，堇青石陶瓷还可用于一般产业的除臭和排烟脱氧装置。在堇青石中添加 30% 的焙烧物(由 MnO_2 60%、Fe_2O_3 20%、CuO 10%组成)，可以得到高效率的红外放射体。但是堇青石陶瓷由于耐酸性较差，不能在酸性环境中使用。

图 8-12 堇青石陶瓷

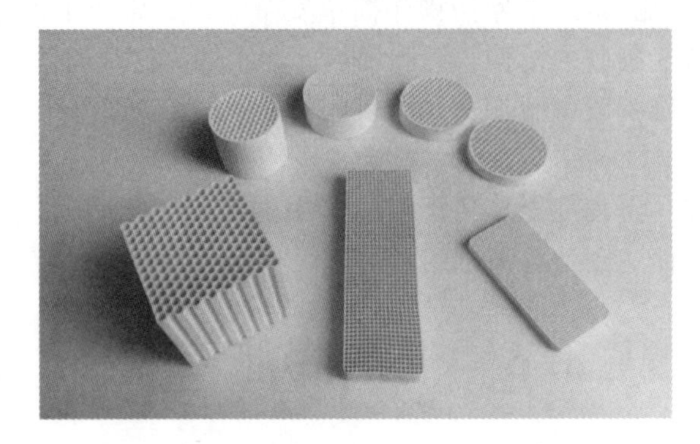

图 8-13 堇青石蜂窝陶瓷催化剂载体

2. 锂辉石陶瓷

锂辉石晶体有三个变体，分别是 α-锂辉石、β-锂辉石和 γ-锂辉石。α-锂辉石是稳定的低温变体；β-锂辉石是稳定的高温变体；γ-锂辉石是高温亚稳态变体，进一步加热可以转变为 β-锂辉石。图 8-14 所示为锂质无膨胀陶瓷坩埚。

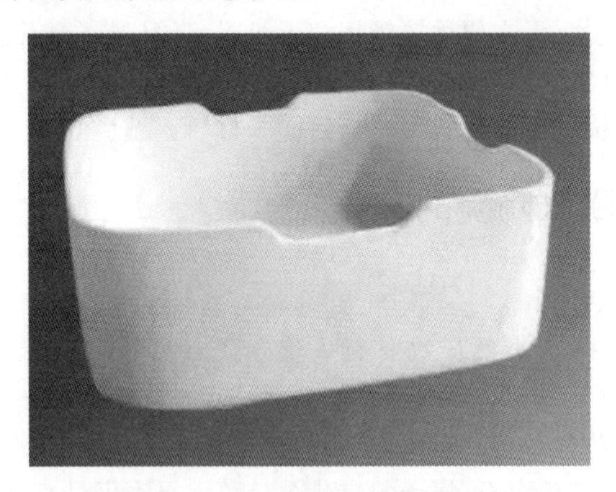

图 8-14 锂质无膨胀陶瓷坩埚

锂辉石陶瓷具有以下性能和应用。

(1) 具有很低的热膨胀系数和优良的抗热震性能，因此广泛应用于窑具、感应加热部件(如微波炉垫片)、高温夹具、电阻丝线圈、高压输电线路绝缘子、天文望远镜镜坯、高温辐射挡板、家庭用耐热餐具等。锂辉石陶瓷可制成零膨胀或微正膨胀陶瓷，因此也应用于叶轮翼片、喷气发动机部件、喷嘴衬片、内燃机部件，以及对尺寸要求稳定的高精度电子元件等。

(2)具有高温化学稳定性，可应用于金属浇注桶、实验室燃烧舟和燃烧管、耐酸浸槽等。

3. 钛酸铝陶瓷

钛酸铝陶瓷熔点(1860 ℃)较高，热膨胀系数低，抗热冲击性能好。但钛酸铝陶瓷本身热膨胀系数各向异性很大，这会导致其内部出现大量微裂纹，局部应力集中与热膨胀系数增大，从而失去优良的抗热震性。此外，其在 750～1300 ℃范围内易分解，生成相应的化合物 Al_2O_3 和 TiO_2，并且钛酸铝不易烧结，强度较低，这限制了其应用范围。

钛酸铝陶瓷作为一种具有优良抗热震性和高耐火性的特殊的无机非金属材料，广泛应用于冶金、热工、机械、化工等领域，如图 8-15 所示。它可以用作汽车排气及其他工业废气的催化载体，可以应用于高温下的热交换器、热电偶保护管、汽车排气管、高温快速烧结窑具、连续铸钢用的储水池、熔融合金用的坩埚等。

4. 微晶陶瓷

微晶陶瓷或微晶玻璃是通过在特定温度下热处理加入特定成核剂的基础玻璃制成的，从而形成微晶体和玻璃相均匀分布的复合材料。

低热膨胀微晶陶瓷最显著的特点是其极低的热膨胀系数和较高的抗弯强度。它主要应用于天文反射镜、气体激光谐振器的支撑棒、炊具、高温光源用玻璃、实验室用加热器具、高温热交换器等。图 8-16 所示为氧化铝微晶陶瓷球。

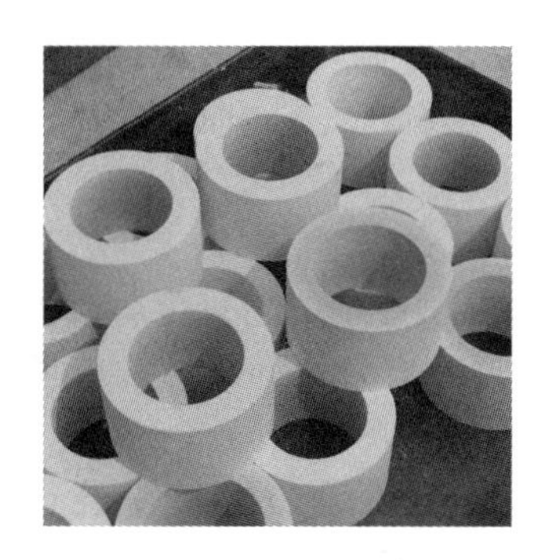

图 8-15　钛酸铝陶瓷制品

图 8-16　氧化铝微晶陶瓷球

8.6.3　典型低热膨胀陶瓷的制备方法

1. 堇青石多孔陶瓷

多孔陶瓷具有很多优异的性能，如耐高温、耐腐蚀和较高的孔隙率等，在过滤与分离、催化剂载体以及污染防控等领域得到广泛应用，其中堇青石多孔陶瓷因其极低的热膨胀系数和优异的抗热冲击性能而能够在较为恶劣的工况下使用，因此成为常见的催化剂载体材料。

催化剂载体能够提高催化剂的使用效率，主要作用机理是在催化反应中使催化剂具有适当的形状和良好的机械强度，从而使微量催化剂能够均匀分散。目前，汽车领域使用最多的是蜂窝状堇青石多孔陶瓷载体，其具有壁薄、开孔率高、机械强度大、热稳定性能好、耐冲击等优点。下面介绍低热膨胀堇青石多孔陶瓷的制备方法。

堇青石多孔陶瓷主要的特征是其多孔结构，其制备的关键和难点在于其多孔结构的形成，如图 8-17 所示。根据多孔陶瓷材料的具体使用场合和性能要求，堇青石多孔陶瓷的制备工艺可分为颗粒堆积法、发泡法、挤压成型法、添加造孔剂法、有机泡沫浸渍法、溶胶-凝胶法、凝胶注模法等。

图 8-17 堇青石多孔陶瓷

1）添加造孔剂法制备堇青石多孔陶瓷

通过引入相应造孔剂来制备堇青石多孔陶瓷是一种工艺简单的制备方法。其制备过程是在陶瓷坯料中添加适量的造孔剂，由于造孔剂在坯体中占据一定的空间，经过烧结后，造孔剂离开基体，在坯体内部形成气孔，从而获得堇青石多孔陶瓷。在堇青石多孔陶瓷的制备过程中，常用的造孔剂有石墨、淀粉、聚苯乙烯微球、炭黑、聚丙烯塑料颗粒、木屑、米糠等。

添加造孔剂法制备多孔陶瓷的优点是制备工艺简单，易于控制，可制得形状复杂和各种气孔结构的多孔陶瓷。其缺点是在混料过程中难以保证造孔剂在坯料中的均匀分布，导致制品的气孔分布不均匀，显气孔率较低，难以保证制品性能的稳定性。

2）挤压成型法制备堇青石多孔陶瓷

挤压成型法制备堇青石多孔陶瓷的工艺特点是通过预先设计好的多孔金属模具进行成孔。通常，制备好的可塑性坯料被放入挤压成型机中并通过具有蜂窝网格结构的模具进行成型。经过干燥和烧成，就可以获得具有一定孔隙率和孔径分布的堇青石多孔陶瓷。

挤压成型法制备多孔陶瓷的优点是可根据实际应用场景精确设计孔隙率、孔径以及成孔形状等，最常见的孔形设计为正方形、三角形等；孔隙率均匀；易于大批量生产。其缺点是不能制备出比较复杂的孔径结构和孔径较小的堇青石多孔陶瓷；对挤压成型坯料质量要求较高；对挤压成型所用金属模具精度要求较高。

3）发泡法制备堇青石多孔陶瓷

发泡法制备堇青石多孔陶瓷是在陶瓷制备过程中添加一定量的发泡剂。常用的发泡剂为有机发泡剂和无机发泡剂两种。在坯料处理过程中，发泡剂会产生一定量的挥发性气体，产生一定量的泡沫，经过干燥和烧成后，就可以获得具有一定孔隙率的多孔陶瓷材料。

发泡法与传统陶瓷制备工艺相比，多了一个干燥前的发泡过程，所以理论上在干燥温度范围内能产生气体的物质都可以作为发泡剂使用。

2.航空发动机涡轮叶片用陶瓷型芯

陶瓷型芯最初用于航空工业涡轮发动机空心叶片的铸造，如图 8-18 所示。随着制备技术的不断提高，陶瓷型芯的应用范围也越来越大。目前，陶瓷型芯广泛用于高尔夫球头、船舶用大推力发动机空心叶片、大型薄壁铝合金铸件、化工用叶轮等产品的精密铸造。

陶瓷型芯主要由耐火基体材料、矿化剂和添加剂组成。其中广泛应用的耐火基体材料主要为石英、刚玉等，常见的矿化剂为锆英粉、氧化镁、氧化钇等。此外，还有增塑剂、强化剂、成孔剂等材料。目前，制造高效气冷涡轮叶片用陶瓷型芯在基体材料方面主要分为氧化硅基陶瓷型芯和氧化铝基陶瓷型芯。

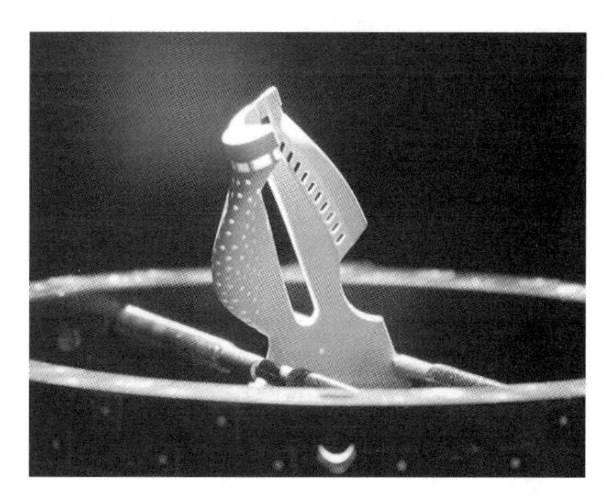

图 8-18 航空发动机涡轮叶片用陶瓷型芯

（1）氧化硅基陶瓷型芯。

氧化硅基陶瓷型芯采用石英玻璃粉作为基体材料，添加莫来石、氧化铝、锆英粉等矿化剂以提高其性能。氧化硅基陶瓷型芯具有热膨胀系数小、耐火性高、室温和高温强度较高、易受碱液腐蚀等优点。

氧化硅基陶瓷型芯中石英玻璃在烧结过程有自发析出方石英的能力，析出的方石英具有较高的熔点（1723 ℃），从而提高了陶瓷型芯的耐高温和抗蠕变性能。此外，方石英能够抑制石英玻璃熔体的流动，在陶瓷型芯的焙烧过程中降低了型芯的收缩率，稳定了尺寸。但方石英的晶型转变也会伴随体积的变化，产生内部应力，导致型芯的强度下降，所以为了保证陶瓷型芯的综合性能，必须严格控制方石英的转变量。

氧化硅基陶瓷型芯最大的优点是能够实现快速脱模。目前在航空和民用发动机中得到广泛应用，但氧化硅基陶瓷型芯与型壳的热膨胀系数差异较大，型芯难以固定在型壳中。

（2）氧化铝基陶瓷型芯。

与氧化硅基陶瓷型芯相比，氧化铝基陶瓷型芯具有更好的高温化学稳定性和高温抗蠕变性能，使用温度更高（最高可达 1850 ℃），且氧化铝基陶瓷型芯的热膨胀系数与型壳的几乎相同，适合制造高级别的涡轮叶片。但由于氧化铝的熔点非常高（2054 ℃），很难进行烧结，因此需要添加氧化镁、氧化硅等物质促进烧结。在烧结过程中氧化镁与氧化铝在晶界处反应生成镁铝尖晶石，降低了型芯材料的烧结温度，同时氧化镁还会抑制氧化铝晶粒的生长，使晶粒细化，提高陶瓷型芯的强度，并保留大量气孔。

氧化铝基陶瓷型芯具有良好的耐火性、化学稳定性、热稳定性，是制备新一代涡轮叶片中最具竞争力的型芯材料。但氧化铝的高化学稳定性也给型芯的脱模带来不便。

陶瓷型芯的成型方法如下。

（1）凝胶注模法。

为了获得近净尺寸的陶瓷型芯和复杂形状的型芯，目前一般选择用凝胶注模成型技术。该技术将高分子化学、胶体化学和传统的陶瓷工艺相结合，是一种制备高品质复杂形状陶瓷的近净成型技术。

凝胶注模成型技术的原理是通过制备高固相体积分数、低黏度的浆料，利用有机单体的聚合作用使浆料原位凝胶，从而使最终成型的型芯坯体具有高强度和高密度。

（2）压制成型法。

干压成型和等静压成型等属于压制成型，它们都是在一定压力的作用下使陶瓷粉料形成陶瓷坯体。干压成型要求坯料的含水量为4%～8%，操作方便、工艺简单，而且生坯强度高，干燥收缩和烧结收缩都较小，但干压成型时压力的不均匀分布可能导致坯体出现开裂、分层等缺陷。等静压成型分为冷等静压成型和热等静压成型。冷等静压成型在室温下使粉料受到各个方向相同的压力而成型，热等静压成型是在成型过程中同时进行烧结的一种成型方法。等静压成型要求粉料的粒度小于20 μm，粉料含水量为1%～3%。这两种成型方法都只能制备形状较简单的陶瓷型芯，而且制备的型芯样品的尺寸精度都不高。

(3) 热压注成型法。

热压注成型也叫低压注射成型，是制造特种陶瓷广泛采用的一种生产工艺。其基本原理是利用石蜡在受热时熔化并在冷却后凝固的特性，将没有可塑性的陶瓷粉料和热的石蜡液混合均匀，然后在一定压力下将流动性良好的浆料注入金属模具中进行成型。石蜡浆料冷却凝固后，脱模即可得到成型良好的坯体。热压注成型是一种近净尺寸成型方式，在陶瓷型芯的制备领域得到广泛应用。

陶瓷型芯的烧结如下。

烧结温度、保温时间以及填料的选择是影响陶瓷型芯性能的重要因素。陶瓷型芯的烧结分为两个阶段：低于500 ℃的脱蜡阶段以及500 ℃以上的烧结阶段。烧结温度通过影响陶瓷型芯的内部结构来影响其高温性能。氧化硅基陶瓷型芯的烧结通常在1100～1400 ℃的温度范围内进行。在方石英网纹出现之前，型芯的烧结强度最大。方石英网纹出现之后，型芯内部出现裂纹的倾向增加，型芯强度下降。氧化铝基陶瓷型芯的烧结温度一般在1300 ℃以上，甚至可以超过1500 ℃。在设计烧结工艺时，要认真考虑升温速率、烧结温度及保温时间，以避免陶瓷型芯的性能降低。

思考题

(1) 典型的耐高温陶瓷有哪些？

(2) 陶瓷的导热机理是什么？高导热陶瓷一般具有哪些结构特点？典型的高导热陶瓷有哪些？

(3) 陶瓷的热膨胀系数受哪些因素影响？典型低热膨胀陶瓷有哪些？

(4) 隔热陶瓷一般要求哪些性能？

(5) 如果采用陶瓷制备钛合金金属冶炼的坩埚，该怎么选择坩埚陶瓷材料及制备工艺？

参考文献

[1] LEVINE S R, OPILA E J, HALBIG M C, et al. Evaluation of ultra-high temperature ceramics for aeropropulsion use[J]. Journal of the European Ceramic Society, 2002, 22(14-15): 2757-2767.

[2] BASU B, RAJU G B, SURI A K. Processing and properties of monolithic TiB_2 based materials[J]. International Materials Reviews, 2006, 51(6): 352-374.

[3] FAHRENHOLTZ W G, HILMAS G E, TALMY I G, et al. Refractory diborides of zirconium and hafnium[J]. Journal of the American Ceramic Society, 2007, 90(5): 1347-1364.

[4] KHANRA A K, SARKAR B R, BHATTACHARYA B, et al. Performance of ZrB_2-Cu composite as an EDM electrode[J]. Journal of Materials Processing Technology,

2007,183(1):122-126.

[5] WANG H L,WANG C A,YAO X F,et al. Processing and mechanical properties of zirconium diboride-based ceramics prepared by spark plasma sintering[J]. Journal of the American Ceramic Society,2007,90(7):1992-1997.

[6] SCITI D,GUICCIARDI S,NYGREN M. Spark plasma sintering and mechanical behaviour of ZrC-based composites[J]. Scripta Materialia,2008,59(6):638-641.

[7] SAVINO R,DE STEFANO FUMO M,SILVESTRONI L,et al. Arc-jet testing on HfB_2 and HfC-based ultra-high temperature ceramic materials[J]. Journal of the European Ceramic Society,2008,28(9):1899-1907.

[8] BLUM Y D,MARSCHALL J,HUI D,et al. Thick protective UHTC coatings for SiC-based structures:process establishment[J]. Journal of the American Ceramic Society,2008,91(5):1453-1460.

[9] PENG F,SPEYER R F. Oxidation resistance of fully dense ZrB_2 with SiC,TaB_2,and $TaSi_2$ additives[J]. Journal of the American Ceramic Society,2008,91(5):1489-1494.

[10] CORRAL E L,LOEHMAN R E. Ultra-high-temperature ceramic coatings for oxidation protection of carbon-carbon composites[J]. Journal of the American Ceramic Society,2008,91(5):1495-1502.

[11] SILVESTRONI L,SCITI D. Densification of ZrB_2-$TaSi_2$ and HfB_2-$TaSi_2$ ultra-high-temperature ceramic composites[J]. Journal of the American Ceramic Society,2011,94(6):1920-1930.

[12] SONBER J K,SURI A K. Synthesis and consolidation of zirconium diboride:review[J]. Advances in Applied Ceramics,2011,110(6):321-334.

[13] FAHRENHOLTZ W G,HILMAS G E. Oxidation of ultra-high temperature transition metal diboride ceramics[J]. International Materials Reviews,2012,57(1):61-72.

[14] GUPTA N,BHANU PRASAD V V,MADHU V,et al. Ballistic studies on TiB_2-Ti functionally graded armor ceramics[J]. Defence Science Journal,2012,62(6):382-389.

[15] 威廉・法伦霍尔茨,艾瑞克・乌齐纳,威廉・李,等. 超高温陶瓷——应用于极端环境的材料[M]. 周延春,冯志海,等译. 北京:国防工业出版社,2016.

[16] GALIZIA P,SCITI D,BINNER J,et al. Elevated temperature tensile and bending strength of ultra-high temperature ceramic matrix composites obtained by different processes[J]. Journal of the European Ceramic Society,2023,43(11):4588-4601.

[17] 冯胜雷,刘方华,付翔,等. 超低热膨胀系数堇青石蜂窝陶瓷的原材料特性[J]. 非金属矿,2019,42(6):11-14.

[18] 桂岩,赵爽,杨自春. 3D 打印隔热材料研究进展[J]. 材料导报,2023,38(8):1-12.

[19] 江期鸣,黄惠宁,孟庆娟,等. 高导热陶瓷材料的研究现状与前景分析[J]. 陶瓷,2018(2):12-22.

[20] 邢悦,孙川,何鹏飞,等. 石墨烯/超高温陶瓷复合材料研究进展[J]. 硅酸盐学报,2022,50(10):2734-2745.

第9章　先进电学陶瓷及制备工艺

电学陶瓷，又称电子陶瓷(electronic ceramic)，是指在电子工业中利用电、磁性质的陶瓷。电子陶瓷是通过对表面、晶界和尺寸结构的精密控制获得新功能的陶瓷。它在能源、家用电器、汽车等领域得到广泛应用。电子陶瓷的制备工艺与传统陶瓷的制备工艺大致相同。然而，在化学成分、微观结构和机电性能方面，电子陶瓷与一般的电力用陶瓷有本质的区别。这些区别源于电子工业对电子陶瓷提出的一系列特殊技术要求，其中最重要的要求包括高机械强度、耐高温高湿、抗辐射、介电常数可在很宽的范围内变化、介质损耗角正切小、电容量温度系数可调整(或电容量变化率可调整)、抗电强度和绝缘电阻值高，以及优异的老化性能等。电学陶瓷材料的发展，同物理化学、应用物理学、硅酸盐物理化学、固体物理学、光学、电学、声学、无线电电子学等的发展密切相关，它们相互促进。电学陶瓷按功能和用途的不同可以分为五类：绝缘陶瓷、电容器陶瓷、铁电陶瓷、半导体陶瓷和离子陶瓷。详细介绍如表9-1所示。

表9-1　电学陶瓷分类

分类	主要性能	示例
绝缘陶瓷	电绝缘性能优良，介电常数低，介质损耗小	集成电路基片、封装外壳(滤波器基座、LED基座)
电容器陶瓷	介电常数高，介质损耗大	电容器介质
铁电陶瓷	具有压电特性、热释电特性	压电器件、红外探测器件
半导体陶瓷	具有半导体性晶粒和绝缘性晶界	热敏电阻、压敏电阻
离子陶瓷	可快速传递正离子	固体电池部件

9.1　绝缘陶瓷

绝缘陶瓷具有介电常数低、介质损耗小、导热性良好、电导率低、机械强度高、化学稳定性好的特点，可以在微电子技术和光电子技术方面中起到绝缘、支撑和保护作用。它广泛应用于高频绝缘陶瓷领域，如高频绝子骨架、电子管底座、电阻器基片、厚薄膜混合集成电路基片和微波集成线路基片等。常用的绝缘陶瓷有高铝瓷和滑石瓷。随着电子工业的发展，尤其是厚膜、薄膜电路以及微波集成电路的问世，对封装陶瓷和基片提出了更高的要求，因此出现了氧化铍陶瓷、氮化硼陶瓷、氮化铝陶瓷和碳化硅陶瓷等新品种，这些陶瓷的共同特点是导热率较高。其中，高铝瓷以α-氧化铝为主晶相，氧化铝含量超过75%，具有优良的机电性能，在高频绝缘陶瓷领域中得到广泛应用，可以用来制造超高频、大功率电真空器件的绝缘零件，真空电容器的陶瓷管壳和陶瓷基片等。滑石瓷以天然矿物滑石为主要原料，以顽辉石为主晶相，介电性能优良，价格低廉。其缺点是热膨胀系数较大，热稳定性较差。滑石瓷广泛用于制造波段开关、插座、可调电容器的定片和轴、瓷板、线圈骨架、可变电感骨架等。氧化铍陶瓷是以氧化铍粉末为主要原料制成的陶瓷，具有优良的机电性能。其最大特点是导热率高（与金属铝的几乎相等），可用于制造大功率晶体管的管壳、管座、散热片，以及大规模高密度集成电路的封装管壳和基片。但高纯度的氧化铍陶瓷有剧毒，在生产和使用上受到一定的限制。

9.1.1　绝缘陶瓷的基本性能

1. 绝缘陶瓷的热、电性能

几种绝缘陶瓷的主要热、电性能如表 9-2 所示。

表 9-2　几种绝缘陶瓷的主要热、电性能

材料	SiC	Si_3N_2	BN	CBN	AlN	BeO	MgO	Al_2O_3
最高使用温度/℃	—	—	900	1400	800	2000	2200	1750
导热率/(W/(m·K))	58.62	12.56	25.1	13	20.1～30.1	255.4	37.7	25.1
热膨胀系数/($\times10^{-6}$/℃)	3.81	4.8	0.7(⊥)/7.5(∥)	3.5	5.64	7.8	15	8.6
电阻率/(Ω·cm)	10^{14}	$>10^{14}$	10^{16}～10^{18}(25 ℃)	2×10^{8}	2×10^{11}(25 ℃)	10^{11}～4×10^{12}	$>10^{14}$	10^{15}
介电常数	—	8.3	3～5	—	8.15～8.77	5.6～5.8	9.1	—
介质损耗	—	0.001～0.1	(2～8)$\times10^{-4}$	—	3.3×10^{-3}～2.7×10^{-2}	4×10^{-4}～4.3×10^{-4}	(1～2)$\times10^{-4}$	—

绝缘陶瓷具有很好的耐热性能和高温抗氧化性能。相比现有的高温耐热合金，即使采用保护涂层和空气冷却的方式，其使用温度也难以超过 1150 ℃，因此，绝缘陶瓷成为高温工业和高温构件等不可或缺的材料。但 SiC 在 800～1140 ℃温度范围内抗氧化性能较差，因为在该温度范围内生成的氧化膜较疏松，起不到充分的保护作用。AlN 在高于 800 ℃时也极易氧化而破坏其性能，故也不宜在 800 ℃以上使用。绝缘陶瓷还具有优良的电性能，成为电子工业和航天工业中某些零部件的首选材料。但对于 SiC 来说，只有纯 SiC 才是绝缘体，含有杂质时，电阻率会大幅下降。高导热电绝缘陶瓷具有很高的导热率，尤其是 BeO，其导热率甚至比很多金属的还高，这决定了此类陶瓷具有比一般陶瓷更特殊的用途。绝缘陶瓷基本上具有较小的热膨胀系数，因此高导热电绝缘陶瓷具有良好的抗热震性能，可大大提高其使用性能和使用寿命。

2. 绝缘陶瓷的力学性能

几种绝缘陶瓷的主要力学性能如表 9-3 所示。

表 9-3　几种绝缘陶瓷的主要力学性能

材料	SiC	Si_3N_2	BN	CBN	AlN	BeO	MgO	Al_2O_3
抗弯强度/MPa	539.3	735.5	60～80(⊥)/40～50(∥)	814	270	157.6～200.0	—	509.9
弹性模量/GPa	441.27	323.6	—	71	350	392	314	402
硬度	HR45N	HR45N	莫氏硬度	显微硬度	莫氏硬度	莫氏硬度	莫氏硬度	HR15N
	93	87.2	2	69～98	7～9	9	5～6	96.9

绝缘陶瓷的力学性能不如其热、电和化学性能优异。和其他陶瓷一样，高导热电绝缘陶瓷脆性大，这严重限制了其作为结构件的使用。除 MgO、BeO 和 AlN 外，该类陶瓷的硬度普遍较高，耐磨性能良好，可用作磨料和磨具，其中少数几种还可用作刀具材料。这类陶瓷最显著的力学性能是除室温强度较高外，高温强度也很高。

3. 绝缘陶瓷的化学性能

通常情况下，绝缘陶瓷具有良好的化学稳定性。BeO 陶瓷能够抵抗碱性物质的侵蚀(苛性碱除外)。MgO 属于弱碱性物质，几乎不受碱性物质侵蚀，且与 Fe、Ni、V、Th、Zn、Al、Mo、Mg、Cu、Pt 等熔体不发生作用。氮化物高导热电绝缘陶瓷几乎都具有优良的抗氧化性能和化学稳定性。

9.1.2　典型绝缘陶瓷的制备工艺

绝缘陶瓷在原料上一般以氧化物、氮化物、碳化物和硼化物为主。在成分上，为了避免原料产地的不同而使得最终产品的性能不同，高导热电绝缘陶瓷采用高纯度化合物作为原料，其最终产品的性能取决于原料的纯度和工艺。在制备工艺方面，其突破了传统陶瓷主要依赖炉窑作为生产工具的限制，广泛采用真空烧结、保护气氛烧结、热压烧结和热等静压等先进的烧结工艺。

1. 绝缘陶瓷的主要成型方法

成型是将粉末制成所需形状的半成品的过程，绝缘陶瓷的主要成型方法如下。

(1) 粉料压制法，如钢模压制、捣打成型、冷等静压制和干袋式等静压制。钢模压制法是最常用的成型方法，适用于形状简单、尺寸较小的制品。它易于实现自动化生产。冷等静压制与钢模压制相比有以下优点：能制作形状更为复杂的零件；摩擦损耗小，成型压力较小，压坯密度分布均匀且强度高。但其缺点是压坯尺寸和形状不易精确控制；生产率低，不易实现自动化生产，而这个缺点可用干袋式等静压制法克服。

(2) 可塑成型法，如可塑毛坯挤压、压模成型等。这种方法要求泥团具有一定的可塑性，即在外力作用下能产生应变，并在去除外力后保持这种变形能力。泥团的含水量一般为19%～26%。挤压成型适于制造圆形、椭圆形、多边形和其他异形断面的棒材或管材。

(3) 注浆成型法，如粉浆浇注、离心浇注和流延成型等。该方法是指在粉末中加入适量的水或有机液体以及少量电解质，形成相对稳定的悬浮液，然后注入石膏模具中，使石膏模具吸收水分，从而实现成型。该方法的关键是获得良好的粉浆，即具有良好的流动性、悬浮性和足够的稳定性。注浆成型法适于制造大型、形状复杂的薄壁产品。

(4) 热致密化成型法，如热压、热等静压和热锻等。这种方法是将成型和烧结合并在同一工序中完成，特点是在加压下将粉末坯体加热至塑性状态，形变阻力小，易于产生塑性流动，成型压力低，时间短。这样可以显著控制晶粒长大，使产品密度接近理论密度，晶粒细小，显微组织优良。但该方法生产效率低，成本高，适于制备 Al_2O_3、BeO、BN 和 SiC 等较难成型和烧结的特种陶瓷。

(5) 注射成型法，又称热压注成型。该方法是在压力下将熔融含蜡浆料注入金属模具中，冷却后脱模得到坯件，然后进行脱蜡和烧结。所得产品尺寸精确，表面光洁度高，结构致密，此方法已广泛用于制造形状复杂、尺寸和质量要求高的特种陶瓷。

(6) 其他成型方法，如熔铸法、等离子喷射成型和化学蒸镀等。

2. 绝缘陶瓷的烧结方法

烧结是指在适当的环境或气氛中加热粉末坯体，通过一系列物理、化学变化，使粉末颗粒间的黏结发生质的变化，坯体的强度和密度迅速增加，其物理、力学性能也得到明显的改善。烧结是高导热电绝缘陶瓷乃至整个陶瓷材料制备过程中的重要工序，它决定了产品的最终性能。因此，谨慎地控制烧结过程是十分重要的。绝缘陶瓷的主要烧结方法如下。

(1) 反应烧结法：通过多孔坯体与气相或液相发生化学反应，使坯体质量增加，孔隙减小，并烧结成具有一定强度和尺寸精度的成品。目前，此方法只适用于 Si_3N_4、Si_2ON_2、SiC 等少数几个体系。其特点是坯体在烧结过程中尺寸基本保持不变，可得到尺寸精确的坯体，同时工艺简单、经济，适用于大批量生产，但其缺点是力学性能不好。

(2) 常压烧结法：在大气压力下进行烧结，不另加压力。这是最常用的方法，通常需添加烧结助剂。

(3) 热致密化方法：如热压、热等静压等。前文已有讨论，此处略过。

(4) 化学气相沉积法：特点是制得的产品纯度高、层薄且具有各向异性，但成本高，生产效率低，除特殊产品外，很少使用。

(5) 其他烧结方法：如重烧结、再结晶烧结、超高压烧结和保护气氛烧结等。

3. 典型绝缘陶瓷器件的制备工艺

随着功率器件特别是第三代半导体的崛起与应用，半导体器件逐渐向大功率、小型化、集成化、多功能等方向发展，对封装基板性能也提出了更高要求。绝缘陶瓷基板（又称陶瓷电路板）具有导热率高、耐热性好、热膨胀系数低、机械强度高、绝缘性好、耐腐蚀和抗辐射等特点，在电子器件封装中得到广泛应用。下面简要介绍各种陶瓷基板的制备工艺，包括薄膜陶瓷（TFC）基板、厚膜印刷陶瓷（TPC）基板、直接键合铜陶瓷（DBC）基板、活性金属焊接陶瓷（AMB）基板、直接电镀铜陶瓷（DPC）基板、激光活化金属陶瓷（LAM）基板以及各种三维陶瓷基板等。

陶瓷基板又称陶瓷电路板，包括陶瓷基片和金属线路层。对于电子封装而言，封装基板起着承上启下、连接内外散热通道的关键作用，同时兼具电互联和机械支撑等功能。根据封装结构和应用要求，陶瓷基板可分为平面陶瓷基板和三维陶瓷基板两大类。

1) 平面陶瓷基板

根据制备原理与工艺不同，平面陶瓷基板可分为薄膜陶瓷基板、厚膜印刷陶瓷基板、直接键合铜陶瓷基板、活性金属焊接陶瓷基板、直接电镀铜陶瓷基板和激光活化金属陶瓷基板等。

(1) 薄膜陶瓷基板。

薄膜陶瓷基板一般采用溅射工艺，直接在陶瓷基片表面沉积金属层。通过辅助光刻、显影和刻蚀等工艺，金属层可以被制成线路的图形形状，如图 9-1 所示。由于溅射膜沉积速度低(一般低于 1 μm/h)，因此 TFC 基板表面金属层厚度较小(一般小于 1 μm)，可制备高精度(线宽/线距小于 10 μm)陶瓷基板，主要应用于激光与光通信领域的小电流器件封装。

图 9-1 单面氮化铝薄膜陶瓷电路板

(2) 厚膜印刷陶瓷基板。

通过丝网印刷将金属浆料涂覆在陶瓷基片上，干燥后经高温烧结(温度一般为 850～900 ℃)制备 TPC 基板。根据金属浆料黏度和丝网网孔尺寸的不同，制备的金属线路层厚度一般为 10～20 μm(金属层厚度的增加可通过多次丝网印刷实现)。TFC 基板制备工艺简单，对加工设备和环境要求低，具有生产效率高、制造成本低等优点。但是，由于丝网印刷工艺的限制，TPC 基板无法获得高精度线路(最小线宽/线距一般大于 100 μm)。此外，为了降低烧结温度并提高金属层与陶瓷基片间的结合强度，通常在金属浆料中添加少量玻璃相，但这会降低金属层的电导率和导热率。因此，TPC 基板主要在对线路精度要求不高的电子器件(如汽车电子)封装中得到应用。TPC 基板制备工艺流程与样品图如图 9-2 所示。

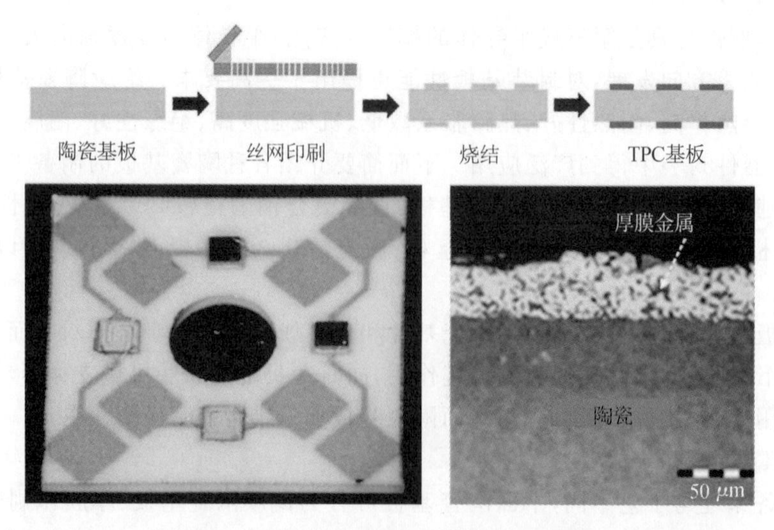

图 9-2 TPC 基板制备工艺流程与样品图

目前，TPC 基板关键技术在于制备高性能的金属浆料。金属浆料主要由金属粉末、有机载体和玻璃粉等组成。可以选择的导电金属有 Au、Ag、Ni、Cu 和 Al 等。由于银基导电浆料具有较高的导电和导热性能，而且价格相对较低，因此其得到广泛应用（占金属浆料市场 80%以上的份额）。研究表明，银颗粒的粒径和形貌等对导电层的性能影响很大。

(3) 直接键合铜陶瓷基板。

首先在铜箔（Cu）和陶瓷基片（Al_2O_3 或 AlN）间引入氧元素，然后在 1065 ℃形成 CuO 共晶相（金属铜的熔点为 1083 ℃），从而与陶瓷基片和铜箔发生反应，实现铜与陶瓷间的共晶键合。DBC 基板制备工艺与产品图如图 9-3 所示。由于陶瓷和铜具有良好的导热性能，且铜与陶瓷间的共晶键合强度高，因此 DBC 基板具有较高的热稳定性，并已广泛用于绝缘栅双极极管（GBT）、激光器（LD）和聚焦光伏（CPV）等器件封装中的散热。

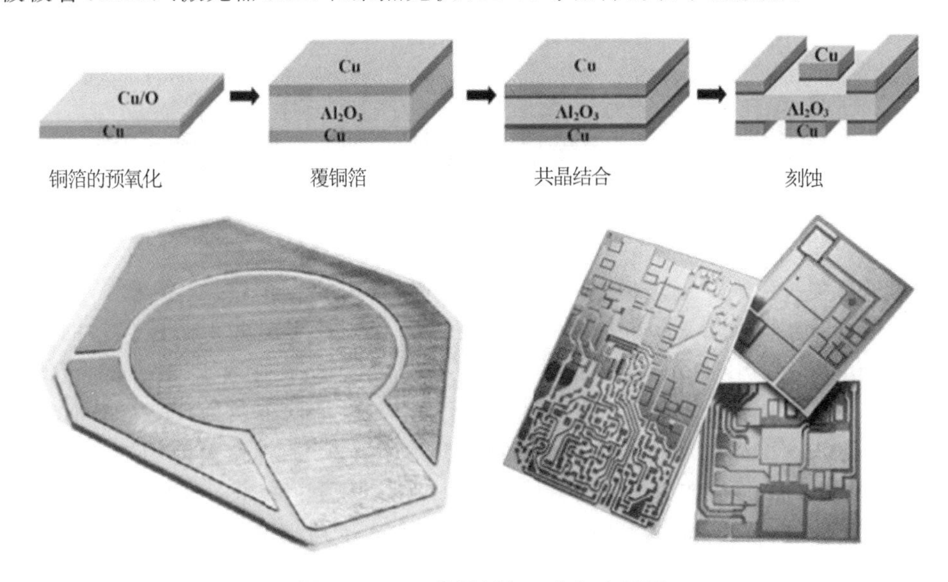

图 9-3　DBC 基板制备工艺与产品图

DBC 基板的铜箔厚度较大（一般为 100～600 μm），可满足高温、大电流等极端环境下器件封装的需求。虽然 DBC 基板在实际应用中有许多优势，但在制备过程中需要严格控制共晶温度和氧含量，对设备和工艺控制要求较高，生产成本也较高。此外，由于厚铜刻蚀的限制，无法制备出高精度的线路层。在 DBC 基板制备过程中，氧化时间和氧化温度是最重要的两个参数。铜箔经过预氧化处理后，键合界面能够形成足够的 Cu_xO_y 相润湿 Al_2O_3 陶瓷与铜箔，具有较高的结合强度；若铜箔未经过预氧化处理，Cu_xO_y 润湿性较差，键合界面会残留大量孔洞和缺陷，降低结合强度和导热率。对于采用 AlN 陶瓷制备 DBC 基板的情况，还需对陶瓷基片进行预氧化，先形成 Al_2O_3 薄膜，再引入氧元素发生共晶反应。

(4) 活性金属焊接陶瓷基板。

AMB 基板利用含有少量活性元素的活性金属焊料实现铜箔与陶瓷基片间的焊接。其制备工艺流程如图 9-4 所示。活性焊料是通过在普通金属焊料中添加 Ti、Zr、HF、V、Nb 或 Ta 等稀土元素制备的，由于稀土元素具有高活性，可提高焊料熔化后对陶瓷的润湿性，使陶瓷表面不需要金属化就可与金属焊料实现焊接。AMB 基板制备工艺是 DBC 基板制备工艺的改进（DBC 基板制备中铜箔与陶瓷在高温下直接键合，而 AMB 基板采用活性焊料实现铜箔与陶瓷基片间的键合）。通过选择合适的活性焊料，可降低键合温度（低于 800 ℃），从而降低陶瓷基板内部的热应力。此外，AMB 基板依靠活性焊料与陶瓷发生化学反应实现键合，因此具有较高的结合强度和可靠性。但是该方法成本较高，适用的活性焊料种类较少，且焊料成分与工艺对焊接质量影响较大。目前只有少数国外企业掌握了 AMB 基板的量产技术。

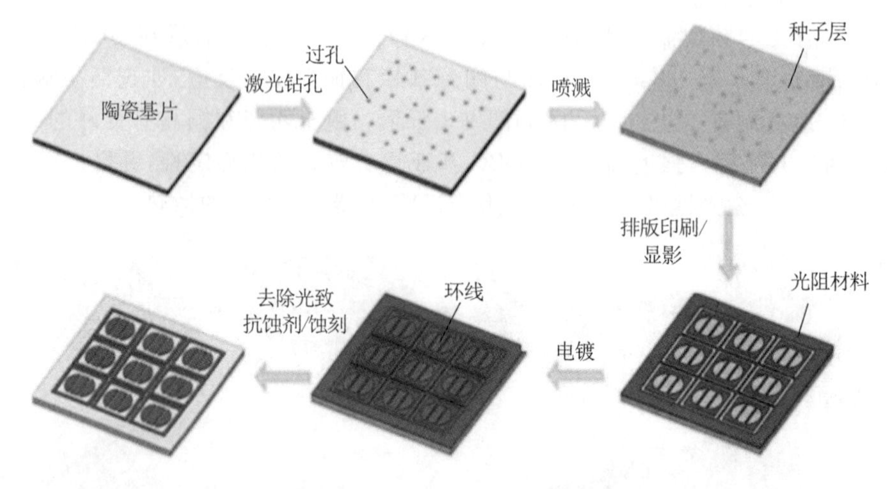

图 9-4　DPC 基板制备工艺流程

目前，制备活性焊料是 AMB 基板制备工艺中的关键技术。关于活性焊料的最早报道是 1947 年 Bondley 采用 TiH_2 活性金属法连接陶瓷与金属，在此基础上，Bender 等人提出 Ag-Cu-Ti 活性焊接法。活性焊料主要分为高温活性焊料（活性金属为 Ti、V 和 Mo 等，焊接温度为 1000～1250 ℃）、中温活性焊料（活性金属为 Ag-Cu-Ti，焊接温度为 700～800 ℃，在保护气氛或真空下焊接）和低温活性焊料（活性金属为 Ce、Ga 和 Re，焊接温度为 200～300 ℃）。中高温活性焊料成分简单，操作容易，焊接界面的机械强度高，在金属-陶瓷焊接中得到广泛应用。由于 DBC 基板制备工艺需要较高的温度，金属-陶瓷界面应力较大，因此 AMB 基板制备工艺越来越受到业界的关注，特别是采用低温活性焊料。例如，$Sn_{3.5}Ag_4Ti$(Ce,Ga)活性焊料在 250 ℃下分别实现了 ZnS-SiO_2、ITO 陶瓷以及 Al_2O_3 陶瓷与 Cu 层的焊接；$Sn_{3.5}Ag_4Ti$(Ce)活性焊料实现了 Al 与微亚弧氧化(MAO-Al)间的焊接。

(5) 直接电镀铜陶瓷基板。

DPC 基板制备工艺如下。首先利用激光在陶瓷基片上制造通孔（孔径一般为 60～120 μm），然后利用超声波清洗陶瓷基片；采用磁控溅射技术在陶瓷基片表面沉积金属种子层(Ti/Cu)，接着通过光刻、显影完成线路层的制作；采用电镀填孔和增厚金属线路层，并通过表面处理提高基板的可焊性与抗氧化性能，最后去除干膜、刻蚀种子层，完成基板制备。从图 9-5 中可以看出，DPC 基板制备的前端采用了半导体微加工技术（溅射镀膜、光刻、显影等），后端则采用了印刷线路板(PCB)制备技术（图形电镀、填孔、表面研磨、刻蚀、表面处理等），具有以下特点：①采用半导体微加工技术，使陶瓷基板上的金属线路更加精细（线宽/线距可低至 30～50 μm，与线路层厚度相关），因此 DPC 基板非常适合对准精度要求较高的微电子器件封装；②采用激光打孔与电镀填孔技术，实现了陶瓷基板上/下表面的垂直互连，可实现电子器件的三维封装与集成，减小器件体积；③采用电生长控制线路层厚度（一般为 10～100 μm），并通过研磨降低线路层表面的粗糙度，以满足高温、大电流器件封装需求；④采用低温制备工艺(300 ℃以下)，避免了高温对基片材料和金属线路层的不利影响，同时也降低了生产成本。综上所述，DPC 基板具有图形精度高、可垂直互连等特点，是一种真正的陶瓷电路板。

(a)

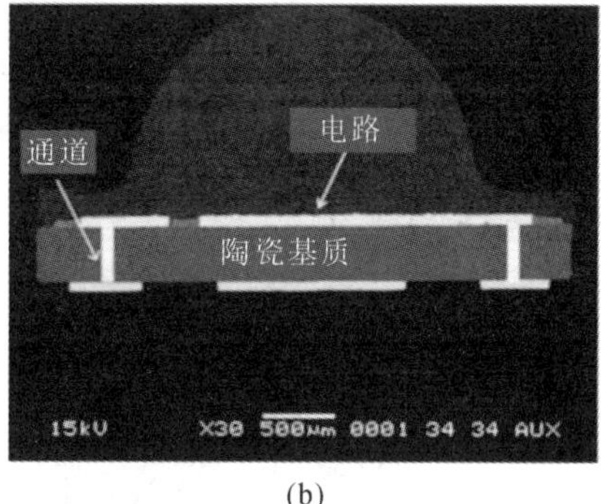

(b)

图 9-5　DPC 基板产品及其截面图

(a)产品;(b)截面图

但是,DPC 基板也存在一些不足之处:①金属线路层采用电镀工艺制备,严重污染环境;②电镀速度低,线路层厚度一般控制在 10～100 μm 的范围内,难以满足大电流功率器件封装需求。目前,DPC 基板主要应用于大功率 LED 封装。

金属线路层与陶瓷基片的结合强度是影响 DPC 基板可靠性的关键因素。由于金属与陶瓷间热膨胀系数差异较大,为降低界面应力,需要在铜层与陶瓷间增加过渡层,从而提高界面结合强度。通常选择活性较高、扩散性好的金属(如 Ti、Cr 和 Ni 等)作为过渡层(同时作为电镀种子层)。研究人员曾采用 50 W 的 Ar 等离子束清洗 Al_2O_3 基片 10 min,随后溅射 1 μm±0.2 μm 的铜薄膜,其结合强度高于 34 MPa,而未进行等离子清洗的基片与铜薄膜的结合强度仅为 7 MPa。可以看出,对陶瓷基片进行等离子清洗可大大提高其与金属薄膜间的结合强度,这主要是因为:①等离子束去除了陶瓷基片表面的污染物;②陶瓷基片因受到等离子束的轰击而产生悬挂键,与金属原子结合更紧密。

电镀填孔也是 DPC 基板制备工艺中的关键技术。目前,DPC 基板的电镀填孔大多采用脉冲电源。脉冲电源的技术优势包括:①易于填充通孔,减少孔内镀层缺陷;②表面镀层结构致密,厚度均匀;③可采用较高电流密度进行电镀,提高沉积效率。研究人员曾采用脉冲电源在1.5 ASD电流密度下电镀 2 h,实现了深宽比为 6.25 的陶瓷通孔无缺陷电镀。但脉冲电镀成本高,因此近年来新型直流电镀又重新受到重视,通过优化电镀液配方(包括整平剂、抑制剂等),实现对盲孔或通孔的高效填充。通过优化电镀添加剂、搅拌强度和方式以及电流参数,可以实现通孔与盲孔的电镀。

(6) 激光活化金属陶瓷基板。

LAM 基板的制备利用特定波长的激光束选择性加热活化陶瓷基片表面,然后通过电镀/化学镀的方式完成线路层的制备,其制备工艺流程如图 9-6(a)所示。其技术优势包括:①无须采用光刻、显影、刻蚀等微加工工艺,通过激光直写即可制备线路层,且线宽由激光光斑决定,精度高(可低至 10～20 μm),如图 9-6(b)所示;②可在三维结构陶瓷表面制备线路层,突破了传统平面陶瓷基板金属化的限制,如图 9-6(c)所示;③金属层与陶瓷基片结合强度高,线路层表面平整,粗糙度在纳米级别。

从上述内容可以看出,虽然 LAM 基板制备工艺可在平面陶瓷基板或立体陶瓷结构上加工线路层,但其线路层由激光束“画”出来,难以进行大批量生产,导致价格极高。目前,该技术主要应用在航空航天领域中的异型陶瓷散热件加工。

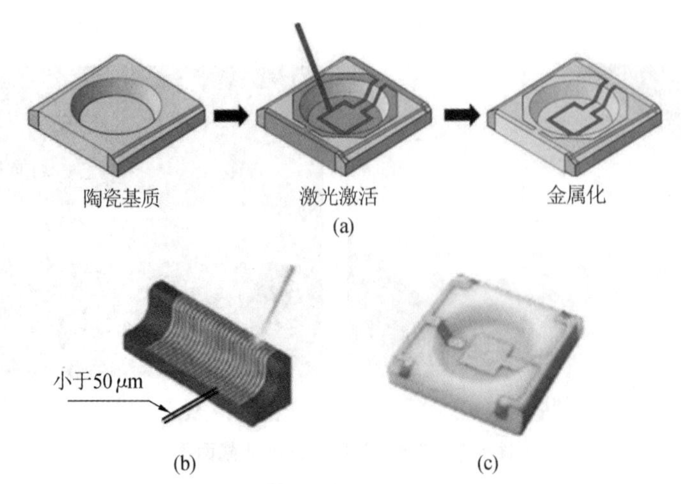

图 9-6 LAM 基板

(a) 制备工艺流程；(b) 加工示意图；(c) 产品

表 9-4 对用不同工艺制备的平面陶瓷基板性能进行了对比。

表 9-4 平面陶瓷基板性能对比

性能	DPC	DBC	TPC	AMB	LAM
制造温度/℃	<300	1065	850	<800	—
结合强度/MPa	10～20	20～30	30～40	—	30～40
模式精度/μm	30～50	>200	>100	>200	<30
可靠性	良好	最好	最好	稍好	良好
耐热性/℃	<300	500	500	<400	<300
应用	LED	IGBT/LD	汽车电子	—	—

2) 三维陶瓷基板

许多微电子器件(如加速度计、陀螺仪、深紫外 LED 等) 芯片对氧气、湿气、灰尘等非常敏感。例如，LED 芯片理论上可工作 10 万小时以上，但水汽侵蚀会大大缩短其寿命(甚至降低至几千小时)。为了提高这些微电子器件的性能，特别是可靠性，必须将其芯片封装在真空或保护气体中，实现气密封装，即将芯片置于密闭腔体中，与外界的氧气、湿气、灰尘等隔绝。因此，首先需要制备含腔体(围坝) 结构的三维基板，以满足封装应用的需求。目前，常见的三维陶瓷基板包括高/低温共烧陶瓷(HTCC/LTCC)基板、多层烧结三维陶瓷(MSC)基板、直接黏结三维陶瓷(DAC)基板、多层镀铜三维陶瓷(MPC)基板以及直接成型三维陶瓷(DMC)基板等。

(1) 高/低温共烧陶瓷基板。

HTCC 基板的制备过程如下。首先将陶瓷粉末(如 Al_2O_3 或 AlN)与有机黏结剂混合，形成膏状陶瓷浆料，接着利用刮刀将陶瓷浆料刮成片状，通过干燥工艺使片状浆料形成生胚。然后根据线路层设计，钻导通孔，采用丝网印刷金属浆料进行布线和填孔。最后将各生胚层叠加，并将其置于高温炉(1600 ℃)中进行烧结，最终形成 HTCC 基板，如图 9-7(a)所示。由于 HTCC 基板制备工艺的高温要求，导电金属选择受限，只能采用熔点高但导电性较差的金属(如 W、Mo 及 Mn 等)，从而导致制作成本较高。此外，受到丝网印刷工艺的限制，HTCC 基板的线路精度较差，难以满足高精度封装的需求。但 HTCC 基板具有较高的机械强度和导热率(20～200 W/(m·K))，物理和化学性能稳定，适用于大功率及高温环境下的器件封装。例如，将 HTCC 工艺用于微型蒸汽推进器的制备，可以实现比硅基推进器更高的效率，能耗降低 21%以上。

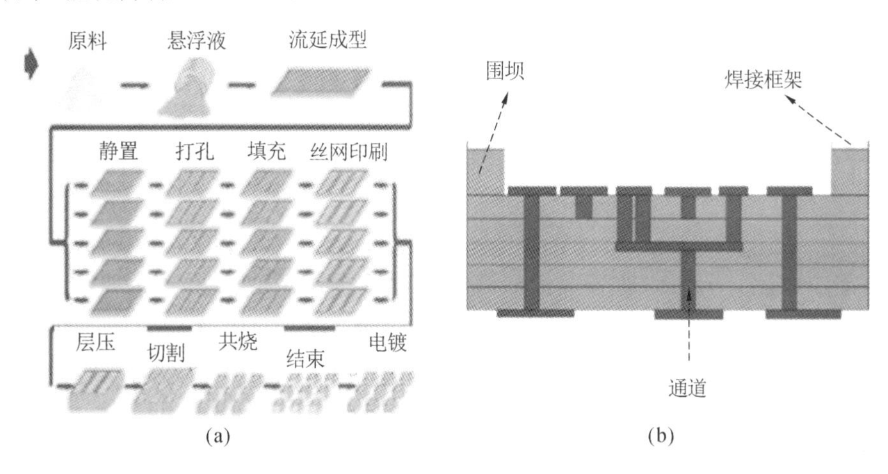

图 9-7　HTCC 基板

(a)HTCC 基板制备工艺流程；(b)结构示意图

为了降低制备温度，同时提高线路层的导电性，业界开发了 LTCC 基板。与 HTCC 制备工艺类似，LTCC 制备过程中在陶瓷浆料中添加一定量的玻璃粉来降低烧结温度，并使用导电性良好的 Cu、Ag 和 Au 等金属浆料，如图 9-7(b)所示。LTCC 基板制备温度低，但生产效率高，可适应高温、高湿及大电流应用的要求，在军工及航天电子器件中得到广泛应用。

虽然 LTCC 基板具有上述优势，但由于在陶瓷浆料中添加了玻璃粉，导致基板的导热率偏低(一般仅为 3～7 W/(m·K))。此外，与 HTCC 基板类似，LTCC 基板采用丝网印刷技术制作金属线路层，有可能因张网问题造成对位误差，导致金属线路层精度低。此外多层陶瓷生胚的叠压烧结过程中还存在收缩比例差异问题，影响成品率，一定程度上制约了 LTCC 基板制备工艺的发展。图 9-8 所示为 HTCC 和 LTCC 基板产品。

图 9-8　基板产品

(a)HTCC 基板产品；(b)LTCC 基板产品

(2) 多层烧结三维陶瓷基板。

与 HTCC/LTCC 基板一次成型制备三维陶瓷基板不同，如图 9-9 所示，MSC 基板由多次烧结法制备而成。首先，制备厚膜印刷陶瓷(TPC)基板，随后通过多次丝网印刷将陶瓷浆料印刷于平面 TPC 基板上，形成腔体结构，再经高温烧结而成，得到的 MSC 基板样品。由于陶瓷浆料烧结温度一般在 800 ℃ 左右，因此要求下部的 TPC 基板线路层必须能耐受如此高温,防止在烧结过程中出现脱层或氧化等缺陷。由上文可知,TPC基板线路层由金属浆料高温烧结(一般温度为850~900 ℃)制备,具有较好的耐高温性能,适合后续采用烧结法制备陶瓷腔体。MSC基板的生产设备和制备工艺简单,平面基板与腔体结构独立烧结成型。由于腔体结构与平面基板均采用无机陶瓷材料,其热膨胀系数匹配,制备过程中不会出现脱层、翘曲等现象。然而,其缺点在于下部TPC基板线路层与上部腔体结构均采用丝网印刷布线,图形精度较低。同时,由于受丝网印刷工艺限制,所制备的MSC基板腔体厚度(深度)有限。因此MSC基板仅适用于体积较小、精度要求不高的电子器件封装。图9-10所示为MSC基板产品。

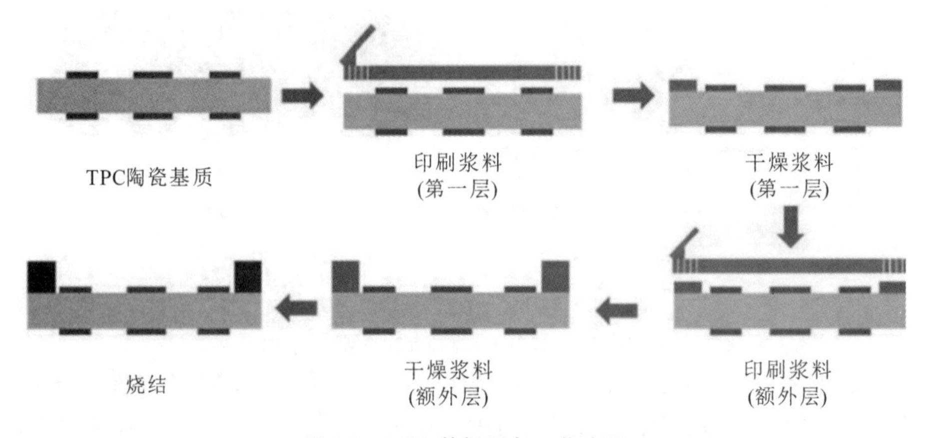

图9-9 MSC基板制备工艺流程

图9-10 MSC基板产品

(3)直接黏结三维陶瓷基板。

上述HTCC、LTCC及MSC基板线路层都采用丝网印刷制备,精度较低,难以满足高精度、高集成度封装要求,因此业界提出了在高精度DPC基板上成型腔体来制备DAC基板。由于DPC基板金属线路层在高温(超过300 ℃)下会出现氧化、起泡甚至脱层等现象,因此基于DPC技术的三维陶瓷基板制备必须在低温下进行。用有机胶接法制备的DAC基板产品如图9-11所示。首先加工金属环和DPC基板,然后采用有机胶将金属环与DPC基板对准后黏结,并进行加热固化,如图9-12所示。由于胶液流动性好,因此涂胶工艺简单,成本低,易于实现批量生产。此外,所有制备工艺均在低温下进行,不会对DPC基板线路层造成损伤。但是，由于有机胶耐热性差，固化体与金属、陶瓷间的热膨胀系数差异较大，且有机胶为非气密性材料，目前 DAC 基板主要应用于对线路精度要求较高，但对耐热性、气密性和可靠性等要求较低的电子器件封装。

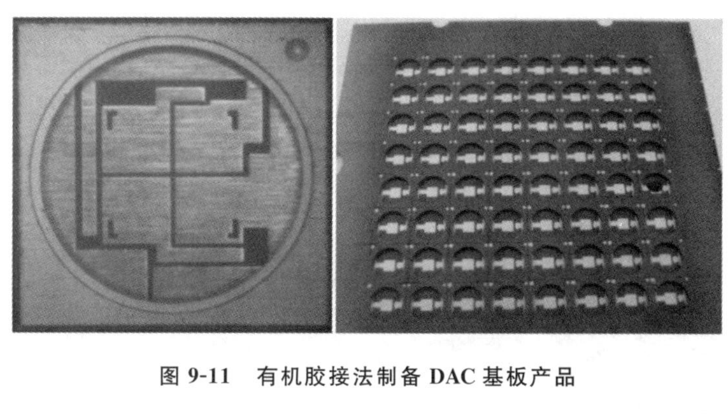

图 9-11　有机胶接法制备 DAC 基板产品

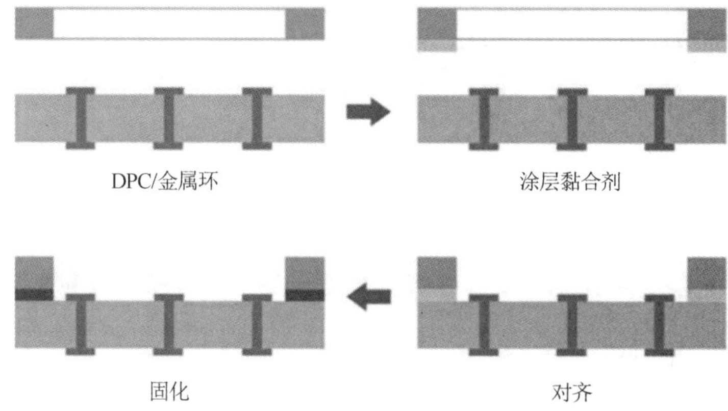

图 9-12　DAC 基板制备工艺流程

为了解决上述不足，业界进一步提出了采用无机胶替代有机胶的黏结技术方案，大大提高了 DAC 基板的耐热性和可靠性。该技术方案的关键是选用无机胶，要求其能在低温(低于 200 ℃)下固化；固化体耐热性好(能长期耐受 300 ℃高温)，与金属、陶瓷材料黏结性好(剪切强度大于 10 MPa)，同时与金属环(围坝)和陶瓷基片的材料的热膨胀系数匹配，可以降低界面热应力。无机胶黏结制备 DAC 基板的产品和结构示意图如图 9-13 所示。

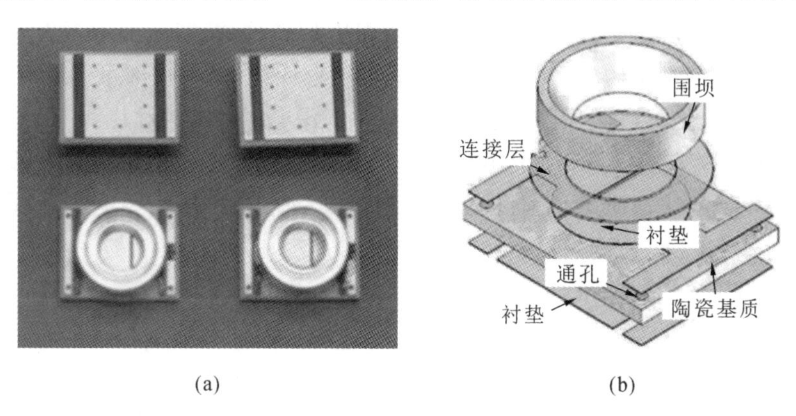

图 9-13　无机胶黏结制备 DAC 基板的产品和结构示意图

(a)产品；(b)结构示意图

(4) 多层镀铜三维陶瓷基板。

为了发挥 DPC 基板技术的优势(高图形精度、垂直互连等),研究人员提出了采用多次/层电镀增厚技术在 DPC 基板上制备具有厚铜围坝结构的三维陶瓷基板,如图 9-14 所示。其制备工艺与 DPC 基板的类似,如图 9-15 所示,只是在完成平面 DPC 基板线路层加工后,通过多次光刻、显影和图形电镀完成围坝制备(厚度一般为 500~700 μm)。需要注意的是,由于干膜厚度有限(一般为 50~80 μm),需要反复进行光刻、显影、图形电镀等。同时,为了提高生产效率,需要在电镀增厚围坝时提高电流密度,导致镀层表面粗糙,需要不断进行研磨,以保持镀层表面的平整与光滑。

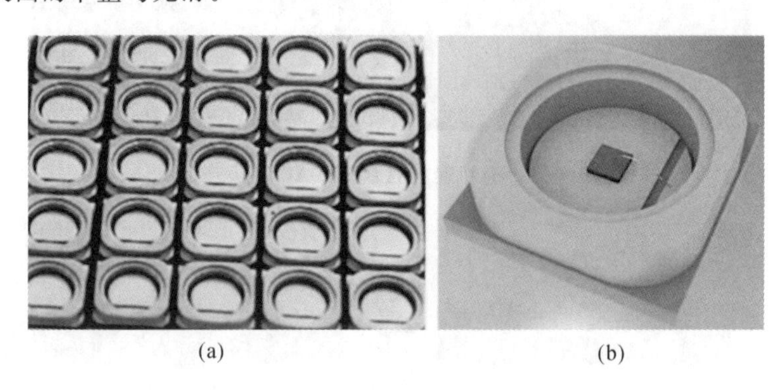

图 9-14 MPC 基板的产品和结构示意图

(a)产品;(b)结构示意图

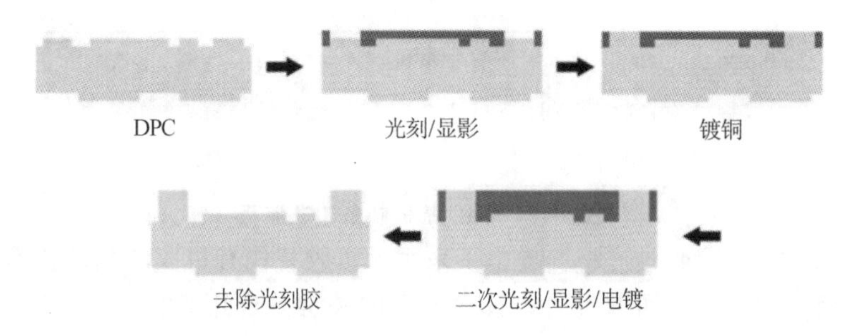

图 9-15 MPC 基板制备工艺流程图

MPC 基板采用图形电镀工艺制备线路层,避免了 HTCC/LTCC 与 TPC 基板线路粗糙的问题,满足高精度封装要求。陶瓷基板与金属围坝一体化成型,形成密封腔体,结构紧凑,无中间黏结层,气密性高。MPC 基板整体由全无机材料构成,具有良好的耐热性、耐蚀性、抗辐射性等。金属围坝结构的形状可以根据需要任意设计,围坝顶部可制备定位台阶,以便放置玻璃透镜或盖板。目前,MPC 基板已成功用于深紫外 LED 封装和 VCSEL 激光器封装,已部分取代 LTCC 基板。其缺点在于,由于干膜厚度限制,制备过程中需要反复进行光刻、显影、图形电镀与表面研磨,耗时较长(厚度为 600 μm 的围坝需要电镀 10 h 以上),生产成本较高。此外,由于电镀围坝铜层较厚,内部应力较大,MPC 基板容易发生翘曲变形,从而影响后续的芯片封装的质量与效率。

(5) 直接成型三维陶瓷基板。

为了提高三维陶瓷基板的生产效率,同时保证基板线路的精度与可靠性,研究人员提出了制备含有免烧陶瓷围坝的三维陶瓷基板,如图 9-16 所示。为了制备具有高结合强度、高耐热性的陶瓷围坝,试验中采用碱激发铝硅酸盐浆料(ACP)作为围坝结构材料。围坝由偏高岭土在碱性溶液中脱水缩合而成，具有低温固化、耐热性好（可长期耐受 500 ℃高温）、与金属/陶瓷黏结强度高、耐腐蚀、物理和化学性能稳定等优点，能满足电子封装应用需求。DMC 基板制备工艺流程如图 9-17 所示。首先制备平面 DPC 基板，同时制备带孔的橡胶模具；将橡胶模具与 DPC 基板对准后合模，然后向模具腔内填充牺牲模材料；待牺牲模材料固化后，取下橡胶模具，牺牲模黏结于 DPC 基板上，并精确复制橡胶模具的孔结构特征，以作为铝硅酸盐浆料成型的模具；随后，将铝硅酸盐浆料涂覆于 DPC 基板上并刮平，加热固化；最后将牺牲模材料腐蚀，得到含有铝硅酸盐免烧陶瓷围坝的三维陶瓷基板。

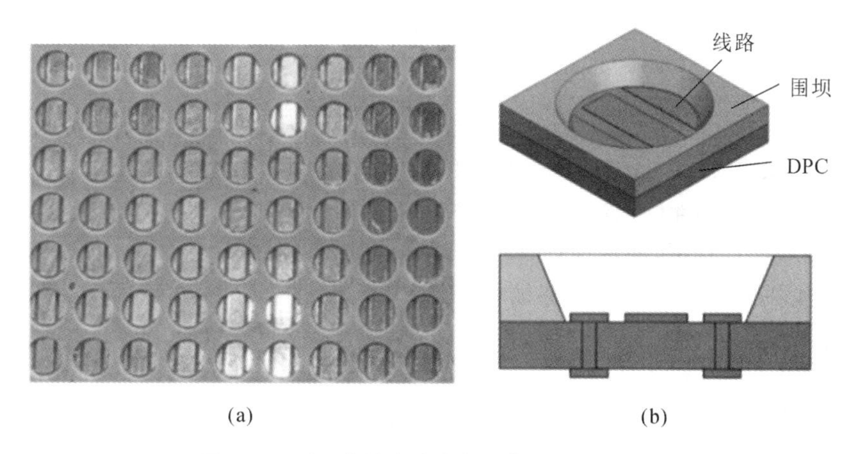

图 9-16　采用免烧陶瓷浆料制备的 DMC 基板

(a)产品；(b)结构示意图

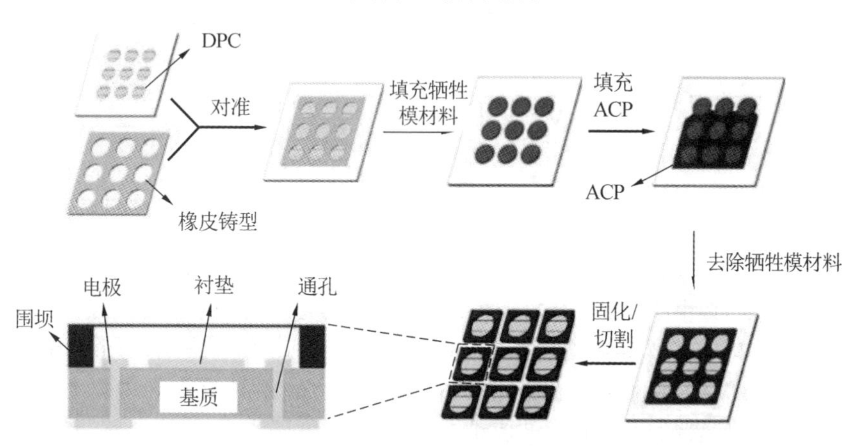

图 9-17　DMC 基板制备工艺流程

铝硅酸盐浆料固化温度低，对 DPC 基板线路层影响极小，并与 DPC 基板制备工艺兼容。橡胶具有易加工、易脱模以及价格低等特点，能精确复制围坝结构（腔体）的形状与尺寸，从而保证围坝的加工精度。试验结果表明，制备的 DMC 基板精度高，重复性好，适合量产。铝硅酸盐浆料在加热后脱水缩合，主要产物为无机聚合物，具有良好的耐热性和热稳定性。固化体与陶瓷、金属黏结强度高，制备的 DMC 基板可靠性高。围坝的厚度（腔体高度）取决于模具的厚度，理论上没有限制，可满足不同结构和尺寸的电子器件封装要求。

表 9-5 比较了上述不同三维陶瓷基板的一些基本性能。

表 9-5　三维陶瓷基板性能对比

性能	LTCC	HTCC	MPC	MSC	DAC	DMC
制造温度/℃	850～900	1300～1600	<200	850～900	<200	<200
围坝剪切强度/MPa	>50	—	>30	>50	<10	10～20
可靠性	最好	最好	良好	良好	差	良好
围坝精确度/μm	>200	>200	50～100	>100	>100	50～100
价格	高	很高	高	低	低	低

平面陶瓷基板主要包括薄膜陶瓷(TFC)基板、厚膜印刷陶瓷(TPC)基板、直接键合铜陶瓷(DBC)基板、活性金属焊接陶瓷(AMB)基板、直接电镀铜陶瓷(DPC)基板和激光活化金属陶瓷(LAM)基板等。其中,TFC 基板图形精度高,但金属层较薄,主要用于小电流光电器件封装;TPC 基板耐热性好,成本低,但线路层精度差,主要应用于汽车传感器等领域;DBC 和 AMB 基板线路层较厚,耐热性较好,主要用于高功率、温度变化较大的 IGBT 封装;DPC 基板具有图形精度高、可垂直互连等优点,主要用于大功率 LED 封装;而 LAM 基板则满足了航空航天领域中异型陶瓷结构件的散热需求。为了实现器件的气密封装,业界开发了多种三维陶瓷基板制备,主要包括高/低温共烧陶瓷(HTCC/LTCC)基板、多层烧结三维陶瓷(MSC)基板、直接黏结三维陶瓷(DAC)基板、多层镀铜三维陶瓷(MPC)基板和直接成型三维陶瓷(DMC)基板等。其中,HTCC/LTCC、MSC 基板采用丝网印刷与高温烧结工艺制备,腔体可靠性高,但金属线路层精度较差;MPC、DAC 和 DMC 基板通过在 DPC 基板上电镀、黏结和固化成型围坝,具有金属线路层精度高、围坝与基板结合强度高等优点,有望在今后的功率器件气密封装、三维封装与集成领域发挥重要作用。后续的陶瓷基板将主要沿着高精度、小型化、集成化方向发展。

9.2　电容器陶瓷

在第二次世界大战前后,由于战争的需要,无线电通信高频电路中使用的云母电容器的需求急剧增加。然而,由于天然云母的产量有限,难以满足需求。因此,人们开始用陶瓷来制造电容器。最初,金红石陶瓷被用来制造电容器,随后逐渐发展到使用钛酸盐、锆酸盐和锡酸盐等材料。在第二次世界大战期间,人们发现了钛酸钡具有高介电常数和铁电性质的特点。以钛酸钡为代表的铁电陶瓷迅速被应用于制造电子电路中的旁路、耦合和隔直用的中等容量电容器。类似于钛酸钡结构的铌镁酸铅陶瓷代表了一种新发展的电容器陶瓷。其介电常数很高,烧结温度低,可用于制造中、大容量的多层陶瓷电容器。如今,陶瓷电容器已成为产量最大、电容量覆盖范围最广且最重要的电容器类型之一。根据国际电工委员会(IEC)对电容器陶瓷及其材料的主要性能特征,电容器陶瓷可分成三种类型:Ⅰ型电容器陶瓷,主要特点是材料的介电常数不太高(10^1～10^2 量级),但其温度稳定性和频率稳定性好,介质损耗低;Ⅱ型电容器陶瓷,材料主要是铁电陶瓷,其介电常数很高(10^3～10^4 量级);Ⅲ型电容器陶瓷,材料主要是半导体陶瓷,在晶粒界面或电极界面上形成的阻挡层具有非常高的等效介电常数(10^4～10^5 量级)。电容器陶瓷的生产厂商习惯按照烧结温度将其分成三大类:高温烧结电容器陶瓷,烧结温度在 1300 ℃以上;中温烧结电容器陶瓷,为了使陶瓷和电极在一次焙烧过程中同时完成,以便形成多层结构,通常添加低熔点材料,使陶瓷的烧结温度降低到 1200 ℃左右；低温烧结电容器陶瓷，烧结温度在 1100 ℃以下。电容器陶瓷属于结晶态陶瓷，主晶相含量很高，可通过掺杂改性提高材料的物理性能和工艺性能，从而形成复杂的化学组成。要了解电容器陶瓷，首先必须对电容器的工作原理进行了解。

9.2.1　电容器陶瓷的基本性质

1. 物化性质

陶瓷材料具有优异的物理性能，是工程材料中刚度最好、硬度最高的材料，其硬度大多在 1500 HV 以上。同时，陶瓷的抗压强度较高，但抗拉强度较低，其塑性和韧性较差。在化学特性方面，陶瓷材料在高温下不易氧化，并对酸、碱、盐具有良好的抗腐蚀能力。具体而言，不同的陶瓷材料由于其本征特性和制备工艺的差异，具有独特的物化性质。

以广泛使用的钛酸钡($BaTiO_3$)陶瓷为例，其熔点为 1625 ℃，相对密度为 6.017 g/cm^3。它可溶于浓硫酸、盐酸及氢氟酸，不溶于热稀硝酸、水和碱。钛酸钡是一种一致性熔融化合物，其熔点为 1618 ℃。在此温度以下和 1460 ℃以上，钛酸钡呈非铁电的六方晶系(6/mmm 点群)。此时，六方晶系是稳定的。在 1460 ℃至 130 ℃之间，钛酸钡转变为立方钙钛矿结构。在此结构中钛离子(Ti^{4+})位于由氧离子(O^{2-})构成的氧八面体的中心，钡离子(Ba^{2+})位于由八个氧八面体围成的空隙中。此时的钛酸钡晶体结构对称性极高，因此无偶极矩产生，晶体无铁电性，也无压电性。随着温度的降低，晶体的对称性降低。当温度下降到 130 ℃时，钛酸钡发生顺电-铁电相变。在 130 ℃至 5 ℃的温度范围内，钛酸钡具有四方晶系(4 mm 点群)，具有显著的铁电性，其自发极化强度沿 c 轴方向，即[001]方向。钛酸钡从立方晶系转变为四方晶系时，结构变化较小。从晶胞的角度来看，只是沿着一个轴(c 轴)拉长，而在另外两个轴上缩短。当温度下降到 5 ℃以下时，在 5 ℃至－90 ℃的温度范围内，钛酸钡转变为正交晶系(mm2 点群)，此时晶体仍具有铁电性，其自发极化强度沿原立方晶胞的对角线[011]方向。为了方便描述，通常采用单斜晶系的参数来描述正交晶系的单胞。这样处理的好处是能够更容易地观察到自发极化的情况，如图 9-18 所示。钛酸钡从四方晶系转变为正交晶系时，其结构变化也不大。从晶胞的角度来看，相当于原立方晶胞的一条对角线伸长，另一个对角线缩短，c 轴不变。当温度继续下降到－90 ℃以下时，晶体从正交晶系转变为三方晶系(3 m 点群)，此时晶体仍具有铁电性，自发极化强度方向沿原立方晶胞的体对角线[111]方向。钛酸钡从正交晶系转变为三方晶系时，其结构变化也不大。从晶胞的角度来看，相当于原立方晶胞的一个体对角线伸长，另一个体对角线缩短。综上所述，在整个温度范围(低于 1618 ℃)内，钛酸钡存在五种晶体结构，即六方、立方、四方、正交和三方，随着温度的降低，晶体的对称性逐渐降低。在 130 ℃(居里点)以上，钛酸钡呈现顺电性，在 130 ℃以下呈现铁电性。

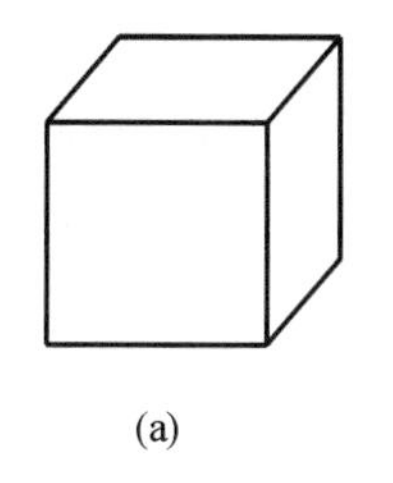
(a)

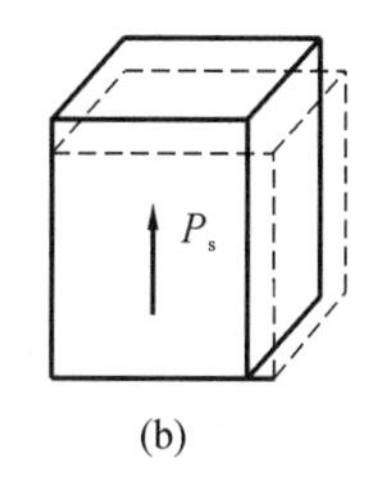

(b)

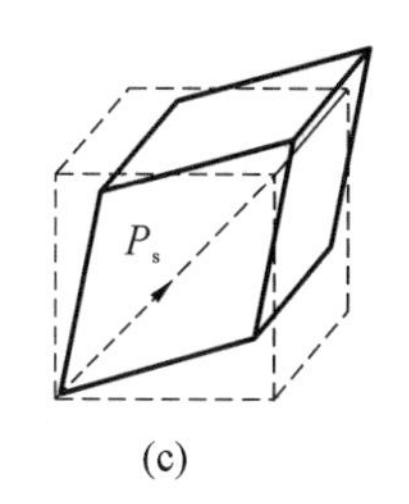

(c)

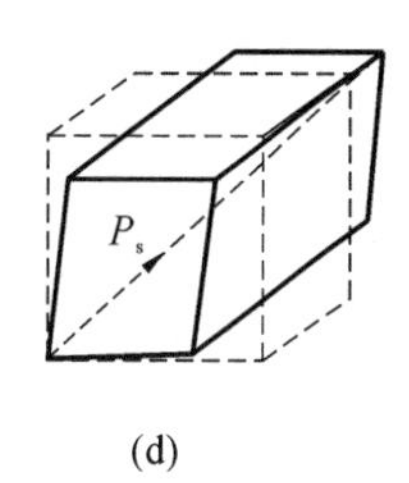

(d)

图 9-18　$BaTiO_3$ 的晶型及其自发极化方向

(a)立方相；(b)四方相；(c)斜方相；(d)三方相

2. 微观结构

微观结构是指密度、晶粒形状、晶粒尺寸和分布、孔隙率、孔径大小和分布，有时也包括各向异性的晶粒生长（织构）。

在大多数应用中，需要具有全密度的铁电陶瓷（理论密度大于95%）。这是因为以下几个原因。首先，完全致密的铁电陶瓷可以最大限度地提高其性能。例如，铁电陶瓷的介电常数通常随着密度的增加而增加，这是由于孔隙或空隙内的空气介质的介电常数较低。其次，存在孔隙通常会导致较高的介质损耗角正切，因为孔隙可能形成电导路径，从而导致较大的传导损耗。此外，由导电性引起的孔隙率也会导致电击穿强度下降。对于透明铁电陶瓷，其光学性质对孔隙率极为敏感。气孔作为散射中心会降低铁电陶瓷的透明度。最后，机械强度有时对于某些特定应用（如压电换能器和执行器）是关键要求，直接由材料的密度决定。

铁电陶瓷的密度通常随着烧结温度的升高而增大。但是，由于铅和铋的挥发性，对于含铅和铋的铁电材料，温度不宜过高。高温还会导致晶粒异常生长（二次晶粒生长）。对于大多数铁电陶瓷，过度的晶粒生长会影响其性能。为了在较低的温度下有效增强铁电陶瓷的致密化，人们进行了各种尝试，并在文献中广泛报道。降低铁电陶瓷烧结温度的主要策略包括使用细粉或超细粉和添加烧结助剂。细粉或超细粉可以通过各种湿化学方法合成。要求烧结助剂熔点较低，且烧结过程中不与铁电相发生反应。

晶粒尺寸是决定铁电陶瓷介电常数、c/a比值、相变温度、极化、压电和热释电系数等的另一个重要因素。晶粒尺寸随着烧结温度的变化与随着密度的变化相似，即随着烧结温度的升高而增大，如图9-19所示。大多数铁电陶瓷具有临界晶粒尺寸，低于该尺寸时，许多性能如压电和热释电就无法充分发展。还有一个临界晶粒尺寸，超过这个临界晶粒尺寸时，铁电材料的性能会饱和，即铁电材料的性能并不总是随着晶粒尺寸的增大而升高。这两个临界尺寸取决于材料的类型或给定材料的组成。与许多其他铁电材料相比，细晶粒的$BaTiO_3$陶瓷具有异常高的介电常数，这一点至今尚未得到充分的认识。细晶粒陶瓷内部存在的应力或由90°畴壁和畴壁增加对细晶粒陶瓷介质响应的贡献，以及相变温度随晶粒尺寸的变化等因素被认为在一定程度上可以解释这种现象。

3. 电学和光学特性

1) 介电常数

铁电陶瓷材料具有以下特点：(1)与普通绝缘材料（介电常数为5～100）相比，高介电常数(200～10000)；(2)相对较低的介质损耗角正切(0.1%～7%)；(3)高直流电阻率；(4)中等介电击穿场强(100～120 kV/cm)；(5)非线性电学、机电和电光特性。线性陶瓷具有比铁电陶瓷更低的介电常数以及更高的击穿场强，同时具有线性的电学、机电和电光特性。

2) P-E 电滞回线

极化-电场(P-E)电滞回线是铁电陶瓷最重要的电特性之一。由于铁电材料的电滞回线与铁磁材料的磁滞回线（磁化与磁场）相似，因此，尽管铁不是铁电材料的主要成分，但铁电一词仍然与铁磁性有关。

电滞回线具有的各种尺寸和形状可用于识别材料，不同类型电滞回线图如图9-20所示。典型的电滞回线包括极化与电场成线性关系的线性回线、具有低矫顽电场的普通铁电体的高极化非线性回线、弛豫铁电体的细回线和反铁电体的双环回线。

电滞回线可以提供大量关于铁电材料的信息。例如，具有方形P-E环的材料具有记忆

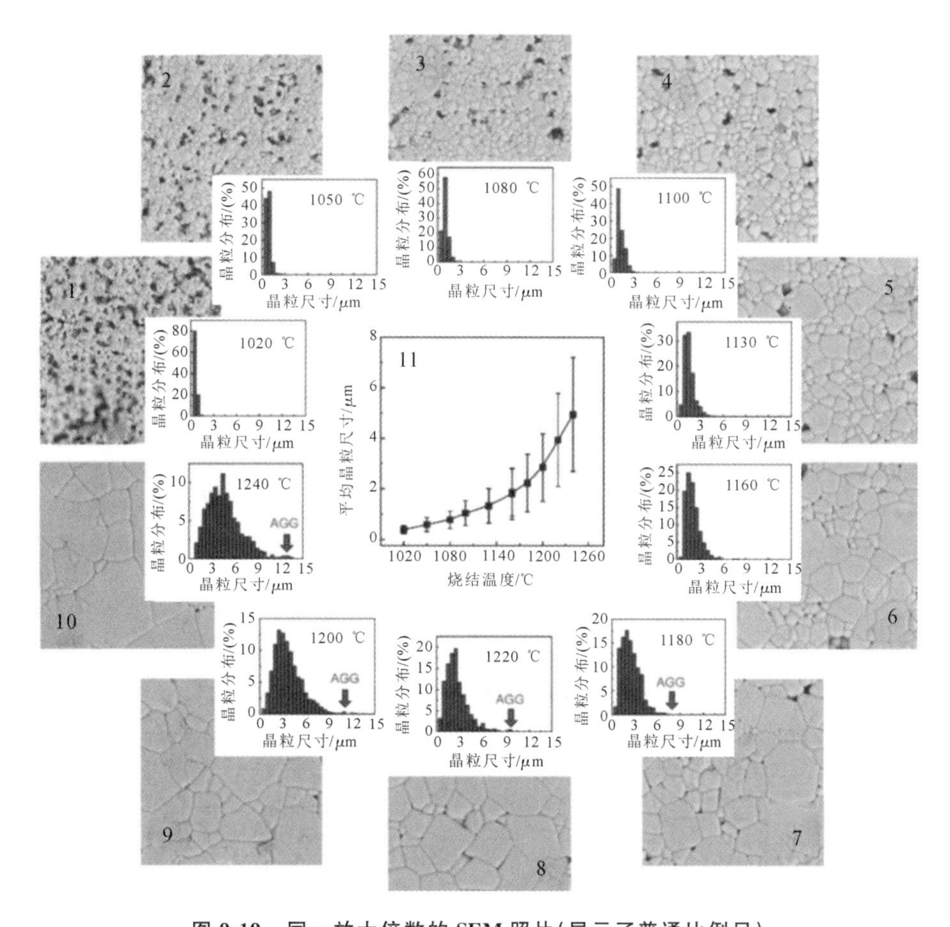

图 9-19　同一放大倍数的 SEM 照片(显示了普通比例尺)

1～10—在不同温度下烧结的 NBT 陶瓷的晶粒尺寸和形态，并附有晶粒尺寸分布直方图；

11—NBT 烧结温度函数的平均晶粒尺寸

能力。高剩余极化与高内部极化率、应变、机电耦合和电光活性有关。对于给定的材料，矫顽电场 E_c 反映材料的晶粒尺寸的大小(即较低的 E_c 意味着较大的晶粒尺寸，较高的 E_c 意味着较小的晶粒尺寸)。回线高的垂直度通常表明材料的晶粒尺寸具有更好的均匀性和一致性。对于弛豫铁电材料，高诱导极化意味着高电致伸缩应变和高电光系数。极化的突然剧增通常意味着电介质初期击穿的发生。

3) 压电和电致伸缩性能

“压电”一词源自希腊语中的“piezein”，意为挤压或压缩。陶瓷介电材料的压电特性对许多应用都很重要。就铁电陶瓷的压电性能而言，有两种效应起作用。正压电效应(发电机效应)是指施加机械应力产生电荷(极化)的现象，而逆压电效应(电机效应)与施加的电场引起的机械运动有关，如图 9-21 所示。铁电陶瓷的压电性能通常用 k_p、k_{33}、d_{33}、d_{31} 和 g_{33} 来表示。

被称为压电耦合因子的 k 因子(如 k_{33}、k_{31} 和 k_p)可以方便而直接地测量机电效应的整体强度，即陶瓷传感器将一种形式的能量转换为另一种形式的能量。它们被定义为以电能形式输出的能量与输入的总机械能之比的平方根(正压电效应)，或以机械形式可用的能量与输入的总电能之比的平方根(逆压电效应)。因为电能到机械能的转换(或反之)总是不完全的，k 始终小于 1。高 k 值是理想的压电性能指标，并且人们不断在新材料中寻求更高的 k

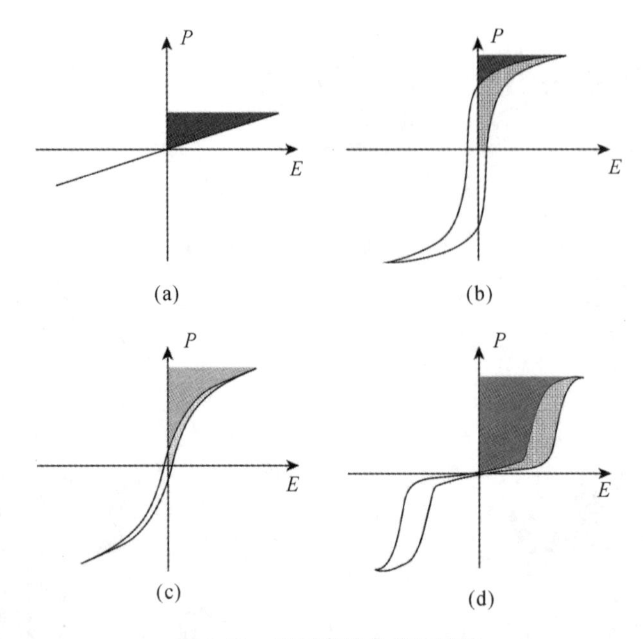

图 9-20　不同类型电滞回线图

(a)线性电介质；(b)普通铁电体；(c)弛豫铁电体；(d)反铁电体

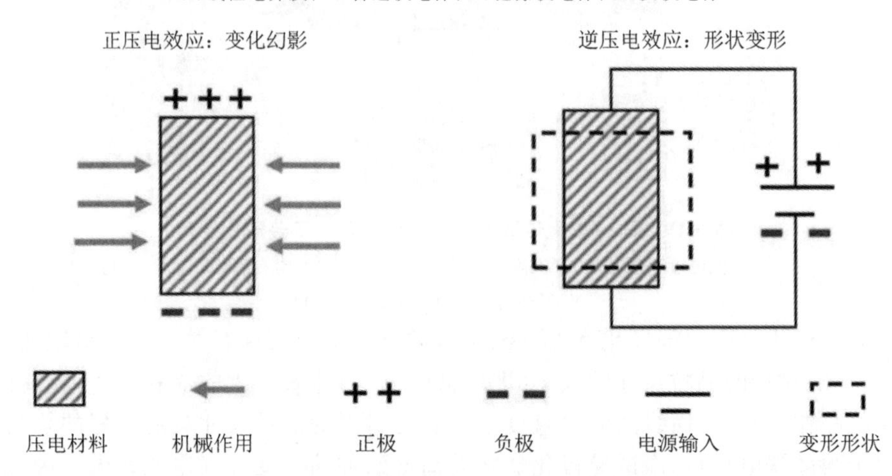

图 9-21　压电效应的机电转换示意图

值。对于陶瓷材料，k_p 是比较铁电材料压电性能的常用指标，其值范围为从 $BaTiO_3$ 的 0.35 到 PLZT 的高达 0.72。

d 系数称为压电系数，通常以正压电效应表示为 10^{-12} C/N(或 pC/N)，以逆压电效应表示为 10^{-12} m/V。d_{31} 表示该压电系数与垂直方向 3 的电极中的极化(直接效应)的产生有关，与侧向 1 施加的机械应力有关；而 d_{33} 表示在施加相同方向的应力时，在垂直方向 3 产生的极化。

g 常数称为压电电压常数，是另一个用来评估压电陶瓷在每单位输入应力下产生大量电压能力的参数。g 常数与 d 系数相关，即 $g=d/(K\varepsilon_0)$(其中 K 为相对介电常数，ε_0 为真空介电常数)。具有高 g 常数的陶瓷通常是硬铁电材料，不易极化转变并具有较低的 K 值。

4) 热电性能

铁电材料的热电效应表现为极化随温度的变化，这导致在温度升高时，需要减小补偿降低的偶极矩所需的束缚电荷；而在温度降低时则相反。材料电极上的电压变化是由吸收的热能导致的材料极化变化的量度。热释电的常见品质因数（FOM）计算式为 $FOM = p/[c(K \cdot \tan\delta)^{1/2}]$，其中 p 是热释电系数，c 是比热，K 是介电常数，$\tan\delta$ 是介质损耗角正切。为了保持高性能，所选择的铁电陶瓷应具有高热释电系数、低比热、低介电常数和低介质损耗因数。最重要的铁电陶瓷材料包括 PZT 和 BST，它们具有良好的热电性能。此外，PLZT 和 PMN 也被认为是可行的候选材料。前两种材料被认为是铁电热探测器（吸收的能量导致与温度相关的极化变化），而后两种材料以及 BST 可以被认为是介电测辐射热计（介电常数材料中的电感应温度相关变化）。图 9-22 所示为基于热电效应的能量收集系统示意图。由于铁电陶瓷具有低成本、易获得性、易加工性和良好的稳定性，与晶体材料相比，铁电陶瓷被认为是热成像应用的更好选择。

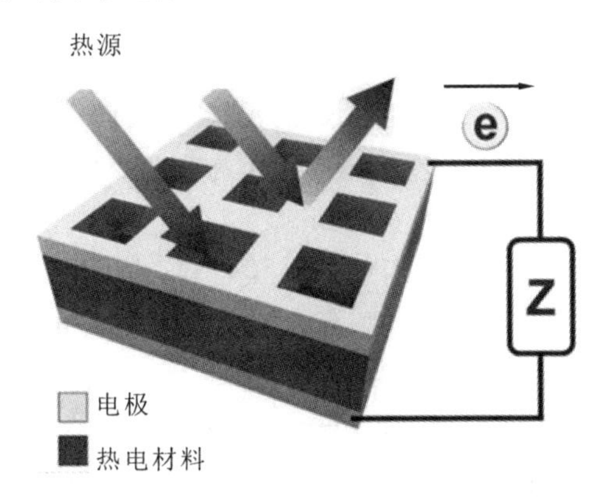

图 9-22　基于热电效应的能量收集系统示意图

5）光学和电光特性

一类特殊的铁电陶瓷是透明 PLZT 陶瓷。透明 PLZT 陶瓷的光学透明度由镧元素的浓度和 Zr/Ti 的比值决定，其透明度最大值出现在 FE-PE 相边界及以上。在透明铁电陶瓷中发现了四种类型的电光特性。它们包括二次、Kerr 和双折射效应，去极化非记忆散射，线性、Pockels 和双折射效应，以及记忆散射。前两种类型使用弛豫型材料，如 9/65/35，对线偏振光进行操作；第三种类型采用高矫顽力场，如 12/40/60，用于具有偏振光的记忆材料；第四种类型通常使用低矫顽力场，如 7/65/35，不使用偏振器，而是通过光在不同偏振区域中的角度散射来呈现材料中空间变化的图像。与透明铁电陶瓷相关的光敏现象包括：光导、光伏特性、光辅助畴反转、离子注入增强的光敏性、光致变色效应、光敏（光致伸缩）行为、光折变效应、光激发的空间电荷行为。透明铁电陶瓷由于这些特殊性能，可以实现许多新的应用。

9.2.2　电容器陶瓷的分类

陶瓷电容器按其用途可分为低频高介电电容器、高频热补偿电容器、高频热稳定电容器和高压电容器等；按其结构和机理可分为单层和多层独石电容器，以及内边层陶瓷电容器。按制造这些陶瓷电容器的材料性质则可分为四大类。（1）非铁电陶瓷电容器，又称高频陶瓷电容器，其特点是高频损耗小，绝缘电阻高，在使用的温度范围内介电常数随温度变化呈线性变化。一般介电常数的温度系数为负数，可以补偿电路中电感或电阻的正温度系数，保持谐振频率稳定。（2）铁电陶瓷电容器，其特点是介电常数呈非线性变化且数值较高，又称强介铁电瓷。（3）反铁电陶瓷电容器。（4）半导体陶瓷电容器。

1. 非铁电陶瓷电容器

非铁电陶瓷电容器的品种繁多，按照材料介电常数的温度系数 α_c 的大小，可分为高频热补偿型陶瓷电容器及高频热稳定型陶瓷电容器两类。

1) 热补偿型陶瓷电容器

高频热补偿型电容器陶瓷是用来制造补偿回路和元件的温度系数电容器的介质材料。因此，它的 α_c 具有很大的负值，用来补偿回路中电感的正温度系数，以使回路的谐振频率保持稳定。这类陶瓷材料的介电常数大，性能稳定，而且可通过组成的调整使介电常数的温度系数灵活变化。

目前使用的典型热补偿型电容器陶瓷如下。

(1) 金红石陶瓷(rutile ceramics)。

金红石陶瓷是一种较早使用的高介电材料，其主晶相为金红石(TiO_2)。这种陶瓷材料的介电常数较高(ε 约为 80～90)，介电常数的温度系数具有较大的负值(α_c 为(－850～－750)×10^{-6}/℃)，介质损耗很小。它常被用来作为高频温度补偿电容器陶瓷材料。

(2) 钛酸钙陶瓷(calcium titanate ceramics)。

钛酸钙陶瓷是目前国内外大量使用的热补偿材料，它具有较高的介电常数(150 左右)和很大的负温度系数，可以用来制成小型、高容量的高频陶瓷电容器，以及对容量稳定性要求不高的高频电容器，如耦合、旁路、贮能、隔直电容器等。

(3) 钛锶铋陶瓷(strontium bismuth titanate ceramics)。

钛锶铋陶瓷是一种钛酸铋溶于钛酸锶的固溶体陶瓷材料。随着 $SrTiO_3$-$BiO_3 \cdot nTiO_2$ 系统中 n 和 $BiO_3 \cdot nTiO_2$ 在 $SrTiO_3$ 中固溶量的变化，材料的介电常数可从 250 变化至 6000。

在热补偿型电容器陶瓷中，还有温度系数系列化的电容器陶瓷。这类电容器的 α_c 可在相当宽的范围内((－750～＋120)×10^{-6}/℃)任意调节，可以根据电路的要求来选择配方，在配方中适当调节各成分的比例，就可以得到不同 α_c 的陶瓷材料，如钛锆系陶瓷、镁镧钛系陶瓷和硅钛钙系陶瓷。

2) 热稳定型陶瓷电容器

高频热稳定型电容器陶瓷的主要特点是介电常数的温度系数的绝对值很小，有的甚至接近零。属于这一类陶瓷材料的有钛酸镁陶瓷、锡酸钙陶瓷等。

(1) 钛酸镁陶瓷(magnesium titanate ceramics)。

钛酸镁陶瓷是以钛酸镁为基础的陶瓷材料，是国内外大量使用的高频热稳定型电容器陶瓷之一。其特点是介质损耗低，α_c 的绝对值小，可以调节至零附近，且原料丰富、成本低，可适用于各种电子设备中。

(2) 锡酸钙陶瓷(calcium stannate ceramics)。

锡酸钙陶瓷在高温下的电气性能比含钛陶瓷的好。这种陶瓷材料的使用温度可高达 150 ℃。但这种陶瓷材料的介电常数太小，因此也限制了它的应用。

高频热稳定型电容器陶瓷除了上述两种以外，还有钛酸镍陶瓷、钛酸锌陶瓷等。

3) 微波电介质陶瓷

微波电介质陶瓷主要用于制作微波滤波器。随着微波通信、汽车电话、卫星通信等领域的飞速发展，微波电路日趋集成化、小型化，迫切需要小型、高质量的微波滤波器。因此对微波介质材料提出了更高的要求：介电常数 ε 高；介电常数的温度系数 α_c 小，最好接近零，以确保微波谐振器具有高频率的稳定性；介质损耗角正切低。$Ba_2Ti_9O_{20}$陶瓷是一种较理想的微波介质材料，已成功地取代了铜波导和殷钢波导，制成了高性能、小体积的新型微波器件。近年来，国内外对微波介质材料的研究非常活跃，针对钙钛矿型结构的固溶体材料如BZT-BZN、BZN-SZN、BST、BZNT等进行了大量研究，新的性能优良的微波介质材料不断出现。

2. 铁电陶瓷电容器

铁电陶瓷是指具有自发极化特性并且可以被外电场所改变的一类陶瓷，其介电常数可高达1000～10000，故又称为强介质。如果制备得当，铁电陶瓷具有适当的α_c和低的$\tan\delta$，同时具有足够高的击穿强度，适于制作小体积、大容量（几千至几十万微法）的低频电容器，可在滤波、旁路、耦合、隔直等电子线路中发挥良好的作用。图9-23所示为铁电体的典型磁滞回线以及相应的畴反转（极化旋转）和应变-电场曲线。

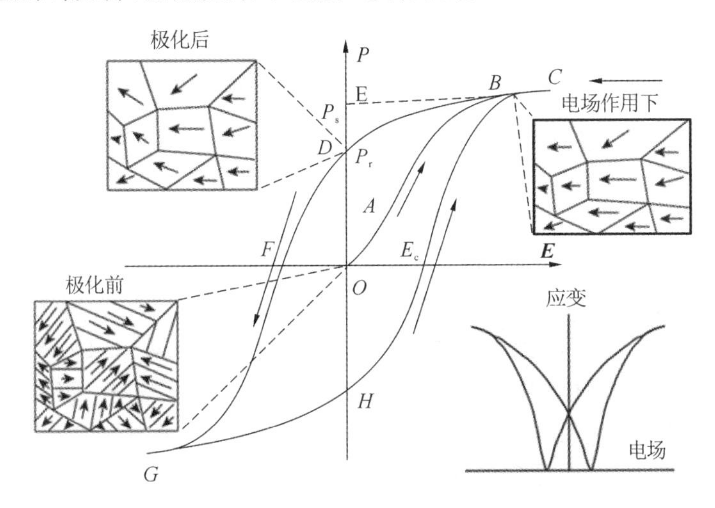

图9-23　铁电体的典型磁滞回线以及相应的畴反转(极化旋转)和应变-电场曲线

铁电陶瓷以钛酸钡或以钛酸钡基固溶体为主晶相。钛酸钡陶瓷是由许多微小的钛酸钡晶粒组成的集合体，每个晶粒内部具有自发极化形成的电畴。钛酸钡晶体具有ABO_3型的钙钛矿结构，在室温下呈铁电四方相，存在自发极化且可以被外电场所改变。它的介电常数和介质损耗的温度特性和频率特性较稳定，成本较低。但钛酸钡的介质损耗角正切大，存在电滞回线和电致伸缩效应。在直流高压下静电电容显著下降；在交流高压下静电电容增加，同时介质损耗急剧增大；电致伸缩效应会导致抗电强度大大降低。

对于铁电电容器来说，由于陶瓷材料具有高介电常数，相较于相同容量的高频陶瓷电容器，尺寸更小，但由于$\tan\delta$高，不宜在高频下工作，故铁电陶瓷电容器一般适用于低频或直流电路。

3. 反铁电陶瓷电容器

反铁电电容器陶瓷由反铁电材料$PbZrO_3$或以$PbZrO_3$为基础的固溶体组成。反铁电体具有双电滞回线特性，如图9-24所示。对于反铁电体材料来说，在施加电场时，极化强度随场强呈线性增加，介电常数几乎不随场强变化。但当场强增加到一定数值时，极化强度与场强之间呈现出明显的非线性关系。反铁电陶瓷材料的电容量或介电常数随场强的变化规律是：在低压下保持不变，随着场强的增加逐渐增大，然后达到最大值。随着场强的进一步增加，电容量开始下降，当极化强度达到饱和时，电容量降到一定值。

反铁电体与铁电体不同之处在于：当外电场降至零时，反铁电体没有剩余极化，而铁电

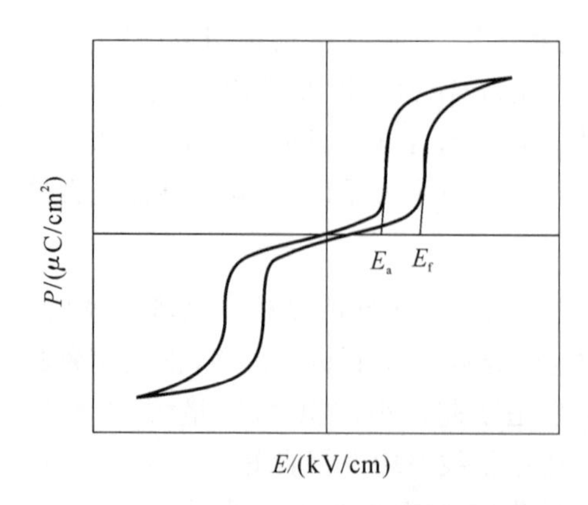

图 9-24　反铁电体的典型电场诱导极化磁滞回线

体有剩余极化。对于反铁电体来说，施加电场时线性特征会转变为非线性特征。当电场强度增大到 E_f 时，反铁电体会相变为铁电体，而当电场强度降低到 E_a 时，铁电体又会相变为反铁电体。P_f 为铁电体的极化强度，P_a 为相变前反铁电体的极化强度，P_f 远大于 P_a。材料中的任何一部分反铁电体相变为铁电体，必伴随着材料极化强度的迅速增大，即所谓回线"起跳"。当材料中几乎所有反铁电体相变为铁电体时，回线即趋于饱和。

反铁电体是一种优良的储能材料，用它制成的储能电容器具有储能密度高和储能释放充分的优点。由于反铁电材料的相变场强较高，一般为 40～100 kV/cm，因此反铁电陶瓷电容器适用于高压场合。另外，反铁电材料具有较高的介电常数以及在一定高压下介电常数进一步增大的特性，用它制成的高压电容器在滤波等方面表现良好。但发展反铁电陶瓷电容器面临一个重大难题，即反铁电材料具有很大的电致应变，尤其是在相变为铁电体时，会产生很大的应变和应力，可能导致瓷件击穿破坏。

4. 中高压陶瓷电容器

一般认为，电压在 0.5～6.3 kV 范围内的陶瓷电容器为中压陶瓷电容器。而电压超过 6.3 kV 的陶瓷电容器为中高压陶瓷电容器。中高压陶瓷电容器是电子设备中广泛使用的重要元件之一，它能够隔离直流电并分离各种频率的信号，无论是在工农业、国防、科学研究中，还是在日常生活中，都有着广泛的应用。中高压陶瓷电容器的性能直接取决于陶瓷介质的特性。中高压电容器陶瓷材料要求在一定温度和频率范围内具有高介电常数 ε、低介质损耗角正切 $\tan\delta$ 和低介电常数的温度系数 α_c，并且需要具备高击穿场强。目前，用于制造中高压陶瓷电容器的陶瓷材料主要有：$BaTiO_3$ 系介电材料、$SrTiO_3$ 系介电材料和反铁电陶瓷材料。

$BaTiO_3$ 基陶瓷材料具有介电常数高、交流耐压特性良好等优点，但也存在介质温度升高时电容变化率增大、绝缘电阻降低等缺点。$SrTiO_3$ 晶体的居里温度为－250 ℃，在常温下为立方晶系钙钛矿结构，是顺电体，不存在自发极化现象。在高电压下，$SrTiO_3$ 基陶瓷材料的介电常数变化小，$\tan\delta$ 及电容变化率小，这些特点使其作为高压电容器介质是十分有利的。反铁电陶瓷材料的介电常数与铁电陶瓷的相近，但无铁电陶瓷材料具有易介电饱和的缺点。在较高的直流偏场下，介电常数通常随着外电场的增加而增加，只有在很高的电场下（如 5 kV/mm）才会出现饱和现象，因此反铁电陶瓷是较为适合用作高压陶瓷电容器的材料。

5. 半导体陶瓷电容器

半导体陶瓷电容器可分为表面层陶瓷电容器和边界层陶瓷电容器。

1）表面层陶瓷电容器

表面层陶瓷电容器是一种利用钛酸钡等半导体陶瓷表面形成的绝缘层作为介质层的电容器，其中半导体陶瓷本身被视为电介质的串联回路。表面层陶瓷电容器的绝缘性表面层厚度取决于形成方式和条件，通常在 0.01 μm 到 100 μm 之间。这种设计既充分利用了铁电陶瓷具有的极高介电常数，又有效地减小了介质层的厚度，因此是制备小型陶瓷电容器的一个行之有效的方法。根据半导化方式的不同，表面层陶瓷电容器可分为还原氧化表面层陶瓷电容器、P-N 结型阻挡层陶瓷电容器和电价补偿表面层陶瓷电容器。总体而言，由于表面层非常薄，表面层陶瓷电容器的单位面积容量较高，但绝缘电阻低，耐压强度差，只适宜在低工作电压下使用。

2）边界层陶瓷电容器

边界层陶瓷电容器主要利用边界层或晶界层的绝缘性，而晶粒则被视为导电回路，构成电容器的结构。边界层陶瓷电容器具有如下特点：

（1）具有较高的介电常数；

（2）具有良好的抗潮性；

（3）具有很高的可靠性；

（4）与相应的普通陶瓷材料或电容器相比，其介电常数或电容量随温度变化的程度较为平缓，工作电压也相对较高。

边界层陶瓷电容器也存在着损耗较大、直流电场作用下的容量变化率或介电常数的变化率较高等缺点。边界层陶瓷电容器可以在 300 V/mm 的场强下工作，而一般阻挡层电容器则难以达到这一要求。此外，边界层陶瓷电容器用作高于 100 MHz 的高频旁路电容器时，其阻抗部分可以设计得比其他任何电容器都小，这也是半导体陶瓷电容器的一大特点。

6. 独石陶瓷电容器

随着电子技术的迅猛发展和广泛应用，特别是大规模集成电路的推广和表面组装技术的发展，对电子元件提出了大容量、小体积、长寿命、高可靠性等新的要求。独石陶瓷电容器应运而生。图 9-25 所示为典型铁电陶瓷基独石电容器的多尺度结构（包括界面、晶粒、畴和自发极化）的示意图和观察图。电容器的电容量与极板间的介电厚度成反比，与极板面积成正比，与介质材料的介电常数成正比。因此，为了提高电容器的比容，一方面需要寻找高介电常数材料，另一方面需要提高极板面积与厚度的比值。但如果仅仅通过增大极板有效面积来提高电容量，则电容器的体积将会增大。因此，需要从减小介质厚度入手。多层的独石电容器正是在这一背景下产生的。在相同体积和介电常数的条件下，n 层结构电容器可以提高 n^2 倍的电容量。

独石陶瓷电容器在工艺上的特点是将涂有金属电极浆料的陶瓷坯体以多层交替堆积的方式叠加在一起，使陶瓷材料与电极同时烧结成一个整体。独石陶瓷电容器的结构多采用薄片状。

由于独石陶瓷电容器采用薄片状结构，陶瓷介质可以非常薄，堆叠层数可多达几十层，这样可使电容器具有较大的比容。例如，1 μF 容量的独石陶瓷电容器的比容可达 140 $\mu F/cm^3$ 并且可靠性较高。独石陶瓷电容器已广泛应用于混合集成电路中作为外贴元

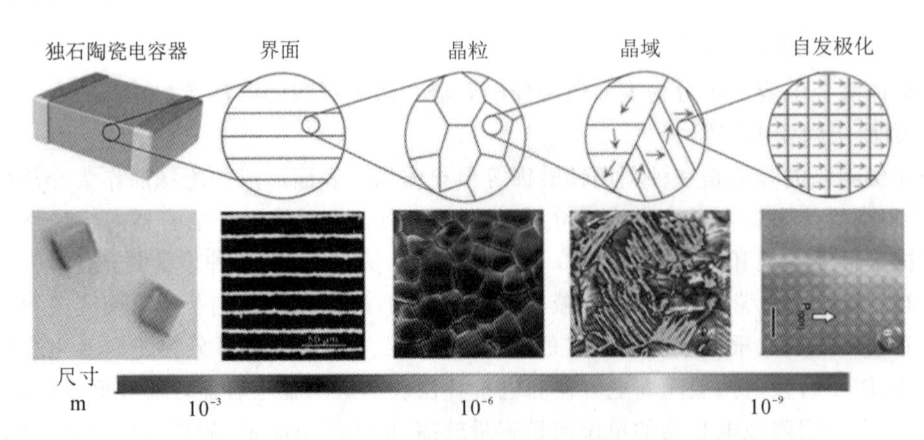

图 9-25　典型铁电陶瓷基独石电容器的多尺度结构(包括界面、晶粒、畴和自发极化)的示意图(上)和观察图(下)

件,以及其他对小型化和可靠性要求较高的电子设备中。作为外贴元件,独石陶瓷电容器的容量范围为 6800 pF～1 μF。根据温度系数的不同,独石陶瓷电容器可以分为Ⅰ型和Ⅱ型两种。Ⅰ型独石陶瓷电容器的容量通常在几 pF 至 10000 pF 之间。Ⅱ型独石陶瓷电容器的容量范围为 0.01～202 μF。

独石陶瓷电容器可以使用各种电容器陶瓷材料制造,并与相应的电极材料相匹配。因此,独石陶瓷电容器可分为三种类型。

(1) 高温烧结型。

烧结温度在 1300 ℃以上,电极材料必须采用 Pt、Pd 等耐高温的贵金属。

(2) 中温烧结型。

这是为了降低独石陶瓷电容器的成本而发展的一种烧结温度为 1000～1250 ℃的陶瓷材料,采用不同的 Ag/Pd 合金电极。

(3) 低温烧结型。

将烧结温度降到 900 ℃或以下,采用 Au/Ag 电极或低含量的 Ag/Pd 合金电极,使独石陶瓷电容器的成本大幅降低。

由于独石陶瓷电容器具有体积小、比容大、耐湿性好、寿命长和可靠性高等优点,自从问世以来,独石陶瓷电容器的用量逐年增长。随着产品可靠性的提高,它在整机上的应用将日趋广泛。预计今后在电容器市场中增长最快的是独石陶瓷电容器领域。

9.2.3　典型陶瓷电容器的制备工艺

1. 陶瓷薄膜制备

陶瓷薄膜可采用多种技术制备,常见的主要是物理法和化学法,这两类方法各有优势和短板。例如,物理法通常需要昂贵的设备,但是制得的薄膜具有高纯度、和原材料相同的组分、高致密性等。脉冲激光沉积(PLD)和磁控溅射是物理法的典型代表。而化学法的一些工艺不需要昂贵的设备,工艺简单、成分均匀,但是薄膜致密性稍差,会残留一些杂质。最具代表性的化学法是溶胶-凝胶法。

1) 脉冲激光沉积

PLD 已经发展了半个多世纪,它是指通过激光照射固态物质,使其熔化并蒸发,从而使原子、电子、离子等粒子从固体表面逸出，并在衬底上凝结形成薄膜。PLD 目前广泛用于有机、无机等多种材料的薄膜制备。其工作原理可简要描述为：将聚焦后的脉冲激光照射到靶材上，靶材受热烧蚀并产生等离子体辉光，然后在基片上沉积形成薄膜，如图 9-26 所示。

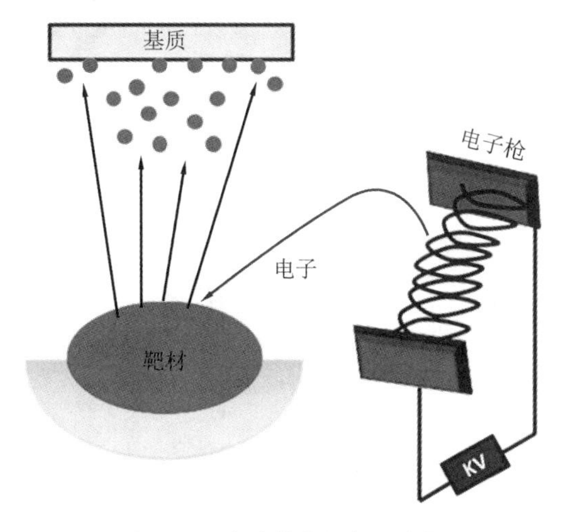

图 9-26　脉冲激光沉积示意图

PLD 的主要优点如下。(1)靶材选择范围广，PLD 可以制备绝大部分有机、无机材料的薄膜，包括从导体到绝缘体、高熔点材料等，容易构建多层异质结薄膜器件或超晶格。(2)薄膜组分容易控制，制备的薄膜的化学计量比与靶材的一致，适用于组分复杂的多元素化合物薄膜制备。(3)薄膜的生长温度低。(4)PLD 设备的可调性广泛，可对多个参数进行调节，以实现薄膜的最佳优化和成膜效果。此外，PLD 与某些原位表征测试设备兼容性较好。

PLD 的主要缺点如下。成膜的均匀性有待提高。PLD 过程中的等离子体辉光具有强烈的各向异性，粒子的动能和密度在空间上分布不均匀，导致薄膜在基底上的厚度存在差异。这个特点使得 PLD 不适用于大尺度成膜。通过基片和靶的旋转等方法，可以在一定程度上改善这个问题。

2) 磁控溅射

磁控溅射是一种典型的物理成膜技术。在该过程中，通过电场作用电子与工作气体 Ar 碰撞产生 Ar^+ 和新的电子，进而引发电子的雪崩效应。Ar^+ 受到电场和设计的磁场的共同影响，高速旋转并飞向靶材，与靶材发生动量交换，形成高密度的等离子体区域，靶材发生溅射并沉积在基片表面形成薄膜，如图 9-27 所示。磁控溅射可被应用于绝大多数材料的薄膜制备，具有设备简单、容易控制、适于大面积制备和薄膜附着力强的优点。同时，它能够实现高速、低温、低损伤的薄膜生长。根据溅射电源的不同，磁控溅射可分为直流溅射和射频溅射两种类型。对靶材施加直流电压就是直流溅射，这种方法只能用来沉积导电性靶材的薄膜。而射频溅射施加的是射频范围的频率偏压，它可以抑制溅射导电性不佳的靶材时产生的荷电效应，并通过周期性的负偏压去除靶表面积累的电荷，使溅射正常进行，从而实现导体或绝缘体等大部分材料的薄膜制备。

3) 溶胶-凝胶法

溶胶-凝胶法是一种将金属有机化合物或金属盐通过溶液、溶胶、凝胶阶段的固化过程，经过热处理后形成氧化物或其他固体化合物的方法，如图 9-28 所示。溶胶-凝胶法成为制备各类铁电薄膜材料的常用方法。其工作原理是将金属无机盐或者金属醇盐等液态化学试剂

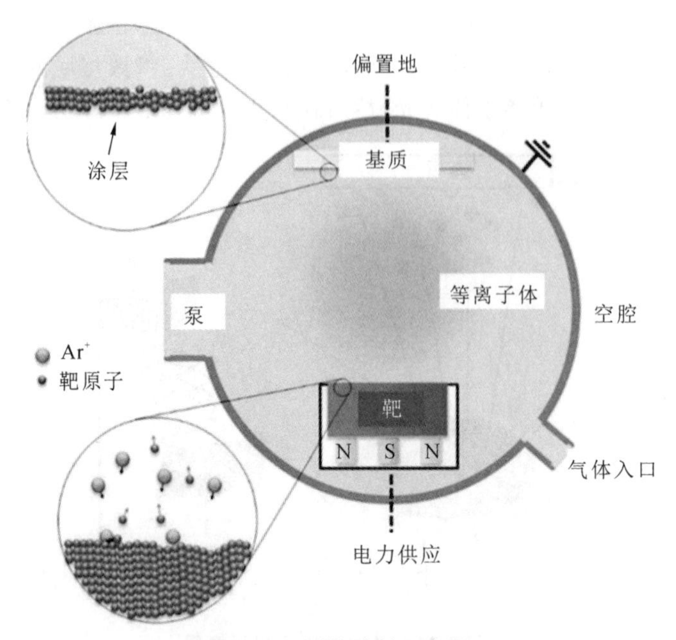

图 9-27 磁控溅射示意图

配制成前驱体，这些前驱体溶解于溶剂中形成均匀的溶液。通过添加适量的分散剂可使溶液更均匀、稳定。然后，加入适量的凝胶剂使盐溶液发生水解或醇盐发生聚合反应，形成均匀稳定的溶胶体系。接下来，经过较长时间的放置陈化或干燥处理，使溶质聚合并凝胶化。最后将凝胶进行干燥、焙烧，除去有机成分，最终得到薄膜材料。根据原理的不同，溶胶-凝胶法一般可以分为两大类，即水溶液法和醇盐法。

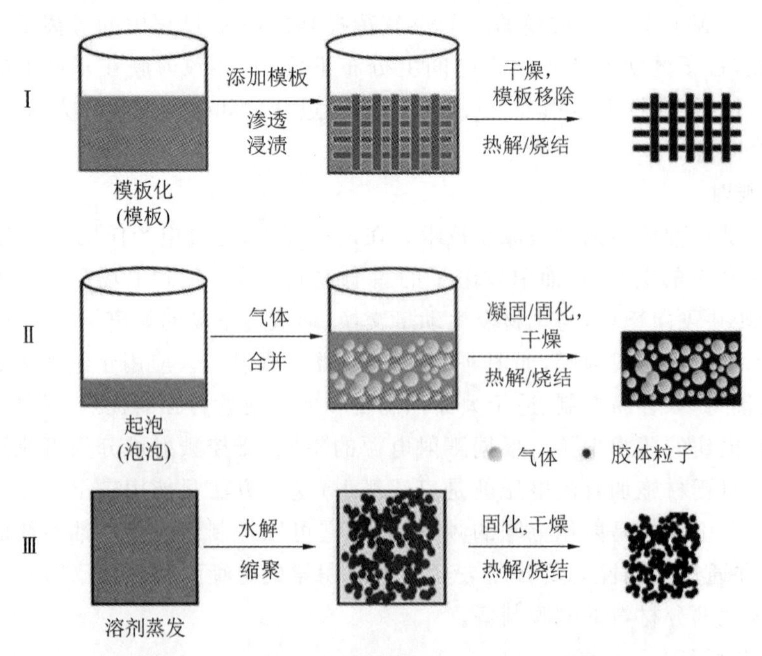

图 9-28 溶胶-凝胶法制备多孔超高温陶瓷示意图

2. 多层陶瓷电容器制备工艺

多层陶瓷电容器结构及其制造工艺示意图如图 9-29 所示。

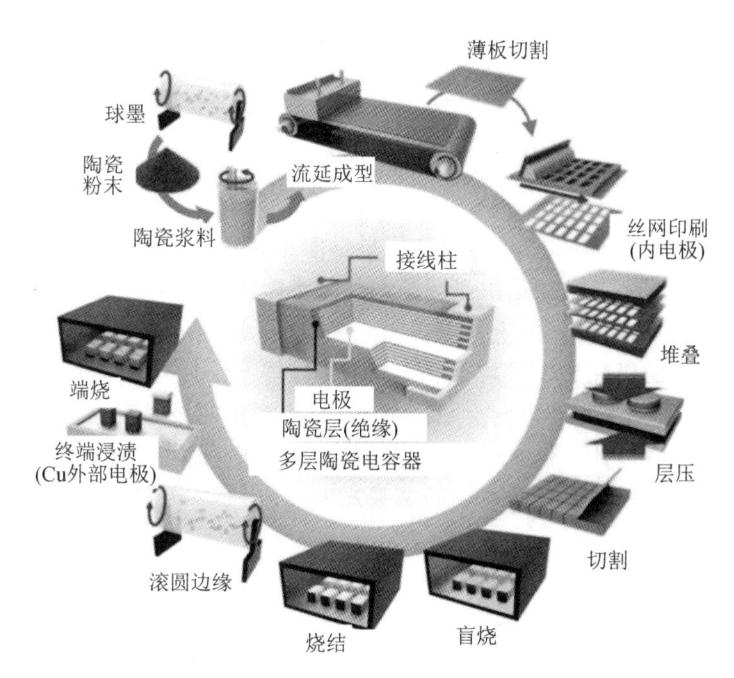

图 9-29　多层陶瓷电容器结构及其制造工艺示意图

整个过程中，每个环节都可以根据具体的配方做适当的调整，关键工艺说明如下。

(1) 配料。对选取的原材料进行筛选，尤其是粒度尺寸的控制。例如，选择纳米粉还是微米粉作为基料，选择可溶性盐还是不可溶的化合物作为添加剂，这些选择会对材料的性能产生很大的影响。严格控制原料的规格是首要任务。

(2) 球磨。对配好的原料进行球磨，是为了混合均匀、反应充分。常见的球磨方式有滚动球磨、卧式球磨、行星球磨、砂磨及振动球磨等。选择球磨方式的主要标准是粒度分布，确保粒度分布符合要求如 D50 为 0.5～1 μm，并且服从正态分布。

(3) 预烧。预烧过程是混合均匀的延伸，球磨是为了实现物理混合，而预烧则是为了实现化学混合。在预烧过程中，需要根据是否含有 Bi_2O_3、PbO 等易挥发性物质来确定升温速率和预烧温度。如果含有易挥发物，则升温速率应稍快，预烧温度应稍低，以确保在发生预反应的同时尽量减小挥发损失。

(4) 流延。将预烧后的粉料按比例加入有机溶剂、表面改性剂、增塑剂和消泡剂，并通过球磨分散，待 D50 及分布特性满足要求后，再加入黏结剂进行混合。得到的浆料在流延机上流延成生膜带，并控制厚度的一致性。

(5) 印刷、叠片。按照电极的设计图形，在生膜带上印刷电极浆料，错位叠层，控制印刷参数，保证电极厚度的一致性和印刷的均匀性。

(6) 等静压。膜带叠好多层后，采用温等静压工艺进行成型。等静压的压力不能太小，否则会导致坯体不够致密，导致影响烧结的致密化过程。压力过大会产生多余应力，在高温烧结过程中可能导致开裂等现象。随后根据电极图形设计切片。

(7) 烧结。烧结是由热动力推进致密化的过程，目的是减小气相和过多的悬挂键的影响。常用的烧结方法有等离子放电烧结、微波烧结、热等静压烧结、气氛烧结、真空烧结、无压高温烧结等。其中，气氛烧结和无压高温烧结是广泛采用的方法。为了进一步减小材料的气孔率，提高致密化程度，通常采用液相烧结、添加玻璃助剂以及二步烧结等方法。

（8）倒角、封端、测试。烧结后的样品经过倒角处理和封端引出端电极。最后进行电性能测试。

9.3 铁电陶瓷

铁电效应的研究始于1921年，当时法国科学家J. Valasek在罗息盐中首次观察到了这一现象。值得一提的是，罗息盐是由法国药剂师薛格涅特于1665年在罗息制备的。这一发现开启了对铁电材料的研究。由于铁电材料在各个领域均有广泛的应用，因此在过去的一个世纪里，铁电材料的研究热度居高不下。铁电体晶体不仅具有自发极化现象，而且在外加电场作用下其自发极化强度的方向会重新取向，导致极化曲线呈现出滞后的回线特征。因此，这类晶体被称为铁电体。铁电体的极化强度和外加电场之间的关系是非线性的。只有在外加电场不为零时，极化强度和电场的关系式为

$$P = \varepsilon_0 \chi E \tag{9-1}$$

式中：P 为极化强度；ε_0 为相对介电常数；χ 为电极化率，是常数；E 为电场强度。

在各向同性电介质中，极化强度与电场强度同向且成正比。静电场中，各向同性均匀电介质的相对电容率和极化率均为常数。然而，在高频电场中，电介质的极化过程需要一定的时间，导致电偶极矩滞后于电场的变化，从而使电介质的相对电容率下降。所以在高频电场中，电介质的相对介电常数与外加电场的频率有关。在某些电介质晶体中，晶胞的结构致使电荷重心不重合，从而产生电偶极矩。在这种情况下，晶体内部产生自发极化，这种特性被称为铁电性。

9.3.1 铁电陶瓷材料的基本性质

通常，铁电体的自发极化并不发生在单一方向上，而是出现在被称为铁电畴的区域内。同一个铁电畴内的自发极化方向是相同的，而畴与畴之间的边界被称为畴壁。铁电体的典型特征如下。

1. 电滞回线(hysteresis loop)

铁电体的一个重要特征是具有图9-30所示的电滞回线。其中 P_r 代表剩余极化强度，剩余极化强度是指在铁电体经过极化后，撤出外加电场作用时的极化强度。在没有外加电场作用时，铁电体的总极化强度为零。当施加电场时，极化强度增大，而当外加电场开始下降时，铁电体的极化强度也相应减小。当外加电场降至零时，铁电体仍保持一定的极化强度，这个极化强度通常被称为剩余极化强度。E_c 代表矫顽电场强度，矫顽电场强度是为了使铁电体的极化强度降为零而施加的反向外加电场强度。在低温下，矫顽电场强度较大，即畴壁取向变换所需的能量较大。而在较高温度下，矫顽电场强度会减小，矫顽电场强度对于铁电材料来说是一个重要参量。

2. 铁电畴(ferroelectric domain)

图9-30所示的电滞回线表明，铁电体极化强度与外加电场强度成非线性关系，并且极化强度与外加电场强度方向一致。电畴的翻转导致极化强度反向，因此电滞回线显示出铁电体存在电畴。铁电体中，自发极化方向一致的小区域称为电畴，而电畴间的边界称为畴壁。铁电陶瓷一般为多电畴体，其中各个电畴的自发极化方向相同，且各个电畴的自发极化

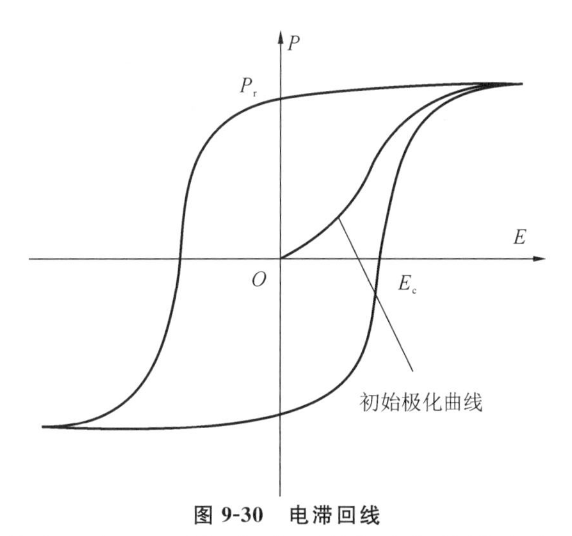

图 9-30 电滞回线

取向之间存在一定的联系。对于 180°电畴，在无外加电场的影响时，系统的总极化强度为零。在施加电场后，随着外加电场强度的增大，电畴的翻转使极化强度迅速增大。在外加电场的作用下，大部分电畴会沿着外加电场的方向排列，此时系统达到饱和，即图 9-30 中第一象限的交叉点。继续增加外加电场强度，此时铁电体内部仅剩下位移极化，极化强度和电场强度成线性关系（图 9-30 中第一象限交叉点右侧的线段）。此时将外加电场强度调零，铁电体中仍存在剩余极化强度 P_r，此时将此线段的反向延长线与 Y 轴相交的点即自发极化强度 P_s。外加电场反向后，极化强度逐渐减小并反向增加，这一现象称为极化反转，其本质是晶体内部电畴的翻转。所谓电畴，是指铁电体内部具有相同极化方向的区域，而畴与畴相接之处称为畴壁。在晶体中，电畴翻转过程受到内部阻力，在电滞回线上表现为矫顽电场强度 E_c，其值越小，则所需外加电场强度越低。图 9-31 所示为施加电场和撤去电场后铁电畴的变化情况。

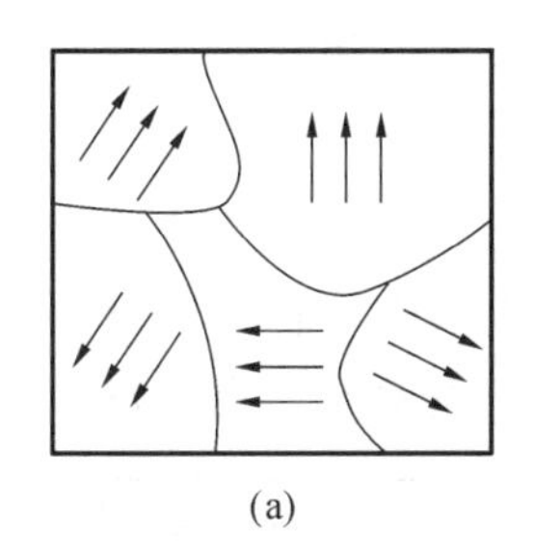
(a)

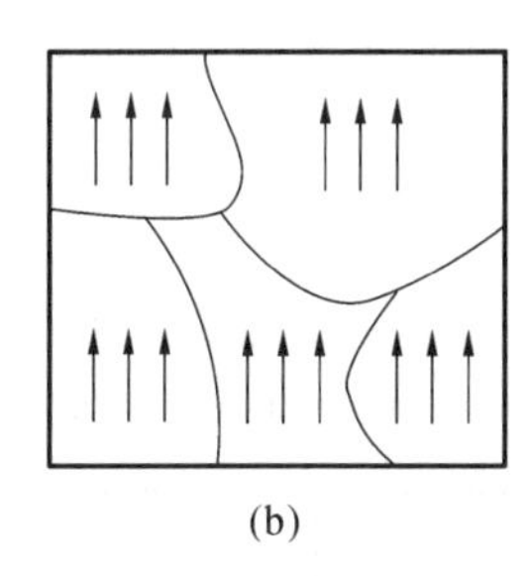
(b)

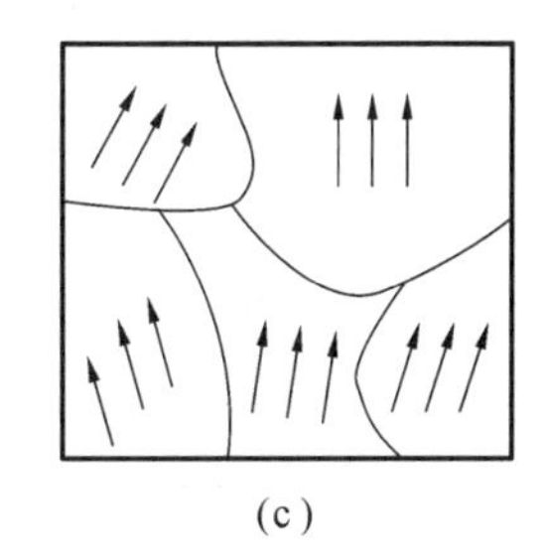
(c)

图 9-31 施加电场和撤去电场后铁电畴的变化情况

(a)初始状态；(b)施加电场；(c)撤去电场

不同电畴之间的自发极化方向往往具有简单的关系，根据相邻电畴极化方向间的夹角，可以将其称为多少度的电畴。这样具有特定角度的电畴可能会在晶体内有规律地出现，不同的是它们的大小会有所区别。另外，对于同一种晶体的不同铁电相，其电畴结构也会有所区别。例如，钛酸钡单晶的四方相具有 90°与 180°电畴，而正交相具有 60°、120°与 180°电畴，菱方相则具有 71°、109°和 180°电畴。

3. *居里温度*(Curie temperature)

居里温度是指在降温过程中达到的临界温度 T_C，此时晶体发生从非铁电相到铁电相的结构相变。只有在居里温度 T_C 以下，晶体才具有铁电性。因为晶体铁电相结构是通过顺电结构的畸变得到的，所以顺电相的晶格对称性一般高于铁电相的对称性。假设晶体存在至少两个铁电相，则只有顺电-铁电相变温度才称为居里点，而晶体发生铁电相变的温度称为相变温度或过渡温度。因为晶体结构的改变总在铁电相到顺电相的转变中进行，所以在结构相变过程中会伴随着一些反常物理现象，如介电常数或介质损耗的异常变化。铁电体的相变是一种典型的结构相变，通常分为一级相变和二级相变。在铁电相变中，一级相变通常伴随着潜热的释放；而二级相变没有相变潜热，但因为自发极化出现消失的连续性，会有比热突变状况发生。当 $T_0=T_C$ 时，发生二级相变。当 $T_0>T_C$ 时，晶体的介电常数 ε 与温度 T 间的联系可用居里-外斯定律(Curie-Weiss law)表述：

$$\varepsilon = \varepsilon_0 + \frac{C}{T - T_0} \tag{9-2}$$

式中：ε 为介电常数；ε_0 为受到电子位移极化影响后的介电常数；C 为常数；T 为对应的温度；T_0 为铁电相变后的末温。

由式(9-2)可知，当 T 趋近 T_0 时，ε 会急剧增大。这意味着，仅需施加一个小电场，就可以在 T_0 点附近令晶体极化。

4. 介电反常(dielectric anomaly)

铁电体的介电性质、光学性质和弹性性质等在居里点附近会出现反常现象。以介电反常为例，铁电体的介电性质是非线性的，即外加电场变化时，介电常数也会随之变化，因此通常使用电滞回线原点处的斜率来描述铁电体的介电常数大小。大多数铁电体的介电常数在居里点附近的数量级可达 $10^4 \sim 10^5$，这种现象通常称为铁电体在临界温度下的"介电反常"。

9.3.2 铁电陶瓷材料的分类

由于铁电陶瓷材料的分类存在一定的异议，不同文献和书籍可能会使用不同的分类方法。在本书中，为了避免概念混淆，下面介绍的压电陶瓷和热释电陶瓷分别属于具有压电性能的铁电陶瓷和具有热释电效应的铁电陶瓷。

1. 压电陶瓷材料

压电效应是一种机电耦合效应，包括正压电效应和逆压电效应。最早于 1880 年由法国的居里兄弟在研究石英晶体的热电性与晶体结构关系时发现。压电效应示意图如图 9-32 所示。

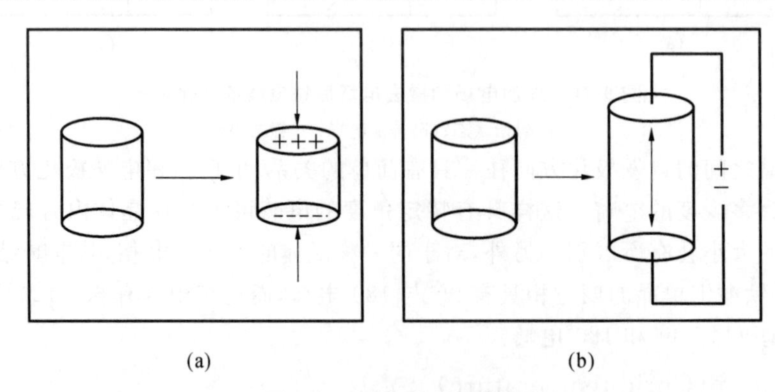

图 9-32　压电效应示意图

(a)正压电效应；(b)逆压电效应

正压电效应是指当压电体受到外力作用时，其内部发生极化现象，表面上产生等量的正负电荷。当改变外力的方向时，电荷的极性也随之改变，一旦外力撤除，正负电荷会立即消失，这种因压电体受到机械外力作用而产生的极化现象称为正压电效应。

逆压电效应是指在压电体的极化方向上施加外部电场，它会在一定方向上产生机械形变。如果撤除该电场，这些形变也会消失，实现了电能与机械能之间的转换，这种现象称为逆压电效应。

材料是否为压电体，关键在于它的本征结构。一般而言，具有压电效应的晶体的对称性都很低。当压电体受到外力作用而发生形变时，晶胞中的正负离子会发生相对位移，即正负电荷中心不再重合，从而产生宏观极化现象。此外，加上晶体表面的电荷面密度等于极化强度矢量在表面法向上的投影。因此当压电体受到外力作用时，其两个端面会产生等量但符号相反的电荷。反过来看，当压电体在电场下发生极化时，晶体的电荷中心会移动，从而导致晶体发生形变。图 9-33 所示为压电效应的机理示意图。

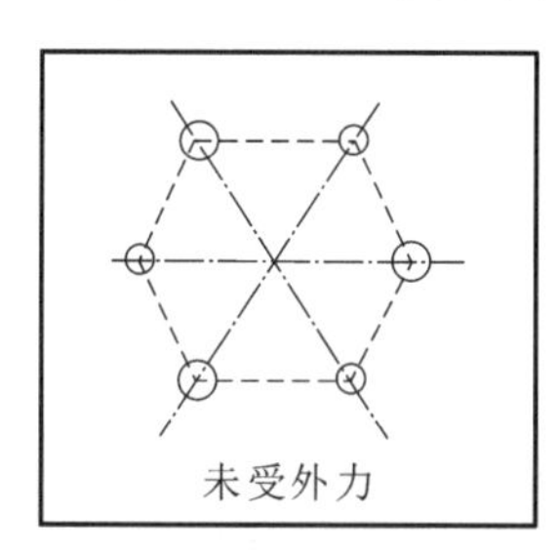

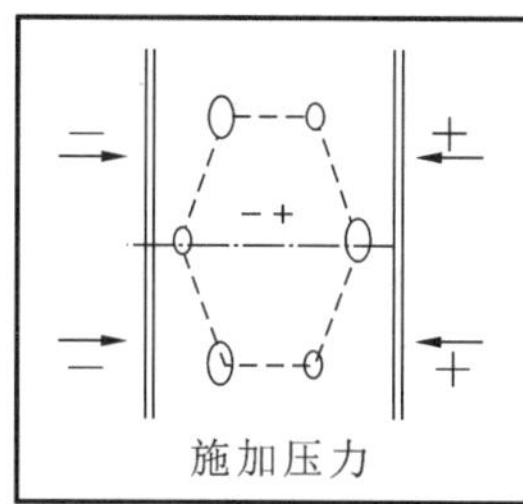

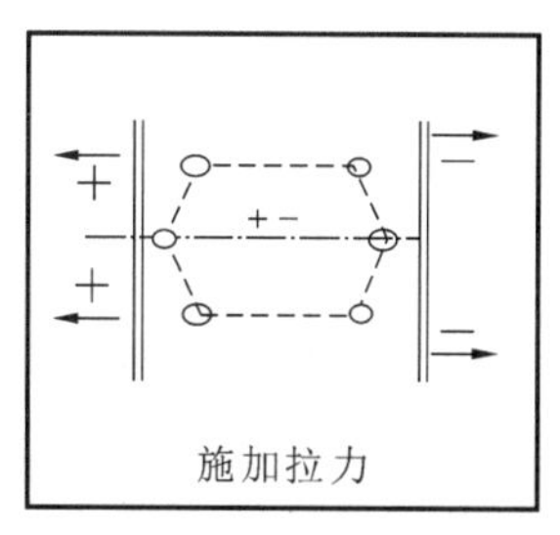

图 9-33　压电效应的机理示意图

压电陶瓷经过极化后具有各向异性，即在不同方向上，各项性能参数的数值不同，因此，压电陶瓷具有比各向同性的电介质陶瓷更多的性能参数，包括介电性能参数(有介电常数和介质损耗)、压电性能参数(有压电常数和机电耦合系数)以及弹性性能参数(有弹性常数和机械品质因数)。此外，压电陶瓷的性能还与居里温度 T_C、频率常数以及与老化性能和温度稳定性相关的参数等有关。

(1) 压电常数。

压电常数 d_{33} 是用来反映压电材料特性的一个参数。一般来说，压电常数 d_{33} 越大，代表陶瓷的压电性能越好。在该参数中，第一个数字代表电场方向或电极面的垂直方向，第二个数字代表应力或应变方向，而“33”表示极化方向与施加压力方向相同。压电常数 d_{33} 不仅与应力和应变有关，还与电场强度和电位移有关。

当施加与压电陶瓷的极化方向一致的压力 T_3 时，在电极表面 A_3 上产生的电荷密度 $\sigma_3 = d_{33}T_3$，电位移 $D_3 = \sigma_3$，则有

$$D_3 = d_{33}T_3 \tag{9-3}$$

式中：d_{33} 为压电常数，pC/N。

同理，沿 X 轴和 Y 轴方向分别施加机械应力 T_1 或 T_2 时，在电极表面 A_3 上所产生的位移分别为

$$D_3 = d_{31}T_1 \tag{9-4}$$

$$D_3 = d_{32}T_2 \tag{9-5}$$

当晶体同时受到 T_1、T_2 和 T_3 的作用时，电位移和应力间关系为

$$D_3 = d_{33}T_3 + d_{31}T_1 + d_{32}T_2 \tag{9-6}$$

对于用来产生运动式振动的材料来说，希望其具有较大的压电应变场数。

(2) 机电耦合系数。

机电耦合系数 k 是综合反映压电材料性能的参数，是实际生产中用得最多的一个参数，它表示压电材料的机械能与电能间的耦合效应。其定义为

$$k^2 = \text{通过机电转换获得的能量} / \text{输入的总能量} \tag{9-7}$$

由于压电元件的机械能与其形状和振动方式有关，即使是同一种压电材料，由于形状和振动方式的不同，其能量转换程度也不同，因此机电耦合系数 k 会有不同的值。压电陶瓷的耦合系数有五个，即平面耦合系数 k_p、横向耦合系数 k_{31}、纵向耦合系数 k_{33}、厚度耦合系数 k_t 和切变耦合系数 k_{15}，常用是 k_p、k_{31} 和 k_{33}。对于薄长条片和薄圆片的材料，在横向效应方面，k_p 的计算公式为

$$k_p^2 = 2.51(f_a - f_r)/f_a \tag{9-8}$$

式中：f_a 为反谐振频率，kHz；f_r 为谐振频率，kHz。

(3) 介电常数。

介电常数是描述电介质在电场作用下电位移随电场强度变化的参数，它是表征压电材料的介电性能和极化性质的一个参数，通常用 ε 表示，单位为 F/m。

$$\varepsilon_{33} = Ct/S \tag{9-9}$$

式中：C 为样品的电容；t 为样品的厚度；S 为样品电极面积。

大多数情况下，使用相对介电常数 ε_r 来描述材料的特性。不同用途的陶瓷对 ε_r 有不同的要求，比如压电陶瓷扬声器和电容器陶瓷希望 ε_r 越大越好，因为具有较大 ε_r 的材料可以用来制造大容量和小体积的电容器。而高频压电陶瓷元器件要求材料的介电常数尽可能小。相对介电常数与介电常数和电容之间的关系为

$$\varepsilon_r = \varepsilon/\varepsilon_0 = C/C_0 \tag{9-10}$$

式中：C 为两电极板间充满均匀电介质时的电容；C_0 为两极板间为真空时的电容；ε_0 为真空时的介电常数，为 8.85×10^{-12} F/m。

由于 ε_r 为电容之比，因此是一个无量纲的纯数值。

(4) 介质损耗。

介质损耗是包括压电陶瓷在内的任何介质材料的重要品质指标之一。在交变电场下，电介质所积蓄的电荷包括两部分：一部分是有功部分(同相)，由电导过程引起；另一部分是无功部分(异相)，由介质弛豫引起。介质损耗是异相分量与同相分量的比值，通常用来表示电介质的损耗，称为介质损耗角正切或损耗因子。对于处于静电场中的介质，介质损耗来源于介质中的电导过程，而对于处于交变电场中的介质，介质损耗来源于电导过程和极化弛豫。压电陶瓷的介质损耗还与基质的漏电流和畴壁运动过程有关。总之，材料的介质损耗越大，其性能越差。

(5) 机械品质因数。

机械品质因数是用来评估陶瓷材料在谐振时的机械损耗程度的重要参数，也是评价压电陶瓷性能的重要参数。压电振子是具有激励电极的压电体，它是最基本的压电元件。将电信号输入一个按一定取向和形状制成的压电振子中时，如果电信号的频率与振子的机械谐振频率 f 一致，振子就会因逆压电效应而发生机械谐振。振子的机械谐振可以通过正压电效应输出电信号。压电振子谐振时，要克服内摩擦而消耗能量，从而造成机械损耗，机械品质因数用来描述压电振子在谐振时的损耗程度。机械品质因数 Q_m 定义为

$$Q_m = 2\pi W_1 / W_2 \tag{9-11}$$

式中：W_1 为谐振时振子储存机械能，J；W_2 为谐振周期振子损耗机械能，J。

平面径向振动模式下，机械品质因数 Q_m 的近似计算公式为

$$Q_m = \frac{1}{2}\pi f_r C_f [1 - (f_r / f_a)^2] \tag{9-12}$$

式中：f_r 为振子的谐振频率，kHz；f_a 为振子的反谐振频率，kHz；C_f 为振子的静电容，F。

一般陶瓷材料的 Q_m 因配方和工艺条件的不同而差异较大。例如，锆钛酸钡材料的 Q_m 为 50～3000。

(6) 频率常数。

压电元件的谐振频率与沿振动方向的长度的乘积为一常数，该常数称为频率常数，单位为Hz·m。

陶瓷圆片沿径向 d 伸缩振动的频率常数为

$$N_d = f_r d \tag{9-13}$$

陶瓷薄片沿长度方向 l 伸缩振动的频率常数为

$$N_l = f_r l \tag{9-14}$$

陶瓷薄片沿厚度方向 l 伸缩振动的频率常数为

$$N_t = f_r t \tag{9-15}$$

由于谐振频率 f_r 与压电振子主振动方向的尺寸成反比，频率常数 N 与元件的外观尺寸无关，只与压电材料的性质有关。若知道材料的频率常数，则可根据所要求的频率来设计元件的外观尺寸。

2. 热释电陶瓷材料

热释电陶瓷材料的晶体结构可以看成是压电材料晶体结构的一个亚类，即具有热释电性的材料一定具有压电性，但具有压电性的材料不一定具有热释电性。热释电陶瓷材料必须具备以下特征：材料的晶体结构没有对称中心；材料的晶体结构没有旋转对称轴或者旋转反伸轴；材料必须具有非零剩余极化。

热释电效应是指某些晶体温度发生变化时，在其极轴两端产生等量但符号相反的电荷的现象。热释电性的成因是晶体结构中原本重合的正负电荷中心，在受热后沿极轴方向发生极化，形成与极轴平行的电偶极子，在极轴两端产生数量相等但符号相反的电荷。热释电效应的原理示意图如图 9-34 所示。所有热释电体都属于极性材料，在没有外加电场时均能够自发极化，材料的自发极化使其表面两端存在束缚电荷（电子、离子），热释电效应的起源可以从材料温度变化时表面束缚电荷的行为来理解。假设将热释电体的两端连接到电流计，当热释电体的温度保持恒定（$dT/dt=0$）时，材料的自发极化保持不变，表面两端的束缚电荷密度也保持不变，因此回路中没有电流产生。但是，当对热释电体加热（$dT/dt>0$）时，材料的晶格热振动加快，电畴的有序度降低，导致材料的自发极化强度降低，自发极化强度的降低使材料表面的束缚电荷密度降低，因此，自由电荷流过回路产生电流。同理，当对热释电体进行降温时，晶格热振动减慢，电畴的有序度提高，自发极化强度提高，表面的束缚电荷密度提高，因此，电流在电路中以相反的方向流动。

图 9-35 所示为材料的热、力、电性能的热力学可逆相互作用。图中外圈的 T、E、σ 分别为温度、电场、弹应力，内圈的 S、D、ϵ分别为熵、电位移、应变，它们通过材料的热容 C、介电常数 ε、弹性模量 Y 直接影响材料的温度、电场、弹应力。这些参数任何一个微小的改变都会导致其他参数随之发生变化。例如，温度 T 稍微增加就会导致材料的熵增加。

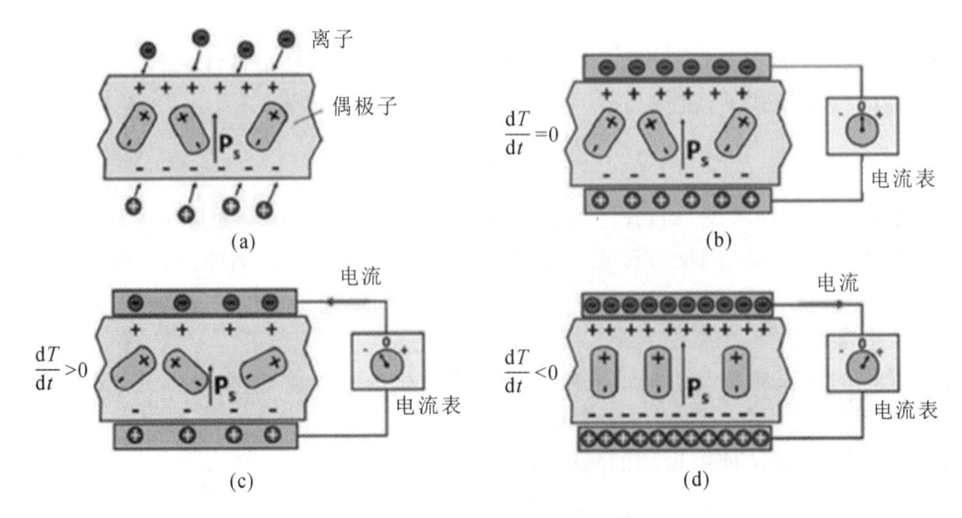

图 9-34　热释电效应的原理示意图

(a)热释电材料的自发极化;(b)$dT/dt=0$ 时自发极化和感应电荷的变化情况;(c)$dT/dt>0$ 时自发极化和感应电荷的变化情况;(d)$dT/dt<0$ 时自发极化和感应电荷的变化情况

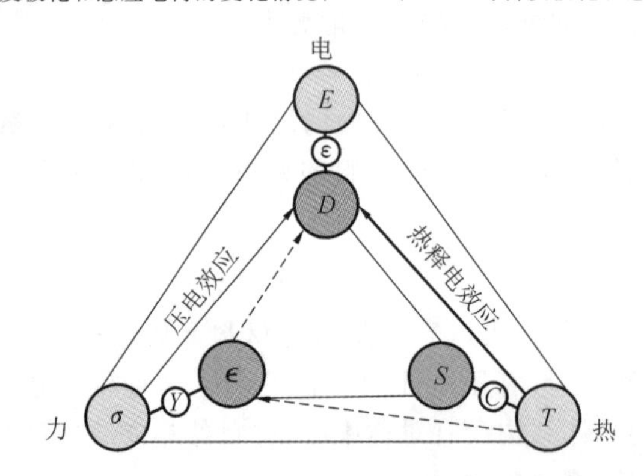

图 9-35　材料的热、力、电性能的热力学可逆相互作用

$$dD = p dT \tag{9-16}$$

式中:p 为热释电系数,$C \cdot m^{-2} \cdot K^{-1}$。

热释电系数可以定义为

$$p = (\partial P_s / \partial T)E, \sigma \tag{9-17}$$

式中:P_s 为自发极化强度。

弹应力恒定意味着材料没有被夹持,可以自由地膨胀和收缩。

图 9-35 展示了两种耦合效应:热释电效应和压电效应。热释电效应把温度和电位移联系起来,压电效应把弹应力和电位移联系起来。值得注意的是,热释电效应有两种途径:第一种途径用粗实线表示,第二种途径用粗虚线表示。当材料处于完全夹紧状态时,即处于恒定应变状态,同时材料的温度分布均匀且无外加电场时,会出现一级热释电效应。然而,在实际环境中很难实现这种情况,在大多数情况下存在二级热释电效应,即热膨胀使材料发生应变,从而通过压电效应引起电位移改变。在恒定应力条件下,由一级热释电效应和二级热释电效应组成的总热释电系数为

$$p^{\sigma} = p^{\varepsilon} + d_{ij} e_{ij}^{E} \lambda_i^{E} \tag{9-18}$$

式中:p^{ε} 为在恒定应力条件下的一级热释电系数;d_{ij}、e_{ij}^{E}、λ_i^{E} 分别为压电系数、弹性常数、热

膨胀系数。

因此，热释电的测试必须在特定的条件下进行，但是在热释电能量收集的应用中，温度、频率、机械应力、电场等边界条件并不能保持恒定，且精确度也不够。因此，确定热释电能量收集的边界条件十分重要。在某些情况下，还存在三级热释电效应，由于材料非均匀加热产生非均匀应力，通过压电效应导致极化状态变化从而产生热释电效应。三级热释电效应产生的电流取决于温度梯度的大小。因此，随着材料的发展和热传递的增强，二级和三级热释电效应成为提高热释电能量收集的重要途径。

9.3.3　典型铁电陶瓷器件的制备工艺

铁电陶瓷是一类非常重要的功能陶瓷，具有非常广泛的应用，例如，基于正压电效应的振动传感器、加速度计、能量收集器，基于逆压电效应的精密位移致动器、开关、阀门等，基于热释电效应的温度传感器、热传感器、能量收集器等。下面将对几种典型的铁电陶瓷器件的制备工艺进行详细介绍。

1. 压电致动器的制备工艺：陶瓷流延叠层共烧技术

多层压电陶瓷致动器基于压电陶瓷的逆压电效应，可实现在电场作用下的精密位移，具有高分辨率、快速响应和高输出力等优势，广泛应用于相机镜头、超声清洗、燃油喷射器以及铁电存储器等领域，如图 9-36 所示。

图 9-36　多层压电陶瓷致动器的应用

多层压电陶瓷致动器由陶瓷层和金属内电极层组成，内电极由两侧的正负外电极连接。每一层陶瓷层和上下电极层组成一个小的位移单元，整个致动器的位移即每一层位移之和。机械上形成串联结构，电学上为并联结构，断口的整体结构如图 9-37 所示。致动器的位移 D 为 n 层陶瓷层的总位移，可表达为

$$D = nd_{33}^{*}V = l_{\text{total}}d_{33}^{*}E = nd_{33}^{*}(El) \tag{9-19}$$

式中：d_{33}^{*}为逆压电常数；V为驱动电压；E为驱动电场强度；l为单层陶瓷厚度；l_{total}为致动器长度。

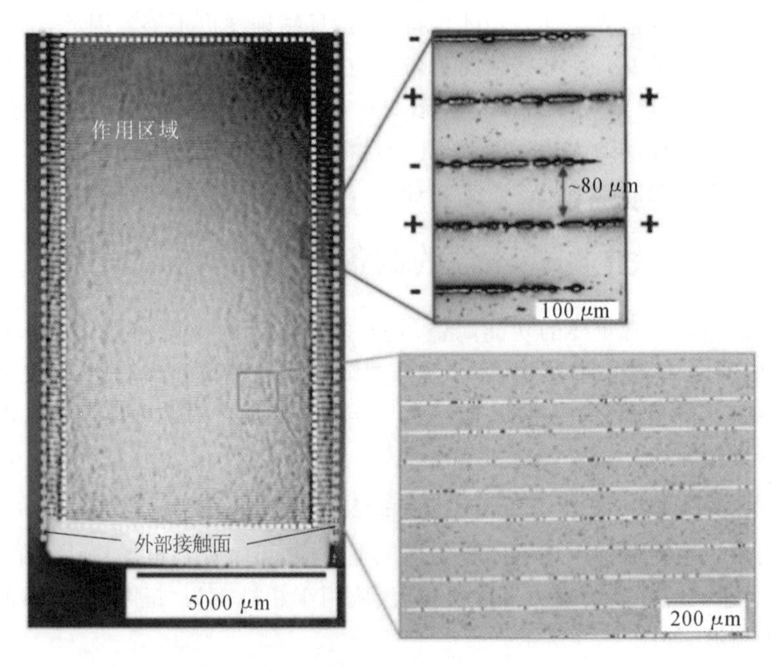

图 9-37 多层压电陶瓷致动器断面结构

由式(9-19)可知，在相同电场强度下，相同厚度的块体陶瓷和多层压电陶瓷致动器具有相同的行程(应变)输出。与块体陶瓷相比，多层致动器的陶瓷层较薄，电压值为V/n，远小于块体陶瓷。这是压电致动器相较于块体陶瓷的最大优势，即在低电压下可实现大位移输出。同时，多层压电致动器的行程可通过增加致动器的陶瓷层数来实现，电压可通过调整压电陶瓷致动器的层厚来调控。压电致动器的核心参数包括驱动电压、行程、输出力、响应时间和温度稳定性等，不同的应用领域对性能的要求不同。

陶瓷流延叠层共烧技术(包括流延制膜技术和叠层共烧技术)目前已广泛应用于多种多层陶瓷制造领域，如多层陶瓷电容器、低温共烧陶瓷以及高温共烧陶瓷。多层陶瓷的主要制备工艺如图 9-38 所示，将陶瓷粉体与溶剂、黏结剂、分散剂等配制成具有一定黏度的浆料，利用刮刀或者喷涂的方法将浆料流延成陶瓷薄膜片，采用丝网印刷将内电极印刷在陶瓷薄膜片上，按层排序加热，并加压实现初步叠层，再使用温等静压使叠层胶结到一起，进行切割、排胶和烧结，最后引上外电极并进行封装。叠层共烧器件的制备工序复杂、工艺难度大，各个工序的工艺控制对最终器件的性能影响较大。

流延(见图 9-39)是一种常用的陶瓷成膜方法。它的步骤是，按照一定配比将具有一定黏度的陶瓷粉体和有机物混合均匀，制成浆料。然后，利用刮刀或者喷涂的方法，在钢带或者 PET 膜带上形成具有一定厚度的陶瓷薄膜，陶瓷浆料的性能调控非常重要，直接决定了叠层的质量好坏。陶瓷浆料的制备过程是，先将陶瓷粉体与溶剂和分散剂进行球磨，再加入黏结剂、增塑剂和除泡剂等再次进行球磨，最后进行真空除泡和陈化后即可流延。流延膜片的厚度、平整度、光洁度和气泡等都由流延工艺来控制，其中流延膜片的厚度t影响因素较多，如下式所示：

$$t = a[\rho g H h/(12ulv) + h/2] \tag{9-20}$$

式中：ρ 为密度；g 为重力加速度；a 为干燥收缩率；H 为液面高度；h 为刀口高度；u 为浆料黏度；l 为刀片厚度；v 为流延速率。

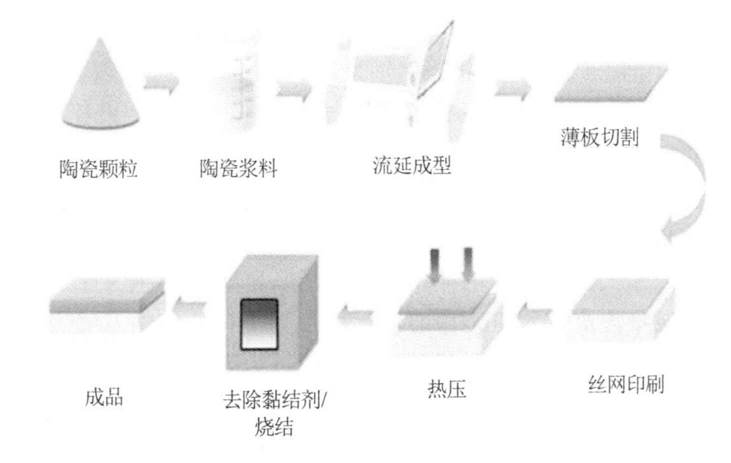

图 9-38　叠层工艺流程示意图

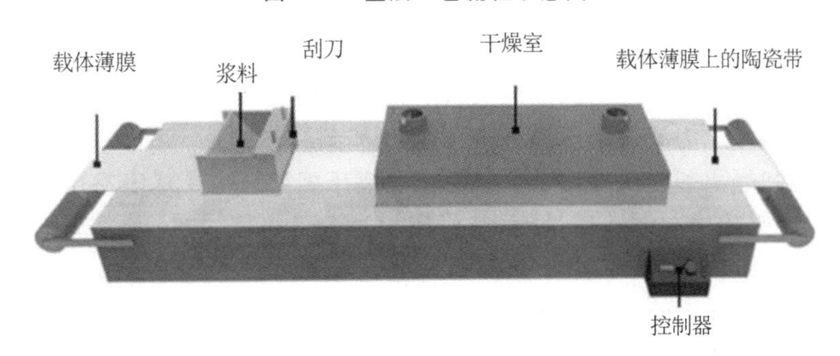

图 9-39　流延示意图

其中刀口高度和流延速率为主要影响因素。流延的工艺会直接决定膜片的厚度和质量，膜片的质量主要由厚度、干湿度和外观(针孔、气泡、黑点、杂质和开裂等)来衡量。

叠层共烧技术包括丝网印刷、叠层、温等静压、排胶和烧结等工序。首先，丝网印刷是利用浆刀将内电极浆料通过丝网的掩膜孔印刷到流延膜片上。内电极层的厚度和电极的光滑平整度是衡量丝网印刷质量好坏的重要标准。内电极层过厚会增加生产成本，过薄可能导致电极不连续从而影响性能。内电极层的厚度的影响因素主要有三个方面：丝网、丝印参数和内电极浆料。丝网的主要参数包括目数、张力、厚度、丝径和开口率等。其次，叠层即将丝印后的陶瓷膜片按要求依次叠放，每次叠放后需要施加一定的预压力，同时需要适当升高温度，以避免陶瓷膜片移位。接下来，叠层后需要进行温等静压，即在一定的压力和温度下，使生坯中的电极层与陶瓷层紧密结合。温等静压的主要影响因素为温度和压力。第一，需要在密封之前进行真空抽取，以防止空气被压入生坯，并有利于气泡的排除；第二，温等温度需要高于黏结剂的软化温度，这样生坯中的黏结剂才能起到有效的黏结作用；第三，压力需要适中，太大会导致生坯变形或者其他质量问题，太小则容易产生分层。最后，烧结需要根据陶瓷与内电极的热重曲线来确定烧结制度，根据多层产品的烧制情况(如分层、平整性和致密度等)，调整升温速率以及保温时间。烧结氛围的控制也非常重要，例如，对于含有铅、铋、钾和钠等的易挥发体系，需要在气氛下进行烧结，或者在配料时使一些易挥发元素适当过量，以保证化学成分的一致性。此外，氧气气氛的控制也非常重要，对于含有 Cu 和 Ni 金属内电极的多层陶瓷，需要在还原气氛和低氧分压的条件下进行烧结，以避免金属内电极的氧化。而对于含有 Ag-Pd 内电极的多层陶瓷，则可以在空气气氛下进行烧结。

2. 加速度传感器的制备工艺

加速度计是一种用来测量加速度的器件。它可以通过感应静态或者动态的力和振动来测量加速度。在航空航天领域，高速飞行器或者导弹与空气摩擦会产生大量热。为了研究这些器件在高温条件下的特性，需要使用高温加速度传感器来采集、处理和分析其振动信号。其中，高温压电陶瓷是加速度传感器的核心材料，利用正压电效应，将振动转换为电信号，以反馈实际工作情况。

在早期应用中，压缩式加速度计的应用最为广泛。压缩式加速度计具有结构简单、刚度强、工艺性好和输出灵敏度高等特点。中心压缩式加速度计的结构及受力方式如图 9-40 所示，其主要由质量块、固定螺母、压电元件及基座组成。为了保持加速度计的稳定性，在基座的中轴处加一个中心支柱，将质量块、压电元件和基座连接在一起。压电元件-弹簧-质量系统固定在与加速度计基座相连的中心支柱上，使用厚度振动模式。当 Z 轴方向发生振动时，压电片为质量块提供推力，基座为压电片提供推力，加速度方向决定推力方向。这种结构非常稳定，谐振频率高。但是，与其他结构类型相比，由于基座和中心支柱相当于与压电元件平行的弹簧，基座的任何动态变化(如应变或热扩散)都会导致压电元件上的应力变化，从而产生错误的输出信号。为了减小基座应变效应和被测物体的热不稳定性的影响，可以设计倒置中心压缩型和隔离基座压缩型结构。隔离基座压缩型结构在基座与压电元件之间设计了机械隔离槽，并采用中空惯性质量块，其作用相当于隔热栅，有效减少基座应变和瞬态温度变化导致的错误输出，如图 9-41 所示。

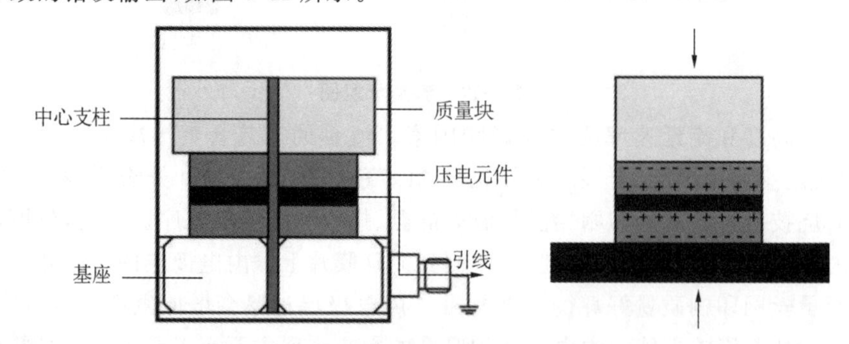

图 9-40　中心压缩式加速度计的结构及受力方式

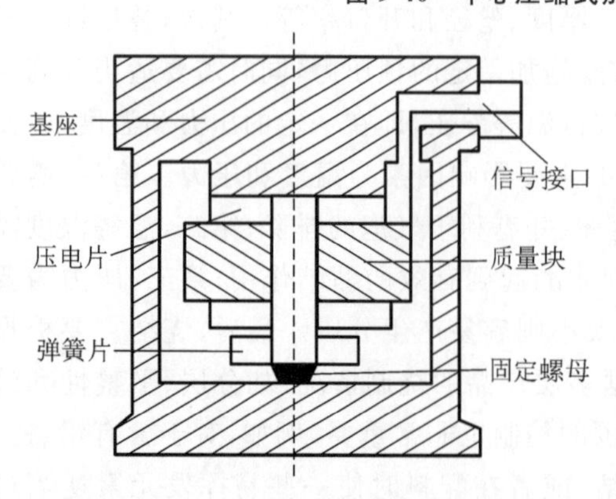

图 9-41　隔离基座压缩型压电加速度计结构

中心压缩式加速度计中的压电元件和基座完全接触，基座的振动或温度变化会影响压电元件的压电效应，从而导致传感器系统产生误差。而在剪切式加速度计中，压电元件不与基座接触，避免了基座对压电元件的影响。相对于压缩式加速度计而言，剪切式加速度计的机械加工和装配更为复杂，但横向灵敏度和各项环境灵敏度较小。剪切式加速度计的结构如图 9-42 所示，压电元件以固定方式夹在中心支柱和惯性质量块之间，施加一个剪切应力。主轴方向为垂直方向，该方向上的灵敏度最大。理想情况下，正交方向的灵敏度为零。然而，由于结构公差或晶体本身的交叉灵敏度，商用传感器在垂直于主轴的方向上的灵敏度并不为零，使其具有交叉灵敏度(相对于主轴灵敏度的几个百分点)。因此在选择敏感元件时，要使 d 的最大值方向与主轴方向一致，而在所有其他方向上为零。在剪切式加速度计中，当 d_{15} 作为主轴上的最大输出时，d_{12} 和 d_{13} 的值应为零，因为垂直于晶体的力不会在该方向上产生电输出。

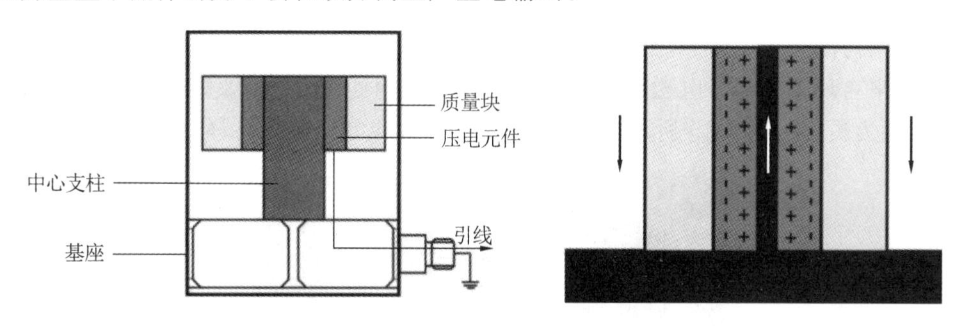

图 9-42　平面剪切式加速度计的结构及受力方式

此外，除了平面剪切式结构，还有三角剪切式结构(见图 9-43)，在三棱形中心柱的三个面上呈三角形排列着三个压电元件与质量块。这三个质量-弹簧系统用预紧套筒夹紧形成一个完整的弹簧-质量系统。三角剪切式结构除了具备剪切式结构的性能特点之外，还具有最高的灵敏度-质量比和相对较高的谐振频率。整个弹簧-质量系统中不包含黏结剂和螺栓，可以保证其理想的性能。该结构的综合优势使之可以作为理想的通用加速度计结构，特殊应用型加速度计也多采用这种结构。

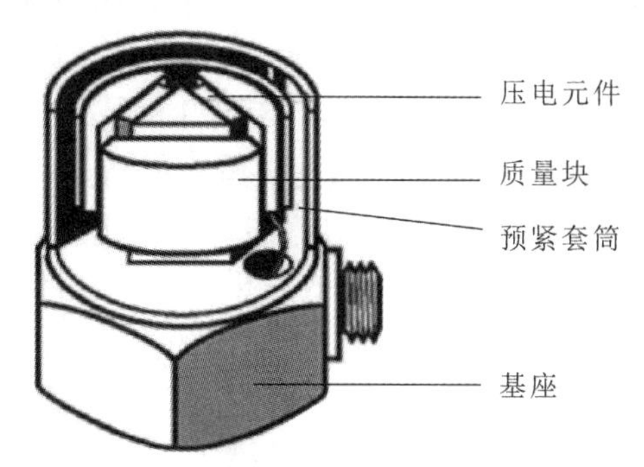

图 9-43　三角剪切式加速度计结构

弯曲式加速度计的结构及受力方式如图 9-44 所示，当加速度计感受到振动时，压电元件在自身惯性力作用下，产生弯曲变形，并输出电荷信号。弯曲式结构对横向振动不敏感，具有优异的热稳定性，但其抗冲击能力较差，通常应用于低振动量级加速度计。

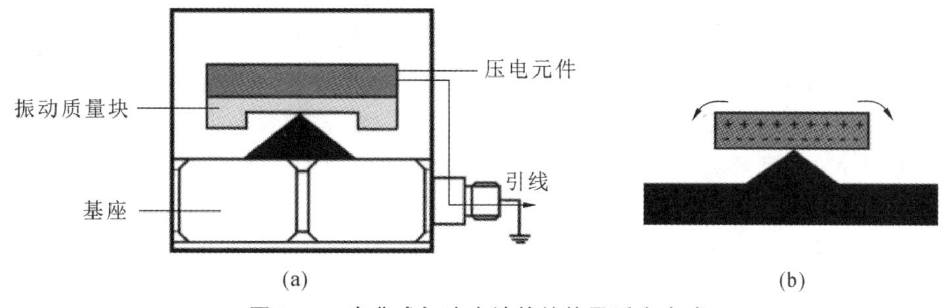

图 9-44　弯曲式加速度计的结构及受力方式

(a)结构；(b)受力方式

3. 热释电探测器的制备工艺

探测器包括热释电灵敏元、支撑结构、运算放大器、场效应管、电阻、电容、印刷电路板、滤光片、带管脚的TO39型底座以及金属管帽。除了热释电灵敏元之外，其他部分通过设计定制或选型购买获得。探测器腔内的热释电灵敏元、支撑结构、运算放大器、电阻、电容、印刷电路板和管脚之间的连接由导电胶、金丝球焊实现。金属管帽与底座之间采用储能焊完成焊接，管帽与滤光片使用黑色UV胶黏结。封装好的探测器中，金属管帽通过接地管脚接地，以屏蔽来自环境的部分电磁干扰。若滤光片的基材也为金属，如锗等，那么探测器的抗电磁干扰能力更好。图9-45所示为基于Mn:PMNT的电流模式热释电探测器产品图。

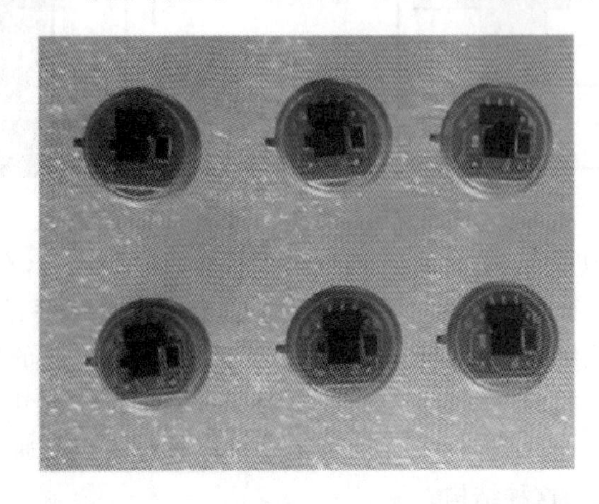

图9-45　基于Mn:PMNT的电流模式热释电探测器产品图

灵敏元与环境之间的热交换主要来自辐射换热、与支撑结构的热传导、与空气的对流换热。当红外辐射到达灵敏元表面时，耗散到环境中的热能越小，灵敏元的温度变化就越大，热释电响应也就越强，同时由热交换带来的温度噪声越小，从而提高探测器的信噪比。与灵敏元接触的支撑结构除了对其起机械支撑作用，还对热交换产生较大影响。有一种支撑结构的设计是在灵敏元和探测器底座之间使用低导热率的支撑材料进行隔离，这类材料一般为多孔结构，如多孔SiO_2，利用孔隙中的空气(导热率约为0.025 $W \cdot m^{-1} \cdot K^{-1}$)减少热传递。另一种方法是利用刻蚀的方法将基底材料的中间部分去除，只保留边缘用于支撑的微桥结构，在灵敏元与底座之间形成空气腔以减少热传导。但是这些方法加工成本高、加工效率较低，成品率也较低，只有当灵敏元材料为极薄膜时才是必须采用的手段。相比之下，将横截面面积较小的柱状材料从灵敏元中心支撑起来，其他部位悬空，或者采用边缘支撑、中心悬空的方式，对于厚度在25 μm左右、可以自支撑的灵敏元薄片来说，这是一种便捷且高效的方法。在备选的支撑柱材料中，金属材料可以导电，能同时作为下电极使用，但导热率比较大，例如黄铜的导热率约为109 $W \cdot m^{-1} \cdot K^{-1}$，其热膨胀系数约为$1.8\times10^{-5}$。环氧材料的导热率非常小，约为0.2 $W \cdot m^{-1} \cdot K^{-1}$，能有效降低热传导，其热膨胀系数在玻璃化温度以下约为6.1×10^{-5}，但是环氧材料密度小、质地柔软，表面容易变形，不适合加工成支撑柱所要求的小尺寸，且容易产生静电吸附。金属氧化物具有相对较低的导热率、硬度和强度。比如Al_2O_3陶瓷的导热率约为29 $W \cdot m^{-1} \cdot K^{-1}$，热膨胀系数约为$7.7\times10^{-6}$，价格低廉且易于加工，适合作为支撑柱材料。通过在氧化铝陶瓷柱表面镀金，可以使支撑柱具有良好的电导性。

9.4　半导体陶瓷

9.4.1　半导体陶瓷材料的基本性质

半导体陶瓷是指具有半导体特性、电导率为 $10^{-6}\sim10^{5}$ S/m 的陶瓷。半导体陶瓷的电导率随着外部条件(如温度、光照、电场、气氛)的变化而变化,因此可以将外界环境的物理量变化转变为电信号,制成各种用途的敏感元件。

自 20 世纪 50 年代以来,科学家发现本来是绝缘体的金属氧化物陶瓷,如钛酸钡、二氧化钛、氧化锌等,只要掺入其他微量的金属氧化物,它们就变得有导电能力,它们的电阻介于绝缘体和金属之间,这就是半导体陶瓷。半导体陶瓷一般是氧化物或复杂氧化物,要使这些绝缘体成为半导体,首先要对绝缘体进行半导体化处理。

陶瓷半导体化的方法主要有强制还原法和掺杂法两种。掺杂法可通过掺杂不等价离子取代部分主晶相离子(例如,$BaTiO_3$ 中的 Ba^{2+} 被 La^{3+} 取代),使晶格产生缺陷,形成施主或受主能级,以得到 n 型或 p 型的半导体陶瓷。强制还原法是控制烧成气氛、烧结温度和冷却过程。例如氧化气氛可以造成氧过剩,还原气氛可以造成氧不足,这样可使化合物的组成偏离化学计量比而实现半导体化。目前,半导体陶瓷敏感材料的制备工艺简单、成本低、体积小等,并用来制备各类传感器、换能器以及储能器件等。图 9-46 所示为半导体陶瓷制备的各类传感器产品图。

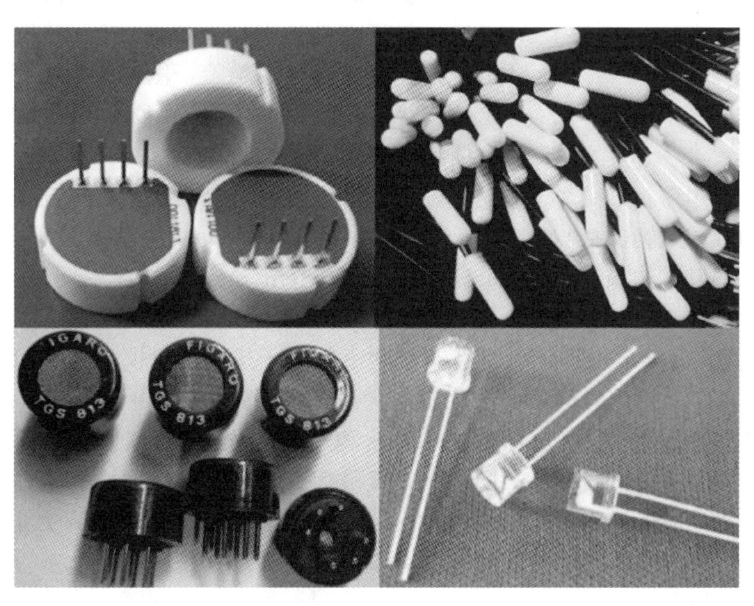

图 9-46　半导体陶瓷制备的各类传感器产品图

在现实生活中,酒精测试仪与汽车尾气颗粒物传感器等的核心部件就是气敏传感器;安装在建筑天花板上的火灾警报器不仅包含气敏传感器,还包含热敏传感器等其他零部件,一旦建筑内有大量烟雾,火灾警报器就能够马上检测到。在电子行业中,压敏陶瓷由于其自身的独特性质,在电力系统和电子线路中得到广泛应用。

9.4.2 半导体陶瓷材料的分类

根据外界环境刺激的不同，半导体陶瓷可分为压敏陶瓷、热敏陶瓷、气敏陶瓷、光敏陶瓷与湿敏陶瓷。

1. 压敏陶瓷

压敏陶瓷是一种具有非线性伏安特性的功能陶瓷，用这种材料制成的电阻称为压敏电阻器。其特点在于，当外部电场达到一定阈值时，压敏陶瓷的电阻率会迅速下降，从而吸收大量能量。因此，压敏陶瓷通常与需要保护的电路和电子元件并联，起到感应和限制电路中瞬态过电压冲击的作用，如图 9-47 所示。

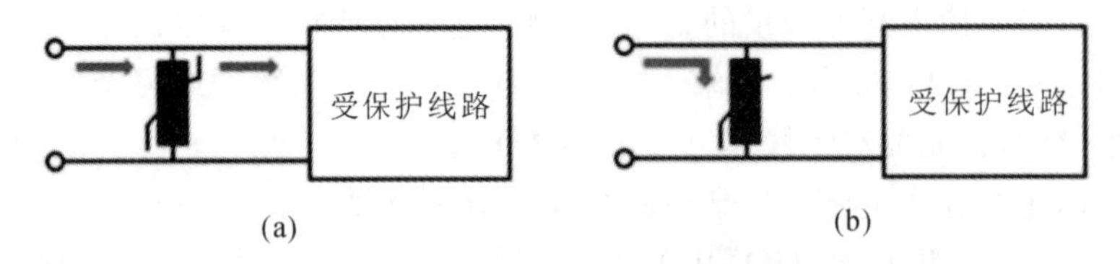

图 9-47 压敏电阻器的工作原理图

(a)正常工作状态；(b)过压保护状态

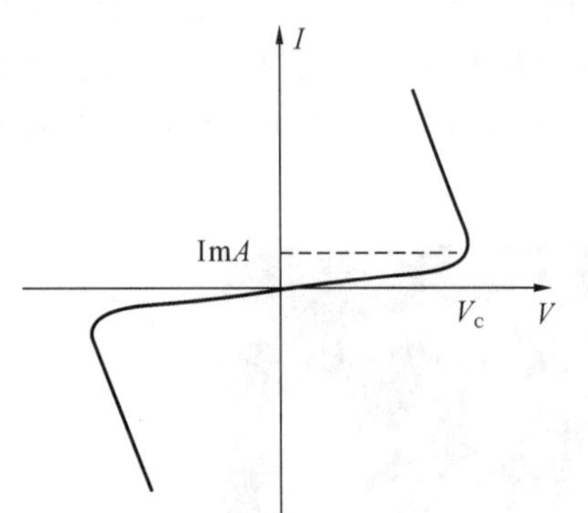

图 9-48 ZnO 压敏陶瓷的伏安特性曲线

制造压敏陶瓷的材料有 SiC、ZnO、$BaTiO_3$、Fe_2O_3、SnO_2、$SrTiO_3$ 等，目前应用最广泛、性能最好的是氧化锌(ZnO)压敏陶瓷。ZnO 压敏陶瓷于 1967 年首次被 Matsuoka 等人制备出来，此后，一直是压敏陶瓷材料研究的热点。在市场应用中，ZnO 压敏陶瓷由于其具有非线性系数高、稳压能力强等优点占据绝对的优势地位。图 9-48 所示 ZnO 压敏陶瓷的伏安特性曲线。

伏安特性曲线可分为小电流预击穿区(pre-breakdown/pre-switch region)、中电流非线性区(nonlinear/switched region)和大电流翻转区(upturn/high-current region)。在不同区域，ZnO 导电机理不同。

(1) 预击穿区的导电机理。双肖特基势垒下的电子热激发射模型是目前 ZnO 压敏陶瓷在预击穿区中最广为接受的模型。在预击穿区，ZnO 压敏陶瓷的电性能是由晶界控制的，主要特点为电阻率很高(一般大于 10^{10} Ω·cm)，相对于工作电路表现得更像一个开路电路。它具有类似半导体的负阻温特性，并且 ZnO 压敏陶瓷的介电特性同样受晶界控制。

(2) 非线性区的导电机理。在非线性区，对电流的贡献以隧道电流为主。隧道电流是指电子以隧道效应方式通过势垒时产生的电流，而在 ZnO 压敏陶瓷中，势垒正是在晶界处形成的双肖特基势垒。

(3) 翻转区的导电机理。翻转区的导电机理主要取决于 ZnO 晶粒的电学特性。ZnO 具有 n 型半导体的特性，晶粒内存在较多的本征浅施主杂质，故 ZnO 晶粒的载流子浓度较大(一般为 $10^{17}\sim10^{18}\ cm^{-3}$)，表现为体电导率较大(一般约为 3 S/cm)。

描述 ZnO 压敏陶瓷的性能参数主要有压敏电压梯度、非线性系数、漏电流密度等。压敏电压梯度 E_{1mA}：压敏电压梯度表示了 ZnO 压敏陶瓷的电性能从预击穿区向非线性区转变时的电压梯度数值，位于伏安特性曲线的拐点上；具体定义为，当流通样品的电流密度为

1 mA/cm^2 时，样品两端的电压梯度为压敏电压梯度，并用 E_{1mA} 来表示。非线性系数 α：非线性系数衡量了 ZnO 压敏陶瓷的稳压能力。漏电流密度 J_L：漏电流密度表示 ZnO 压敏陶瓷在预击穿区工作时通过的电流，反映了 ZnO 压敏陶瓷在正常工作时的能量消耗情况。通常定义 75%E_{1mA} 下的电流密度为漏电流密度 J_L。

目前，各种 ZnO 压敏陶瓷体系被开发了出来，如 ZnO-Bi_2O_3 系压敏陶瓷、ZnO-Pr_6O_{11} 系压敏陶瓷、ZnO-V_2O_5 系压敏陶瓷等。压敏陶瓷主要应用于瞬态过电压保护，其具有的类似于半导体稳压管的特点也使其可以用作荧光启动元件、均压元件等。

2. 热敏陶瓷

热敏陶瓷是电导率随温度而明显变化的陶瓷，又称热敏电阻陶瓷。热敏电阻器的种类很多，分类方法也不尽相同。但是按照温度这一重要特性，可将其分为正温度系数（PTC）热敏电阻器、负温度系数（NTC）热敏电阻器。

PTC 材料的电阻率随温度呈阶跃式上升，如图 9-49 所示。PTC 材料的电阻率在温度较低时基本不变，当温度升高到居里温度时，材料由铁电相转变为顺电相，导致电阻率急速上升数个数量级，这种现象被称为 PTC 效应。常用的 PTC 材料是钛酸钡，虽然纯钛酸钡材料在室温下的电阻率通常大于 10^{12} Ω·cm，是良好的陶瓷绝缘材料，但是在向钛酸钡材料中掺杂微量的施主元素如 Nb 或 Y 等的情况下，钛酸钡材料将转变为 n 型半导体，并产生 PTC 效应。$BaTiO_3$ 基半导体材料的 PTC 效应主要是晶界效应，该材料的晶粒边界具有一个由受主表面态引起的肖特基势垒层，在温度低于居里温度时，材料的相对介电常数很大，而材料的晶粒表面势垒较小。在温度达到居里温度后，相对介电常数减小，材料的晶粒表面势垒增大，导致材料的电阻率发生跃变。根据材料的居里温度不同，PTC 材料可以分为低温 PTC 材料与高温 PTC 材料。低温 PTC 材料的居里温度低于钛酸钡的居里温度 120 ℃，通常为 50～120 ℃。由这种材料制备的元件可应用于通信、自动控制和电力等多个领域，利用元件的 PTC 效应对电路进行过载保护。高温 PTC 材料的居里温度一般为 120～340 ℃，通常用于温度传感和过热保护等，可应用于马达启动、过流保护器、加热器等。如今，随着科技的进步，PTC 元件在电子、机械、医疗卫生、家用电器等各个领域都得到了广泛的应用。

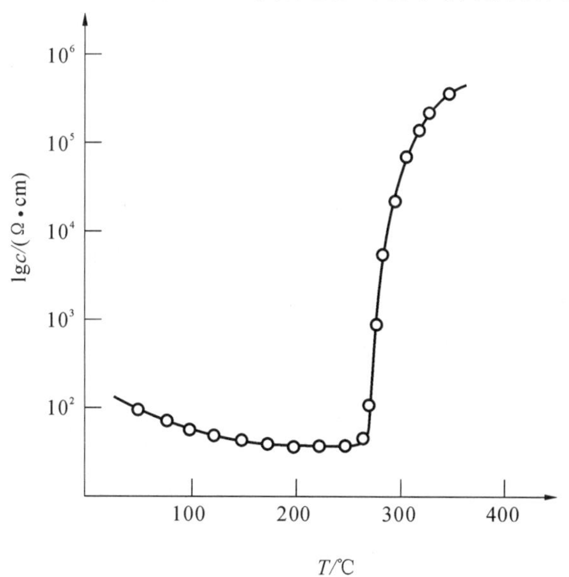

图 9-49　PTC 温度与电阻关系图

NTC 材料的电阻随着温度的升高而降低。NTC 热敏电阻器一般由各种金属氧化物按照一定的比例混合烧结而成。这些金属氧化物材料具有半导体性质，导电方式与锗、硅等半导体材料的相似。温度低时，这些氧化物材料的载流子（电子和空穴）数量较少，所以其电阻值较高；随着温度的升高，载流子数量增加，导致电阻值降低。根据阻-温曲线变化的趋势，NTC 热敏电阻器可细分为三种类型。第一种是缓变型热敏电阻器，即电阻随温度的升高呈指数下降的负温度系数热敏电阻器，在实际中应用最为广泛；第二种是在一定温度范围内电阻急剧减小的临界负温度系数热敏电阻器，这种热敏电阻器可制成固态无触点开关，用于温度自动控制，如过热保护和制冷设备等；第三种是在一定温度范围内电阻随温度升高呈近似线性降低的线性负温度系数热敏电阻器，其具有的近似线性的阻-温特性使得温度测量更方便，易于数字化实现。图 9-50 所示为三种负温度系数热敏电阻器的阻-温曲线示意图。

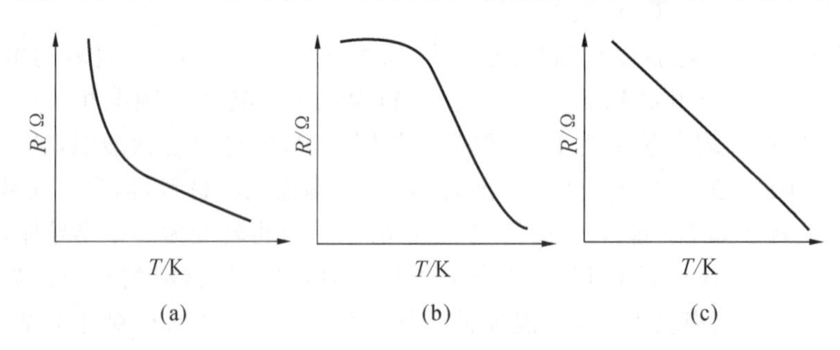

图 9-50　三种负温度系数热敏电阻器的阻-温曲线示意图

(a)第一种；(b)第二种；(c)第三种

3. 气敏陶瓷

由气敏半导体制备的陶瓷传感器通过有选择性地吸附气体，引起电阻率的变化。气敏材料多为金属氧化物，具有价格低廉、制备工艺简单、敏感性强等优点。金属氧化物基气敏传感器的基本传感机理是基于待测气体与材料表面的氧物种发生反应导致的电荷转移过程。导电型金属氧化物半导体分为 n-型和 p-型两种，对相同待测气体表现出不同的传感行为。当半导体材料处于氧化性气体环境中时，这些气体作为电子受体吸附到材料表面的电子上，导致 n-型半导体的电阻升高和 p-型半导体的电阻降低。而对于还原性气体，其作为电子供体，导致 n-型半导体的电阻降低和 p-型半导体的电阻升高。另外，金属氧化物半导体传感器的作用机理通常描述为两种不同的模型：一个是离子吸附模型，另一个是氧空位模型。离子吸附模型考虑了空间电荷效应或由气体吸附、电离和氧化还原反应引起的电位表面变化；氧空位模型以氧空位和气体分子之间的反应为中心，并涉及亚表面/表面氧空位浓度的变化以及其还原-再氧化机理导致氧化学计量的变化。图 9-51 所示为 n-型和 p-型半导体的气敏机制和传导模型示意图。

n-型半导体材料有 ZnO、SnO_2、Fe_2O_3 等简单金属氧化物，以及部分多金属氧化物型气敏材料；p-型半导体材料有 NiO、CuO、Cr_2O_3 等简单金属氧化物，以及部分多金属氧化物型气敏材料。为了改善气敏传感器的性能，可以选取具有优异传感性能的单一半导体材料，并通过材料复合、掺杂、贵金属负载、设计纳米结构或多级结构、光激发等方法来设计和制备具有更优异传感性能的气敏材料。

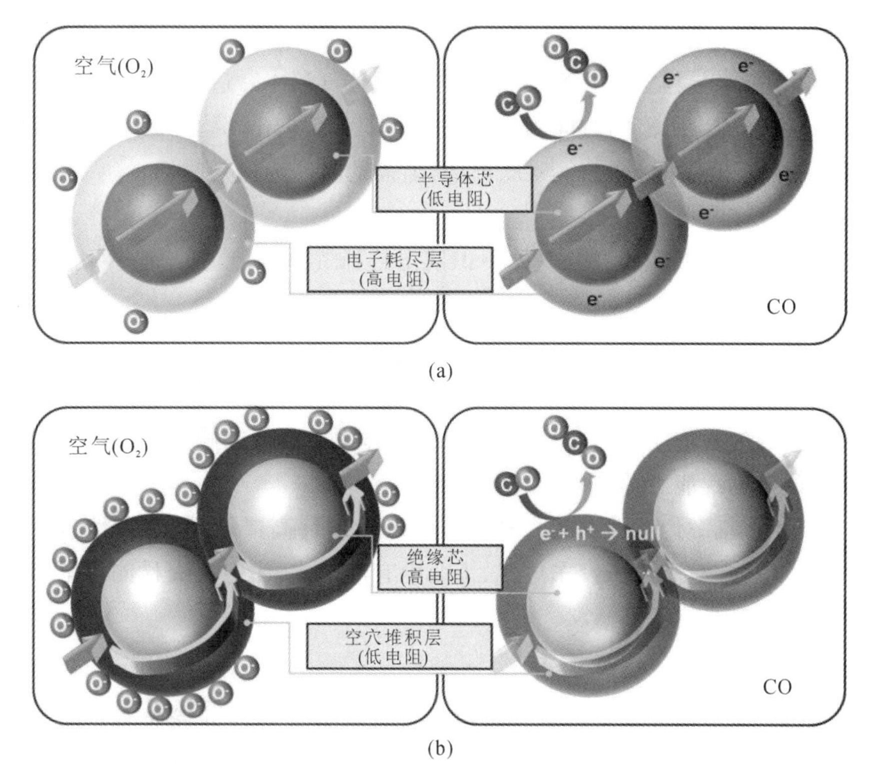

图 9-51　n-型和 p-型半导体的气敏机制和传导模型示意图

(a)n-型；(b)p-型

半导体型气敏传感器通过半导体材料感知气体浓度，并将电阻变化转化成电流信号。其敏感元件的性能优劣可以通过以下指标评估。

(1) 气敏元件电阻。

气敏元件电阻分为两种，一种是将气敏元件放置到空气中，气敏材料在该温度下表现出固有电阻值 R_a；另一种是在特定温度下，在一定浓度的被检测气体环境中，气敏材料显示的电阻值 R_g。

(2) 最佳工作温度。

气敏元件最佳工作温度指最大灵敏度值所对应的温度。但是一般半导体型气敏传感器的最佳工作温度较高，这会增加检测装置的能源消耗，并缩短气敏传感器的使用寿命。为此，人们致力于通过开发新材料和改进制备方法、老化、光激发等手段来降低传感器的工作温度。

(3) 响应值。

响应值反映了传感器对特定浓度某种气体的敏感程度，是衡量气敏传感器性能优劣的重要指标。一般来说，对于 n-型半导体，当检测到还原性气体时，电阻值下降，故其对还原性气体的响应值被定义为 R_a/R_g($R_a>R_g$)；其对氧化性气体的响应值被定义为 R_g/R_a($R_g>R_a$)。而对于 p-型半导体，当检测到还原性气体时，电阻值上升，因此，其对还原性气体的响应值被定义为 R_a/R_g($R_g>R_a$)，其对氧化性气体的响应值则为 R_g/R_a($R_a>R_g$)。另一种无单位参数是百分比响应值，采用$(R_a-R_g)/R_a\times100\%$的定义方式来表示。

(4) 响应时间与恢复时间。

响应时间和恢复时间分别定义为在最佳工作温度下，气敏传感器遇到目标气体后，所产生的响应变化及恢复所需的时间。这是评估气敏传感器响应速度和恢复速度的直接指标。具体来讲，对于n-型半导体气敏传感器，在还原性气体气氛中，气敏元件的电阻值从 R_a 降低至 $R_g-90\%\times(R_a-R_g)$ 所需的时间为响应时间；然后将传感器暴露在空气气氛中，气敏元件的电阻值从 R_g 恢复到 $R_g+90\%\times(R_a-R_g)$ 所需的时间为恢复时间。

(5) 选择性。

选择性是指气敏传感器从混合气体中识别出目标气体的能力，也是评估气敏传感器性能优劣的重要指标之一。

(6) 稳定性和重复性。

稳定性和重复性是指在最佳工作温度下，经过多次使用或长时间使用后，气敏传感器是否能够维持较好的气敏响应，例如特定浓度目标气体中电阻值或响应值的改变量、重复次数和对其他干扰的抗干扰能力等。

如今，半导体型气敏传感器作为一种可以对环境进行高灵敏、高选择性、快速实时检测的有效方法和手段，广泛应用于汽车尾气、工业中有毒气体、住宅火灾检测等诸多领域，对于环境保护与安全检测具有重要意义。

4. 光敏陶瓷

由半导体陶瓷制成的光敏传感器是能够感应从紫外线到红外线光波长的光能量，并能够将其转化成电信号的器件。光敏半导体中的载流子在光照射下发生跃迁，产生光生载流子，使电导率增加，这个过程称为光电导。光电导分为本征光电导和杂质光电导。对于本征半导体，只要光子的能量大于半导体禁带的宽度，就可以使价带电子跃迁到导带，在价带中产生空穴，从而产生附加电导率。对于杂质半导体，在杂质原子未完全电离的情况下，光照也能使这些原子产生电子和空穴，并使电导率增加，这个过程称为杂质光电导。

光敏传感器能够感应光线的明暗变化，并输出微弱的电信号，可以用作敏感元件。其性能可以通过以下指标评价。

(1) 光谱特性：光敏电阻灵敏度最高的光波波长范围。

(2) 灵敏度：在一定的光照条件下产生的光电流大小，与材料的光生载流子数目和电极之间的距离有关。

(3) 照度特性：光敏元件的输出信号(电压、电流或电阻值)随着光照度变化的特性。

(4) 响应时间：在光照射下，亮电流达到稳定值所需的上升时间及遮光后亮电流消失所需的衰减时间。

(5) 温度特性：光敏电阻的光导特性和电学特性对温度变化的敏感程度。

光敏元件具有光电导或光生伏特效应，可用于各种自动控制系统。利用光生伏特效应可制造光电池(或称太阳能电池)，为人类提供了一种新的能源来源。

5. 湿敏陶瓷

湿敏半导体传感器是指利用半导体陶瓷材料制成的湿度传感器，其原理是基于半导体氧化物在吸附水分后改变表面的导电性或者电容性。目前用于制造湿敏传感器的陶瓷材料主要是 $MgCr_2O_4$-TiO_2 系多孔陶瓷。湿敏陶瓷材料感湿性的微观机理包括半导体表面的电子过程和离子过程。图9-52所示为部分湿敏半导体感湿特性曲线。

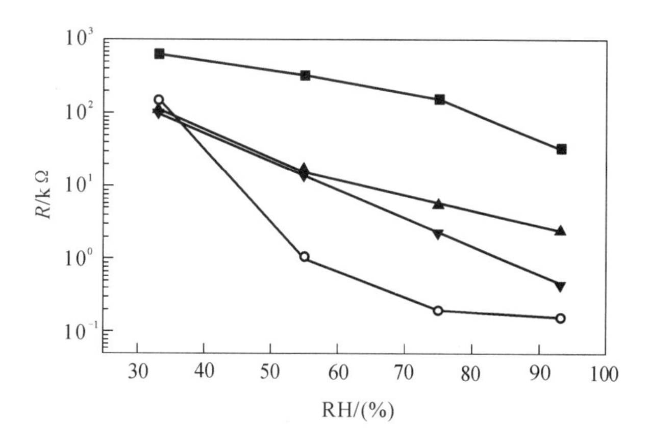

图 9-52 部分湿敏半导体感湿特性曲线

湿敏材料能感知环境湿度的变化，具有多个能够反映材料性能的特性参数。这些参数主要有：湿度量程、感湿特性曲线、灵敏度、湿度温度系数、响应时间、湿滞迴线和湿滞迴差以及稳定性等。

(1) 湿度量程。

湿敏材料能够精确测量的环境湿度变化的最大范围，这被称为湿敏材料的湿度量程。湿度量程越大，材料可使用范围就越大。

(2) 感湿特性曲线。

湿敏材料都有其自身的感湿特性量，如电阻、电容、击穿电压、沟道电阻等。湿敏材料的感湿特性量随环境湿度变化形成的曲线，称为湿敏材料的感湿特性量-环境湿度特性曲线(简称感湿特性曲线)。通过感湿特性曲线可以确定湿敏材料的最佳使用范围和灵敏度，还可以探索改进湿敏材料性能的途径和工作原理。

(3) 灵敏度。

湿敏材料的灵敏度反映材料相对于环境湿度的变化、材料感湿特性量的变化程度。因此，它应当是材料的感湿特性曲线的斜率。

(4) 湿度温度系数。

湿敏材料的湿度温度系数描述了感湿特性曲线随环境温度变化的特性。湿敏材料的湿度温度系数定义为在感湿特性量保持恒定的情况下，该感湿特征量所表示的环境相对湿度随环境温度的变化率。

(5) 响应时间。

湿敏材料的响应时间是指在规定的环境湿度下，环境湿度发生突变时，湿敏材料的感湿特性量从起始值变化到终止相对湿度的对应值所需的时间。显然，对于一个性能良好的湿敏材料，其响应时间非常重要。

(6) 湿滞迴线和湿滞迴差。

湿敏材料在吸湿和脱湿两种情况下的响应时间和感湿特性曲线通常不同。在吸湿和脱湿情况下，两条感湿特性曲线一般可以形成一迴线，称为湿滞迴线。表示湿敏材料湿滞特性的参数是湿滞迴差。湿滞迴差表示湿敏材料在吸湿和脱湿两种情况下，其感湿特性量的同一数值所指示的环境相对湿度的最大差值。显然，湿敏材料的湿滞迴差越小越好。

(7) 稳定性。

目前,陶瓷湿敏材料的长期稳定性问题主要表现为响应值随时间漂移,一般表现为材料的阻抗不断增大,感湿灵敏度不断降低,直至失效。因此,湿敏材料需要具有良好的稳定性。

湿敏元件可以用来对环境中的湿度进行测量、控制和调节,对工农业生产、气象环保、医疗健康、生物食品、货物储运、国防科技等领域具有十分重要的意义。

9.4.3 典型半导体陶瓷器件的制备工艺

如上文所述,半导体陶瓷在现代信息技术、通信技术、计算机技术中扮演着重要角色。下面详细介绍两种典型的半导体陶瓷器件——压敏电阻器和热敏传感器的制备工艺。

1. 片式压敏电阻器

片式压敏电阻器是一种具有非线性伏安特性的电阻器件,具有可变电阻、宽电压范围、大电流处理和能量吸收能力、响应时间快等优点。片式压敏电阻器的制备是采用了 LTCC 技术中的成型工艺和共烧工艺,将基体材料和内电极导体共烧为一体,形成具有独石结构的过压保护元件,被广泛应用于过电压保护、静电放电保护和高速数据传输电路等。其具体制备工艺流程如图 9-53 所示。

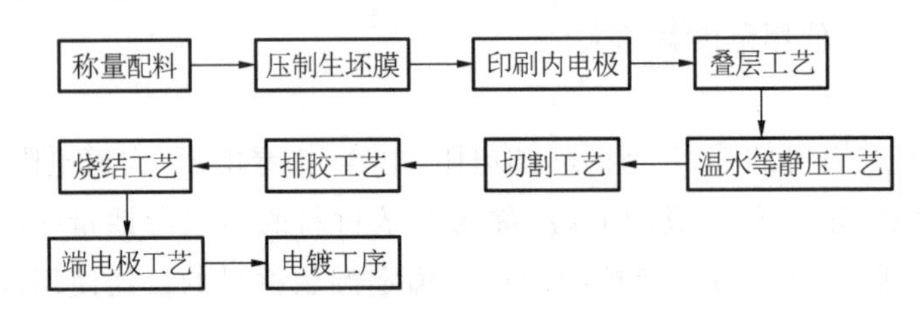

图 9-53 片式压敏电阻器的制备工艺流程

片式压敏电阻器的制备工艺包括以下步骤:

(1) 按照配料比称量不同原料,并加入溶剂、增塑剂、黏结剂等,采用球磨的方式制成浆料;

(2) 将球磨后的压敏陶瓷浆料制成具有一定厚度的压敏陶瓷膜带;

(3) 在流延好的生料带上,使用导体浆料通过印刷工艺印制内部导电电极;

(4) 将印刷有内电极的流延带交替堆叠,达到设计厚度,形成含有多个产品的生坯巴块;

(5) 采用温水等静压的方式将成型完的生坯巴块压合,提高压敏电阻巴块的密度;

(6) 将均压后的生坯巴块按设计尺寸分割为生坯单体,形成单一的叠层片式压敏电阻器生坯;

(7) 将叠层片式压敏电阻器生坯单体中的残留溶剂、增塑剂、黏结剂等有机物经高温分解排出;

(8) 设定一定的烧结温度和烧结时间,采用高温烧结的方式将单个叠层片式压敏电阻器生坯烧结成致密的陶瓷体;

(9) 将烧结完成后的叠层片式压敏电阻器半成品与具有一定强度和形状的磨介混合在一起,通过滚动的方式,使磨介与半成品相互摩擦,将半成品棱角变成圆角,并在一定程度上去除表面杂质;

（10）通过涂敷工艺，将外电极导体浆料涂覆在半成品两端，与内部导体线圈连接；

（11）将涂覆好外电极的产品经过高温使其外电极固化结晶；

（12）采用浸泡的方式将封端后的叠层片式压敏电阻器放置在表面处理剂中，使压敏陶瓷基体表面吸附一定的表面处理剂，并通过高温烧结使表面处理剂和压敏陶瓷基体反应，形成绝缘层；或者通过表面涂覆玻璃绝缘釉的方式在压敏陶瓷基体表面涂覆一层玻璃绝缘釉，并通过高温烧结，使其和压敏陶瓷基体充分结合，形成绝缘层；

（13）通过清洗、活化等前处理工艺清洁半成品外电极表面，再通过电镀方式在外电极表面生成镍镀层和锡镀层，使端电极具备可焊接性；

（14）根据电性能要求，使用自动测试仪器对电性能参数进行测试，并将合格产品和不良品分离。

图 9-54 所示为片式压敏电阻器的实物图与内部结构示意图。

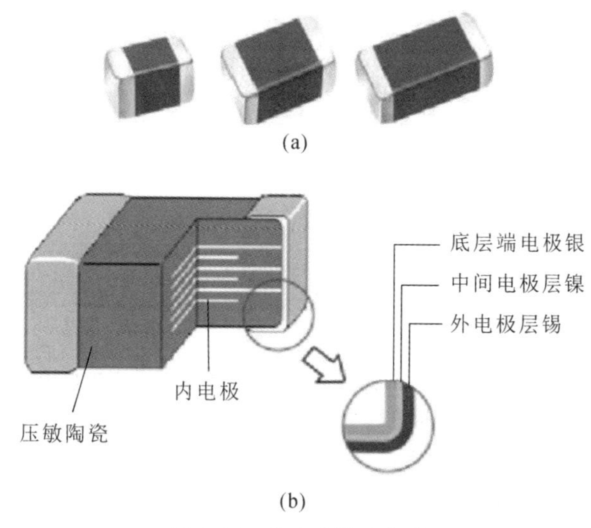

图 9-54　片式压敏电阻器

(a)实物图；(b)内部结构示意图

其中，叠压成型工序为叠层片式压敏电阻器的关键工序，流延、烧结、涂银、端电极和电镀工序为重要工序。

2. 薄膜 NTC 热敏电阻器

负温度系数热敏材料的电阻值随温度的升高而减小。薄膜 NTC 热敏元件具有稳定性高、可靠性高、灵敏度高、响应快、一致性好等优点，适于批量生产。在集成化应用中，薄膜若要与硅集成电路技术兼容，则需采用低温制备工艺。溶胶-凝胶法具有工艺简单、成分均匀、稳定性高等优点，而且热处理温度较低，因此有很大的发展潜力。溶胶-凝胶法在沉积有银电极的 Al_2O_3 基底上制备薄膜电阻的部分工艺如图 9-55 所示。

薄膜 NTC 热敏电阻器的具体操作流程如下：

（1）按比例配置前驱体水溶液；

（2）将溶液静置陈化，得到湿凝胶；

（3）在溅射有 Ag 电极的 Al_2O_3 基底上采用旋涂法制备湿膜；

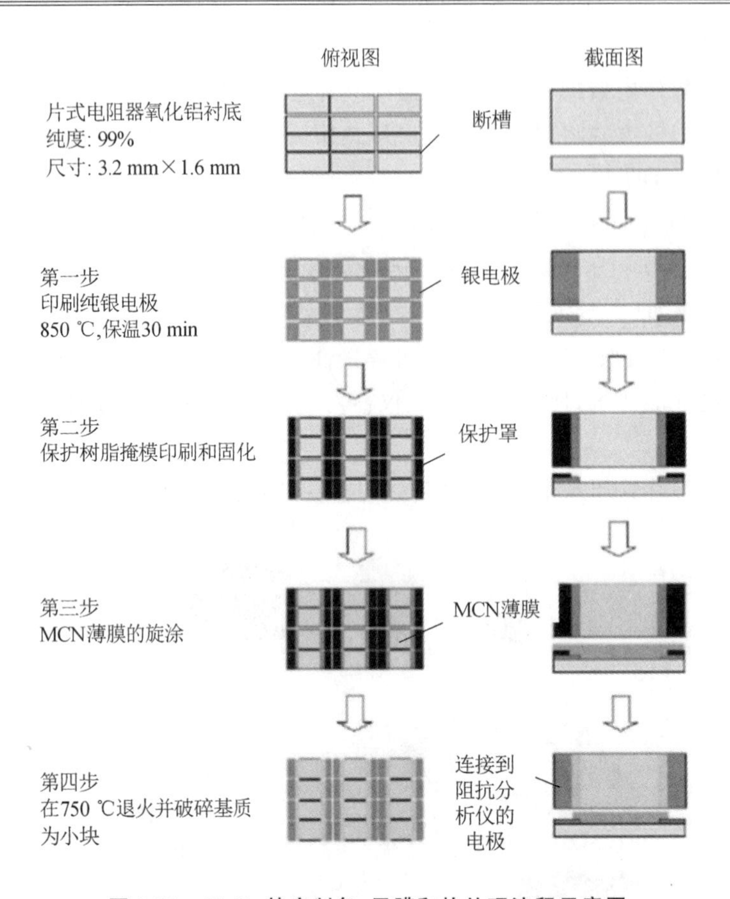

图 9-55 Al_2O_3 基底制备、甩膜和热处理流程示意图

(4) 对薄膜进行热处理,为了避免薄膜在热处理过程中出现微裂纹或气孔等缺陷,需要缓慢升温。

图 9-56 所示为薄膜 NTC 热敏传感器成品。

图 9-56 薄膜 NTC 热敏传感器成品

9.5 离子陶瓷

9.5.1 离子陶瓷材料的基本性质

离子陶瓷是载流子为离子的导电陶瓷，其导电行为依靠离子的运动，因此导电会伴随着物质的转移，在相界面上多有化学反应发生，其电导率通常随温度升高而增大。固态物质在一定的条件下，具有可形成特定离子通道的特殊结构，使其离子电导率可以达到熔融盐或电解质水溶液的水平(通常至少大于 10^{-3} S/cm 的数量级)，这类固态物质就成了离子导体，称为固体电解质、快离子导体或超离子导体。相较于载流子为电子(空穴)的电子导电陶瓷材料，固体电解质的载流子——离子的质量及体积相较于电子更大，因此其运动更加困难。此外，为了达到液态电解质的水平，固体电解质材料本身具有特殊的结构。

固态物质由于热缺陷(如弗仑克尔缺陷、肖特基缺陷)、掺杂缺陷、熔融亚晶格内部无序结构，造成了在亚晶格上的空位，使离子能像自由离子那样，从一个空位向另一个空位迁移；或由于金属阳离子组成偏离化学计量比等原因，产生离子点缺陷而具有离子导电性，如图 9-57所示。由于热振动，离子有时能接收到足够的能量，被推到间隙位置或附近的空位晶格，导致离子传导。固态陶瓷电解质中的离子转运机制主要包括空位机制、间隙机制和间隙-取代交换机制，如图 9-58 所示。空位机制通常依赖于肖特基缺陷，从而产生大量的空位。在一个锂离子跳变后，原来的位置将产生一个新的空位，允许锂离子输运并遵循这个循环。在间隙机制中，间隙离子通过弗仑克尔缺陷扩散，间隙锂离子通过不断取代相邻可用位置的锂离子在分子骨架之间的间质中扩散。

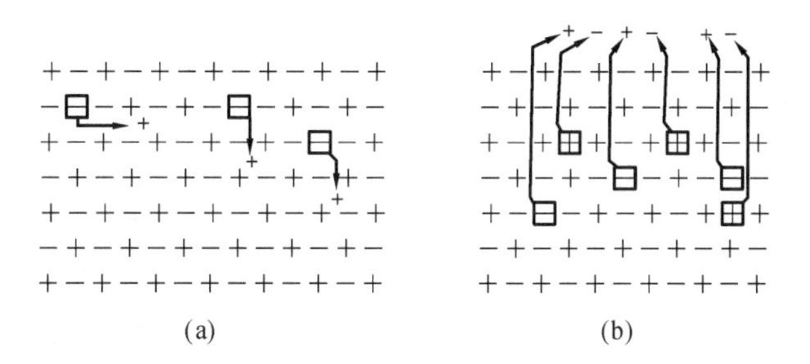

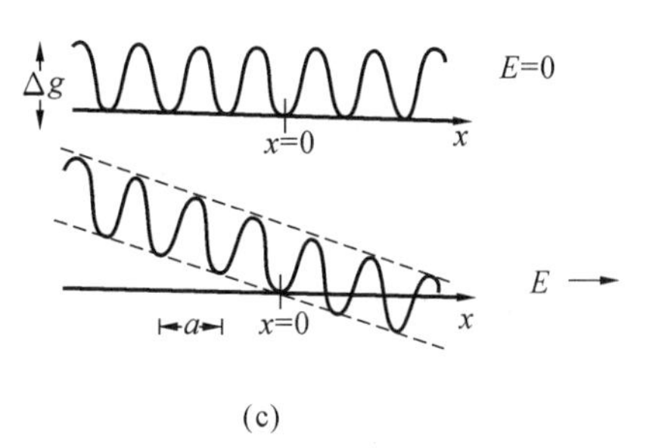

图 9-57　两种缺陷示意图和离子势垒

(a)弗仑克尔缺陷；(b)肖特基缺陷；(c)有和没有电场条件下的离子势垒(E 是梯度，a 是原子间距)

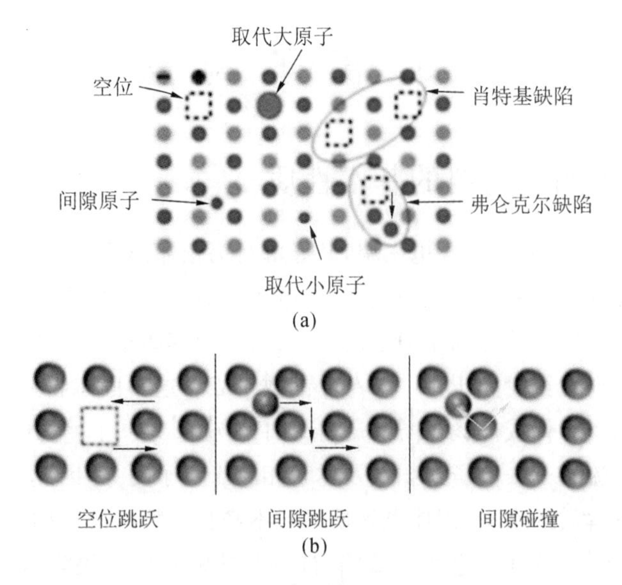

图 9-58　离子转运机制

(a)缺陷的示意图;(b)固态陶瓷电解质中的离子转运机制

离子缺陷的浓度可以通过以下几种方式增加:(1) 掺杂,即添加异价元素产生带相反电荷的离子缺陷,以保持电中性;(2) 使偏离化学计量比,与气相的反应会导致化合物的还原或氧化,形成多余的空位或空隙,但是,这一种过程会同时产生电子,从而导致混合传导;(3) 生成内在无序的固体,随着温度的升高,许多固体会经历有序-无序转变(如 Ag 中的 β-α 转变),而在其他情况下,这种无序仅限于无序的平面(如 Na-β-Al_2O_3)或一维通道(隧道化合物)。类似地,非晶态相代表着高度的本征无序,在某些情况下,也表现出更强的离子电导率。另一个增强载流子浓度的来源与界面附近空间电荷区的形成有关,空间电荷形成于吸附表面或在晶界分离处的相反电荷平面。

离子迁移率受多个因素影响,最重要的是离子从一个位置向相邻空位传递时必须克服的势垒高度。通常,势垒高度取决于几个因素,包括离子挤出瓶颈所需的应变能、晶格的极化性以及离子与周围环境间的静电相互作用。最容易可视化的因素是应变能,因此,人们倾向于假设固体或具有最大自由体积的界面应该表现出最高的移动性,例如在扩展缺陷(如晶界和位错)下的短路扩散。但由于极化效应,在许多情况下,较小通道的固体相较于较大通道的固体具有更高的迁移率。

在一定条件下,固体电解质在离子导电的同时,可能伴随着某种程度的自由电子或电子空穴导电,从而表现为离子与自由电子或电子空穴的混合导电。与多种正、负离子同时导电的液体电解质不同,固体电解质一般只有一种离子导电,这个特点称为单离子导电,但也有混合离子导电的,例如,$BaCeO_3$ 基陶瓷在氢气-空气燃料电池条件下成为氢离子和氧离子的混合导体。一般根据传导离子种类来分类或命名,如氟离子导体、氧离子导体、氢离子导体等,也可根据传导离子所带的电荷种类分为阳离子导体和阴离子导体。表 9-6 所示为一些典型的固体电解质及其电导率。

表 9-6　一些典型的固体电解质及其电导率

类型	传导离子	固体电解质	电导率/(S·cm^{-1})
阳离子导体	Li^+	Li_3N $Li_{14}Zn(GeO_4)_4$ $Li_{3.6}Si_{0.6}P_{0.4}$	1.2×10^{-3}(25 ℃) 1.3×10^{-3}(300 ℃) 5×10^{-5}(25 ℃)
	Na^+	$Na_2O\cdot11Al_2O_3$ $Na_2O\cdot5.33Al_2O_3$ $Na_3Zr_2Si_2PO_{12}$	1.3×10^{-1}(25 ℃) 2.5×10^{-1}(300 ℃) 3×10^{-1}(300 ℃)
	K^+	$K_2O\cdot5.2Fe_2O_3\cdot0.8ZnO$	1.8×10^{-2}(25 ℃)
	Cu^+	$7CuBr\cdot C_6H_{12}N_4CH_2Br$ $Rb_4Cu_{16}I_7Cl_{13}$	2.1×10^{-2}(20 ℃) 3.4×10^{-1}(25 ℃)
	Ag^+	α-AgI $RbAg_4I_5$ AgI-Ag_2WO_4	2×10^{0}(200 ℃) 2.7×10^{-1}(25 ℃) 3.6×10^{-2}(25 ℃)
	H^+	$H_3(PW_{12}O_{40})\cdot29H_2O$ $SrCe_{0.95}Yb_{0.05}O_{3-\alpha}$ $Ba_{0.95}Ce_{0.9}Y_{0.1}O_{3-\alpha}$ $Ba_3Ca_{1.18}Nb_{1.82}O_{9-\alpha}$	2×10^{-1}(25 ℃) 1×10^{-2}(900 ℃) 4.8×10^{-2}(900 ℃) 6×10^{-3}(700 ℃)
阴离子导体	F^-	CaF_2 LaF_3 $(CeF_3)_{0.95}(CaF_2)_{0.05}$	3×10^{-6}(300 ℃) 3×10^{-6}(25 ℃) 1×10^{-2}(200 ℃)
	Cl^-	$SnCl_2$ $PbCl_2$(3% KCl)	2×10^{-2}(200 ℃) 3×10^{-3}(300 ℃)
	O^{2-}	$(ZrO_2)_{0.9}(Y_2O_3)_{0.1}$ $(CeO_2)_{0.8}(Gd_2O_3)_{0.2}$	2×10^{-2}(800 ℃) 1.5×10^{-1}(800 ℃)

9.5.2　离子陶瓷材料的分类

根据移动离子的类型，离子导电陶瓷可分为阳离子导电陶瓷和阴离子导电陶瓷。

1. 阳离子导电陶瓷

常见的阳离子导体通常含有 Ag^+、Na^+、Li^+ 或 H^+ 等离子，但最早被研究的离子导体是碘化银及其衍生物。在室温下，由于 I^- 采用密排六方结构或立方密闭填充结构，Ag^+ 在 AgI 中的电导率较低。当温度高于 146 ℃ 时，AgI 转变为 I^- 包含无序 Ag^+ 的开放体心立方多晶结构，电导率急剧上升到约 1 S/cm。人们还发现了许多类似的 Ag^+ 导体，其中一种是 $RbAg_4I_5$，即使在室温下，其比电导率也达到了 0.26 S/cm。

钠-β-氧化铝是一种著名的 Na^+ 导体，其发现于 20 世纪 60 年代，为离子导体的研究开辟了一个活跃的领域。β-氧化铝最初被认为是氧化铝的多晶，但后来发现它含有复杂的成分，存在如 Na_2O 等氧化物，以稳定其晶体结构。钠-β-氧化铝的通式为 $Na_2O \cdot nAl_2O_3$（$n=5\sim11$），其晶体结构如图 9-59 所示，封闭填充的 O^{2-} 层可以采用不同的堆叠序列，从而导致 β′ 和 β″两种结构变异。在这两种结构中，每五个 O^{2-} 层中就有 75%的氧离子缺失，从而形成 Na^+ 可以迁移的开放层。在室温下，钠-β-氧化铝的电导率约为 10^{-2} S/cm，因为 Na^+ 可以很容易地与 Li^+、Ag^+ 和 Cu^+ 等阳离子交换，从而生成其他类型的离子导体。除了钠-β-氧化铝外，还有另一种 Na^+ 导体——$Na_3Zr_2PSi_2O_{12}$，命名为 NASICON（来自钠超离子导体），它是通式为 $Na_{1+x}Zr_2(P_{3-x}Si_x)O_{12}$（$0<x<3$）的材料家族中的一员，它的晶体结构主体为三维框架的通道，由 ZrO_6 组成的八面体和由 $(P,Si)O_4$ 构成的四面体嵌在其中。

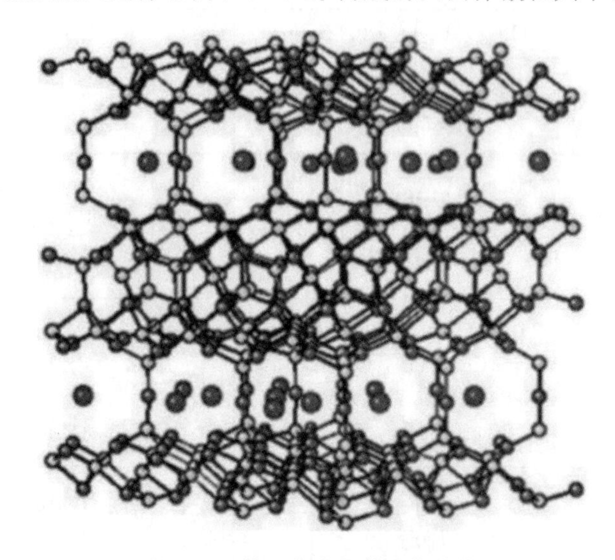

图 9-59　钠-β-氧化铝的晶体结构

Li^+ 导电陶瓷是全固态锂电池的电解质的一种。常见的材料包括钙钛矿氧化物如 $Li_{0.5}La_{0.5}TiO_3$(LLTO)、石榴石氧化物如 $Li_7La_3Zr_2O_{12}$(LLZO)、磷酸盐如 $Li_{1.4}Al_{0.4}Ti_{1.6}(PO_4)_3$(LATP)等，它们的晶体结构如图 9-60 所示。钙钛矿氧化物的通式为 ABO_3，其中 A 代表稀土或碱土金属，B 代表过渡金属。LLTO 中锂离子的输运遵循空位跳跃机制。将锂引入晶体结构不仅改变了锂的浓度，而且还改变了空位的分布。离子电导率与锂原子的顺序和垂直于 c 轴的平面上的空位有关。LLTO 具有较高的离子电导率，在室温下电导率可达到 1×10^{-3} S/cm，其电导率与普通液体电解质的相当。影响 LLTO 材料的离子电导率的主要因素有 A 位点离子的大小、锂离子和空位的浓度以及 B—O 键的离子性质。用其他离子半径更大的稀土元素取代 A 位点的 La 可以提高锂离子的电导率。当掺杂较大的离子时，会产生更多的 A 位空位，从而增大晶格参数。二价碱离子 Sr^{2+} 的离子半径比 La^{3+} 或 Li^+ 的大，用 LLTO 掺杂 Sr^{2+} 可以产生更多的 A 位空位和更大的晶格参数。例如，LLTO 可以通过用较大的 Sr^{2+} 取代 La^{3+}，在室温下实现 2.54×10^{-3} S/cm 的离子电导率。石榴石氧化物的通式为 $A_3B_2(XO_4)_3$，其中 A 位点被 Ca 或 Mg 占据，B 位点被 Al 占据，X 位点被 Si、Ge 或 Al 占据。2003 年，Thangadurai 等人首次报道了石榴石 $Li_5La_3M_2O_{12}$（M=Nb，Ta）的锂离子导体，该导体在 25 ℃下的电导率始终为 10^{-5} S/cm。2007 年，Muruga 等人报道了一种新的石榴石状结构 $Li_7La_3Zr_2O_{12}$(LLZO)，在室温下离子电导率为 3×10^{-4} S/cm，活化能为 0.3 eV。

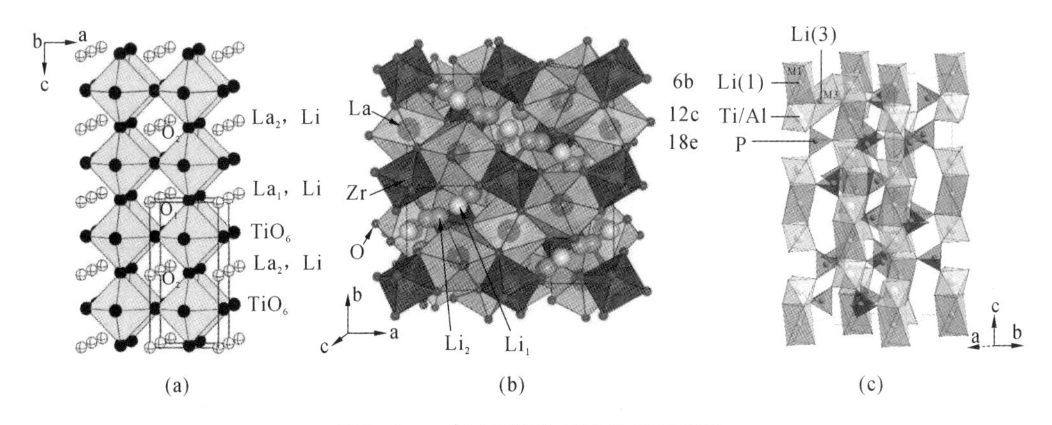

图 9-60 Li^{+} 导电陶瓷材料的晶体结构

(a)LLTO;(b)LLZ;(c)LATP

有些 Li^{+} 导体基于 Li_4SiO_4 和 Li_4GeO_4 结构，Si^{4+} 或 Li^{+} 被 P^{5+} 或 Zn^{2+} 等其他阳离子取代，可显著提高电导率。其中一种化合物 $Li_{14}ZnGe_4O_{16}$ 在 300 ℃时的比电导率约为 10^{-1} S/cm，被命名为 LISICON。在 $Li_{1+x}Ti_{2-x}Al_x(PO_4)_3$ 体系中，用 Al^{3+} 部分取代 Ti^{4+}，晶胞尺寸降低，可以使离子电导率提高三个数量级。

许多质子(H^{+})导体以水合材料为基础，并可在接近室温的情况下使用。Na-β-Al_2O_3 与 H_3O^{+} 离子交换可制备质子导体，其他例子包括磷酸铀酰氢($HUO_2PO_4 \cdot 4H_2O$)和一些水合杂多酸，如 $H_3(PMo_{12}O_{40}) \cdot nH_2O$。$H_3Mo_{12}PO_{40} \cdot 29H_2O$ 和 $H_3W_{12}PO_{40} \cdot 29H_2O$ 在室温下的质子电导率高达 2×10^{-1} S/cm，与 1 mol/L 的 HCl 溶液的质子电导率相当。对于这种类型的质子导体，质子是通过不同分子的结晶水之间的氢键断开与重组而传导的，但在高温下或干燥的气氛中，随着化合物中结晶水的丧失，质子电导率显著降低。高温质子导体通常是基于 $SrCeO_3$ 和 $BaCeO_3$ 的钙钛矿型结构。当部分 Ce^{4+} 位被 Y^{3+} 等三价离子取代后，这些氧化物在潮湿的气氛中表现出较高的 H^{+} 电导率。

2. 阴离子导电陶瓷

一般的阴离子导体通常是氧离子(O^{2-})或氟离子(F^{-})导体，例如，稳定的氧化锆和氟化铅，它们的快离子导电性通常在高温下表现出来。这些导体通常具有萤石(CaF_2)型结构，如图 9-61 所示，其中阳离子占据面心立方结构，阴离子(O^{2-} 或 F^{-})位于四面体空隙中。氧化锆(ZrO_2)是常见的 O^{2-} 导电陶瓷，在室温下，纯氧化锆具有单斜结构，离子电导率低，难以用作电解质材料。当加热至 1170 ℃左右时，晶体结构由单斜向四方转变。这种转变是在体积下降了 3%～5%的情况下发生的(冷却到 900 ℃时会发生逆转)，进一步加热至 2370 ℃以上，将导致晶体结构由四方向立方萤石型结构转变。以立方萤石型结构稳定的氧化锆可应用于固体氧化物燃料电池、化学传感器和电化学氧膜。稳定的氧化锆(ZrO_2)是氧化锆与 CaO 或 Y_2O_3 的固溶体。当温度降低时，ZrO_2 的掺杂也有助于防止相转变为非立方形式。用较低价态的阳离子(如 Ca^{2+} 或 Y^{3+})取代某些 Zr^{4+} 位

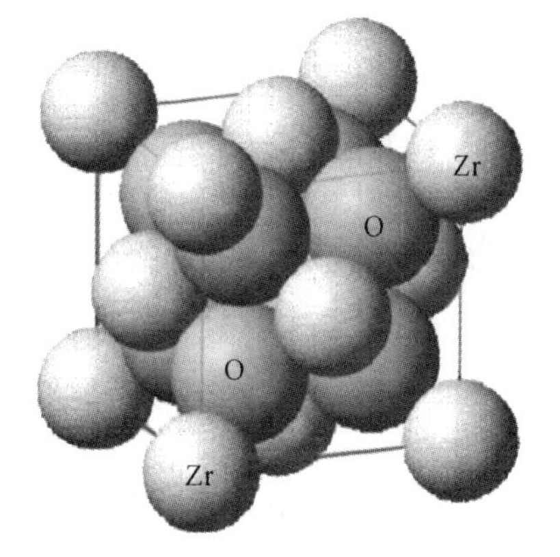

图 9-61 萤石型晶体结构

有助于产生氧空位，并提高其高温离子电导率。

通常，氧化锆基体系的电导率很低，往氧化锆中加入一定量的 CaO、MgO、Y_2O_3 和 Sc_2O_3，可使其在较低温度下保持稳定的立方相结构，并显著提高氧离子电导率。这是因为部分 Zr^{4+} 离子被 Mg^{2+}、Ca^{2+}、Y^{3+} 和 Sc^{3+} 所取代，产生氧空位，这些氧空位促使 O^{2-} 在电解质中迁移。要使萤石型结构完全稳定，需要向氧化锆晶格中添加 12 mol%的 CaO、16 mol%的 MgO、8 mol%的 Y_2O_3 或 9 mol%的 Sc_2O_3。已知掺杂三价氧化物的氧化锆比掺杂二价氧化物的氧化锆具有更高的导电性。尽管二价氧化物的取代会产生更多空位，但由于其具有较高的缺陷结合倾向，其离子电导率较低。目前研究最广泛的是掺杂 Y_2O_3 的 ZrO_2（YSZ），其结构如图 9-62 所示。与液体电解质相当的离子电导率（800 ℃时可达 0.02 S/cm，1000 ℃时可达 0.1 S/cm）、良好的力学性能、长期实验的稳定性以及在还原和氧化气氛下的稳定性使 YSZ 成为电解质和氧传感器的优选材料。

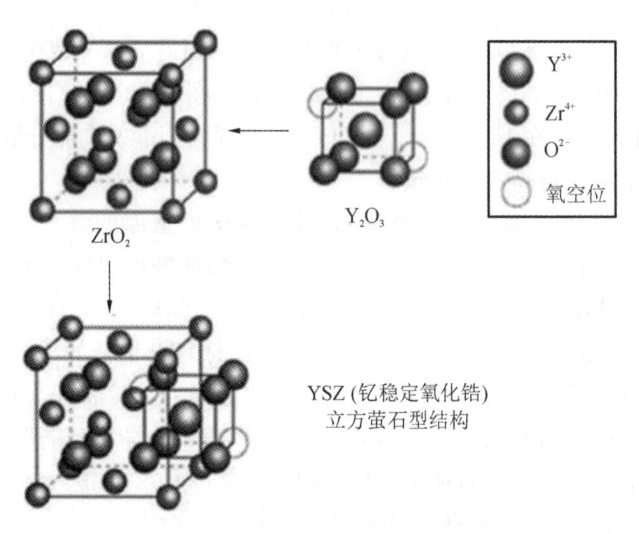

图 9-62　Y_2O_3 掺杂进 ZrO_2 的过程

9.5.3　典型离子陶瓷器件的制备工艺

锂离子电池是基于离子陶瓷材料发展起来的，锂离子电池是一个复杂的体系，包含正极、负极、隔膜、电解液、集流体、黏结剂、导电剂等，涉及的过程包括正负极的电化学反应、锂离子的传导和电子的传导，以及热量的扩散等，如图 9-63 所示。锂电池的生产工艺流程较长，涉及 50 多道工序。其中，正极材料采用离子陶瓷，目前广泛研究的正极材料有 $LiCoO_2$、$LiNiO_2$ 以及 $LiMn_2O_4$ 等，但由于钴有毒且资源有限、镍酸锂制备困难、锰酸锂的循环性能和高温性能差等因素，它们的应用和发展受限，因此新型正极材料——磷酸铁锂是一种非常具有潜力的材料。接下来将对磷酸铁锂正极材料的制备方法进行详细介绍。

1. 磷酸铁锂的性能

（1）高能量密度：其理论比容量为 170 mAh/g，实际比容量可超过 140 mAh/g（0.2C，25 ℃）。

（2）安全性：磷酸铁锂是目前最安全的锂离子电池正极材料，不含任何对人体有害的重金属元素。

（3）寿命长：在 100%放电深度（DOD）条件下，可以进行 2000 次以上充放电。原因是磷

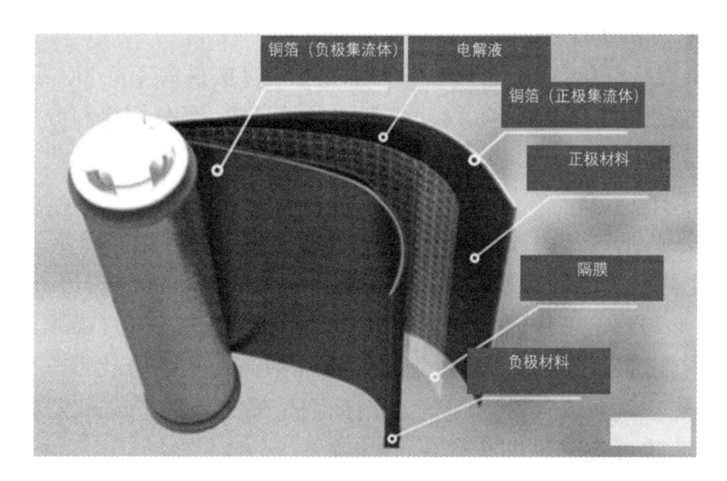

图 9-63　锂离子电池剖面图

酸铁锂晶格稳定性好，锂离子的嵌入和脱出对晶格的影响不大，具有良好的可逆性。存在的不足是电极中离子传导率差，不适合大电流的充放电，在应用方面受阻。解决方法包括在电极表面包覆导电材料、掺杂进行电极改性。

磷酸铁锂电池的使用寿命与其使用温度密切相关，在充放电过程及使用过程中，使用温度过低或者过高均产生极大隐患。尤其是在中国北方的电动汽车上使用时，在秋冬季节磷酸铁锂电池无法正常供电或供电电压过低，需调节其工作环境温度以维持性能。目前，国内考虑磷酸铁锂电池的恒温工作环境时需解决空间限制问题，较普遍的解决方案是使用气凝胶毡作为保温层。

(4) 充电性能：磷酸铁锂电池可以进行大倍率充电，最快可在 1 h 内将电池充满。

2. 磷酸铁锂生产工艺流程

1) 磷酸铁烘干除水

进行配料称重，加入去离子水，在混合搅拌缸里充分混合、搅拌，配料主要是磷酸铁、碳酸锂等材料。碳酸锂是主要锂源，它是一种无机化合物，化学式为 Li_2CO_3，为无色单斜晶系结晶体或白色粉末，密度为 2.11 g/cm^3，熔点为 723 ℃，溶于稀酸，微溶于水，不溶于醇及丙酮。磷酸铁，又名磷酸高铁、正磷酸铁，分子式为 $FePO_4$，是一种白色、灰白色单斜晶体粉末，溶于硫酸，不溶于水、醋酸和醇。

(1) 烘房烘干工序：将装满原料磷酸铁的不锈钢匣钵置入烘房，调节烘房温度(220±20)℃，6～10 h 烘干。出料转下一工序至回转炉烧结。

(2) 回转炉烧结工序：回转炉升温、通氮气达到要求后，进料(来自上一工序烘房的物料)，调节温度(540±20)℃，烧结 8～12 h。

2) 研磨机混料工序

正常生产时，两台研磨机同时投入运行，两台设备的投料和操作步骤相同(调试时一台单独运行亦可)，程序如下。

(1) 碳酸锂研磨：称量碳酸锂 13 kg、蔗糖 12 kg、纯水 50 kg，混合研磨 1～2 h。暂停。

(2) 混合研磨：在上述混合液中加入磷酸铁 50 kg、纯水 25 kg，混合研磨 1～3 h。停机，出料转入分散机。取样测粒度。

(3) 清洗：称量 100 kg 纯水，分 3～5 次清洗研磨机，洗液全部转入分散机。

3）分散机物料分散工序

将两台研磨机混合好(或者一台研磨机两次混合)的物料约 500 kg(包括清洗研磨机的物料)一起转入分散机，再加入 100 kg 纯水，调节搅拌速度，充分搅拌和分散 1～2 h，等待用泵打入喷雾干燥设备。

4）喷雾干燥工序

将搅拌好的胶料，通过压力喷出，经过喷雾干燥机后变成所需的颗粒。喷雾干燥机是一种可以同时完成干燥和造粒的装置。按工艺要求可以调节料液泵的压力、流量、喷孔的大小，得到所需的球形颗粒。工作原理为空气经过滤和加热，进入干燥器顶部空气分配器，热空气呈螺旋状均匀地进入干燥室。料液经塔体顶部的高速离心雾化器，(旋转)喷雾成极细微的雾状液珠，与热空气并流接触，在极短的时间内干燥为成品。成品从干燥塔底部和旋风分离器中连续输出，废气经引风机排空。

(1) 调节喷雾干燥设备的进口温度(220±20)℃、出口温度(110±10)℃、进料速度 80 kg/hr，然后，开始进料喷雾干燥，得到干燥物料。

(2) 可以按照喷雾粒度大小，调节固含量为 15%～30%。

5）液压机物料压块装料

分别调节液压机的压力为 150 t 和 175 t，在模具中装入喷雾干燥好的物料，保压一定时间，将其压实成块状，装入匣钵转入推板炉。同时，取几组散装样品，与压成块状的物料进行对比。

6）推板炉烧结

使用锂电池辊道炉对干燥后的材料进行烧结。市场上先进的辊道炉采用红外技术和优质炉膛材料，提高了设备的热效率；采用先进的温度控制技术，保证温度控制的精确性；利用成熟的炉体设计技术，保证炉温均匀；采用科学合理的传动机构，保证推板运行平稳。先升温、通氮气，使气氛达到要求，将匣钵推入推板炉，按 300～550 ℃升温段 4～6 h、750 ℃恒温段 8～10 h、降温段 6～8 h 进行，出料。

7）辊压超细磨

使用气流磨设备对烧结的材料进行粉碎。气流磨工作原理是压缩空气经拉瓦尔喷嘴加速成超音速气流后喷入粉碎区使物料呈流态(气流膨胀呈流态化床悬浮沸腾而互相碰撞)，因此每一个颗粒具有相同的运动状态。在粉碎区，被加速的颗粒在各喷嘴交汇点相互踫撞粉碎。粉碎后的物料被上升气流输送至分级区，由水平布置的分级道筛选出达到粒度要求的细粉，未达到粒度要求的粗粉返回粉碎区继续粉碎。合格的细粉随气流进入高效旋风分离器得到收集，含尘气体经集尘器过滤净化后排放到大气中。

8）混合分级

对粉碎后的磷酸铁锂粉体按照颗粒大小进行分级，并根据需求，对颗粒过大的重新进行分级。粉体混合设备常应用于医药行业，常见的设备有双螺旋锥形混合机、卧式无重力混合机、卧式犁刀混合机。然后将研磨物料进行筛分、包装。

9）烘烤

对符合要求的磷酸铁锂粉料进行烘烤，去除水分。一般使用的是双锥干燥机。工作原理是双锥干燥机罐内在真空状态下，向夹套内通入蒸汽或热水进行加热，热量通过罐体内壁与湿物料接触。湿物料吸热后蒸发的水汽，通过真空泵经真空排气管被抽走。由于罐体内处于真空状态，且罐体的回转使物料不断地上下、内外翻动，故加快了物料的干燥速度，提高了干燥效率，达到均匀干燥的目的。

10）检验、入库

干燥后的粉末，经检测合格后就使用成品包装设备进行包装。产品经检验、贴标签后入库。标签上包括产品名称、检验人、物料批次和日期。

思考题

(1) 电子封装领域中陶瓷基板一般要求具备哪些性能？

(2) 陶瓷表面金属化有哪些工艺？

(3) 电容器陶瓷有哪些类型？是按照什么原则进行分类的？

(4) 巨介电陶瓷的基本原理是什么？

(5) 什么是热释电性能？有什么应用？

(6) 离子导体导电机理是什么？有什么应用？

参考文献

[1] 山东大学压电铁电物理教研室. 压电陶瓷及其应用[M]. 济南：山东人民出版社，1974.

[2] 吴玉胜，李明春. 功能陶瓷材料及制备工艺[M]. 北京：化学工业出版社，2013.

[3] DAMJANOVIC D. Ferroelectric, dielectric and piezoelectric properties of ferroelectric thin films and ceramics[J]. Reports on Progress in Physics, 1998, 61(9): 1267-1324.

[4] HAERTLINGG H. Ferroelectric ceramics: history and technology[J]. Journal of the American Ceramic Society, 1999, 82(4): 797-818.

[5] XUE J M, WAN D M, LEE S E, et al. Mechanochemical synthesis of lead zirconate titanate from mixed oxides[J]. Journal of the American Ceramic Society, 1999, 82(7): 1687-1692.

[6] KONG L B, MA J, ZHU W, et al. Transparent PLZT8/65/35 ceramics from constituent oxides mechanically modified by high-energy ball milling[J]. Journal of Materials Science Letters, 2002, 21: 197-199.

[7] SEZER N, KOC M. A comprehensive review on the state-of-the-art of piezoelectric energy harvesting[J]. Nano Energy, 2021, 80: 105567.

[8] KONG L B, MA J, ZHU W, et al. Preparation of $Bi_4Ti_3O_{12}$ ceramics via a high-energy ball milling process[J]. Materials Letters, 2001, 51(2): 108-114.

[9] RYU H, KIM S W. Emerging pyroelectric nanogenerators to convert thermal energy into electrical Energy[J]. Small, 2021, 17(9): 1903469.

[10] YOSHIKAWA Y, TSUZUKI K. Cheminform abstract: fabrication of transparent lead lanthanum zirconate titanate (PLZT) ceramics from fine powders by two-stage sintering[J]. Journal of the American Ceramic Society, 1992, 23(50): 2520-2528.

[11] 徐廷献. 电子陶瓷材料[M]. 天津：天津大学出版社，1993.

[12] JIN L, LI F, ZHANG S J. Decoding the fingerprint of ferroelectric loops: comprehension of the material properties and structures[J]. Journal of the American Ceramic Society, 2014, 97(1): 1-27.

[13] HAO X H,ZHAI J W,KONG L B,et al. A comprehensive review on the progress of lead zirconate-based antiferroelectric materials[J]. Progress in Materials Science, 2014,63:1-57.

[14] 田增英. 来自西方的知识——精密陶瓷及应用[M]. 北京:科学普及出版社,1993.

[15] YAO F Z,YUAN Q B,WANG Q,et al. Multiscale structural engineering of dielectric ceramics for energy storage applications:from bulk to thin films[J]. Nanoscale, 2020,12(33):17165-17184.

[16] VANALAKAR S A,AGAWANE G L,SHIN S W,et al. A review on pulsed laser deposited CZTS thin films for solar cell applications[J]. Journal of Alloys and Compounds,2015,619:109-121.

[17] DHAND C,DWIVEDI N,LOH X J,et al. Methods and strategies for the synthesis of diverse nanoparticles and their applications: a comprehensive overview[J]. RSC Advances,2015,5(127):105003-105037.

[18] CALDERON V S,CAVALEIRO A,CARVALHO S. Functional properties of ceramic-Ag nanocomposite coatings produced by magnetron sputtering[J]. Progress in Materials Science,2016,84:158-191.

[19] CHEN L,LIU H,QI H,et al. High-electromechanical performance for high-power piezoelectric applications: fundamental, progress, and perspective[J]. Progress in Materials Science,2022,127:100944.

[20] JIN H N,GAO X Y,REN K L,et al. Review on piezoelectric actuators based on high-performance piezoelectric materials[J]. IEEE Transactions on Ultrasonics,Ferroelectrics,and Frequency Control,2022,69(11):3057-3069.

[21] CHEN C,WANG X,WANG Y,et al. Additive manufacturing of piezoelectric materials[J]. Advanced Functional Materials,2020,30(52):2005141.

[22] 林显竣,黄木生,江孟达. 制备工艺对多层陶瓷电容器容量的影响研究[J]. 佛山陶瓷,2023,33(7):19-23.

第10章　先进陶瓷性能及测试技术

随着科技的发展，先进陶瓷在医疗、航空、通信、能源、环保等领域应用越来越广泛。先进陶瓷的力学、光学、介电、热学、压电等性能是研究和应用的关键。为了进一步提升先进陶瓷应用的广泛性和普遍性，首先要对先进陶瓷的力学、光学、介电、热学、压电等性能进行了解。先进陶瓷的这些基本性能与陶瓷材料的组成、结构等有密切的关系。因此，有必要清楚地了解先进陶瓷的基本性能，加快这方面的研究和合理的应用。本章对先进陶瓷的力学、光学、介电、热学、压电等性能以及测试方法进行了说明。

10.1　先进陶瓷力学性能及测试技术

陶瓷的力学性能是衡量陶瓷材料在不同的受力状态下抵抗破坏的能力和构件安全合理设计的重要指标，是决定其能否安全使用的关键。对陶瓷材料力学性能的检测和评价直接关系到构件的安全性、可靠性和对破坏失效的预测性。陶瓷材料的力学性能主要包括抗拉强度、抗压强度、抗弯强度、弹性模量、断裂韧性等。随着测试技术的发展，有关材料的力学性能的内容也在不断地增加和调整，须根据其主要用途的需要来决定。

10.1.1　抗拉强度

抗拉强度，是陶瓷材料在均匀拉应力的作用下断裂时的平均应力，其反映了材料的断裂抗力，计算公式如下：

$$\sigma_t = \frac{P_t}{A_t} \tag{10-1}$$

式中：σ_t 为抗拉强度，MPa；P_t 为试样断裂时对应的最大拉伸载荷，N；A_t 为试样断裂处的横截面面积，mm^2。

拉伸试验要求试样内的应力是均匀拉应力，这对于陶瓷类脆性材料是很难实现的。因为这不仅要求试样做得绝对光滑、对称，还要求试验机夹头绝对垂直对中、没有偏斜，在试验中负荷顺序要排列得好，这就使得拉伸试验费用高而且精度难以保证，这也是陶瓷的强度测试广泛采用抗弯强度，而很少采用抗拉强度的原因。即使以上条件都能得到保证，试样内部的微缺陷也可以导致应力集中而无法得到绝对均匀应力。从本质上说，抗弯强度是局部拉伸条件下的抗拉强度，或者说是在一定应力梯度条件下的抗拉强度。

抗拉强度也可以采用其他方法来测试。例如，可通过对薄壁空心圆柱形试样的内部施加水力静负荷来测量，把薄壁的拉应力看作是近似均匀的；也可用圆形试样进行压载试验，测出中心轴上的应力，但这种试样加工困难。总之，要设法在某一截面上产生均匀拉应力直到破坏便是成功的。

为了消除偏心度的影响，日本的相关标准中规定，在拉伸试验系统中引入对中保持装置、轴承或缓冲保持装置等，将弯曲应变成分限制在10%以内。而在美国的ASTM标准中，弯曲应变成分限制在5%以内。《精细陶瓷室温拉伸强度试验方法》GB/T 23805—2009也提出在进行陶瓷材料抗拉强度试验时，须对其弯曲度进行校验以保证轴向对中。具体做法如下：三或四个应变片等距放置在两横截面的圆周上，应变片应对称地放在标距区轴向中点，并相距至少3/4标距区长。当标距区长度不足以放置两个应变片时，使用一个面，这种情况下，应变片应位于标距区的轴向中点部分。在应变片粘贴好后，应变片轴向应与应力轴向一致，偏离不能超过2°。理想情况下，应对每个试样进行对中校验。但是，如果这样的条件不可能达到或者达不到，可以使用有固定应变片的模拟试样，模拟试样与实际试样有完全相同的形状，建议模拟试样和实际试样材料也相同。使用夹具固定试样，加载到预期断裂一半的载荷水平，测量应变量，采用式(10-2)和式(10-3)计算弯曲度。

对于四个应变片，有：

$$B = 2 \times \frac{[(\varepsilon_1 - \varepsilon_3)^2 + (\varepsilon_2 - \varepsilon_4)^2]^{1/2}}{\varepsilon_1 + \varepsilon_2 + \varepsilon_3 + \varepsilon_4} \times 100\% \tag{10-2}$$

对于三个应变片，有：

$$B = 2 \times \frac{[\varepsilon_1^2 + \varepsilon_2{}^2 + \varepsilon_3^2 - \varepsilon_1\varepsilon_2 - \varepsilon_2\varepsilon_3 - \varepsilon_1\varepsilon_3]^{1/2}}{\varepsilon_1 + \varepsilon_2 + \varepsilon_3} \times 100\% \tag{10-3}$$

式中：B为弯曲度；ε_1、ε_2、ε_3、ε_4为应变片的应变读数。

对于已经进行对中校验的每个试样，在预期断裂应变一半时，弯曲度不应超过7.5%。当试验系统使用固定应变片的模拟样品进行对中校验时，弯曲度应不超过5%。

为了减少拉伸试验中产生的不可避免的误差和试样加工中的困难以及节约试验费用，可以用抗弯强度来估算脆性材料的抗拉强度。因为抗拉强度和抗弯强度都是由拉应力引起的破坏，它们的区别只是应力状态不同(即均匀拉伸和非均匀拉伸)以及在整个试样中受拉作用区域大小不同。实际上，脆性材料的断裂由一个跟材料性能有关的破坏发生区(process zone，也叫过程区)内的平均应力控制，而非由一点的最大应力(应力峰值)决定。因此，对于不均匀的弯曲应力状态，在过程区内的平均应力达到临界值(抗拉强度)时发生断裂，破坏时的应力峰值(抗弯强度)σ_b和抗拉强度σ_t与破坏发生区尺寸Δ的关系为

$$\sigma_t = (1 - \Delta/h)\sigma_b \tag{10-4}$$

式中：h为弯曲试样的厚度，mm；Δ为弯曲试样的破坏发生区尺寸，mm。

式(10-4)是考虑应力梯度的差异所得到的抗拉强度与抗弯强度的关系，称为应力梯度效应，适用于样品厚度大于2Δ的弯曲强度试验。由式(10-4)可知，抗拉强度是抗弯强度的下限，试样的厚度越大，二者值越接近。这是因为试样厚度较大时，破坏发生区内的弯曲应力分布接近于单向均匀拉伸应力；而当试样的厚度较小时，弯曲应力梯度大，抗弯强度比抗拉强度大得多。

严格地说，实际工程材料的抗拉强度并不是一个常数，而是与待测试样的体积大小有关，我们可以采用有效裂纹效应进行解释，进而可推导出抗弯强度与抗拉强度间的理论关系。脆性材料的破坏主要由材料内部或表面微裂纹引起，由于压力区的裂纹导致断裂的概率很小，因此认为只有受拉区域内的裂纹才是有效裂纹。考虑受拉区域大小的不同，受拉区域越大则有效体积越大，进而有效缺陷越多，强度越低。拉伸试样具有最大的拉伸区体积，比弯曲试样含有更多的有效裂纹，所以抗拉强度低于抗弯强度。单向拉伸较符合最弱连接链模型，对于相同材料，按Weibull统计断裂理论求得两种受力状态下不同有效体积的强度

关系为

$$\frac{\sigma_1}{\sigma_2}=\left(\frac{V_2}{V_1}\right)^{1/m} \tag{10-5}$$

式中：m 为 Weibull 模数；σ_1 为有效体积为 V_1 时试样的强度，MPa；σ_2 为有效体积为 V_2 时试样的强度，MPa。

有效体积可表示为拉应力在总体积内的积分：

$$V_e=\int_v\left[\frac{\sigma(x,y,z)}{\sigma_{\max}}\right]^m dV \tag{10-6}$$

如果拉伸和弯曲试样体积相同，均为 V_0，可求得三点弯曲试样的有效体积：

$$V_e=\frac{V_0}{2\,(m+1)^2} \tag{10-7}$$

均为拉伸试样的有效体积等于原体积 V_0。所以在试样大小相同的情况下，从缺陷概率角度考虑抗拉强度与抗弯强度的关系：

$$\sigma_t=\left[\frac{1}{2\,(m+1)^2}\right]^{1/m}\sigma_b \tag{10-8}$$

由式(10-8)可以看出，如果有绝对均匀材料，即 m 趋于无穷大，则抗拉强度等于抗弯强度。一般情况下陶瓷的 Weibull 模数在 10 左右，$\sigma_t \approx 0.5776\sigma_b$，所以抗拉强度比抗弯强度低。这是经典的从缺陷概率角度分析抗弯强度与抗拉强度之间的关系。

10.1.2　抗压强度

抗压强度也叫压缩强度，是指一定尺寸和形状的陶瓷试样在规定的试验机上受轴向压应力作用时，单位面积上所能够承受的最大压应力，陶瓷材料的抗压强度按下式计算：

$$\sigma_c=\frac{P_c}{A_c} \tag{10-9}$$

式中：σ_c 为抗压强度，MPa；P_c 为试样压碎破坏时对应的最大压缩载荷，N；A_c 为试样横截面面积，mm^2。

进行脆性材料抗压强度测试时，可选用直径为(5±0.1)mm、长度为(12.5±0.1)mm的圆柱形试样，每组试样不少于 10 个，若按照 Weibull 统计断裂理论对强度统计数据进行分析，样品数量不应小于 30 个，也可以用正方形截面的方柱形试样，其边长为(5±0.1)mm、高度为(12.5±0.1)mm。抗压强度是陶瓷材料的一个常用指标，陶瓷材料的抗压强度比抗拉强度高得多，通常为 10 倍甚至更高，陶瓷基复合材料可采用与陶瓷相同的方法进行测试，有些复相可加工陶瓷的压-拉强度比较小，只有 2～3，这种材料的脆性相对要小得多，且在压缩状态下也不是粉碎性的破坏，而是剪切破坏，所以抗压强度与抗拉强度的比值有时候也被看作是一种脆性的指标，抗压强度试验的样品上下面的平行度要求非常重要，否则难以达到均匀压缩的条件。陶瓷材料的抗压强度试验方法详见《精细陶瓷压缩强度试验方法》GB/T 8489—2006 和《陶瓷材料抗压强度试验方法》GB/T 4740—1999。陶瓷抗压强度的测定一般采用轴心受压的形式。陶瓷材料的破裂往往从表面开始，因此试样大小和形状对测量结果有较大的影响。试样的尺寸增大，存在缺陷的概率也增大，测得的抗压强度值会偏低。因此，试样的尺寸应当小一点，以降低缺陷的概率，减少"环箍效应”对测试结果的影响。

试验证明，圆柱体试样的抗压强度略高于立方体试样的抗压强度。这是因为，在制取试样时，圆柱体试样的一致性优于立方体试样的一致性。圆柱体试样的内部应力更均匀。在对试样施加压力时，圆柱体试样受压方向确定，而立方体试样受压方向难以统一确定，不同方向的抗压强度有差异。此外，试样的高度与抗压强度有关，抗压强度随试样的高度降低而升高。因此，采用径高比为 1∶1 的圆柱体试样比较合适。

10.1.3 抗弯强度

抗弯强度极限是试样受到弯折力作用直到破坏时的最大应力。它用试样破坏时所受曲力矩 M 与被折断处的断面模数 z 之比来表示，陶瓷制品的抗弯强度还取决于坯料组成、生产方法、制造工艺（成型、干燥、烧结条件等），对于同一种配方的制品，颗粒组成和生产工艺不同，其抗弯强度有时相差较大。对于同配方不同工艺制备的试样（如研制成型的圆柱体试样和压制成型的长方形试样），其抗弯强度是不同的，所以测定时一定要保证各种条件相同，这样才能进行比较。

虽然零部件的设计一般需要以材料的抗拉强度为依据，但是，陶瓷类脆性材料的断裂强度通常采用弯曲方法测定，这是因为脆性较大的材料在进行拉伸试验时，试样容易在加持部位断裂，加之夹具与试样轴心的不一致所产生的附加弯矩的影响，在实际拉伸试验中往往难以测得可靠的抗拉强度。另外，陶瓷拉伸样品的制备成本也非常高，不宜普及应用。抗弯强度又叫弯曲强度，它反映试件在弯曲载荷作用下所能承受的最大弯拉应力。目前，一般把试样做成标准矩形梁，进行三点或四点弯曲试验。三点弯曲强度计算公式如下：

$$\sigma_f = \frac{3PL}{2bh^2} \tag{10-10}$$

式中：σ_f 为三点弯曲强度，MPa；P 为试样断裂时的最大载荷，N；L 为试样支座间的距离，即夹具的下跨距，mm；b 为试样宽度，mm；h 为试样厚度，mm。

四点弯曲强度计算公式如下：

$$\sigma_f = \frac{3Pa}{bh^2} \tag{10-11}$$

式中：a 为试样所受弯曲臂力的长度，mm。

10.1.4 弹性模量

弹性模量 E 是陶瓷材料的重要参数之一，是材料中原子（或离子）间结合强度的一种指标。陶瓷材料的弹性模量为 $10^9 \sim 10^{11}$ N/m^2，泊松比为 0.2～0.3。弹性模量的大小直接关系到陶瓷材料的理论断裂强度，奥罗万（Orowan）计算的理论断裂强度 σ_{th} 可用下式表达：

$$\sigma_{th} = \sqrt{\frac{E\gamma}{a}} \tag{10-12}$$

式中：γ 为断裂表面能，是材料断裂形成单位面积新表面所需的能量，一般陶瓷材料的 γ 约为 10^{-4} J/cm^2；a 为原子间距，约为 10^{-10} cm。

可以看出，弹性模量对于了解材料强度具有重要的意义。影响陶瓷材料弹性模量的因素很多且很复杂，如材料的组成和结构、材料中气孔的大小和分布、温度等。表 10-1 列出了几种陶瓷材料的弹性模量。

表 10-1　几种陶瓷材料的弹性模量

陶瓷材料	E/GPa
(90～95)Al_2O_3 陶瓷	336
BeO 陶瓷	310
BN(热压,气孔率 5%)	83
TiC 陶瓷(气孔率 5%)	310
ZrO_2 陶瓷(气孔率 5%)	150
MgO 陶瓷(气孔率 5%)	210
滑石瓷	69
莫来石瓷	69
$MgAlO_4$ 陶瓷	238

10.1.5　断裂韧性

断裂力学阐明裂纹尖端区域的应力强度因子 K_t,是裂纹扩展导致材料断裂的动力,材料固有的临界应力强度因子是裂纹扩展的阻力,抗弯强度 σ_f 是样品在含有裂纹的条件下断裂时的临界应力,上述临界应力强度因子常称为材料的断裂韧性 K_{IC},它是应力强度因子使裂纹失稳扩展导致断裂的临界值,是衡量材料抵抗裂纹扩展能力的一个常数。在工程陶瓷材料的设计中,提高材料的 σ_f 和 K_{IC}值以增强其抵抗破坏的能力具有十分重要的作用,日益受到人们的重视。

陶瓷材料的断裂韧性测试方法有很多种,较常见的有单边切口法(SENB)以及由这种方法发展而来的山形切口、斜切口和预裂纹方法,还有压痕法以及压痕弯曲法。最为普遍且试样制备和试验过程相对简单的方法是单边切口梁法,该方法已被许多国家采纳为标准方法。

《精细陶瓷断裂韧性试验方法 单边预裂纹梁(SEPB)法》GB/T 23806—2009 介绍了陶瓷材料断裂韧性的试验方法——单边预裂纹梁法。在室温下,用三点或四点弯曲法测量单边预裂纹梁试样断裂时的临界载荷,根据预制裂纹长度、试样尺寸以及试样两支撑点间的跨距,可计算得出被测试样的断裂韧性。试样中的直通裂纹是通过维氏压痕或切口试样(包含直通切口和斜切口试样)预制所得。

10.2　先进陶瓷光学性能及测试技术

先进陶瓷的光学性能是指其在红外光、可见光、紫外线及其他射线作用下的性能。在光学领域中,较重要的光学材料是应用于透镜、滤光镜、光导纤维、激光器、窗口等的光学玻璃和晶体。随着遥感、计算机、激光、光纤通信、自动化、高温窗口、高温透镜、红外显示器等技术的发展,"透明陶瓷"等陶瓷材料在光学领域有了重要的应用和更广阔的发展前景。光照射到陶瓷介质上,一部分被反射,一部分进入介质内部,发生散射和吸收,还有一部分透过介质，由下式表示：

$$I_0 = I_R + I_S + I_A + I_T \tag{10-13}$$

式中：I_0 为入射光强度；I_R 为反射光强度；I_S 为散射光强度；I_A 为吸收光强度；I_T 为透射光强度。

归一化可得

$$R + S + A + T = 1 \tag{10-14}$$

式中：R 为反射率；S 为散射率；A 为吸收率；T 为透射率。

通常，陶瓷材料的吸收率很小，主要是散射损失。光和物质的作用是光子和物质中电子相互作用的结果。物质对光的吸收率与光的频率有关。材料的折射率为光在真空和材料中的传播速度的比值，用下式表示：

$$n = \frac{v_Z}{v_C} = \frac{c}{v_C} \tag{10-15}$$

式中：n 为材料的折射率；v_Z 和 v_C 分别为光在真空介质条件下的传播速度和非真空介质条件下的传播速度。

假设光从材料 1 通过界面传入材料 2，则光与界面法向形成的入射角 i_1、折射角 i_2 与材料 1 的折射率 n_1 和材料 2 的折射率 n_2 的关系如下：

$$\frac{\sin i_1}{\sin i_2} = \frac{n_1}{n_2} = n_{21} = \frac{v_1}{v_2} \tag{10-16}$$

式中：v_1 和 v_2 分别表示光在材料 1 和材料 2 中的传播速度。

陶瓷材料的折射率大于 1，折射率主要受材料组成、结构和应力状态的影响。表 10-2 列出了几种晶体的折射率。

表 10-2　几种晶体的折射率

材料	平均折射率	双折射率
刚玉	1.76	0.008
石英	1.55	0.009
尖晶石（$MgAlO_4$）	1.72	—
钠长石（$NaAlSiO_8$）	1.529	0.008
钙长石（$CaAlSi_2O_8$）	1.585	0.008
莫来石（$3Al_2O_3 \cdot 2SiO_2$）	1.64	0.010
$SrTiO_3$	2.49	—
$BaTiO_3$	2.40	—
铌酸锂	2.31	—

W、W' 和 W'' 分别为单位时间内通过单位面积的入射光、反射光和折射光的能量，则根据能量守恒定律得到如下关系式：

$$W = W' + W'' \tag{10-17}$$

$$\frac{W'}{W} = \frac{n_{21} - 1}{n_{21} + 1} = m \tag{10-18}$$

$$\frac{W''}{W} = 1 - \frac{W'}{W} = 1 - m \tag{10-19}$$

式中：m 为反射系数；$1-m$ 为透射系数。

因此，若光垂直入射，则光在界面上的反射损失量取决于界面两侧介质的相对折射率 n_{21}。陶瓷材料一般为多相结构，通常由主晶相、非主晶相、晶界相和气孔构成。光通过晶界、相界等界面时可能发生界面反射损失。晶粒越小，单位体积内的晶界等界面越多，界面反射损失越大。而当陶瓷中有较多气孔时，由于空气的折射率接近 1，陶瓷晶体的折射率较大，会引起两相界面较强烈的反射损失。为提高材料的透射率，必须降低气孔率。同时，陶瓷中的非主晶相和较多杂质与主晶相的折射率相差很大时，也会引起较大的界面反射损失。因此，为提高陶瓷材料的透光性一般采取的方法有：提高原材料的纯度；引入适当的改性剂，减小散射损失，尤其是要减小陶瓷中的闭口气孔率；改进工艺，尽量排除气孔等缺陷；改善陶瓷的织构，减小界面的反射损失等。

材料的光学性能主要取决于入射的电磁辐射和材料内部电子之间相互作用的能级。

10.2.1　吸收与透射

吸收与透射是密切相关的光学性能。当入射的电磁辐射激发电子由原来的能级跃迁到不同的能级时，辐射被吸收，这种材料对特定波长的辐射是不透射的。金属具有许多敞开能级供电子移动，因此对大多数电磁辐射波长是不透射的。

离子陶瓷具有充满的外部电子层，类似惰性气体的电子构型，不具有可供电子移动的能级。多数离子陶瓷对大多数电磁波长是可透射的。各种共价陶瓷的透光程度也各不相同。有些是很好的绝缘体且具有大的能带间隙，能够透射光。有些是半导体，具有小的能带间隙，在某些情况下可透射光，但当能量足以使电子进入导带时就立即成为不透光材料。

吸收是由电子转移和共振引起的，可以由外部影响产生，如含有杂质、气孔、晶界或其他内部缺陷引起的散射。这样的吸收对大多数光学应用场合是有害的。

光透射在许多应用中是重要的性能。许多离子陶瓷在可见光范围内透射光。在这个波长范围内有许多应用，如高温透镜、棱镜和滤光镜。在其他波长范围内的透射对于战术和战略导弹、飞行器、远航导弹火箭、航天飞船、战场用的透镜及高能激光器的光电和电磁窗户材料也是重要的，例如，MgF、ZnS、ZnSe 和 CdTe 等对红外和雷达波长是透射的。分光光度计是基于物质对光的选择性吸收而建立起来的一种分析方法，也是目前广泛采用的仪器之一。它的特点是灵敏度高、精密度高、分析范围广、分析速度较快。

紫外-可见光分光光度计是用于紫外-可见光区光度测量的分析仪器，分为单波长分光光度计和双波长分光光度计两大类。

Bond 等人对材料在可见光区的吸收系数定义为

$$\alpha(\lambda) = -t^{-1}[I(\lambda)/(I_0(\lambda)T(\lambda)^2)] \tag{10-20}$$

式中：$I(\lambda)$为波长为 λ 的光通过样品的透射强度；$I_0(\lambda)$为入射光强；t 为样品的厚度；$T(\lambda)$为 Fresnel 损失的修正因子。

在假定垂直入射和无吸收的条件下，Fersnel 表面损失可表示为

$$\beta(\lambda) = [n(\lambda)-1]^2/[n(\lambda)+1]^2 \tag{10-21}$$

其中，修正因子 $T(\lambda)$等于 $1-\beta(\lambda)$。

10.2.2 磷光

磷光是一些陶瓷材料所表现出的另一种光学性能。磷光是材料受到合适的能源激发而放射出的光。无机磷可应用于荧光灯、示波器荧光屏、电视机荧光屏、照相复制灯中。

荧光灯是一种密封的玻璃管,内部涂以卤素磷酸盐掺杂 Sb 和 Mn 并充满汞蒸气和氮气。电容器提供电荷来激发汞蒸气(波长为 253.7 mn)辐射。这种紫外辐射激发磷在可见光范围内发出宽的辐射波带,从而产生光源。

在示波器和电视机装置中,电子束扫过涂有磷的荧光屏,激发磷。彩色电视机需要使用多种磷,被选用的每种磷放射出一窄波长的辐射波,对应于一种基色。最难得到的颜色是红色。

原子荧光分析法是在原子吸收光度法和分子荧光分析法基础上发展起来的。它所使用的仪器和原子吸收光度法基本相同,包括光源、原子化器、单色器、检测器及放大系统等。两者主要不同之处在于:原子荧光必须使用强光源,并且光源和原子化器与检测系统不在一条直线上,而是呈垂直方向,即在光源光束的垂直方向检测产生的荧光强度。

10.2.3 激光器

激光器的陶瓷部件是一根长为 5～15 cm、直径为 0.3～1.5 cm 的棒(典型的为圆棒,两端抛光至水平直度为 $\lambda/10(\lambda=0.59\ \mu m)$)。这根棒必须尽可能没有缺陷,以免因散射而产生损失,掺杂物必须均匀地分散开口,一般用钨碘丝灯或稀有气体弧光灯来激发这根棒。灯的一小部分输出能量被掺杂离子吸收(其余的以热量散失),导致电子跃迁到高能态。当这些电子返回到它们的基态时,对掺杂物特定波长的单束光就能放射出来。放在陶瓷棒两端的镜子使激发光反射回到棒内,进而在棒内放射出相干光,使光放大。在脉冲激光器的情况下,移去镜子,光的强度可聚集起来,而后又释放形成脉冲。另一种情况是镜子只能部分反射,让一部分相干光放射出来成为连续的光束,如连续激光的情况。

10.3 先进陶瓷介电性能及测试技术

先进陶瓷的介电性能可通过电导率、介电常数、介质损耗和绝缘强度等参数来表征。

10.3.1 电导率

在弱电压 U 作用(如不特别指出时,作用电场均为试样不被破坏的电场)下,功能陶瓷试样的电阻 R 和通过试样的电流 I 与作用电压 U 间的关系符合欧姆定律,若试样在强电压作用,则三者之间的关系不符合欧姆定律。这是因为功能陶瓷试样的电阻不仅取决于试样本身的组成和结构,还与材料的表面组成、状态、结构和环境等因素有很大的关系,如试样表面是否被污染,开口气孔等的情况,是否亲水,温度和湿度等环境因素。为此,国际和国家标准都要分别测量和计算陶瓷试样的体积电阻率和表面电阻率。它们是通过采用三电极系统测量陶瓷材料的体积电阻和表面电阻,再根据陶瓷试样的几何尺寸计算得到的(请查阅有关标准)。

$$R_v = \frac{\rho_v h}{s} \tag{10-22}$$

$$R_s = \frac{\rho_s h}{l} \tag{10-23}$$

式中：h 为试样电极间的距离，cm；l 为电极的长度，cm；s 为电极的面积，cm^2；R_v 和 R_s 分别为试样的体积电阻和表面电阻，Ω。

由此求出陶瓷试样的体积电阻率 ρ_v 和表面电阻率 ρ_s：

$$\rho_v = \frac{R_v s}{h} \tag{10-24}$$

$$\rho_s = \frac{2\pi R_s}{\ln \frac{D_2}{D_1}} \tag{10-25}$$

式中：D_1 为试样的测量电极直径，cm；D_2 为环电极内径，cm。

陶瓷试样的体积电阻率 ρ_v 的单位通常用 Ω·cm 表示。ρ_v 的倒数 σ_v 称为材料的体积电导率，又称比电导或导电系数，是陶瓷材料的特性参数，其单位为 S/cm。表 10-3 列出了常见陶瓷材料在室温下的电导率。

表 10-3　常见陶瓷材料在室温下的电导率

材料	电导率/(S/cm)
$SnO_2 \cdot CuO$ 陶瓷	10^3
SiC 陶瓷	10^{-1}
$LaCrO_3$ 陶瓷	10^{-2}
$BaTiO_3$ 陶瓷	10^{-10}
TiO_2(金红石)	10^{-11}
α-Al_2O_3(刚玉陶瓷)	10^{-14}

陶瓷材料中存在着传递电荷的质点，这些质点称为载流子。金属材料中的载流子是自由电子，陶瓷中的载流子有离子、电子和空穴，不同陶瓷材料的载流子可能是其中一种，也可能是其中几种同时存在。根据载流子不同，电导机制分为离子电导和电子电导。一般来说，室温下，电介质陶瓷和绝缘陶瓷材料主要为离子电导，半导体陶瓷、导电陶瓷和超导陶瓷主要为电子电导。

电子电导的特征是具有霍尔效应，常用霍尔效应来区分陶瓷材料的载流子是电子还是离子。

实际的陶瓷材料，由于其组成和结构的不同，往往具有不同的电导机制。例如，具有明显电子电导的陶瓷材料有 ZnO、TiO_2、WO_3、Al_2O_3、MnO_2、SnO、Fe_3O_4 等；具有空穴电导的陶瓷材料有 Cu_2O、Ag_2O、Hg_2O、MnO、Bi_2O_3、Cr_2O_3 等；有的陶瓷材料既具有电子电导又具有空穴电导，如 SiC、Al_2O_3、Co_3O_4 等。一般的绝缘陶瓷材料和电介质陶瓷材料主要为离子电导。这些陶瓷的离子电导，一部分由晶相提供，一部分由玻璃相(或晶界相)提供。通常，晶相的电导率比玻璃相的电导率小，在玻璃相含量较高的陶瓷中，例如含碱金属离子较多的陶瓷材料，电导主要取决于玻璃相，电导率一般比较大；玻璃相含量极少的陶瓷，如刚玉陶瓷，其电导主要取决于晶相，具有晶体的电导规律，电导率小。玻璃相的离子电导规律一般可用玻璃网状结构理论来描述，晶体中的离子电导可以用晶格振动理论来描述。晶体一般可分为离子晶体、原子晶体和分子晶体。离子晶体中占据结点的是正负离子，它们离开结点就能产生电流。原子晶体和分子晶体中占据结点的是电中性的原子和分子，它们不能直接充当载流子，只有当这类晶体中存在杂质离子时才能引起离子电导。离子晶体中离子离开结点进入晶格间隙，形成填隙离子，填隙离子也可以回到空位上，这一过程称为复合。没有离子存在的空结点叫作空位。填隙离子和空位都是晶体缺陷。由热运动形成的本征填隙离子和空位缺陷称为热缺陷。热缺陷是晶体普遍存在的一种缺陷。杂质也是一种晶体缺陷，称为杂质缺陷或化学缺陷。正负填隙离子、空位、电子和空穴都是带电质点，在电场作用下这些带电质点做规则的迁移，形成电流。设单位体积陶瓷试样中载流子的数目为 n，每个载流子所载电荷为 q，在电场 E 用下，载流子沿电场迁移的平均速度为 $\bar{v}$，则电流密度可表示为

$$J = nq\bar{v} \tag{10-26}$$

则电导率为

$$\sigma = nqX \tag{10-27}$$

式中：$X=\dfrac{\bar{v}}{E}$，为迁移率，表示载流子在单位电场强度作用下的平均迁移速度，$cm^2/(s \cdot V)$。

离子的迁移率一般为 10^{-8}～10^{-10} $cm^2/(s \cdot V)$，电子的迁移率一般为 1～100 $cm^2/(s \cdot V)$。迁移率的大小与材料的化学组成、晶体结构、温度等有关。式(10-27)中用三个微观量表达了材料宏观的特征参数，根据波耳兹曼能量分配定律，电导率的指数表达式为

$$\sigma = A\exp\left(-\frac{B}{T}\right) \tag{10-28}$$

式中：T 为绝对温度；A、$B\left(=\dfrac{U_0}{K}\right)$为与陶瓷材料的化学组成和晶体结构有关的常数，其中 U_0 为活化能，K 为波耳兹曼常数。

当载流子为离子时，电导率与离子的解离和迁移有关；当载流子为电子或空穴时，它与禁带宽度 ΔE 有关。式(10-28)表示一种载流子引起的电导率与温度的关系。当有多种载流子共同存在时，可用下式表示：

$$\sigma = \sum A_j \exp\left(-\frac{B_j}{T}\right) \tag{10-29}$$

陶瓷材料的导电机理是很复杂的，在不同温度范围内，载流子的种类可能不同。例如，刚玉(α-Al_2O_3)陶瓷在低温时为杂质离子电导，高温(超过 1100 ℃)时则有明显的电子电导。

10.3.2 介电常数

介电常数是衡量电介质材料在电场作用下的极化行为或储存电荷能力的参数，通常又叫介电系数或电容率，是材料的特征参数。设真空介质的介电常数为 1，则非真空电介质材料的介电常数 ε 为

$$\varepsilon = \frac{Q}{Q_0} \tag{10-30}$$

式中：Q_0 为真空介质时电极上的电荷量；Q 为同一电场和电极系统中介质为非真空电介质时电极上的电荷量。

式(10-30)表示，在同一电场作用下，同一电极系统中介质为非真空电介质比真空介质

情况下电极上储存电荷量增加的倍数等于该非真空电介质的介电常数。介电常数由式(10-31)求出：

$$\varepsilon = C\frac{h}{\varepsilon_0 s} \tag{10-31}$$

式中：C 为试样的电容量，pF；h 为试样两电极之间的距离，cm；s 为电极的面积，cm^2，ε_0 为真空介电常数。

由于用途不同，对陶瓷材料的介电常数要求也不同。例如，装置瓷、电真空陶瓷要求介电常数必须很小，一般为 2～12，若介电常数偏大，则电子线路的分布电容会变得较大，影响线路的参数，导致线路的工作状态恶化。介电常数大的陶瓷介质材料可用来制作电容量大、体积小的电容器。功能陶瓷在室温下的介电常数在 2 至几十万之间，陶瓷具体材料不同，其介电常数有很大的差异，因此使用的范围和条件也不同。陶瓷材料介电常数不同是由于其微观上存在不同的极化机制。陶瓷中参加极化过程的质点只有电子和离子，这两种质点在电场作用下以多种形式参加极化过程。

1. 位移式极化

位移式极化是电子或离子在电场用下瞬间完成、去掉电场时又恢复原状态的极化形式。它包括电子位移极化和离子位移极化。

(1) 电子位移极化。在没有外加电场作用时，构成陶瓷的离子(或原子)的正负电荷中心是重合的。在电场作用下，离子(或原子)中的电子向反电场方向移动一个小距离，带正电的原子核将沿电场方向移动一更小的距离，造成正负电荷中心分离；而当外加电场取消后又恢复原状态。离子(或原子)的这种极化称为电子位移极化，是在离子(或原子)内部发生的可逆变化，所以不损耗电场能量。这种位移极化引起陶瓷材料的介电常数增大。电子位移极化存在于一切陶瓷材料之中。

(2) 离子位移极化。在电场作用下，构成陶瓷的正负离子在其平衡位置附近也发生与电子位移极化相类似的可逆性位移。离子位移极化与离子半径、晶体结构有关。离子位移极化所需的时间与离子晶格振动周期的数量级相同，为 $10^{-13}\sim10^{-12}$ s，比电子位移极化需要的时间长。通常，当电场频率高于 10^{13} Hz 时，离子位移极化来不及完成，表现为陶瓷材料的介电常数减小。

2. 松弛式极化

这种极化不仅与外加电场作用有关，还与极化质点的热运动有关。陶瓷材料中主要有离子松弛极化和电子松弛极化。

(1) 离子松弛极化。陶瓷材料的晶相和玻璃相中存在着晶体的结构缺陷，即存在一些弱联系离子。这些弱联系离子在热运动过程中，不断从一个平衡位置迁移到另一个平衡位置。无外加电场作用时，这些离子向各个方向迁移的概率相等，陶瓷介质宏观上不呈现电极性。在外加电场作用下，这些离子沿电场方向迁移的概率增大，使陶瓷介质呈现电极性。离子的这种极化不仅受外加电场作用，还受热运动的影响。即作用于离子上与电场作用力相对抗的力，是不规则的热运动阻力，极化建立的过程是一种热松弛过程，其介电常数与温度有明显的关系。离子松弛极化建立的时间为 $10^{-9}\sim10^{-2}$ s。在高频电场作用下，离子松弛极化往往不易充分建立起来，其介电常数随电场频率升高而减小。

(2) 电子松弛极化。晶格热振动、晶格缺陷、杂质的引入等因素都使电子的能态发生变化，形成弱束缚的电子或空穴。例如，本征缺陷就是一个负离子空位俘获了一个电子的情况，该弱束缚电子为周围结点上的阳离子所共有。在外加电场的作用下，该弱束缚电子的运动具有方向性，而呈现极化，这种极化称为电子松弛极化。电子松弛极化可使介电常数增大至几千甚至几万，同时产生较大的介质损耗。通常在钛质陶瓷、钛酸盐陶瓷及以铌、铋氧化物为基础的陶瓷中存在着电子松弛极化。这些陶瓷材料的介电常数随频率的升高而减小，随温度的变化有极大值。

位移式极化和松弛式极化是陶瓷介质中普遍存在的极化方式，此外还存在界面极化、谐振式极化、自发极化等特殊的极化方式。表 10-4 列出了几种极化形式的比较。

表 10-4　几种极化形式的比较

极化形式	具有此种极化的电介质	发生极化的频率范围	温度的关系	能量损耗
电子位移极化	一切陶瓷介质中	从直流到光频	无关	没有
离子位移极化	离子组成的陶瓷介质中	从直流到红外线	温度升高，极化增强	很微弱
离子松弛极化	离子组成的玻璃、结构不紧密的晶体及陶瓷中	从直流到超高频	随温度变化有极大值	有
电子松弛极化	钛质陶瓷及以高价金属氧化物为基础的陶瓷中	从直流到超高频	随温度变化有极大值	有
自发极化	温度低于居里点的铁电材料	从直流到超高频	随温度变化有特别显著的极大值	很大
界面极化	结构不均匀的陶瓷介质	从直流到音频	随温度升高而减弱	有
谐振式极化	一切陶瓷介质中	光频	无关	很大

根据测试频率范围及原理的不同，材料介电性能的测试方法可分为很多种。一般情况下，人们比较关注材料在 1 MHz 以下的介电性能。在此频率范围内，试样通常做成片状，并在两端镀上金属电极。这样，试样即可看作一平板电容，通过测试试样的电容即可计算得到其介电性能，而 1 MHz 以下电容的测试则可用阻抗分析法或电桥法，前者在试样两端施加一交流电压，通过测量通过试样的电流得到试样的复阻抗，并由此求出电容和介质损耗。而电桥法则是将试样置于由两个臂组成的电桥的一个臂上，通过调节电桥上的电容、电感及电阻使电桥达到平衡，此时两个臂上的阻抗相同，通过已知的其他电容、电感及电阻的值即可计算得到试样的电容和介质损耗。阻抗分析法和电桥法均有成套的仪器可供直接使用，分别为阻抗分析仪和 LCR 仪（L、C、R 分别为电感、电容、电阻的英文首字母）。LCR 仪可直接读出试样的电容和介质损耗，并可由公式 $C=\varepsilon_r\varepsilon_0\dfrac{s}{d}$ 计算出材料的相对介电常数，其中，C 为试样电容，ε_r 为相对介电常数，ε_0 为真空介电常数，s 为电极面积，d 为试样厚度。

10.3.3　介质损耗

陶瓷材料在电场作用下能存储电能，同时电导和部分极化过程都不可避免地要消耗能量，即将一部分电能转变为热能等消耗掉。单位时间内消耗的电场能叫作介质损耗。

在直流电场作用下，陶瓷材料的介质损耗取决于陶瓷材料的电导和电场强度，为电导过程引起，即介质损耗：

$$P=\frac{U^2}{R}=U^2G \tag{10-32}$$

式中：P 为介质损耗；U 为作用于试样上的电压；R 为试样的电阻；G 为试样的电导，$G=\frac{1}{R}$。

在交流电场作用下，陶瓷材料的介质损耗由电导和部分极化过程共同引起，陶瓷电容器可等效为一个理想电容器（无介质损耗的电容器）和一个由纯电阻并联或串联组成的有介质损耗的电容器，来描述实际陶瓷介质在交流电场作用下的介质损耗情况，如图 10-1 所示。

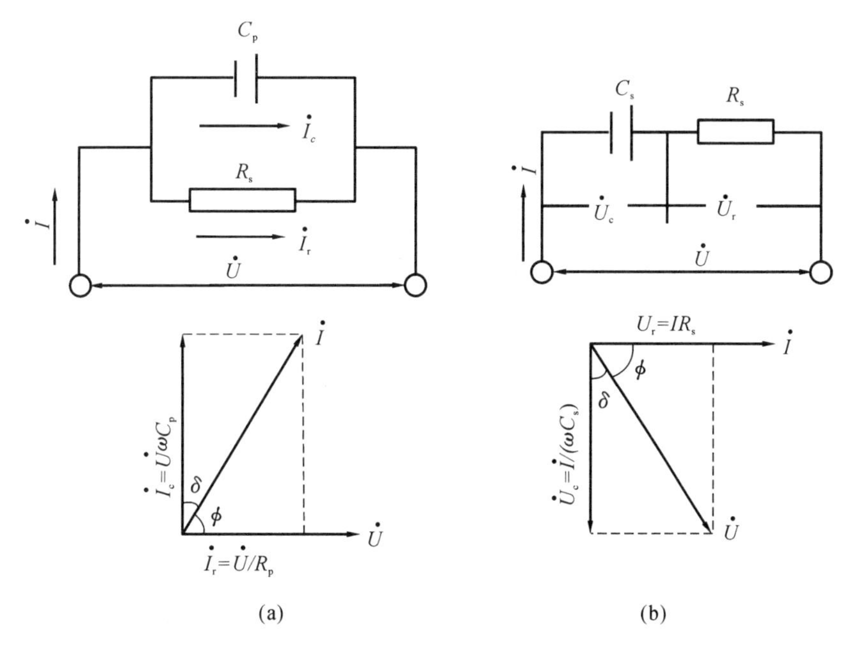

图 10-1　有介质损耗电容器等效电路

(a)并联；(b)串联

图 10-1 中的 δ 角称为介质损耗角，是无介质损耗电容器的相位角 90°与有介质损耗电容器中电流超前电压的相位角 ϕ 的差值。$\mathrm{tg}\delta$ 是有介质损耗电容器每周期消耗的电能与其所储存电能的比值。由等效并联电路得出：

$$\mathrm{tg}\delta=\frac{P_a}{P_c}=\frac{I_r}{I_c}=\frac{U/R_p}{U/R_c}=\frac{R_c}{R_p} \tag{10-33}$$

式中：$P_a=\frac{U^2}{R_p}$，为有功功率，即介质损耗的功率；$P_c=\frac{U^2}{R_c}=\omega CU^2$，为无功功率；$\omega$ 为角频率；C_p 为等效并联电容；R_p 为等效并联电阻。

由等效串联电路得出：

$$\mathrm{tg}\delta=\frac{U_r}{U_c}=\omega C_s R_s \tag{10-34}$$

式中：C_s 为等效串联电容；R_s 为等效串联电阻。

因此，有

$$\frac{1}{\omega C_p R_p}=\omega C_s R_s \tag{10-35}$$

单位体积的介质损耗功率为

$$P = P_a/(sh) = P_c \operatorname{tg}\delta/(sh) = \omega_C \operatorname{tg}\delta \qquad (10\text{-}36)$$

在交流电场作用下，陶瓷材料的介质损耗与频率有关。$\varepsilon \operatorname{tg}\delta$ 称为损耗因数，在外界条件一定时，它是介质本身的特定参数；$\omega\varepsilon \operatorname{tg}\delta$ 称为等效电导率，它不是常数。频率高时，等效电导率增大，介质损耗增大。因此，工作在高频高功率下的陶瓷介质，要求损耗小，必须控制 $\operatorname{tg}\delta$ 很小才行。$\operatorname{tg}\delta$ 是表征电容器或介质损耗质量的重要参数。一般高频介质的 $\operatorname{tg}\delta$ 应小于 6×10^{-4}，高频高功率工作介质的 $\operatorname{tg}\delta$ 应小于 3×10^{-4}，生产上严格控制 $\operatorname{tg}\delta$ 是保证产品质量很重要的方面。陶瓷介质材料的 $\operatorname{tg}\delta$ 对湿度很敏感。受潮后，试样的 $\operatorname{tg}\delta$ 值急剧增大。生产上利用这一性质判断生产线上瓷体烧结的好坏。介质损耗对陶瓷材料的化学组成、相组成、微观结构等因素都很敏感，凡是影响陶瓷材料电导和极化的因素都对其介质损耗有直接的影响。

10.3.4 绝缘强度

陶瓷材料和其他介质一样，其绝缘性能和其他介电性能一样是在一定的电压范围内才会呈现的性质。当作用于陶瓷材料上的电场强度超过某一临界值时，它就会失去绝缘性能，由介电状态转变为导电状态，这种现象称为介电强度的破坏或介质的击穿。击穿时的电压称为击穿电压 U_j，相应的电场强度称击穿电场强度，又称绝缘强度、介电强度、抗电强度等，用 E_j 表示。由于击穿时电流急剧增大，在击穿处往往产生局部高温、火花、炸碎，形成小孔、裂缝，或击穿时出现整个瓷体炸裂的现象，造成材料本身不可逆的破坏。当作用电场均匀时，U_j 与 E_j 的关系为

$$E_j = \frac{U_j}{h} \qquad (10\text{-}37)$$

式中：h 为击穿处介质的厚度，cm。

某些半导体陶瓷在击穿时，瓷体有时不发生机械损坏，当电场降低后仍能恢复介电状态，这种特殊情况应认为发生了击穿。陶瓷材料的击穿电压与试样的厚度，电极的形状、结构，试验时的温度、湿度，作用电压的种类，施加电压的时间以及试样的环境等很多因素有关，过程比较复杂。发生击穿过程的时间约为 10^{-7} s。一般介质的击穿分为电击穿和热击穿。电击穿是指在电场直接作用下，陶瓷介质中载流子迅速增殖造成的击穿，该过程约在 10^{-7} s 内完成。电击穿电场强度较高，为 $10^3\sim10^4$ kV/cm。热击穿是指陶瓷介质在电场作用下由于电导和极化等介质损耗使陶瓷介质的温度升高造成热不稳定而导致的破坏。由于热击穿有一个热量积累过程，因此不像电击穿那样迅速。热击穿电场强度较低，一般为 $10\sim10^2$ kV/cm。

实际陶瓷介质材料的击穿电场强度一般为 40～600 kV/cm。图 10-2 所示为几种陶瓷材料在直流电场作用下击穿电场强度与温度的关系，虚线部分为电击穿，实线部分为热击穿。电击穿和热击穿温度范围的划分并不十分准确，它与试样的组成、结构，陶瓷材料本身的组成、结构，陶瓷材料中气孔的情况、散热系数，环境温度，对试样的冷却情况，以及电压类型等有关。例如，陶瓷中存在气泡时，气泡本身的击穿电场强度比陶瓷材料低得多，另外击穿会引起气泡中的气体电离，产生大量热使周围的陶瓷材料温度升高，使击穿电场强度降低，而气泡击穿又使该局部材料的厚度相对变薄，造成整个陶瓷材料击穿电场强度进一步降低，可能引起陶瓷介质材料发生击穿。表 10-5 列出了陶瓷中的气孔击穿电场强度与试样中气孔厚度的关系。

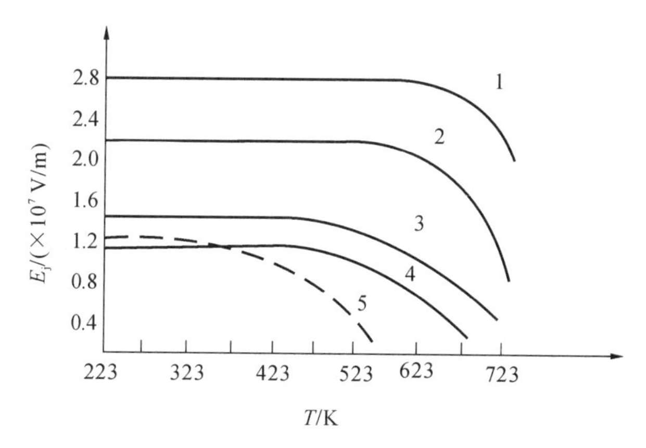

图 10-2 几种陶瓷材料在直流电场作用下击穿电场强度与温度的关系

1,2—镁铝尖晶石;3,4—钛酸钙陶瓷;5—金红石陶瓷

表 10-5 陶瓷中的气孔击穿电场强度与试样中气孔厚度的关系

气孔的厚度/μm	击穿电场强度/(kV/cm)
5	700
10	400
20	236
50	136
80	111

10.4 先进陶瓷热学性能及测试技术

先进陶瓷材料应用于不同的温度条件下,其热学性能也是非常重要的性能。一般,陶瓷材料的热学性能用热容、热膨胀系数、导热率及抗热冲击性等参数来表征。

10.4.1 热容

热容是物质温度升高 1 K 所增加的热量。物质的质量不同其热容也不同。1 g 物质的热容叫比热容,单位为 J/(K·g)。1 mol 物质的热容叫摩尔热容,单位为 J/(K·mol)。由于温度变化产生的热量大小随过程而异,因此定义比热容时必须注明所经历的过程。物质的热容还与其热过程有关,恒定压力条件下的热容称为恒压热容或定压比热容 C_p,可写为

$$C_p = \left(\frac{\partial Q}{\partial T}\right)_p = \left(\frac{\partial H}{\partial T}\right)_p \tag{10-38}$$

恒定体积下的热容称为恒容热容或定容比热容 C_v,可写为

$$C_v = \left(\frac{\partial Q}{\partial T}\right)_v = \left(\frac{\partial E}{\partial T}\right)_v \tag{10-39}$$

式中:Q 为热量;H 为单位质量物质的热焓;E 为单位质量物质的内能;T 为绝对温度。

因为 C_v 与物质的内能相联系,所以在理论研究中常运用 C_v。热力学给出了单位质量物质的 C_p 和 C_v 的关系:

$$C_p - C_v = - T \frac{\left(\frac{\partial V}{\partial T}\right)_P}{\left(\frac{\partial V}{\partial T}\right)_T} = TV \frac{\beta^2}{\eta} \tag{10-40}$$

式中:β 和 η 分别为物质的体积热膨胀系数和体积压缩系数;V 为单位质量物质的体积。

温度不高时,功能陶瓷的 $C_p = C_v$,但高温时差别较大。

图 10-3 所示为三种陶瓷材料的恒容热容与温度的关系。从图中可以看出,低温时,C_v 按 T^3 随温度降低而趋于零;高温时,C_v 随温度的升高趋于恒定值 $3R$[R=8.314 J/(mol·℃)]。对于大多数陶瓷,当温度超过 1000 ℃时,C_v 值接近 24.95 J/(mol·℃)。

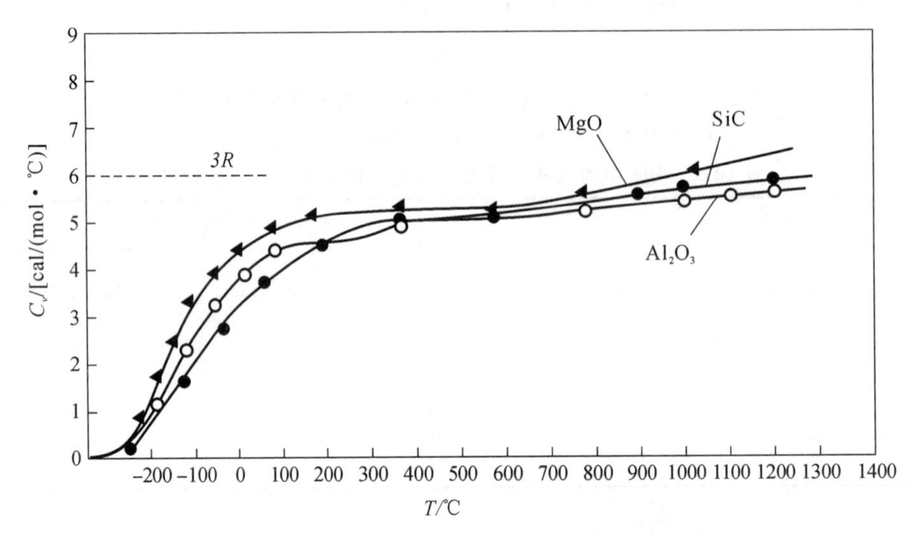

图 10-3 三种陶瓷材料的恒容热容与温度的关系

陶瓷材料的热容与其结构的关系不大。相变时,由于热量不连续变化,热容会突然变化,但单位体积的热容与气孔率有关,多孔材料的热容小。工程上常用的平均热容由式(10-41)计算:

$$\bar{C} = \frac{Q}{T_2 - T_1} \tag{10-41}$$

比热容分为定压比热容和定容比热容两种,两者可以互相转换。由于在大气压下测量比较方便,因此绝大多数情况下使用定压比热容,并且用单位质量(g 或 kg)的热容来表示,通常称为比热容。由比热容的定义可知,其值由三个物理量决定:物质的质量 m、温度 T,所交换的热量 Q。其中 m 可以用合适的天平测出,T 通过适当的热电偶或铂电阻来测量,但如何保证所测的温度确实是待测样品的温度,以及如何及时显示温度的变化是一个需要精心设计的问题。对所交换的热量的准确测定,则是比热容测定中的一个关键技术问题,测量热量的设备称为热卡计。测试方法根据试样与热卡计的热交换方式的不同可分为冷却法和加热法两大类,在此基础上发展出许多不同的测试方法,主要有下落法、绝热法、绝热脉冲加热法、差分扫描量热法等。

1. 下落法

下落法大量用于测定固体在高温下的比热容。其基本操作过程如下:将待测样品放在电炉内加热到指定温度 T_h,并保温一段时间,以便使样品内外温度均匀一致,然后通过投放装置将样品迅速下落到量热铜卡计中。该铜卡计由一个浸没于等温油浴中的铜块构成(见

图 10-4)，利用围绕在铜卡计外壁槽内的测温度热电阻测定铜卡计的温度，由于铜块是良热导体，故试样一旦落入铜卡计内，所释放的热量能很快传递给铜块，并且在很短的时间内两者的温度就会达到平衡。根据铜块从初始温度 T_0 到最终平衡温度 T_1 的温升，可求得铜块的吸热量。测试期间，铜卡计与油浴之间的得失热量基本与铜块、油浴的温差成正比，通过事先校正可求出热损失修正系数 K。在整个测试期间，记录铜卡计的温度 T_{Cu} 和油浴温度随时间的变化关系。这样可以求出样品从初始温度冷至平衡温度的热焓变化 ΔH：

$$\Delta H = \frac{m_{Cu}C_{Cu}(T_1 - T_0) + \int_0^t K(T_{Cu} - T_h)\mathrm{d}\tau}{m} \tag{10-42}$$

式中：m 为样品的质量；m_{Cu} 为铜卡计的质量；C_{Cu} 为铜的比热容；t 为温度从 T_0 升至 T_1 的时间。

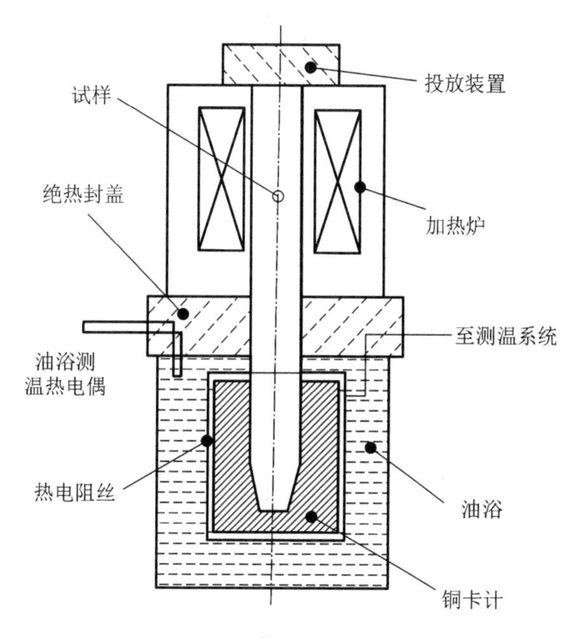

图 10-4　下落法铜卡计的装置

变化炉温，得到一系列 T_h，同时维持 T_1 不变，重复上述测定，这样就得到一系列 ΔH 与 T_h 的对应关系，从中求出 $\Delta H = f(T_h)$ 的具体数学表达式，再通过求导，得到样品在各个温度下的比热容：

$$C = \frac{\mathrm{d}(\Delta H)}{\mathrm{d}T} \tag{10-43}$$

2. 绝热法

由于热损失修正很麻烦，目前已逐渐用绝热边界条件的热卡计来代替等温壁型热卡计。所谓绝热型热卡计就是通过抽真空、设置隔热屏等措施，尽量减小热卡计同外壳间的热交换损失。

图 10-5 所示为绝热型热卡计测定比热容装置，其外壳用厚铝块做成，中间设置数层表面经抛光处理的银质隔热屏，各层银屏用接触面积小的隔热材料做成的支撑架分隔支撑，内层银屏中央设置由轻质材料做的样品台，其周围是加热线圈，测温热电偶或热电阻安装在样品台的中央。放置样品后必须先使样品与热卡计温度达到平衡，再抽去内部空气，然后开始测定。从通电加热开始，记录各时间点 t 上的电流 I、电压 V 和温度 T，从热平衡关系可得到

样品的比热容 C 的计算公式：

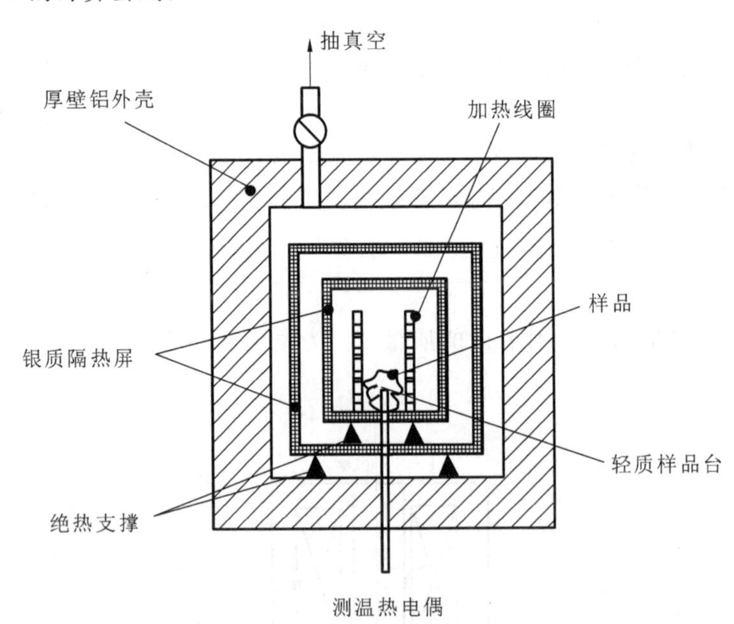

图 10-5　绝热型热卡计测定比热容装置

$$C=\frac{1}{m}\left(\frac{IV}{\mathrm{d}T/\mathrm{d}t}-C_w\right) \tag{10-44}$$

式中：m 为样品的质量；C_w 为热卡计本身的热容常数，即温度每变化 1 ℃所需的热量；$\mathrm{d}T/\mathrm{d}t$ 可通过记录的时间同温度的对应关系求出。

由于热辐射损失随温度的 4 次方升高，这种设备适合测定较低温度下的比热容，比如温度高于 500 ℃时，绝热效果将变差，以致引起误差。为了测定低温下的比热容，应将热卡计置于充有液氮或其他冷液的杜瓦瓶中。

3. 绝热脉冲加热法

绝热脉冲加热法实际上是上述绝热法的一种改进方法，主要不同之处在于加热用电脉冲形式，如果试样能够导电，则电脉冲可以直接加到试样上，如果试样不导电或由于其他原因不能直接加到试样上（如尺寸太小无法安装电极，或粉状试样），则可将电脉冲加到特制的电热丝上，通过电热丝发热来加热试样，一般加到试样上的热量可使试样温度上升 0.1～0.3 K。这种方法特别适用于测量低温下的比热容，因此常用于研究超导材料比热容。如图 10-6 所示，绝热脉冲加热法装置是由金属法兰和桶体构成的密闭容器，浸没在液氮或其他低温液体内。在容器的内部，样品通过两根细尼龙丝悬挂在聚四氟乙烯接线板上，该接线板通过三根细尼龙丝稳定地挂在紫铜制的防热辐射屏的顶盖上，该顶盖固定在上法兰上面。桶形防热辐射屏与顶盖相连，其外侧绕有电热丝，并贴有铂电阻，以便监控屏温，使之尽量同试样温度一致。为了避免各种引线将热量传至样品，在真空腔的上法兰上固定有热沉，引线经过热沉后再连到样品上。样品的周围绕有加热用的锰铜丝，样品的温度由经过标定的铂电阻温度计测量。测量时始终保持 10^{-3} MPa 的高真空，以避免通过气体导热对周围环境漏热。由于防热辐射屏的温度与样品的温度一致，可以认为不存在辐射热损失，因此样品处于绝热状态。

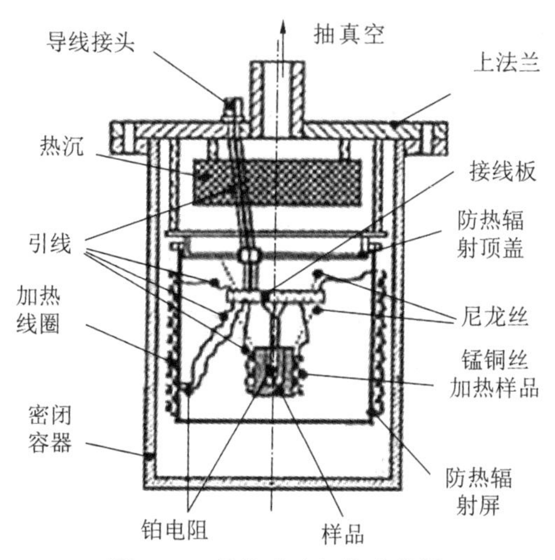

图 10-6　绝热脉冲加热法装置

4. 差分扫描量热法

差分扫描量热法(differential scanning calorimetry,DSC)又称热相似连续加热法。

DSC 装置有三种类型:功率补偿型、热流型和调幅型,其中热流型应用比较广泛。

图 10-7 所示为测量低温比热容的热流型 DSC 装置的基本构造示意图,该装置具有充气和抽真空功能,并通过加热元件和通液氨可进行低温下的测定。将待测样品(试样)与参比样品分别置于自动控温电炉内载物平台的左右两侧样品池内,电炉炉体用银制造。测量时对两侧样品池施予相同的热量,热流就通过康铜电热板传至待测样品与参比样品。由于标样和试样的吸放热特性不同,两者之间有温差产生。紧贴于载物平台下方的两对热电偶可精确地测量出待测样品与标样之间的温度差以及标样的实际温度,通过事先标定,该温差可换算成热流差。随着加热的进行,得到不同温度 T 下的热流差 ΔH,然后根据如下关系式就可以计算待测样品的比热容:

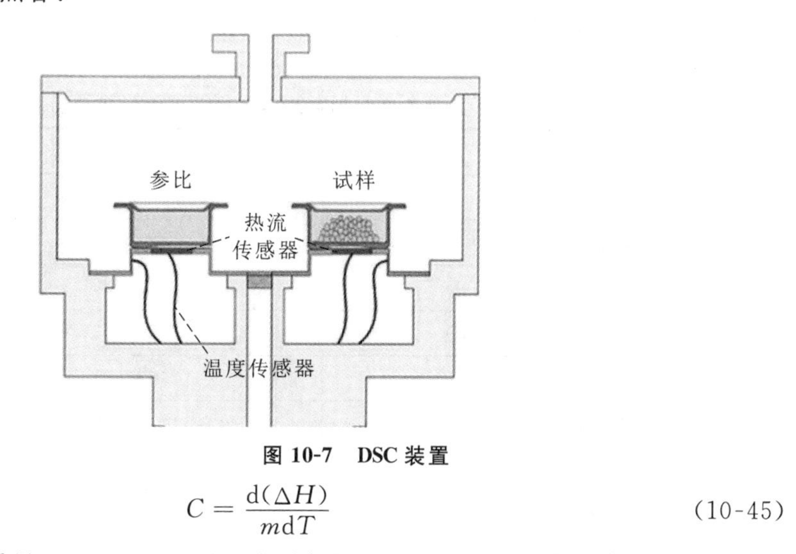

图 10-7　DSC 装置

$$C = \frac{\mathrm{d}(\Delta H)}{m\mathrm{d}T} \tag{10-45}$$

式中:m 为待测样品的质量;$\mathrm{d}(\Delta H)/\mathrm{d}T$ 可以从测定的一系列 ΔH-T 数据中求出。

功率补偿型 DSC 装置的结构与上述热流型 DSC 装置的结构大同小异:都由两个对称的样品池组成,它们置于同等热边界的环境中,两个样品池分别装待测样品和标准样品,补偿加热器与待测样品池相连。通过调整补偿加热器的功率，实现两个样品池在测试过程中热边界条件相同，即两个样品池的温差为零。于是就可以根据两者之间的加热功率之差 $\mathrm{d}w$、标准样品的温升速度 $\mathrm{d}T/\mathrm{d}t$ 和标准样品的比热容 C_s，求出待测样品的比热容 C：

$$C = \frac{\mathrm{d}w}{m\dfrac{\mathrm{d}T}{\mathrm{d}t}} + \frac{m_s}{m}C_s \tag{10-46}$$

式中：m_s 为标准样品的质量。

DSC 法测量材料的比热容，灵敏度高，测定的温度范围宽，样品用量小，可以连续测量，并且当前商品仪器供应充足，因此被广泛应用。

10.4.2 热膨胀系数

物体的体积或长度随温度升高而增大的现象称为热膨胀。温度升高 1 ℃而引起的体积或长度的相对变化叫作该物体的体膨胀系数或线膨胀系数，其关系表示如下：

$$\frac{\mathrm{d}V}{V} = \alpha_v \mathrm{d}T \tag{10-47}$$

$$\frac{\mathrm{d}l}{l} = \alpha_l \mathrm{d}T \tag{10-48}$$

式中：α_v 和 α_l 分别为材料的体膨胀系数和线膨胀系数。

陶瓷材料的 α_v 和 α_l 很小，一般 $\alpha_v \approx 3\alpha_l$，通常用线膨胀系数就能表示这类材料的热膨胀特性。一般陶瓷的热膨胀系数是正值，也有少数是负值。热膨胀系数是陶瓷材料的重要参数之一，尤其是在陶瓷材料与金属的封接、多相材料的复合及梯度材料等方面，需要特别注意不同材料间热膨胀系数的区别、选择和匹配，以及对材料性能的影响。陶瓷材料的热膨胀系数实际上并不是常数，而是与温度有关的量，即随温度稍有变化，一般随温度升高增大。陶瓷材料的线膨胀系数较小，约为$(10^{-7} \sim 10^{-5})$/℃。对于热膨胀系数较大的陶瓷材料，其体积变化随温度的变化较大，往往会造成较大的内应力。当温度急剧变化时，可能会造成瓷体炸裂。这对配制釉料及金属陶瓷封接尤为重要。表 10-6 所示为几种陶瓷材料在规定温度范围内的平均线膨胀系数。

表 10-6　几种陶瓷材料在规定温度范围内的平均线膨胀系数

材料名称	$\alpha_l/(\times 10^{-6}/℃)$
滑石瓷(20～100)	8
低碱瓷(20～100)	6
75 氧化铝瓷(20～100)	6
95 氧化铝瓷(20～100)	6.5～8.0
金红石瓷(20～100)	9
铁石瓷(20～100)	12
堇青石瓷	2.0～2.5
石英玻璃	0.43
铜	18.6
可伐合金	6.3

在实际选用平均线膨胀系数时应注意其使用温度范围，以保证陶瓷材料设计和使用的正确性和可靠性。

10.4.3　导热率

热量从固体材料温度高的一端传到温度低的一端的现象称为热传导。不同材料的热传导能力不同。例如，金属材料导热和导电的能力都很强，一般绝缘体的导热能力弱。但是，也有特殊情况，如氧化铍陶瓷、氮化硼陶瓷等材料的绝缘和导热能力都比较好。根据实际使用的要求，合理地选择具有不同导热性能的陶瓷材料，是研究功能陶瓷材料的重要内容之一。对于像陶瓷材料这样的各向同性的物质来说，在稳定热传导过程中，单位时间内通过物质传导的热量$\frac{dQ}{dt}$与截面积 s、温度梯度$\frac{dT}{dh}$成正比，即

$$\frac{dQ}{dt}=-\lambda s\frac{dT}{dh} \tag{10-49}$$

式中：λ 为导热率，是单位温度梯度、单位时间内通过单位横截面的热量；λ 是衡量物质热传导能力的特征参数。

在不稳定传热条件下，若物体中存在温度梯度且无与外界的热交换，传热过程在常压条件下进行，则物体中各处的温度随时间而发生变化，温度梯度随时间而趋于零，物体的温度最终达到某一平衡温度。物体中单位面积上温度随时间的变化率由下式表达：

$$\frac{\partial T}{\partial t}=\frac{\lambda}{C_p}\frac{\partial^2 T}{\partial^2 x} \tag{10-50}$$

式中：C_p 为恒压热容；ρ 为密度。

影响材料导热率的因素很多，主要有材料的化学组成、晶体结构、气孔率、气孔尺寸和其在材料中的分布等。不同温度条件下，材料的导热率也不同。表 10-7 列出了几种常见材料的导热率。

表 10-7　几种常见材料的导热率

材料	温度	λ/[cal/(s·cm·℃)]
95 氧化铝	20	0.04
	100	0.03
铜	20	0.920
	100	0.903
95 氧化铍瓷	20	0.48
	100	0.40
镍	20	0.147
95 氮化硼瓷(垂直于热压方向)	60	0.10
钼	20	0.35

测定导热率的方法通常分为稳态法和非稳态法两大类。另外根据热传导方程，如果已知材料的导温系数(热扩散系数)、密度和比热容，也可以根据它们之间的关系来求出导热率。

稳态法测定导热率的基本内容就是等到试样内各处温度恒定不再随时间而变化时，测定试样的温度分布和热流密度，然后通过稳态热传导方程求导热率。非稳态法测定导热率则是测量试样内若干点的温度随时间变化的规律，一般不必测量热流密度。然后根据不稳定热传导微分方程，求得导温系数，间接算得导热率。这两种方法各有优缺点，稳态法的优点是数据处理比较简单，缺点是由于需要恒温，导致测量时间很长；非稳态法则相反，测量时间较短，然而数据处理复杂，由于直接测得的是导温系数，必须事先已知材料的密度和比热容，才能求出导热率。

任何测量导热率的设备都需要用已知导热率的标准样品来校准。常用的标准样品有两个，即多晶 α-氧化铝陶瓷和 Armco 工业纯铁，前者用作导热率较小的材料的标准样品，而后者则为导热率较大的材料的标准样品。

平板法是测定材料导热率的最常用的方法，属于稳态法的一种。此法基于一维稳态导热方程，在一个方形或圆形的薄板试样内沿厚度方向建立一个均匀的热流密度。通过测定试样一定面积 A 上的热流量 Q 以及沿厚度方向上一定距离 b 上的温差 ΔT，利用一维稳态导热方程计算材料的导热率：

$$\lambda = \frac{bQ}{A\Delta T} \tag{10-51}$$

平板法所用的试样通常为直径或边长为 150～300 m 的圆形或正方形薄板，厚度为 5～20 mm。图 10-8 所示为平板法导热仪结构示意图。试样的上表面通过匀热板同主加热器接触，接收热量，下表面中央为铜制水冷圆板，内有测定水温的热电偶，通过测定一定时间内的水流量及前后温度变化，可测量穿过试样中心部位的热流量，由于铜圆板的面积固定并可准确测量，根据该面积和热流量即可算出热流密度。在试样上下面和内部埋有热电偶，测定试样的温差，该装置中其他热电偶都是用来控制温度的。保护加热器、冷面保护以及由与试样相同的材料制成的试样保护环都是为了防止热流从试样的侧面流失，约束热流垂直通过试样，并在其中央部位形成均匀的一维热流。为了便于放置测温热电偶，也可将较薄的两个或三个试样叠加起来。

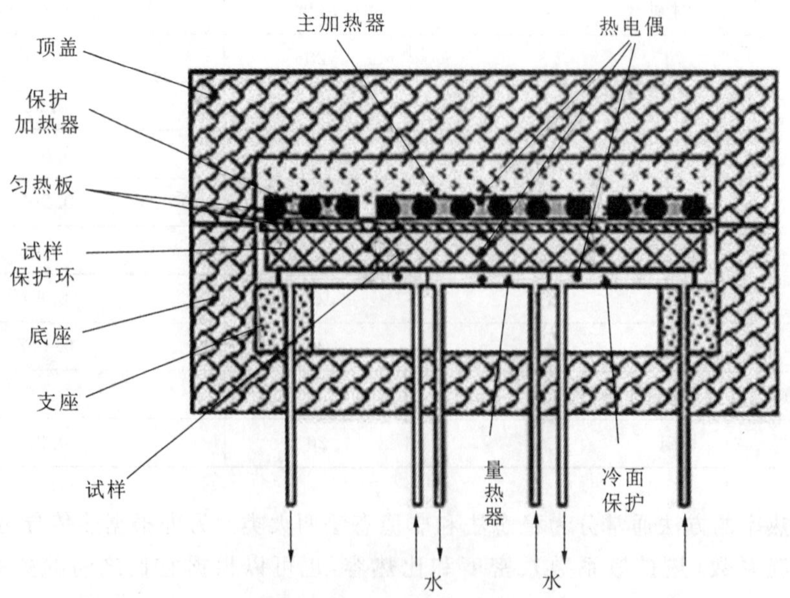

图 10-8　平板法导热仪结构示意图

另有一种用两个试样将加热器夹在中间，形成一种对称形式。其优点是加热器放出的热量全部通过试样，因此可以不用水流量热器测定热流量，而是通过测定加热器的电流、电压来计算热流量，既方便又准确。而且由于热损失小，可以提高测定温度。

平板法导热仪通常用于测定导热率不高的材料和低导热率材料，精心制造的平板法导热仪所测定的导热率最低可至 0.005 W/(m·K)左右。平板法导热仪也可用来测定粉料、不成形的纤维材料(棉状)。在这些场合，需要利用试样盒，盒壁可用低导热率材料制作，盒底和盒顶需用高导热率材料如耐高温金属或碳化硅材料制造。

除了测量仪表(包括为求试样厚度和面积所用的工具)造成的误差之外，平板法测定导热率的误差来自实际导热没有完全满足一维稳态导热方程要求的边界条件引起的垂直热流损失误差 $\varepsilon\varepsilon_v$ 和侧向热流损失误差 $\varepsilon\varepsilon_1$。这两个误差可分别用下面两式表示：

$$\varepsilon\varepsilon_1 = \left|\frac{4\pi b\lambda'\Delta T'}{IV}\right| \tag{10-52}$$

$$\varepsilon\varepsilon_v = \left|\frac{A\lambda''\Delta T''}{b''IV}\right| \tag{10-53}$$

式中：b 为试样厚度；b''为主加热器下表面到中央量热器上表面的距离；λ'为试样的径向导热率；λ''为试样及上下接触面共同的轴向导热率；$\Delta T'$为在试样冷面上中心同边缘的最大径向温差；$\Delta T''$为主加热器下表面到中央量热器上表面之间的最大温差；A 为中央量热器的面积；I 和 V 分别为供给主加热器的电流和电压，两者乘积即主加热器的功率。

从上面两式可见，为减少测量误差，主加热器的功率要大，试样厚度和中央量热器的面积尽量减小，冷热面之间的温差尽量减小。

如果把试样的直径变得很小，而其厚度变得很大，则试样成为一个圆柱体。平板法就变成圆柱体法，这种方式常被用于测定高导热率的材料或测定低温下材料的导热率。由于试样呈细长的圆柱形，在高温下如果材料本身的导热率较大，则其侧面散热相对而言就不大，在低温真空环境中不论材料本身的导热率大小，其侧面的散热很小。在这两种情况下只需在棒状试样周围放置隔热屏，即能够在测量时基本消除侧面散热的影响。

稳态法中另一类是测定径向热流量和径向温差来求导热率，这就是径向法。径向法所用的试样可以是圆柱形试样，也可以是圆球形试样，甚至是椭球形试样。

图 10-9 所示为圆柱径向法导热仪示意图。试样为中空的圆柱体，为保证试样内生成足够长的稳态径向热流，试样的长径比应大于 4，通常会达到 8。用串联在加热电路中的电流表测量流过电加热器的电流 I，同时测量在稳定区内电热丝上相距一定长度的两点之间的电位差 V 来计算径向热流量，用热电偶测量试样内外表面的温度，计算温差，由此通过一维径向传热方程来计算材料的导热率：

$$\lambda = \frac{IV\ln\frac{r_2}{r_1}}{2\pi L(T_1 - T_2)} \tag{10-54}$$

式中：r_1、r_2、T_1、T_2 分别为试样内外半径和内外半径处的温度；L 为测量电位差 V 处的间距。

径向法的试样也可以制成空心球形，加热器置于空心内。球形试样的优点是加热的能量可以毫无损失地沿着球径传到球的外表面，但是麻烦之处在于要做到球内加热均匀，使热量均匀地沿径向外传，加热器的设计和制造并不容易。此外加工空心球形试样也不太容易。

圆球形径向法导热率的计算公式如下：

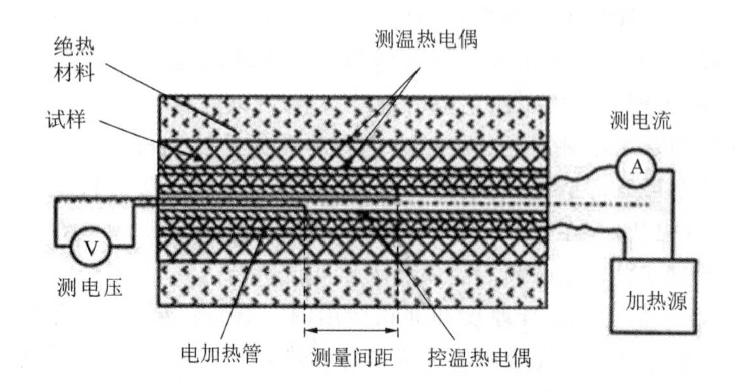

图 10-9　圆柱径向法导热仪示意图

$$\lambda = \frac{Q(d_1^{-1} - d_2^{-1})}{2\pi(T_1 - T_2)} \tag{10-55}$$

式中：d_1、d_2、T_1、T_2 分别为球的内外径和内外表面处的温度；Q 为单位时间内通过球壁的热量。

非稳态法中最常用的方法是热线法，像平板法一样，目前有许多基于该方法的商品仪器出售，测量的范围为 0.015～30 W/(m·K)。测试温度范围可从低于室温至 1500 ℃甚至更高，这取决于加热炉和热线的耐高温性能。测试时将样品加热到所需的温度，待样品内温度均匀稳定后，给热线通电，使之发热，开始测量。这一方法能够测量体积较大的样品，能对不均匀的陶瓷材料与耐火材料进行测试。

图 10-10 表示一根直径为的直线形电热丝放置于两块尺寸相同的对合在一起的待测试样的中央，试样的直径和长度（或者长、宽、高）需足够大，试样可看成是一个无穷大空间。在试样的中央靠近热线的地方设置测温热电偶，其测温端同热线的距离 r_a 是一个很小的数值。这样当给热线接上一个恒电流电源时，因热线发热，热量从热线表面传向试样，其导热形式符合在 $r_a \leqslant r \leqslant \infty$ 空间的一维径向热传导方程：

$$\frac{\partial(T - T_0)}{\partial t} = \frac{\lambda}{C_p \rho}\left[\frac{\partial^2(T - T_0)}{\partial r^2} + \frac{1}{r}\frac{\partial(T - T_0)}{\partial r}\right], (r_a \leqslant r \leqslant \infty) \tag{10-56}$$

式中：T_0 为热线通电前试样内的恒定温度；λ、C_p、ρ 分别为试样的导热率、比热容和密度。

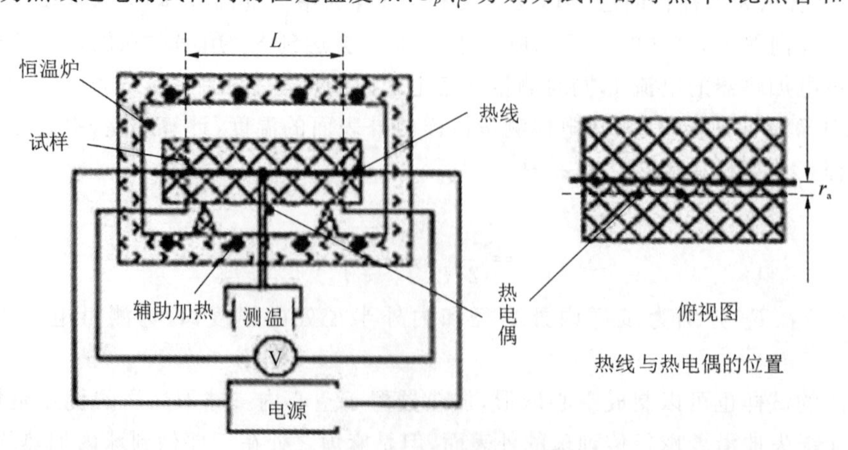

图 10-10　热线法测量导热率的示意图

初始条件和边界条件如下：

$$T(t=0)=T_0 \tag{10-57}$$

$$2\pi r_0\lambda\frac{\partial(T-T_0)}{\partial r}=-q \tag{10-58}$$

式中：q 为单位长度热线的发热功率。

$$q=VI/L \tag{10-59}$$

式中：V 和 I 分别为通过热线的电压和电流；L 为测量电压的两个探针间的距离。

方程(10-60)的解是一个包含零价和一价第一类贝塞尔(Bessel)函数 $J_0(u)$、$J_1(u)$以及零价和一价第二类贝塞尔函数 $Y_0(u)$、$Y_1(u)$的复杂函数，其中积分变量 u 为

$$u=\frac{r^2}{4at} \tag{10-60}$$

式中：a 为试样的导温系数(热扩散系数)。

由于热线直径仅为数十微米，测温区域紧靠热线，因此 r 是一个小的数值，当时间足够长时，u 变得很小，于是方程(10-56)的解可以近似为

$$T-T_0=\frac{q}{4\pi\lambda}\left(\ln\frac{4at}{r^2}-C\right) \tag{10-61}$$

式中：$C=0.5572\cdots$，为欧拉(Euler)常数。

给热线接通电源后，选取两个时间 t_1 和 t_2，分别测量温度 T_1 和 T_2。将这两组数据分别代入式(10-61)中，再两式相减，可得到

$$T_1-T_2=\frac{q}{4\pi\lambda}\ln\frac{t_1}{t_2} \tag{10-62}$$

由此即可求出导热率 λ。在实际测量过程中，由于介质的热损失、热线的比热容等因素的影响，在刚通电不久以及长时间通电后，即时间值很小或很大的情况下，测量值明显偏离式(10-62)所示的 T 与 $\ln t$ 之间的线性关系。因此确定可测时间范围对测量的正确性很重要。此外试样与热线之间良好的接触以及保持恒定的环境温度对测量的正确性也非常重要。

如果把测温热电偶直接焊在热线的表面，即令 $r_a=0$，这种方法称为交叉式热线法。这是一种应用比较普遍的方式，优点是结构比较简单，不足之处是测量热线温度时，热电偶导线会将热线上的一部分热量从结点带走而影响测量结果。

如果 $r_a\neq0$，而且 r_a 不是很小，以致不可以进行式(10-62)那样的近似，但 r_a 值也不十分大(即热电偶的位置离热线并不很远)，则试样内热电偶处的温度同时间的关系可表达为

$$T-T_0=\frac{q}{4\pi\lambda}\int_0^t t^{-1}\exp\left(-\frac{r_a^2}{4at}\right)\mathrm{d}t \tag{10-63}$$

导热率需要利用式(10-63)对时间积分求出。这种测温热电偶同热线有一段距离的测定方法称为热线并联法或平行线法，该方法的优点在于测量过程中干扰比较少，可测时间范围的下限值明显减小。但采用这种方法需要预先通过试验确定可测时间范围，具有不同导热率的材料有不同的范围，因此该方法不如交叉热线法方便。

如果已知热线的电阻率同温度的关系，则热线的温度可以通过测定其电阻率来算出，这样就不用安装热电偶。例如，用纯铂丝作为热线，纯铂丝的电阻率同温度的关系可以在许多参考文献中查到。

$$R_T=R_0(1+a_1T+a_2T^2) \tag{10-64}$$

式中：R_T 为摄氏温度 T 下铂丝的电阻；R_0 为同一铂丝在0 ℃下的电阻；$a_1=3.984714\times$

10^{-3}；$a_2=-5.847\times10^{-7}$。

通过在不同时间精确测定流过热线上的电流和电压，利用电阻与温度的关系式就可算出热线的温度，从而可以根据式(10-64)求出导热率。这种方法称为热线电阻法。

待测样品的导热率大小是选择正确方法的重要参考因素。交叉热线法适用于导热率低于 2 W/(m・K)的样品，热线电阻法与平行线法适用于导热率更高的材料，测量上限分别为 15 W/(m・K)和 20 W/(m・K)。

10.4.4　抗热冲击性

抗热冲击性是指物体能承受温度剧烈变化而不被破坏的能力，也叫抗热震性，用规定条件下的热冲击次数表示。陶瓷材料在加工和实际使用过程中，常常受到由环境温度急剧变化造成的对材料的热冲击。一般的陶瓷材料的抗热冲击性较差，常见热冲击损坏有瞬时断裂和热冲击循环过程中表面开裂、剥落、最后碎裂或损坏。陶瓷材料抵抗前一种破坏的性能称为抗热冲击断裂性，抵抗后一种破坏的性能称为抗热冲击损伤性。抗热冲击性与材料的热膨胀系数、导热率、表面散热速率、材料的几何尺寸及形状、微观结构、弹性模量、机械强度、断裂韧性、热应力等因素有关。提高陶瓷材料的抗热冲击性对于其实际应用，尤其是在工作环境温度发生很大变化的条件下是非常重要的。经常采取的措施有：提高材料的强度，降低材料的弹性模量；提高材料的导热率；降低材料的热膨胀系数；减小材料的表面散热速率；减小功能陶瓷制品在传热方向的厚度；减少陶瓷的表面裂纹和陶瓷体内的微裂纹等。先进陶瓷在元件制造和应用方面必须注意抗热冲击性这一重要的技术指标。

10.5　先进陶瓷压电性能及测试技术

某些电介质(如石英、电气石、酒石酸钾钠等晶体)在特定方向受力作用下会产生电荷位移，从而在其两端表面间出现电势差；反之，在其两端表面间加上电压，则电介质会发生弹性形变。前者称为“正压电效应”，后者称为“逆压电效应”或一般称为“电致伸缩”，总称压电现象。用作传感器的压电材料，要求其压电效应强、温度稳定性和老化性能好。压电材料有单晶和多晶两种。前者以石英晶体为代表，其特点是温度稳定性和老化性能好，且机械品质因数的值极高；后者以锆钛酸铅压电陶瓷为代表，其特点是容易制作，性能可调，便于批量生产。压电材料已广泛用于力敏、声敏、热敏、光敏、湿敏和气敏等传感器。

压电参数的测量以电测法为主。电测法可分为动态法、静态法和准静态法。动态法是用交流信号激励样品，使之处于谐振及谐振附近的状态，通过测量其特征频率，并进行适当的计算便可获得压电参数的值。准静态法是通过测量样品的压电常数，采用阻抗分析仪测量样品的电容与介质损耗，根据样品的频率-阻抗谱得到串联谐振频率、并联谐振频率和串联谐振电阻，并根据有关标准计算出其他各压电参数的值。

10.5.1　机械品质因数 Q_m

机械品质因数 Q_m 表征压电体谐振时因克服内摩擦而消耗的能量，其定义为谐振时压电振子内储存的电能 E_e 与谐振时每个周期内振子消耗的机械能 E_m 之比。机械品质因数 Q_m 也是衡量压电陶瓷性能的一个重要参数，它表示在震动转换时，材料内部能量损耗程度。不同的压电器件对压电陶瓷材料的 Q_m 值有不同的要求，多数陶瓷滤波器要求压电陶瓷的 Q_m 值要高，而音响器件及接收型换能器则要求 Q_m 值要低。Q_m 可用下式计算：

$$Q_m = \frac{1}{2\pi f_s R_1 C_T \left(\frac{f_p^2 - f_s^2}{f_p^2}\right)} \tag{10-65}$$

式中：C_T 为电容；f_s 为串联谐振频率；f_p 为并联谐振频率；R_1 为串联谐振电阻。

10.5.2　机电耦合系数

机电耦合系数 k 是表征压电材料的机械能与电能相互转换能力的参数，是衡量材料压电性能的重要参数之一。k 越大，说明压电材料的机械能与电能相互耦合的能力越强。k 定义为

$$k^2 = \text{被转换的电能(机械能)/输入的总机械能(电能)}$$

根据有关标准，采用 HP4294A 精密阻抗分析仪测得样品的串联谐振频率 f_s 和并联谐振频率 f_p，算出 $\Delta f/f_s$(式中 $\Delta f = f_s/f_p$)的值，通过查 $k \sim \Delta f/f_s$ 对应数值表，确定 k 的值。

10.5.3　压电常数 d_{33}

压电常数是压电材料把机械能转变为电能或把电能转变为机械能的转换系数，它反映压电材料力学性能与介电性能之间的耦合关系。压电系数越大，表明材料力学性能与介电性能之间的耦合越强。可以采用准静态 d_{33}，测试仪测量样品的压电常数。测量原理是将一个低频(几赫兹到几百赫兹)震动的应力同时施加到待测样品和已知压电常数的标准样品上，将两个样品的压电电荷分别收集并进行比较，经过电路处理，得到待测样品的 d_{33} 值，同时表示出样品的极性。

思考题

(1) 抗压强度与抗弯强度的区别是什么？
(2) 什么是弹性模量？什么是杨氏模量？有什么异同？
(3) 什么是介质损耗？产生的机理是什么？
(4) 抗热冲击性怎么测试？哪些参数会影响抗热冲击性？
(5) 压电陶瓷的压电常数 d_{33} 与 d_{31} 有什么关联？

参 考 文 献

[1] MASON W P, JAFFE H. Methods for measuring piezoelectric, elastic, and dielectric coefficients of crystals and ceramics[J]. Proceedings of the IRE, 1954, 42(6): 921-930.
[2] BARBENZA G H. Measurement of complex permittivity of liquids at microwave frequencies[J]. Journal of Physics E: Scientific Instruments, 1969, 2(10): 871-874.
[3] CLARKE D, GRAINGER J G, MAJOR S S. Polarized light and optical measurement [J]. American Journal of Physics, 1972, 40(7): 1055-1056.

[4] CHANG Y C,BURGE J H. Error analysis for CGH optical testing[J]. SPIE,1999,3782:358-366.

[5] 栾伟玲,高濂,郭景坤. 细晶粒 $BaTiO_3$ 陶瓷的微结构及介电性能测试[J]. 无机材料学报,2000,15(6):1043-1049.

[6] 龚江宏. 陶瓷材料断裂力学[M]. 北京:清华大学出版社,2001.

[7] 吕文中,赖希伟. 平行板谐振法测量微波介质陶瓷介电性能[J]. 电子元件与材料,2003,22(5):4-6.

[8] 赵旭辉,曲兴华,叶声华,等. MEMS 的光学检测方法和仪器[J]. 光学技术,2003,29(2):197-200.

[9] 刘方涛,沈志刚,刘晓琳,等. $BaTiO_3$ 烧结陶瓷的微结构及介电性能研究[J]. 压电与声光,2004,26(3):225-227.

[10] 程院莲,鲍鸿,李军,等. 压电陶瓷应用研究进展[J]. 中国测试技术,2005(2):12-14.

[11] YOO J,LEE C,CHUNG K,et al. Microstructural and piezoelectric properties of PZN substituted PMN-PZT ceramics for multilayer piezoelectric transformer[J]. Journal of Electroceramics,2006,17(2-4):519-524.

[12] 顾幸勇,陈玉清. 陶瓷制品检测及缺陷分析[M]. 北京:化学工业出版社,2006.

[13] 刘欣. 压电陶瓷(PZT)特性的分析及实验测试[D]. 昆明:昆明理工大学,2007.

[14] 王东,孙文斌. 光干涉法测量压电陶瓷压电特性[J]. 压电与声光,2011,33(6):927-929,934.

[15] 陆小荣. 陶瓷生产检测技术[M]. 北京:中国轻工业出版社,2011.

[16] 李懋强. 热学陶瓷——性能·测试·工艺[M]. 北京:中国建材工业出版社,2013.

[17] SUJITH R,JOTHI S,ZIMMERMANN A,et al. Mechanical behaviour of polymer derived ceramics—a review[J]. International Materials Reviews,2021,66(6):426-449.

[18] KHAFIZOV M,RIYAD M F,WANG Y Z,et al. Combining mesoscale thermal transport and X-ray diffraction measurements to characterize early-stage evolution of irradiation-induced defects in ceramics[J]. Acta Materialia,2020,193:61-70.

[19] DU W C,REN X R,PEI Z J,et al. Ceramic binder jetting additive manufacturing:a literature review on density[J]. Journal of Manufacturing Science and Engineering:Transactions of the ASME,2020,142(2):040801.

[20] WANG K,CHEN L,XU C G,et al. Microstructure and mechanical properties of (TiZrNbTaMo) C high-entropy ceramic[J]. Journal of Materials Science & Technology,2020,39:99-105.

[21] MORALES-FLÓREZ V,DOMÍNGUEZ-RODRÍGUEZ A. Mechanical properties of ceramics reinforced with allotropic forms of carbon[J]. Progress in Materials Science,2022,128:100966.